工程结构有限元分析

齐 欣　张艳阳　赵 雷
田永丁　李翠娟　陈子全　◎ 编著

西南交通大学出版社
·成　都·

图书在版编目（CIP）数据

工程结构有限元分析 / 齐欣等编著. -- 成都：西南交通大学出版社，2025.3. -- ISBN 978-7-5774-0174-4

Ⅰ.TU311.4

中国国家版本馆 CIP 数据核字第 2024YB6493 号

Gongcheng Jiegou Youxianyuan Fenxi
工程结构有限元分析

齐　欣　张艳阳　赵　雷　　编著
田永丁　李翠娟　陈子全

策 划 编 辑	张　波
责 任 编 辑	赵思琪
封 面 设 计	GT 工作室
出 版 发 行	西南交通大学出版社 （四川省成都市金牛区二环路北一段 111 号 西南交通大学创新大厦 21 楼）
营销部电话	028-87600564　028-87600533
邮 政 编 码	610031
网　　　址	https://www.xnjdcbs.com
印　　　刷	四川森林印务有限责任公司
成 品 尺 寸	185 mm×260 mm
印　　　张	15.75
字　　　数	382 千
版　　　次	2025 年 3 月第 1 版
印　　　次	2025 年 3 月第 1 次
书　　　号	ISBN 978-7-5774-0174-4
定　　　价	45.00 元

图书如有印装质量问题　本社负责退换
版权所有　盗版必究　举报电话：028-87600562

前言 Preface

有限元概念自 20 世纪 50 年代提出以来，经过不断的发展，有限单元法已成为工程分析与设计中不可或缺的重要工具。有限元领域的理论研究和技术发展，对推动工程结构分析技术的进步及促进工程建设的发展做出了突出贡献。随着工程结构的日益复杂，对于广大的结构工程师和设计者而言，在熟悉理论基础的同时，利用软件进行结构受力分析，已成为他们普遍使用的一种工作方式。

有限元法博大精深，限于篇幅和水平，本书未对有限元法理论进行系统讲解，本着"学以致用"的原则，将重点放在通用有限元软件的计算原理和相关操作上，为广大结构工程师和设计者提供有力的帮助，以达到事半功倍的效果。

全书共分为 8 章。第 1 章至第 3 章详细阐述了有限单元法的基本原理和常用单元的功能特性等；第 4 章简明扼要地介绍了 Abaqus 软件的主要功能；第 5 章至第 8 章针对不同工程的结构特性，结合 Abaqus 的有限元理论进行了深入的介绍和实例分析，同时对相关的操作步骤也进行了详细介绍。

本书在编写过程中得到了多方的支持、鼓励和帮助。本书被列入西南交通大学 2022 年全日制本科教育教材建设与研究课题重点教材支持项目。

由于作者水平有限，本书难免存在疏漏之处，恳请读者和同行专家批评指正。

作 者

2025 年 1 月

目录 Contents

第1章 绪 论 ········· 001

1.1 工程结构 ········· 001
1.2 有限元法的发展及现状 ········· 002
1.3 有限元法应用特点 ········· 004
1.4 有限元软件概述 ········· 005

第2章 有限元法原理介绍 ········· 008

2.1 概 述 ········· 008
2.2 结构离散化 ········· 009
2.3 单元位移函数的选取 ········· 010
2.4 分析单元 ········· 014
2.5 总刚集成 ········· 017
2.6 求解等效节点载荷、处理约束 ········· 019
2.7 求解总体的方程 ········· 020
2.8 杆系有限元 ········· 020
2.9 有限元法和矩阵位移法 ········· 025

第3章 结构分析单元功能及特性 ········· 027

3.1 建 模 ········· 027
3.2 分析流程 ········· 035
3.3 接 触 ········· 038
3.4 约 束 ········· 044
3.5 加 载 ········· 046

第4章 Abaqus基本介绍 ········· 049

4.1 软件介绍 ········· 049
4.2 分析模块 ········· 049

4.3 单元类型 ………………………………………………………………… 051
4.4 材料模型 ………………………………………………………………… 055
4.5 分析过程 ………………………………………………………………… 060
4.6 界面输入格式 …………………………………………………………… 064

第 5 章　梁与刚架结构的静力分析 …………………………………… 073

5.1 连续梁结构静力分析 …………………………………………………… 073
5.2 平面刚架结构静力分析 ………………………………………………… 086
5.3 框架结构静力分析 ……………………………………………………… 097
5.4 工程案例分析：空间刚架结构 ………………………………………… 109

第 6 章　桁架、拱以及组合结构的静力分析 ………………………… 119

6.1 桁架结构静力分析 ……………………………………………………… 119
6.2 单跨拱结构静力分析 …………………………………………………… 129
6.3 组合结构静力分析 ……………………………………………………… 138
6.4 工程案例分析：隧道结构 ……………………………………………… 146

第 7 章　结构动力分析 …………………………………………………… 161

7.1 结构动力学概念 ………………………………………………………… 161
7.2 单自由度体系强迫振动分析 …………………………………………… 164
7.3 工程案例分析：跌落动力分析 ………………………………………… 178

第 8 章　模态分析 ………………………………………………………… 190

8.1 模态分析基本概念 ……………………………………………………… 190
8.2 简支梁模态分析 ………………………………………………………… 197
8.3 连续梁模态分析 ………………………………………………………… 212
8.4 工程案例分析：桥梁结构 ……………………………………………… 223

参考文献 …………………………………………………………………… 245

第1章 绪 论

1.1 工程结构

工程结构通常指在房屋、桥梁、铁路、公路、水工、海工、港口、地下等工程的建筑物、构筑物和设施中，以建筑材料制成的各种承重构件相互连接成一定形式的组合体。除满足工程所要求的功能和性能外，还必须在使用期内安全、适用、耐久地承受外加或内部形成的各种作用。

随着计算机技术的飞速发展，在计算机技术的配合下，工程结构中的许多力学问题能够得到更为精准的结果，并使工程结构的空间作用、动态反应、延性设计与周围介质的相互作用、系统优化等获得新的发展，工程结构形式也随之发生相应的变化。近几年，工程结构向高度更高、跨度更大、结构更复杂的方向发展。在房屋、桥梁、隧道等各个专业方面，大批标志性的工程结构建成于世界各个角落。典型的大型复杂工程结构（图1.1）有：具有代表性的中国第一高楼——上海中心大厦，主楼为地上127层，建筑高度632 m；中国最大单边悬挑结构——微信总部大楼，最大的外挑宽度达到了 28 m；世界最大的大跨度穹顶建筑：新加坡国家体育馆，跨度达 310 m；世界第一跨海大桥——港珠澳大桥，桥隧全长 55 km；世界长度第一的公路隧道——秦岭终南山公路隧道，长度 18.02 km。

（a）上海中心大厦　　（b）微信总部大楼　　（c）新加坡国家体育馆

（d）港珠澳大桥

（e）秦岭终南山公路隧道

图 1.1　典型的大型复杂工程结构

1.2　有限元法的发展及现状

工程结构分析中，有限元法是目前最典型的一种算法，尤其在计算求解连续介质力学问题方面。有限元法是借鉴了差分法的离散思想和变分法的插值思想而发展出来的一种更先进的数值方法。有限元法的基本思想可以追溯到 1943 年，Courant 在一系列三角形区域上定义的分片连续函数和最小位能原理相结合来求解圣维南体扭转问题，此后，不少应用数学家、物理学家和工程师分别从不同角度对有限元法的离散理论、方法及应用进行了研究。有限元法的实际应用是随着电子计算机的出现而开始的。Turner、Clough 等人于 1956 年将结构力学中的位移法推广到解决弹性力学平面问题，并将其用于飞机结构的分析，首次给出了用三角形单元求解平面应力问题的正确解答，其研究工作迈入了利用电子计算机求解复杂弹性力学问题的新阶段。1960 年 Clough 进一步求解了平面弹性问题，并第一次提出了"有限单元法"，使人们更清楚地认识到有限单元法的特性和功效。

在这一时期，我国被誉为"有限元之父"的冯康院士独立于西方，创造了"基于变分原理的差分格式"，解决了当时国家项目"刘家峡水电站"的水坝应力分析问题，为现代有限元法的诞生贡献了中国智慧。

近年来，伴随着电子计算机科学和技术的快速发展，有限元法作为工程分析的有效方法，在理论拓展、方法研究、计算机程序的开发以及应用领域的开拓等诸多方面均取得了根本性的进步。我国众多专家同期也在致力于有限元数值算法的改进与创新，在非线性有限元法、弹塑性有限元法、光滑有限元法的发展与创新中贡献了中国力量。尤其在以下几个方面发展比较成熟，并已广泛应用于实际分析。

1. 单元的类型和形式

按照维度对有限元法中的单元进行划分，可以划分为一维单元、二维单元和三维单元。其中结构有限元分析涉及的单元类型包括：杆单元、梁单元、壳单元、板单元；平面应力单元、平面应变单元；轴对称壳单元、轴对称实体单元、空间实体单元；摩擦单元、间隙单元、弹簧单元、质量单元、刚体单元等。为了扩大有限元法的应用领域，新的单元类型和形式在不断涌现，例如等参元采用和位移插值相同的表示方法，将形状规则的单元变换成边界为曲线（二维）或曲面（三维）的单元，从而可以更精确地对形状复杂的求解域（或结构）进行有限元离散。再如在构造节点参数中同时包含有位移和位移导数的梁、板、壳单元，以满足分析工程实际问题中大量遇到该类结构的需要，构造以多个场变量（例如位移、应变、应力）为节点参数的混合型单元，以克服分析不可压缩介质以及板壳分析中遇到数值上的困难，构造包括多种材料构成的复合单元，用来分析复合材料、夹层材料、混凝土等组成的结构。

2. 有限元法的理论基础和离散格式

有限元法的理论基础是变分原理和加权余量法，其基本求解思想是把计算域划分为有限个互不重叠的单元，在每个单元内，选择一些合适的节点作为求解函数的插值点，将微分方程中的变量改写成由各变量或其导数的节点值与所选用的插值函数组成的线性表达式，借助变分原理或加权余量法，将微分方程离散求解。随着不断提出新的单元类型，扩展新的应用领域和应用条件，给新单元和新应用提供可靠的理论基础，研究工作的进展包括将Hellinger-Reissner（赫林格-赖斯纳）原理、Hu-Washizu［胡（海昌）-鹫津］原理等多场变量的变分原理用于有限元分析，发展了混合型（单元内包括多个场变量）、杂交型（某些场变量仅在单元交界面定义）的有限元表达格式，并研究了各自的收敛性条件；将与微分方程等效的积分形式（加权余量法），用于建立有限元的表达格式，从而将有限元的应用扩展到不存在泛函或泛函尚未建立的物理问题。有限元解的后验误差估计和应力磨平方法的研究进展，不仅改进了有限元解的精度，更重要的是为发展满足规定精度的要求，以细分单元网格或提高插值函数阶次为手段的自适应分析方法提供了基础。

3. 有限元方程的解法

现在用于大型复杂工程问题的有限元分析，计算单元达几万个、几百万个已是常见的情况，这与计算机软、硬件发展相配合的大型方程组解法的研究进展密不可分。有限元求解的问题从性质上可以归结为如下三类：

（1）独立于时间的平衡问题（或稳态问题）。这类问题最后可归结为求解系数矩阵元素在对角线附近稀疏分布的线性代数方程组。对于常见的结构应力分析问题，求解的是对应给定载荷的结构位移和应力。此类问题至今主要是采用直接解法，先后发展了循序消去法、三角分解法、波前法等。近年来，为了满足求解大型、特大型方程时减少计算机存储量和提高计算速度的需要，迭代解法特别是预条件共轭梯度法受到更多的重视，并已成功应用。

（2）特征值问题。它对应求解的是齐次方程，解答使方程存在非零解的特征值和与之对应的特征模态。在实际应用中，它们代表的可能是振动的固有频率和振型，或是结构屈曲的临界载荷和屈曲模态等。针对求解经数值离散所导致的大型矩阵特征值问题，先后发展了幂迭代法、同步迭代法、子空间迭代法等。近年来，Ritz（里兹）向量直接叠加法和Lanczos向量直接叠加法由于具有更高的计算效率而受到广泛的重视和应用。

（3）依赖于时间的瞬态问题。由于这类问题的方程是节点自由度对于时间的一阶、二阶导数的常微分方程组，求解的是在随时间变化的载荷作用下的结构内位移和应力的动态响应，或是波动在介质中的传播、反射等，所以此类问题的求解主要是采用对常微分方程组直接进行数值积分的时间逐步积分法。依据所导致的代数方程组是否需要联立求解，可区分为时间步长只受求解精度限制的隐式算法［以 Newmark（纽马克）法为代表］，以及时间步长受算法稳定限制的显式算法（以中心差分法为代表）。为了有效求解不同刚度的介质、材料或单元尺寸在同一问题中耦合作用所形成的方程，常采用隐式-显式相结合的算法。需要指出的是，动力子结构法（又称模态综合法）是动力分析中经常采用的非常有效的方法，它依靠先求解各子结构的特征值，然后只取其对结构响应起主要作用的振动模态进入结构的总体响应分析，从而大幅度缩减总体分析的自由度和计算工作量。

上述三类问题，从方程自身性质考虑，还存在对应的非线性情形。非线性可以是由材料性质、变形状态和边界接触条件引起的，分别称为材料、几何、边界非线性。求解非线性有限元问题的算法研究主要有以下几种。

（1）采用 Newton-Raphson（牛顿-拉夫森）方法或修正 Newton-Raphson 方法等将非线性方程转化为一系列线性方程进行迭代求解，并结合加速方法提高迭代收敛的速度。

（2）采用预测-校正法或广义中心法等对材料非线性本构方程进行积分，决定加载过程中材料的应力应变的演化过程。

（3）采用广义弧长法等时间步长控制方法和临界点搜索、识别方法，对非线性载荷-位移的全路径进行追踪。

（4）采用 Lagrange（拉格朗日）乘子法、罚函数法或直接引入法，将接触面条件引入泛函，求解接触和碰撞问题。

由于有限元法解题的规模越来越大，为了缩短解题的周期，基于并行计算机和并行计算软件系统的有限元并行算法，近年来得到很大发展。

1.3 有限元法应用特点

有限元法应用时具有复杂几何结构的适应性、各种物理问题的应用性、计算精度的可靠性以及计算机计算的高效性。

1. 复杂几何结构的适应性

有限元法中，有一维、二维和三维单元，单元之间具有多种不同的联结方式，例如两个面之间可以是场函数保持连续，也可以是场函数的导数保持连续，还可以仅是场函数的法向分量保持连续。这样一来，工程实际中用到的非常复杂的结构或构造都可能离散为由单元组合体表示的有限元模型。图 1.2 所示是一 KT 形矩管桁架试件的反力架有限元模型，包含了实体、板壳、杆系等约 8 万个混合网格。图 1.3 所示为古建筑的有限元模型，包含了杆系、板壳、实体、接触、约束方程、动力非线性。

2. 各种物理问题的可应用性

有限元分析中采用单元内近似函数分片地表示全求解域的未知场函数，并未限制场函数所满足的方程形式，也未限制各个单元所对应的方程必须是相同的形式，所以尽管有限元法开始是对线弹性的应力分析问题提出的，很快就发展到塑性问题、黏弹塑性问题、动力问题、屈曲问题等，并进一步应用于流体力学问题、热传导问题等。而且可以利用有限元法对不同物理现象相互耦合的问题进行有效的分析。图 1.4 表示采用计算流体力学的方法开展的复杂建筑结构的数值风洞。

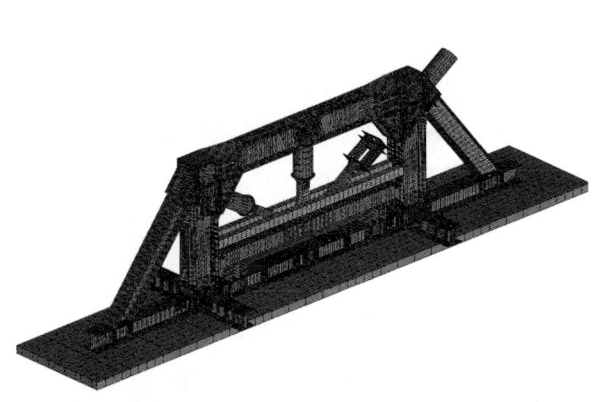

图 1.2 试验反力架有限元模型

图 1.3 古建筑的有限元模型

（a）流线图

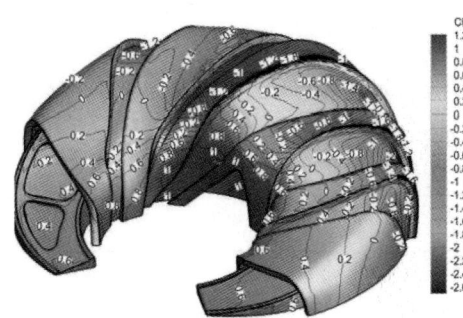

（b）风压分布图

图 1.4 建筑结构数值风洞

3. 计算精度的可靠性

用于建立有限元方程的变分原理或加权余量法在数学上已证明是微分方程和边界条件的等效积分形式。只要原问题的数学模型是正确的，且用来求解有限元方程的算法是稳定的、可靠的，则随着单元数量的增加（即单元尺寸的缩小），或者随着单元自由度数量的增加及插值函数阶次的提高，有限元解的近似程度将不断地被改进。如果单元是满足收敛准则的，则近似解最后收敛于原数学模型的精确解。

4. 计算机计算的高效性

由于有限元分析的各个步骤可以表达成规范化的矩阵形式，求解方程可以统一为标准的矩阵代数问题，特别适合计算机的编程和执行。随着计算机软、硬件技术的高速发展，以及新的数值计算方法的不断出现，大型复杂问题的有限元分析已成为工程技术领域的常规工作。

1.4 有限元软件概述

随着计算机软、硬件技术的迅猛发展，CAD/CAM/CAE 技术日趋成熟，计算机应用遍及各类工程和技术研究领域。大型通用有限元软件以功能强、使用方便、计算结果可靠和效率高等特点而逐渐形成新的技术商品,成为工程分析强有力的工具。目前,有限元法在现代结构力学、热力学、流体力学和电磁学等许多领域都发挥着重要作用。我国科研院所、工程界比较流行、广泛使用的大型有限元软件主要有 Ansys、SAP2000、NIDA、Abaqus 等。总之,目前的商业软件不但功能几乎覆盖所有工程领域,使用也非常方便,具有一定理论基础的技术人员都可以在较短时间内具备实际分析能力,这也是有限元商业软件能被迅速推广的主要原因之一。主流有限元软件的特点、功能如下。

1.4.1 Ansys

Ansys 公司是世界上最大的有限元分析软件公司之一,Ansys 是融结构、流体、电场、磁场、声场分析于一体的大型通用有限元分析软件,具有独一无二的多场耦合分析功能,可实现对力场、流场、热场、磁场的全面分析。Ansys 最突出的优势为多物理场分析技术,所谓多物理场指热场、流场、结构应力场的多场耦合。在前处理方面,Ansys 的实体建模功能比较完善,提供了完整的布尔运算,也可导入 Pro/E、UG 生成的 CAD 模型。

Ansys 是国内目前使用最为广泛、用户群最多的有限元软件。Ansys 公司提供许多专业模块,常见的专业模块见表 1.1。

表 1.1 常用的专业模块

名称	功能	名称	功能
Mechanical	高级结构分析及热分析	LS-DYNA	通用高度非线性显示动力学分析
AUTODYN	冲击爆炸专用显示动力学分析	nCode DesignLife	高级疲劳耐久性分析
Discovery Live	即时仿真	Sherlock	电子产品可靠性分析工具
Fluent	计算流体动力学模块	CHEMKIN-PRO	复杂化学反应快速分析工具
FORTE	复杂化学反应快速分析工具	ICEM CFD	专业级 CFD 前后处理器

1.4.2 SAP2000

SAP2000 是一款结构通用有限元分析软件。SAP2000 的计算原理为杆、壳、实体有限元理论,即利用弹性力学和数理方程搭建解题方程,然后通过位移限制条件给出约束矩阵和位移矩阵,最终将位移矩阵代入单元刚度方程得出单元节点反力和内力云图。SAP2000 计算功能十分强大,几乎囊括了所有结构工程领域内的最新结构分析功能。SAP2000 计算模型的建立、运行、设计以及分析结果的显示都在同一个界面内进行,是一个"在屏幕画出图形,就可以得到结构内力"的可视化结构设计、分析计算软件。SAP2000 计算分析包括静力(线性和非线性)分析、动力地震分析和静力分析、移动载荷作用下的分析、弹性屈曲分析等。SAP2000 的设计功能也比较强大,它包含了混凝土框架、钢框架、木框架、铝框架设计规范,可通过自定义载荷组合或按规范自动生成载荷组合的方法进行截面设计,并且可以通过包络法对所有组合进行最不利验算,得到强度应力比,给出合理的配筋值。

1.4.3 NIDA

NIDA 始创于 1996 年，是全球首个专业二阶非线性（直接）分析软件，有着强大的非线性分析功能。NIDA 除了可进行一般的线性分析、模态分析、特征值弹性稳定性分析外，还拥有当今国际领先、可考虑结构整体和构件局部初始缺陷（P-D 和 P-d）效应的二阶高等分析功能，更多高级功能包括考虑节点半刚性、塑性铰、可滑动索、施工过程模拟等。此外，NIDA 还拥有完善的地震分析功能，如反应谱分析、Pushover 分析和弹塑性时程分析。NIDA 采用先进的分析设计方法，代表了钢结构设计的潮流与趋势，引领未来结构设计更安全、更高效、更优质、更环保。NIDA 在结构设计方面有着无可比拟的优势，尤其是在钢结构、输电塔、脚手架、玻璃幕墙设计等领域。

1.4.4 Abaqus

Abaqus 是一套功能强大的工程模拟的有限元软件，其解决问题的范围从相对简单的线性分析到许多复杂的非线性问题。Abaqus 包括一个丰富的、可模拟任意几何形状的单元库，并拥有各种典型的材料模型库，可以模拟典型工程材料（金属、橡胶、高分子材料、复合材料、钢筋混凝土、可压缩超弹性泡沫材料以及土壤和岩石等地质材料）的性能。作为通用的模拟工具，Abaqus 除了能解决大量结构（应力/位移）问题，还可以模拟其他工程领域的许多问题，例如热传导、质量扩散、热电耦合分析、声学分析、岩土力学分析及压电介质分析。Abaqus 被广泛地认为是功能最强的有限元软件，可以分析复杂的固体力学和结构力学系统，特别是能够驾驭非常庞大复杂的问题和模拟高度非线性问题。Abaqus 不但可以做单一零件的力学和多物理场的分析，同时还可以做系统级的分析和研究。Abaqus 的系统级分析的特点相对于其他的分析软件来说是独一无二的。Abaqus 优秀的分析能力和模拟复杂系统的可靠性使得 Abaqus 在各国的工业和研究中被广泛采用。Abaqus 产品在大量的高科技产品研究中都发挥着巨大的作用。

Abaqus 凭借其内容的覆盖全面、用户友好的界面设计以及易于掌握的特性，已广泛地在实际工程中应用。因此，本书基于"工程结构有限元分析"课程的教学大纲，结合通用有限元软件 Abaqus，旨在给读者提供 Abaqus 的基础理论，核心内容和实践应用，使读者能够熟练掌握 Abaqus 前处理模块，可构建精细的框架、壳体及实体模型；能深刻理解有限元分析中的基本概念，并灵活设置软件的求解参数，以满足多样化的分析需求。此外，本书还深入讲解了如何利用 Abaqus 进行静态与动态分析，并通过细致的后处理结果解读，帮助读者直观理解分析的过程与结论。从而具备独立完成基本工程结构有限元分析任务的能力。

第 2 章
有限元法原理介绍

2.1 概 述

在工程与科技领域中，随着相关问题的复杂度以及基本方程的非线性性质不断提高，基于在某些假设条件下的理论分析模型所得到的分析结果已难以满足计算精度和计算效率的要求。自 20 世纪 60 年代电子计算机问世后，通过数值分析法得到问题的数值近似解的方法得到了高速的发展与广泛的应用，并已成为解决复杂工程分析计算问题的有效途径，几乎所有的设计制造都离不开有限元分析计算，其在机械制造、材料加工、航空航天、汽车、土木建筑、电子电器、国防军工、船舶、铁道、石化、能源和科学研究等各个领域的广泛使用已使设计水平发生了质的飞跃。

我国在有限元方面也做出了许多世界瞩目的伟大成就。在大型基础设施工程方面，我国在高铁、大桥、核电站、高层建筑等工程中广泛应用有限元分析。尤其在高铁的发展过程中，实现"弯道超车"，并凭借拥有的多项完全自主知识产权技术，成为了中国新的"外交名片"。随着"一带一路"的推进，越来越多的中国高铁在亚洲、欧洲、非洲等地区"落地生根"，促进了国家间的互联互通，也让更多地区更紧密地连接在一起。在航天航空工程方面，我国利用有限元分析进行结构设计和性能评估，不断研发出新型飞机、卫星、火箭等。近来成功研发的 C919 国产大飞机项目中采用有限元进行结构分析就是一个重要的例子。此外，我国利用有限元法在新材料研究、力学结构优化、地震工程以及国际合作等方面取得了一系列伟大成就，不仅在国内产生了深远的影响，还在国际舞台上获得了广泛的认可。有限元分析法在解决复杂问题、改进结构性能、提高安全性和可靠性方面发挥了关键作用，为我国的工程科学和技术的发展做出了积极的贡献。

目前常用的数值分析法主要是有限差分法和有限元法。有限差分法在建立问题的基本方程后，首先将求解域划分为网格，然后在网格格点上利用差分方程来近似微分方程，可求解相当复杂的问题，特别是建立固定在空间的坐标系的流体力学问题。但对于固体结构问题，由于方程通常建立在固定于物体上的坐标系，其存在几何形状不规则或者材料不均匀情况以及复杂边界条件等问题，应用有限差分法存在较大的局限性。有限元法与有限差分法不同，它将一个连续体划分成为有限个微小单元，单元体通过节点连接，在各个单元上假设近似形函数，把一个具有无限个自由度的连续体简化为有限个自由度的近似的数学模型。

在工程或物理问题的数学模型确定后，运用有限元法对其进行分析的数值计算方法的要点可归纳如下：

（1）将一个表示结构或连续体的求解域离散为若干个子域，并且通过它们边界上的节点相互连接成为组合体。

（2）用每个单元内所假设的近似函数来分片地表述全求解域内的未知场变量。而对于单个单元内的近似函数，则可通过未知场函数在单元各个节点上的数值以及对应的插值函数来表达。

（3）通过原问题数学模型等效变分原理或加权余量法，从而建立求解基本未知量的代数方程或常微分方程组。

本章将以平面应力问题的静力分析为例，简要介绍有限元的基本概念和原理。

2.2 结构离散化

2.2.1 离散化概念

有限元分析的第一步是结构的离散化。结构离散化是将原问题的几何结构或边界条件通过有限个互不重叠的线段、三角形、四边形或多面体来对单元进行分割，将整体问题的全求解域转化为单一单元片上的部分求解域的集合，并且通过节点连接各个单元。各单元之间只能通过节点传递单元间的作用力，且拆分的单元越多，单元的尺寸越小，就更接近原问题结构的求解域。

结构离散化在几何上解决了复杂结构在传统力学下难以求解的问题，在简单的单元划分下，用分片求解域的集合去逼近原问题的真实求解域，在数学上解决了未知场函数的问题，利用分片子域的场函数集合去近似表达整个求解连续域内的场函数。

2.2.2 离散单元类型

一般情况下，单元类型与形状的选择主要取决于结构总体求解域的几何形状与方程类型以及问题求解精度的要求，总体域可以是一维、二维、三维，主要包括以下几种单元类型。

（1）一维。

一维线性单元，如图 2.1 所示。

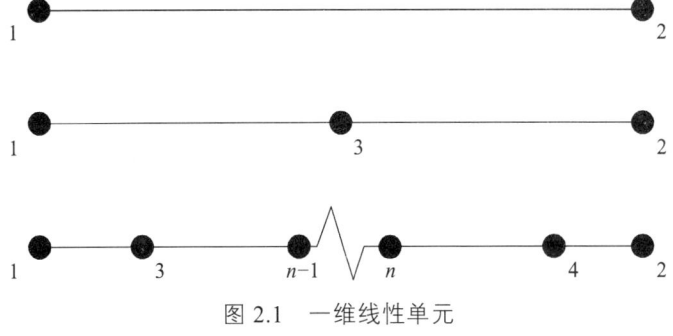

图 2.1 一维线性单元

（2）二维。

对于二维平面问题，通常采用三节点三角形单元作为基本单元形状，这是最简单且运用最广泛的单元类型，如图 2.2 所示。此外还有六节点和十节点三角形单元。除了三角形单元，还有长方形和一般四边形单元，其单元划分如图 2.3 所示。

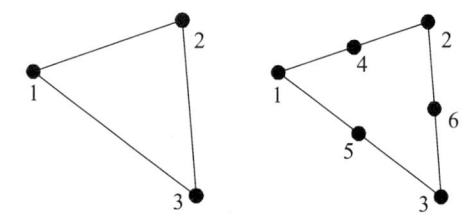

图 2.2　三角形单元

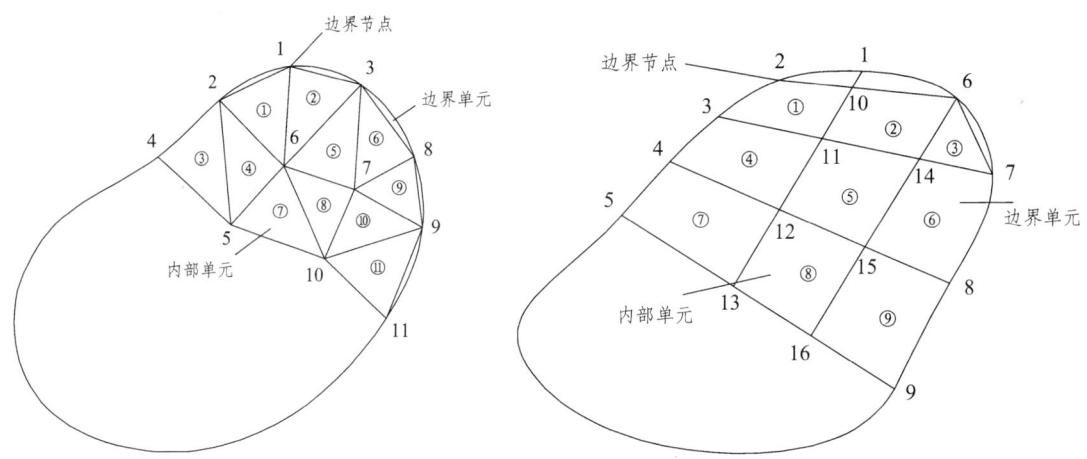

图 2.3　单元划分

（3）三维。

三维主要采用四面体单元和正六面体单元，如图 2.4 所示。

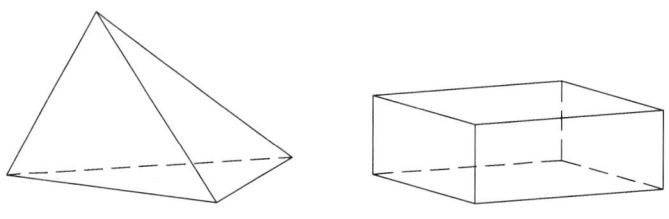

图 2.4　四面体单元和正六面体单元

2.3　单元位移函数的选取

2.3.1　位移函数选取原则

选择合适的单元位移函数是对实际问题进行有限元分析的第二个步骤，即在进行结构离散化处理后，通过对单元力学性质的分析，建立单元节点力与节点位移之间的关系。但在此之前，需要先对单元场变量进行假设，考虑位移是关于坐标的某种函数，称为位移函数，在假设位移函数时，必须考虑到如下要求：

（1）函数在节点处的值应当与节点位移相等。
（2）保证有限元解收敛于真实解。
因此，位移函数应满足如下条件：
（1）包含常数项，即存在单元刚体位移。单元内各点的位移通常包含两部分：① 单元内部变形所引起的位移形变；② 其他单元产生变形时，通过相邻节点传递而来的位移，称为刚体位移。刚体位移和点的位置无关，需要采用常数项描述此位移。
（2）包含一次项，即单元的常应变。单元内各点的应变包含两部分：① 与该单元中各点的位置坐标有关的变应变；② 与位置坐标无关的常应变。在处理小变形问题或者单元尺寸缩小时，单元内各点的应变应当趋于相同，此时主要为常应变。因此，为了反映这种应变状态，位移函数应当包含一次项，因为一次项求导为常数。
（3）保证位移的连续性。在弹性体中，结构产生实际变形时各点位移必然是连续的，否则内部将会出现材料的裂隙和重叠，故进行结构离散后的结构也应该连续。对于多项式位移函数，它在单元内部的连续性是自然满足的，关键是单元之间的连续性，即变形后单元之间既不脱离也不重叠。

2.3.2 三角形单元位移函数

三节点三角形单元对复杂边界有较强的适应能力，易于将二维域离散为有限个三角形单元，是有限元方法中最早提出且至今仍然广泛应用的单元类型。对于位移函数来说，多项式的项数越多，其有限元解就越逼近原问题解。项数通常由单元自由度决定，以三节点的三角形单元为例，单元内位移分布为关于 x 和 y 的函数，每个节点有两个位移，总共 6 个自由度，可以确定 6 个待定系数，如图 2.5 所示。

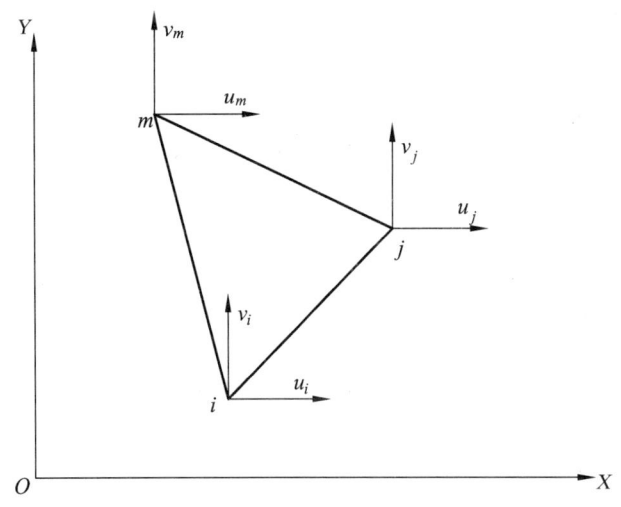

图 2.5 三节点三角形单元

因此这种三角形单元位移函数为

$$\left. \begin{array}{l} u(x,y) = \alpha_1 + \alpha_2 x + \alpha_3 y \\ v(x,y) = \alpha_4 + \alpha_5 x + \alpha_6 y \end{array} \right\} \quad (2.1)$$

式（2.1）为线性多项式，称为线性位移函数，相应的单元称为线性单元。它的矩阵表达为

$$H = \phi\alpha \quad (2.2)$$

其中 $H = \begin{bmatrix} u \\ v \end{bmatrix}$, $\phi = \begin{bmatrix} \varphi & 0 \\ 0 & \varphi \end{bmatrix}$, $\varphi = [1 \quad x \quad y]$, $\alpha = [\alpha_1 \quad \alpha_2 \quad \cdots \quad \alpha_6]^T$

式中：ϕ——位移模式，坐标 x 和 y 的函数中所包括的项次，此时，单元内的位移是坐标的线性函数；

$\alpha_1 \sim \alpha_6$——待定系数，称之为广义坐标。

6 个广义坐标由单元 6 个节点位移表示，对于节点 i 的坐标 (x_i, y_i) 可得到节点 i 在 x 方向的位移 u_i，同理可得 u_j 和 u_m；在 y 方向的位移 v_i，同理可得 v_j 和 v_m。它们表示为

$$\left. \begin{aligned} u_i &= \alpha_1 + \alpha_2 x_i + \alpha_3 y_i \\ u_j &= \alpha_1 + \alpha_2 x_j + \alpha_3 y_j \\ u_m &= \alpha_1 + \alpha_2 x_m + \alpha_3 y_m \\ v_i &= \alpha_4 + \alpha_5 x_i + \alpha_6 y_i \\ v_j &= \alpha_4 + \alpha_5 x_j + \alpha_6 y_j \\ v_m &= \alpha_4 + \alpha_5 x_m + \alpha_6 y_m \end{aligned} \right\} \quad (2.3)$$

式（2.3）中共有 6 个方程，可以得到广义坐标由节点位移表示的表达式，上式的系数行列式为

$$D = \begin{vmatrix} 1 & x_i & y_i \\ 1 & x_j & y_j \\ 1 & x_m & y_m \end{vmatrix} = 2A \quad (2.4)$$

其中，A 是 $\triangle mij$ 的面积。而广义坐标 $\alpha_1 \sim \alpha_6$ 为

$$\begin{aligned}
\alpha_1 &= \frac{1}{D} \begin{vmatrix} u_i & x_i & y_i \\ u_j & x_j & y_j \\ u_m & x_m & y_m \end{vmatrix} = \frac{1}{2A}[(x_j y_m - x_m y_j)u_i + (x_m y_i - x_i y_m)u_j + (x_i y_j - x_j y_i)u_m] \\
\alpha_2 &= \frac{1}{D} \begin{vmatrix} 1 & u_i & y_i \\ 1 & u_j & y_j \\ 1 & u_m & y_m \end{vmatrix} = \frac{1}{2A}[(y_j - y_m)u_i + (y_m - y_i)u_j + (y_i - y_j)u_m] \\
\alpha_3 &= \frac{1}{D} \begin{vmatrix} 1 & x_i & u_i \\ 1 & x_j & u_j \\ 1 & x_m & u_m \end{vmatrix} = \frac{1}{2A}[(x_m - x_j)u_i + (x_i - x_m)u_j + (x_j - x_i)u_m] \\
\alpha_4 &= \frac{1}{D} \begin{vmatrix} v_i & x_i & y_i \\ v_j & x_j & y_j \\ v_m & x_m & y_m \end{vmatrix} = \frac{1}{2A}[(x_j y_m - x_m y_j)v_i + (x_m y_i - x_i y_m)v_j + (x_i y_j - x_j y_i)v_m] \\
\alpha_5 &= \frac{1}{D} \begin{vmatrix} 1 & v_i & y_i \\ 1 & v_j & y_j \\ 1 & v_m & y_m \end{vmatrix} = \frac{1}{2A}[(y_j - y_m)v_i + (y_m - y_i)v_j + (y_i - y_j)v_m] \\
\alpha_6 &= \frac{1}{D} \begin{vmatrix} 1 & x_i & v_i \\ 1 & x_j & v_j \\ 1 & x_m & v_m \end{vmatrix} = \frac{1}{2A}[(x_m - x_j)v_i + (x_i - x_m)v_j + (x_j - x_i)v_m]
\end{aligned} \quad (2.5)$$

以上各式中的括号内都为已知的节点坐标值。

令
$$\begin{aligned}
a_i &= x_j y_m - x_m y_j, & b_i &= y_j - y_m, & c_i &= x_m - x_j \\
a_j &= x_m y_i - x_i y_m, & b_j &= y_m - y_i, & c_j &= x_i - x_m \\
a_m &= x_i y_j - x_j y_i, & b_m &= y_i - y_j, & c_m &= x_j - x_i
\end{aligned}$$

那么 $\alpha_1 \sim \alpha_6$ 的值简写为

$$\left.\begin{aligned}
\alpha_1 &= \frac{1}{2A}(a_i u_i + a_j u_j + a_m u_m) \\
\alpha_2 &= \frac{1}{2A}(b_i u_i + b_j u_j + b_m u_m) \\
\alpha_3 &= \frac{1}{2A}(c_i u_i + c_j u_j + c_m u_m) \\
\alpha_4 &= \frac{1}{2A}(a_i v_i + a_j v_j + a_m v_m) \\
\alpha_5 &= \frac{1}{2A}(b_i v_i + b_j v_j + b_m v_m) \\
\alpha_6 &= \frac{1}{2A}(c_i v_i + c_j v_j + c_m v_m)
\end{aligned}\right\} \quad (2.6)$$

得到可将位移函数表示成节点位移的函数，即

$$\begin{aligned}
u &= N_i u_i + N_j u_j + N_m u_m \\
v &= N_i v_i + N_j v_j + N_m v_m
\end{aligned} \quad (2.7)$$

其中

$$N_i = \frac{1}{2A}(a_i + b_i x + c_i y) \quad (i, j, m \text{ 轮换}) \quad (2.8)$$

N_i、N_j、N_m 称为单元插值函数或形函数，仅仅与节点坐标相关，与节点位移无关。式（2.8）的矩阵形式为

$$\boldsymbol{H} = \begin{bmatrix} u \\ v \end{bmatrix} = \begin{bmatrix} N_i & 0 & N_j & 0 & N_m & 0 \\ 0 & N_i & 0 & N_j & 0 & N_m \end{bmatrix} \begin{bmatrix} u_i \\ v_i \\ u_j \\ v_j \\ u_m \\ v_m \end{bmatrix} \quad (2.9)$$

$$= \boldsymbol{N}\boldsymbol{q}^e$$

式中：$\boldsymbol{N}$——插值函数矩阵；

$\boldsymbol{q}^e$——单元节点位移阵列。

只要知道了节点位移，就可通过形函数利用插值的方法求出单元内任意一点所产生的位移，即整个单元的位移分布都可通过节点位移结合形函数进行控制。

2.3.3 形函数性质

（1）Kronecker delta（克罗内克符号）性质。

在节点上的插值函数的值有

$$N_i(x_i, y_i) = \delta_{ij} = \begin{cases} 1, & j = i \\ 0, & j \neq i \end{cases} \quad (i, j, m \text{ 轮换}) \tag{2.10}$$

对于三角形单元即有

$$N_i(x_i, y_i) = 1, \quad N_i(x_j, y_j) = N_i(x_m, y_m) = 0$$
$$N_j(x_j, y_j) = 1, \quad N_j(x_i, y_i) = N_j(x_m, y_m) = 0$$
$$N_m(x_m, y_m) = 1, \quad N_m(x_i, y_i) = N_m(x_j, y_j) = 0$$

此性质称为 Kronecker delta 性质。

（2）插值函数的归一性。

在单元中任一点各插值函数之和为 1，即

$$N_i + N_j + N_m = 1 \tag{2.11}$$

假设单元发生 x 方向刚体位移 u_0，则单元内应处处有位移 u_0，即

$$u_i = u_j = u_m = u_0$$

又有

$$u = N_i u_i + N_j u_j + N_m u_m = (N_i + N_j + N_m) u_0$$

因此必然有

$$N_i + N_j + N_m = 1$$

若插值函数不满足此要求，则不能反映单元的刚体位移，求解结果必然错误。此性质称为插值函数的归一性。

对于此时的三角形单元，插值函数是线性的，而单元内部及其边界上的位移也应当是线性，可由节点位移值确定。由于相邻单元公共节点的节点位移相等，保证了相邻单元在公共边界上位移的连续性。

2.4 分析单元

确定单元位移后，可以利用几何方程与物理方程求得单元的应变和应力为

$$\boldsymbol{\varepsilon} = \begin{bmatrix} \varepsilon_x \\ \varepsilon_y \\ \varepsilon_z \end{bmatrix} = \boldsymbol{B} \boldsymbol{q}^e \tag{2.12}$$

式中：$\boldsymbol{B}$——应变矩阵。

$$B_i = \begin{pmatrix} \dfrac{\partial N_i}{\partial x} & 0 \\ 0 & \dfrac{\partial N_i}{\partial y} \\ \dfrac{\partial N_i}{\partial y} & \dfrac{\partial N_i}{\partial x} \end{pmatrix} \quad (i, j, m \text{ 轮换}) \tag{2.13}$$

故三节点单元的应变矩阵为

$$B = \begin{bmatrix} B_i & B_j & B_m \end{bmatrix} = \frac{1}{2A} \begin{pmatrix} b_i & 0 & b_j & 0 & b_m & 0 \\ 0 & c_i & 0 & c_j & 0 & c_m \\ c_i & b_i & c_j & b_j & c_m & b_m \end{pmatrix} \tag{2.14}$$

而单元应力可以通过物理方程得出，即

$$\boldsymbol{\sigma} = \begin{bmatrix} \sigma_x \\ \sigma_y \\ \sigma_z \end{bmatrix} = \boldsymbol{D}\boldsymbol{\varepsilon} = \boldsymbol{D}\boldsymbol{B}\boldsymbol{q}^e = \boldsymbol{S}\boldsymbol{q}^e \tag{2.15}$$

式中：$\boldsymbol{D}$——弹性矩阵。

$$\boldsymbol{D} = \frac{E_0}{1-\mu_0^2} \begin{bmatrix} 1 & \mu_0 & 0 \\ \mu_0 & 1 & 0 \\ 0 & 0 & \dfrac{1-\mu_0}{2} \end{bmatrix} \tag{2.16}$$

对于平面应力问题

$$E_0 = E, \quad \mu_0 = \mu \tag{2.17}$$

对于平面应变问题

$$E_0 = \frac{E}{1-\mu^2}, \quad \mu_0 = \frac{\mu}{1-\mu} \tag{2.18}$$

与应变矩阵 $\boldsymbol{B}$ 相同，应力矩阵 $\boldsymbol{S}$ 也是常量矩阵，但通常情况下不单独定义 $\boldsymbol{S}$ 矩阵，而是用 $\boldsymbol{S} = \boldsymbol{D}\boldsymbol{B}$ 进行直接计算。

之后，便可通过最小位能原理建立有限元方程。最小位能原理的泛函总位能 $\varPi_\mathrm{p}$ 表达式为

$$\varPi_\mathrm{p} = \int_\Omega \frac{1}{2} \boldsymbol{\varepsilon}^\mathrm{T} \boldsymbol{D}\boldsymbol{\varepsilon} t \mathrm{d}x\mathrm{d}y - \int_\Omega \boldsymbol{u}^\mathrm{T} \boldsymbol{f} t \mathrm{d}x\mathrm{d}y - \int_{S_\sigma} \boldsymbol{u}^\mathrm{T} \boldsymbol{T} t \mathrm{d}S \tag{2.19}$$

式中：t——二维体厚度；

f——作用在二维体内的体积力；

T——作用在二维体边界上的面积力。

对于离散模型，系统位能为各个分片单元位能的和，故离散模型的总位能为

$$\Pi_p = \sum_e \Pi_p^e = \sum_e (\boldsymbol{q}^{eT} \int_{\Omega_e} \frac{1}{2} \boldsymbol{B}^T \boldsymbol{D} \boldsymbol{B} t \mathrm{d}x\mathrm{d}y \boldsymbol{q}^e) - \\ \sum_e (\boldsymbol{q}^{eT} \int_{\Omega_e} \boldsymbol{N}^T \boldsymbol{f} t \mathrm{d}x\mathrm{d}y \boldsymbol{q}^e) - \sum_e (\boldsymbol{q}^{eT} \int_{S_\sigma^e} \boldsymbol{N}^T \boldsymbol{T} \mathrm{d}S) \tag{2.20}$$

而将结构总位能的各项矩阵表达为各个分片单元总位能各对应项矩阵之和，必然要求分片各项矩阵的阶数与结构体各项矩阵阶数相同，因此可以引入单元—结构自由度转换矩阵 $\boldsymbol{G}$，将单元节点阵列 $\boldsymbol{q}^e$ 转化为结构节点阵列 $\boldsymbol{q}$，即

$$\boldsymbol{q}^e = \boldsymbol{G}\boldsymbol{q} \tag{2.21}$$

其中 $\boldsymbol{q} = \begin{bmatrix} u_1 & v_1 & u_2 & v_2 & \cdots & u_i & v_i & \cdots & u_n & v_n \end{bmatrix}^T$

$$\boldsymbol{G}_{6 \times 2n} = \begin{matrix} & 1 & 2 & \cdots & 2i-1 & 2i & \cdots & 2m-1 & 2m & \cdots & 2j-1 & 2j & \cdots & 2n \\ & \begin{bmatrix} 0 & 0 & \cdots & 1 & 0 & \cdots & 0 & 0 & \cdots & 0 & 0 & \cdots & 0 \\ 0 & 0 & \cdots & 0 & 1 & \cdots & 0 & 0 & \cdots & 0 & 0 & \cdots & 0 \\ 0 & 0 & \cdots & 0 & 0 & \cdots & 0 & 0 & \cdots & 1 & 0 & \cdots & 0 \\ 0 & 0 & \cdots & 0 & 0 & \cdots & 0 & 0 & \cdots & 0 & 1 & \cdots & 0 \\ 0 & 0 & \cdots & 0 & 0 & \cdots & 1 & 0 & \cdots & 0 & 0 & \cdots & 0 \\ 0 & 0 & \cdots & 0 & 0 & \cdots & 0 & 1 & \cdots & 0 & 0 & \cdots & 0 \end{bmatrix} \end{matrix} \tag{2.22}$$

其中 n 为结构的节点数

令 $\boldsymbol{K}^e = \int_{\Omega_e} \boldsymbol{B}^T \boldsymbol{D} \boldsymbol{B} t \mathrm{d}x\mathrm{d}y \qquad \boldsymbol{P}_f^e = \int_{\Omega_e} \boldsymbol{N}^T \boldsymbol{f} t \mathrm{d}x\mathrm{d}y$

$$\boldsymbol{P}_S^e = \int_{S_\sigma^e} \boldsymbol{N}^T \boldsymbol{T} \mathrm{d}S \qquad \boldsymbol{P}^e = \boldsymbol{P}_S^e + \boldsymbol{P}_f^e \tag{2.23}$$

式中：$\boldsymbol{K}^e$、$\boldsymbol{P}^e$——单元刚度矩阵与单元等效节点载荷列阵。

故离散形式的结构位能可以有以下形式的表示：

$$\Pi_p = \boldsymbol{q}^T \frac{1}{2} \sum_e (\boldsymbol{G}^T \boldsymbol{K}^e \boldsymbol{G}) \boldsymbol{q} - \boldsymbol{q}^T \sum_e (\boldsymbol{G}^T \boldsymbol{P}^e) \tag{2.24}$$

令 $\boldsymbol{K} = \sum_e \boldsymbol{G}^T \boldsymbol{K}^e \boldsymbol{G} \qquad \boldsymbol{P} = \sum_e \boldsymbol{G}^T \boldsymbol{P}^e \tag{2.25}$

$\boldsymbol{K}$ 与 $\boldsymbol{P}$ 分别称为结构整体刚度矩阵与结构节点载荷阵列，故有

$$\Pi_p = \boldsymbol{q}^T \frac{1}{2} \boldsymbol{K} \boldsymbol{q} - \boldsymbol{q}^T \boldsymbol{P} \tag{2.26}$$

根据变分原理，泛函取驻值的条件为

$$\frac{\partial \Pi_p}{\partial \boldsymbol{q}} = 0 \tag{2.27}$$

于是便可以得到有限元求解方程为

$$\boldsymbol{K}\boldsymbol{q} = \boldsymbol{P} \tag{2.28}$$

2.5 总刚集成

由式（2.24）所定义的单元刚度矩阵，由于应变矩阵 B 在三节点三角形单元的情况下是常变量，因此有以下简化，其中 A 为单元面积：

$$K^e = B^{\mathrm{T}}DBtA = \begin{bmatrix} K_{ii} & K_{ij} & K_{im} \\ K_{ji} & K_{jj} & K_{jm} \\ K_{mi} & K_{mj} & K_{mm} \end{bmatrix} \quad (2.29)$$

代入弹性矩阵 D 与应变矩阵 B 后，其任意分块矩阵有下列表示形式：

$$K_{rs} = B_r^{\mathrm{T}}DB_s tA = \frac{E_0 t}{4(1-u_0^2)A}\begin{bmatrix} K_1 & K_2 \\ K_3 & K_4 \end{bmatrix} \quad (r, s=i, j, m \text{ 轮换}) \quad (2.30)$$

其中

$$\left.\begin{aligned} K_1 &= b_r b_s + \frac{1-u_0}{2}c_r c_s \\ K_2 &= u_0 c_r b_s + \frac{1-u_0}{2}b_r c_s \\ K_3 &= u_0 b_r c_s + \frac{1-u_0}{2}c_r b_s \\ K_4 &= c_r c_s + \frac{1-u_0}{2}b_r b_s \end{aligned}\right\} \quad (2.31)$$

由式（2.30）可得，$(K_{sr})^{\mathrm{T}} = K_{rs}$，单元刚度矩阵是对称阵。又由式（2.25）给出了结构刚度矩阵与结构节点载荷阵列由单元刚度矩阵与单元等效节点载荷阵列集成的表达式，因此有式（2.32）：

$$G^{\mathrm{T}}K^e G = \begin{array}{c} 1 \\ \vdots \\ i \\ \vdots \\ j \\ \vdots \\ m \\ \vdots \\ n \end{array}\begin{bmatrix} 0 & 0 & 0 \\ \vdots & \vdots & \vdots \\ I & & \\ 0 & 0 & \\ & I & \\ & 0 & \\ & & 0 \\ & \vdots & I \\ 0 & 0 & 0 \end{bmatrix}\begin{bmatrix} K_{ii} & K_{ij} & K_{im} \\ K_{ji} & K_{jj} & K_{jm} \\ K_{mi} & K_{mj} & K_{mm} \end{bmatrix}\begin{bmatrix} 0 & \cdots & 0 & I & 0 & & \cdots & 0 \\ 0 & & \cdots & & 0 & I & 0 & \cdots & 0 \\ 0 & & & \cdots & & & 0 & I & 0 & \cdots & 0 \end{bmatrix}$$

$$= \begin{array}{c} 1 \\ \vdots \\ i \\ \vdots \\ j \\ \vdots \\ m \\ \vdots \\ n \end{array}\begin{bmatrix} 0 & \cdots & 0 & \cdots & 0 & \cdots & 0 & \cdots & 0 \\ \vdots & & \vdots & & \vdots & & \vdots & & \vdots \\ 0 & \cdots & K_{ii} & \cdots & K_{ij} & \cdots & K_{im} & \cdots & 0 \\ \vdots & & \vdots & & \vdots & & \vdots & & \vdots \\ 0 & \cdots & K_{ji} & \cdots & K_{jj} & \cdots & K_{jm} & \cdots & 0 \\ \vdots & & \vdots & & \vdots & & \vdots & & \vdots \\ 0 & \cdots & K_{mi} & \cdots & K_{mj} & \cdots & K_{mm} & \cdots & 0 \\ \vdots & & \vdots & & \vdots & & \vdots & & \vdots \\ 0 & \cdots & 0 & \cdots & 0 & \cdots & 0 & \cdots & 0 \end{bmatrix} \quad (2.32)$$

式中，n——结构节点总数；

i、j、m——单元节点码。

各子块的物理意义是其对整个结构矩阵的贡献。

经过转换后，便可以通过矩阵叠加，得到结构刚度矩阵 K，而其具体过程并不是按照传统的矩阵相乘集成，而是只需要按照单元节点的自由度编码，通过"对号入座"和"一一对应"的方式进行整体结构矩阵的集成。例如，假设有单元，它的单元刚度为

$$K^e = \begin{bmatrix} K_{ii} & K_{ij} & K_{im} \\ K_{ji} & K_{jj} & K_{jm} \\ K_{mi} & K_{mj} & K_{mm} \end{bmatrix}$$

假设其节点码 i，j，m 为 3，7，2，则对其进行集成时，只需要计算了单元矩阵元素后，直接"对号入座"叠加到结构刚度矩阵中，结果为

$$K = \begin{bmatrix} K_{11} & K_{12} & K_{13} & \cdots & K_{17} & \cdots & K_{1n} \\ K_{21} & K_{22}+K^e_{mm} & K_{23}+K^e_{mi} & \cdots & K_{27}+K^e_{mj} & \cdots & K_{2n} \\ K_{31} & K_{32}+K^e_{im} & K_{33}+K^e_{ii} & \cdots & K_{37}+K^e_{ij} & \cdots & K_{3n} \\ \vdots & \vdots & \vdots & & \vdots & & \vdots \\ K_{71} & K_{72}+K^e_{jm} & K_{73}+K^e_{ji} & \cdots & K_{77}+K^e_{jj} & \cdots & K_{7n} \\ \vdots & \vdots & \vdots & & \vdots & & \vdots \\ K_{n1} & K_{n2} & K_{n3} & \cdots & K_{n7} & \cdots & K_{nn} \end{bmatrix}$$

当全部单元依次集成后，便可以得到最终的结构刚度矩阵 K，根据以上算例可以得出，在实际的寄存过程中，并不需要通过转换矩阵 G 的运算，而仅仅将对应元素"对号入座"，直接叠加到矩阵或列阵当中就可以，因此，为了表达方便，可将式（2.25）改写成以下形式：

$$K = \sum_e K^e \tag{2.33}$$

需要注意的是，$\sum_e$ 表示集成过程，而不是简单的叠加过程。

由前述讨论可知，结构刚度矩阵具有以下几种特性：

（1）对称性。由于结构刚度矩阵是由单元刚度矩阵集成而成，故其与单元刚度矩阵具有相同的对称性特点。

（2）奇异性。与上述一样，单元刚度矩阵具有奇异性，故约束不足或无约束情况下，结构刚度矩阵为奇异矩阵。

（3）稀疏性。当连续体离散为有限个单元体时，每个节点相关单元与有联系的单元也只有它周围的几个相邻单元。因此，即使总体单元个数与节点数很多，矩阵阶数很高，但其中非零元素却相对很少。

（4）非零元素呈带状分布。在稀疏性的基础上，只要节点编号是合理的，这些稀疏的非零元素将集中在以主对角线为中心的一条带状区域内。

综上所述，在求解时，除了引入位移边界条件使奇异性消失外，其他特点都需要充分考

虑，从而达到提高运算效率的效果。

2.6 求解等效节点载荷、处理约束

2.6.1 结构等效节点载荷集成

根据上节内容可知，结构等效节点载荷有着与结构总体刚度集成相似的过程，由式（2.32）同理可得

$$\boldsymbol{G}^{\mathrm{T}}\boldsymbol{P}^e = \begin{matrix}1\\ \vdots\\ i\\ \vdots\\ j\\ \vdots\\ m\\ \vdots\\ n\end{matrix}\begin{bmatrix}0 & 0 & 0\\ \vdots & & \\ I & \vdots & \\ & \vdots & \\ & I & \\ & \vdots & \\ & & I\\ & \vdots & \\ 0 & 0 & 0\end{bmatrix}\begin{pmatrix}\boldsymbol{P}_i^e\\ \boldsymbol{P}_j^e\\ \boldsymbol{P}_m^e\end{pmatrix} = \begin{matrix}1\\ \vdots\\ i\\ \vdots\\ j\\ \vdots\\ m\\ \vdots\\ n\end{matrix}\begin{bmatrix}0\\ \vdots\\ \boldsymbol{P}_i^e\\ \vdots\\ \boldsymbol{P}_j^e\\ \vdots\\ \boldsymbol{P}_m^e\\ \vdots\\ 0\end{bmatrix} \quad (2.34)$$

式中：n——结构节点总数；

i、j、m——单元节点码。

各子块的物理意义是其对整个结构矩阵的贡献。

节点载荷为

$$\boldsymbol{P}^e = \begin{pmatrix}P_i^e\\ P_j^e\\ P_m^e\end{pmatrix} \quad (2.35)$$

采用如上节的假设：节点码 i, j, m 为 3，7，2，则扩大后的节点载荷列阵为

$$\boldsymbol{G}^{\mathrm{T}}\boldsymbol{P}^e = \begin{matrix}1\\2\\3\\ \\ \vdots\\ \\ 7\\ 8\\ \vdots\\ n\end{matrix}\begin{bmatrix}0\\ P_m^e\\ P_i^e\\ 0\\ \vdots\\ 0\\ P_j^e\\ 0\\ \vdots\\ 0\end{bmatrix} \quad (2.36)$$

与集成总体刚度矩阵的过程相似，集成后的结构等效节点载荷列阵为

$$P = \sum_e P^e = \begin{pmatrix} P_1 \\ P_2 + P_m^e \\ P_3 + P_i^e \\ \vdots \\ P_7 + P_j^e \\ \vdots \\ P_n \end{pmatrix} \quad (2.37)$$

2.6.2 引入位移边界条件

最小位能原理要求场函数满足几何方程和位移边界条件，对于此时的离散模型来说，近似场函数在单元内部与连续体内满足几何方程，但对于场函数的试探函数的选择方面，却没有提出在满足位移边界条件这个要求，故必须引入相应的位移边界条件，具体方法如下。

（1）直接代入法。

将方程中已知节点位移的自由度消去，得到一组修正方程，再用其去求解其他待定节点的位移。通过这种方法，假设总节点位移有 n 个，已知位移有 m 个，则最终会得到 $n-m$ 个待定方程，导致新方程阶数降低，节点位移顺序被打乱。这种方法在编制程序时有较大的困难。

（2）对角元素改1法。

当给定位移是零位移时（例如：无移动铰支座、链杆支座），可将系数矩阵 **K** 中与零位移相对应的行列的主对角线元素改为1，其余元素改为0，载荷矩阵中与零位移对应元素改为0，按照此方法对多个给定零位移修正后进行求解。这种引入位移边界条件的方法比较简单，不改变原方程的阶数与节点未知量的顺序，但只能用于给定零位移。

（3）对角元素乘大数法。

当节点给定位移 $a_j = \bar{a}_j$ 时，可将第 j 个方程的对角元素 K_{jj} 乘以一个大数 M（可取 10^{10} 数量级），并且将 P_j 用 $M P_j \bar{a}_j$ 代替。这种方法使用简单，且能够适用于任意给定位移，方程阶数与节点位移顺序都不改变，编制程序十分方便，在有限元法中经常采用此方法。

2.7 求解总体的方程

有限元求解方程通过引入位移边界条件消除了矩阵 **K** 的奇异性得到修正矩阵 $\bar{\boldsymbol{K}}$ 后，便可以求出结构的节点位移，之后便可以用已知位移求出各单元的应变与应力。需要注意的是，在求解有限元方程 $\bar{\boldsymbol{K}} \boldsymbol{q} = \bar{\boldsymbol{P}}$ 时，需要很大的计算量，通过有效且合适的计算方法，例如基于高斯消去法的各种直接解法与迭代算法，能较为快速完成有限元方程的求解。

2.8 杆系有限元

杆件结构分为梁结构与桁杆结构两种，其中由桁杆组成的称为桁架，梁组成的称为刚架。对于桁架与刚架，则又有平面与空间之分。本节将以平面刚架为例，介绍杆系有限元的具体分析步骤。

2.8.1 结构离散化

平面刚架是一种在实际工程中广泛运用的结构形式，对于任意的平面刚架，可以将结构中的每一根杆件离散为在节点处刚结的自由受力梁，承受着轴力与节点力偶。各分片单元存在着各自的局部坐标系，因此，在离散后应当存在将各局部坐标系内的量转化到整体坐标系的步骤。

2.8.2 单元分析

平面刚架在面内承受载荷发生变形，如上所述，承受着轴力与节点力偶，故每个节点应有三个位移分量与三个载荷分量如下所示，为表示方便，将带有上划线的定义为局部坐标系内的物理量。图 2.6 所示为两节点六自由度梁单元。

节点位移：$\boldsymbol{a}_i = \begin{bmatrix} \bar{u} & \bar{v} & \bar{\theta} \end{bmatrix}^{\mathrm{T}}$

节点载荷：$\boldsymbol{Q}_i = \begin{bmatrix} \bar{F}_{xi} & \bar{F}_{yi} & \bar{M}_i \end{bmatrix}^{\mathrm{T}}$

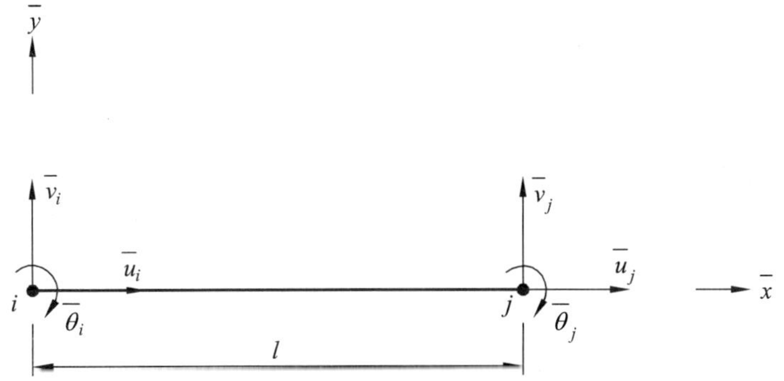

图 2.6 两节点六自由度梁单元

因此，单元位移函数可以有以下表示形式：

$$\begin{aligned} \bar{u} &= \alpha_1 + \alpha_2 \bar{x} \\ \bar{v} &= \alpha_3 + \alpha_4 \bar{x} + \alpha_5 (\bar{x})^2 + \alpha_6 (\bar{x})^3 \end{aligned} \quad (2.38)$$

将节点 i、j 的位移和坐标值代入式（2.25），可以求得广义坐标 $\alpha_1, \alpha_2, \cdots, \alpha_6$，因此用节点位移表示单元位移函数为

$$\begin{aligned} \bar{u} &= \bar{N}_1 \bar{u}_i + \bar{N}_4 \bar{u}_j \\ \bar{v} &= \bar{N}_2 \bar{v}_i + \bar{N}_3 \bar{\theta}_i + \bar{N}_5 \bar{v}_j + \bar{N}_6 \bar{\theta}_j \end{aligned} \quad (2.39)$$

有如下简写形式：

$$\bar{\boldsymbol{H}} = \begin{bmatrix} \bar{u} \\ \bar{v} \end{bmatrix} = \bar{\boldsymbol{N}}_i \bar{\boldsymbol{q}}_i + \bar{\boldsymbol{N}}_j \bar{\boldsymbol{q}}_j = \bar{\boldsymbol{N}} \bar{\boldsymbol{q}}^e \quad (2.40)$$

式中：$\bar{N}$ ——插值函数矩阵；

$\bar{q}^e$ ——单元节点位移矩阵。

将插值函数矩阵表达为

$$\bar{N} = \begin{bmatrix} \bar{N}_i & \bar{N}_j \end{bmatrix} \quad (2.41)$$

其中

$$N_i = \begin{bmatrix} \bar{N}_1 & 0 & 0 \\ 0 & \bar{N}_2 & \bar{N}_3 \end{bmatrix}$$

$$N_j = \begin{bmatrix} \bar{N}_4 & 0 & 0 \\ 0 & \bar{N}_5 & \bar{N}_6 \end{bmatrix} \quad (2.42)$$

其中，插值函数表达式为

$$\bar{N}_1 = 1-\xi, \quad \bar{N}_2 = 1-3\xi^2+2\xi^3$$

$$\bar{N}_3 = (-\xi+2\xi^2-\xi^3)l, \quad \bar{N}_4 = \xi$$

$$\bar{N}_5 = 3\xi^2-2\xi^3, \quad \bar{N}_6 = (\xi^2-\xi^3)l \quad (2.43)$$

其中

$$\xi = \frac{\bar{x}}{l} \quad (2.44)$$

单元的节点位移向量 $\bar{q}^e$ 为

$$\bar{q}^e = \begin{pmatrix} \bar{q}_i \\ \bar{q}_j \end{pmatrix} \quad (2.45)$$

其中

$$\bar{q}_i = \begin{pmatrix} \bar{u}_i \\ \bar{v}_i \\ \bar{\theta}_i \end{pmatrix}, \quad \bar{q}_j = \begin{pmatrix} \bar{u}_j \\ \bar{v}_j \\ \bar{\theta}_j \end{pmatrix} \quad (2.46)$$

在不考虑杆件的剪切应变产生变形的基础上，杆单元应当包括轴向变形与弯曲变形两种变形，即

$$\bar{\varepsilon} = \begin{bmatrix} \bar{\varepsilon}_x \\ \bar{\kappa}_x \end{bmatrix} = \begin{bmatrix} \dfrac{\mathrm{d}u}{\mathrm{d}x} \\ \dfrac{\mathrm{d}^2 v}{\mathrm{d}x^2} \end{bmatrix} = \bar{B}\bar{q}^e = \begin{bmatrix} \bar{B}_i & \bar{B}_j \end{bmatrix} \bar{q}^e \quad (2.47)$$

其中

$$\bar{B}_i = \begin{bmatrix} a_i & 0 & 0 \\ 0 & b_i & c_i \end{bmatrix}, \quad \bar{B}_j = \begin{bmatrix} a_j & 0 & 0 \\ 0 & b_j & c_j \end{bmatrix} \quad (2.48)$$

$$a_i = -a_j = -\frac{1}{l}, \quad b_i = -b_j = \frac{12}{l^3}\bar{x} - \frac{6}{l^2}$$

$$c_i = \frac{4}{l} - \frac{6}{l^2}\bar{x}, \quad c_j = \frac{2}{l} - \frac{6}{l^2}\bar{x} \quad (2.49)$$

单元应力为

$$\bar{\boldsymbol{\sigma}} = \begin{bmatrix} \bar{N} \\ \bar{M} \end{bmatrix} = \bar{\boldsymbol{D}}\bar{\boldsymbol{\varepsilon}} = \bar{\boldsymbol{D}}\bar{\boldsymbol{B}}\bar{\boldsymbol{q}}^e \tag{2.50}$$

其中

$$\bar{\boldsymbol{D}} = \begin{bmatrix} EA & 0 \\ 0 & EI \end{bmatrix} \tag{2.51}$$

式中：$\bar{N}$、$\bar{M}$——杆的轴向力与弯矩；

A、I——杆的横截面积和截面惯性矩；

E——材料弹性模量（杨氏模量）。

同样的，仍然可以通过最小位能原理，将位移代入泛函后，由 $\delta\varPi_p = 0$，可以得到有限元求解方程，即

$$\bar{\boldsymbol{K}}\bar{\boldsymbol{q}} = \bar{\boldsymbol{P}} \tag{2.52}$$

其中

$$\bar{\boldsymbol{K}} = \sum_e \bar{\boldsymbol{K}}^e, \quad \bar{\boldsymbol{q}} = \sum_e \bar{\boldsymbol{q}}^e, \quad \bar{\boldsymbol{P}} = \sum_e \bar{\boldsymbol{P}}^e \tag{2.53}$$

由式（2.24）可得

$$\bar{\boldsymbol{K}}^e = \int_{\Omega_e} \bar{\boldsymbol{B}}^{\mathrm{T}} \bar{\boldsymbol{D}} \bar{\boldsymbol{B}} t \mathrm{d}x\mathrm{d}y = \int_0^l \bar{\boldsymbol{B}}^{\mathrm{T}} \bar{\boldsymbol{D}} \bar{\boldsymbol{B}} \mathrm{d}x \tag{2.54}$$

将矩阵 $\boldsymbol{B}$、$\boldsymbol{D}$ 代入上式计算后，可以得到单元刚度矩阵为

$$\bar{\boldsymbol{K}}^e = \begin{bmatrix} \dfrac{EA}{l} & 0 & 0 & -\dfrac{EA}{l} & 0 & 0 \\ & \dfrac{12EI}{l^3} & -\dfrac{6EI}{l^2} & 0 & -\dfrac{12EI}{l^3} & -\dfrac{6EI}{l^2} \\ & & \dfrac{4EI}{l} & 0 & \dfrac{6EI}{l^2} & \dfrac{2EI}{l} \\ & 对 & & \dfrac{EA}{l} & 0 & 0 \\ & & 称 & & \dfrac{12EI}{l^3} & \dfrac{6EI}{l^2} \\ & & & & & \dfrac{4EI}{l} \end{bmatrix} \tag{2.55}$$

2.8.3 坐标转换

如前几节所述，因为杆系结构内，各单元内的局部坐标 x、y 的方向各不相同，因此，在进行结构分析时，必须建立统一的总体坐标系如图 2.7 所示，其中局部坐标用带上划线的物理量表示。

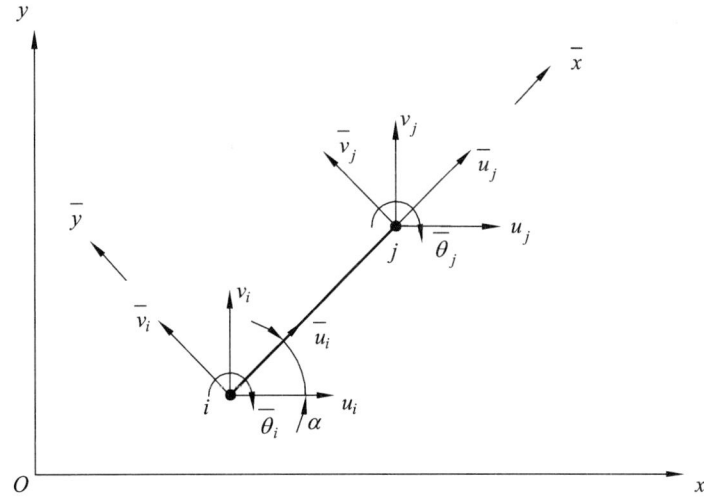

图 2.7 统一的总体坐标系

由于基本未知量为节点位移，只需要建立节点位移向量由局部坐标系到整体坐标系的转换关系，通过这种关系能导出其他向量与矩阵之间的关系。于是，令总体坐标系中的节点位移向量为

$$\boldsymbol{q}^e = \begin{pmatrix} \boldsymbol{q}_1 \\ \boldsymbol{q}_2 \\ \vdots \\ \boldsymbol{q}_n \end{pmatrix}, \quad \boldsymbol{q}_i = \begin{pmatrix} u_i \\ v_i \\ \theta_i \end{pmatrix} \tag{2.56}$$

令局部坐标系 $\bar{x}$ 轴与总体坐标系 x 之间夹角为 α，以 $\bar{x}$ 轴顺时针转到 x 轴为正，则 $\bar{x}$ 轴的方向余弦为

$$l_{\bar{x}x} = \cos(\bar{x}, x) = \cos\alpha, \quad l_{\bar{x}z} = \cos(\bar{x}, z) = \sin\alpha \tag{2.57}$$

$\bar{z}$ 轴的方向余弦为

$$l_{\bar{z}x} = \cos(\bar{z}, x) = -\sin\alpha, \quad l_{\bar{z}z} = \cos(\bar{z}, z) = \cos\alpha \tag{2.58}$$

线位移转换关系为

$$\begin{cases} \bar{u}_i = l_{\bar{x}x} u_i + l_{\bar{x}z} v_i \\ \bar{v}_i = l_{\bar{z}x} u_i + l_{\bar{z}z} v_i \end{cases} \quad (i = 1, 2, \cdots, n)$$

而截面转动在两种坐标系中是相等的，即

$$\theta_i = \bar{\theta}_i \quad (i = 1, 2, \cdots, n)$$

故有如下转换关系：

$$\bar{\boldsymbol{q}}^e = \begin{pmatrix} \bar{\boldsymbol{q}}_1 \\ \bar{\boldsymbol{q}}_2 \\ \vdots \\ \bar{\boldsymbol{q}}_n \end{pmatrix} = \boldsymbol{\lambda} \boldsymbol{q}^e = \begin{bmatrix} \boldsymbol{\lambda}_0 & & & 0 \\ & \boldsymbol{\lambda}_0 & & \\ & & \ddots & \\ 0 & & & \boldsymbol{\lambda}_0 \end{bmatrix} \begin{pmatrix} \boldsymbol{q}_1 \\ \boldsymbol{q}_2 \\ \vdots \\ \boldsymbol{q}_n \end{pmatrix} \tag{2.59}$$

其中
$$\boldsymbol{\lambda}_0 = \begin{bmatrix} l_{xx} & l_{xz} & \\ l_{zx} & l_{zz} & \\ & & 1 \end{bmatrix} = \begin{bmatrix} \cos\alpha & \sin\alpha & 0 \\ -\sin\alpha & \cos\alpha & 0 \\ 0 & 0 & 1 \end{bmatrix} \tag{2.60}$$

式中：$\boldsymbol{\lambda}$——坐标转换矩阵；

$\boldsymbol{\lambda}_0$——节点转换矩阵。

因此，可以写出总体坐标系中节点位移向量与局部坐标系中的转换表达方式：

$$\boldsymbol{q}^e = \boldsymbol{\lambda}^{-1}\overline{\boldsymbol{q}}^e \tag{2.61}$$

又有
$$\boldsymbol{\lambda}^{-1} = \boldsymbol{\lambda}^{\mathrm{T}}$$

故式（2.50）可以有以下形式：

$$\boldsymbol{q}^e = \boldsymbol{\lambda}^{-1}\overline{\boldsymbol{q}}^e = \begin{bmatrix} \boldsymbol{\lambda}_0^{\mathrm{T}} & & & 0 \\ & \boldsymbol{\lambda}_0^{\mathrm{T}} & & \\ & & \ddots & \\ 0 & & & \boldsymbol{\lambda}_0^{\mathrm{T}} \end{bmatrix} \begin{pmatrix} \overline{\boldsymbol{q}}_1 \\ \overline{\boldsymbol{q}}_2 \\ \vdots \\ \overline{\boldsymbol{q}}_n \end{pmatrix} \tag{2.62}$$

其中
$$\boldsymbol{\lambda}_0^{\mathrm{T}} = \begin{bmatrix} \cos\alpha & -\sin\alpha & 0 \\ \sin\alpha & \cos\alpha & 0 \\ 0 & 0 & 1 \end{bmatrix}$$

将式（2.55）代入有限元求解方程后用 $\boldsymbol{\lambda}^{\mathrm{T}}$ 前乘两端，则可以得到总体坐标系内的单元刚度矩阵与单元载荷向量：

$$\begin{aligned} \boldsymbol{K}^e &= \boldsymbol{\lambda}^{\mathrm{T}}\overline{\boldsymbol{K}}^e\boldsymbol{\lambda} \\ \boldsymbol{P}^e &= \boldsymbol{\lambda}^{\mathrm{T}}\overline{\boldsymbol{P}}^e\boldsymbol{\lambda} \end{aligned} \tag{2.63}$$

2.9 有限元法和矩阵位移法

前几节简单介绍了有限单元法的基本内容，读者很容易想到结构力学中类似的矩阵位移法，因此，本节将介绍有限元法与矩阵位移法之间的联系与区别。

有限元法与矩阵位移法的相似点如下：

（1）基本原理相似。有限元法与矩阵位移法都是对分析结构先进行离散化处理，将复杂结构的计算转化为简单单元的分析。

（2）分析过程相似。两种方法都是经过结构离散化处理后，利用矩阵运算得到各种节点物理量的矩阵或列阵。

有限元法与矩阵位移法的区别如下：

（1）研究对象不同。有限元法研究对象是具有各种边界的弹性体，包括线弹性、几何非线性、边界非线性等，具有极高的灵活性；而矩阵位移法主要针对平面的简单杆系结构，研究对象比较单一。

（2）基本单元不同。有限元法的基本单元种类很多，可以是三角形、矩形或任意四边形单元，并且节点设置灵活；而矩阵位移法基本单元仅仅是通过节点分解形成的单个杆件。

（3）精度不同。有限元法的解是将原结构离散后，通过插值等计算方法所得到的数值解；而矩阵位移法的解是根据线弹性理论所求得的数学解析解。

（4）解答涉及范围不同。有限元法在分析时，需要对内部的应力应变情况进行分析，求出单元节点位移后，需要通过某种位移模式来对单元内任意一点的位移进行表示，再借助弹性力学几何方程和物理方程对应力应变进行求解；而矩阵位移法本质上是将位移法用矩阵的形式进行表示，属于结构力学的范畴，并不涉及应力应变的分析。

第 3 章
结构分析单元功能及特性

20 世纪 50 年代末至 20 世纪 60 年代初,为了让计算机更加有效地应用于工程分析,一批科学家开始研究有限元法,为计算机的发展开辟了新的道路。我国著名的计算数学家冯康院士,在解决大型水坝计算问题的集体研究实践的基础上,独立于西方创造了一套求解偏微分方程问题的系统化、现代化计算方法,即现在国际上通称的有限元法。该方法基于变分原理和剖分插值两个基础,其要点被归纳为"化整为零,裁弯取直,以简驭繁,化难于易"。

有限元法在科学与工程计算中得到极为广泛的应用,是当代计算方法进展的里程碑。1965年,在中国科学院计算技术研究所工作的冯康,发表了名为《基于变分原理的差分格式》的论文。这篇论文被国际学术界视为中国独立发展有限元法的重要里程碑。法国著名科学家、法国科学院院长里翁斯院士曾经评价冯康在对外隔绝的环境下独立创始了有限元法,位列世界最早。国际学术界承认冯康对有限元法的重要贡献,是有限元法的先辈之一。冯康先生在艰难困苦的环境下,独立于西方创立了有限元理论,为解决中国第一个自己设计、施工、建造的超百米刘家峡水电站的成功截流作出了巨大贡献。

3.1 建 模

建立有限元模型的过程称为有限元建模(FEM),其表示对实物进行有限元分析,建立有限元模型,即数学模型的过程。有限元建模不仅包括描述空间体的节点和单元,也包括系统连接的生成过程,更包括呈现其物理状态的材料属性、实常数和边界条件。有限元建模是整个有限元分析过程的关键,模型合理与否将直接影响计算结果的精度高低、计算时间的长短、存储容量的大小以及计算过程能否收敛乃至最终完成。

3.1.1 单 元

从物理场的角度出发,有限元单元大致可以分为力学单元、温度场单元、电场单元、磁场单元、多场耦合单元等。从几何空间维度的角度出发,有限元可以区分为一维、二维、三维、二维轴对称等。下面主要从结构单元的角度进行介绍,根据有限元软件 Abaqus 的分类,大致分为实体单元、壳单元、线单元、点单元、刚体单元、欧拉单元。

1. 实体单元(Solid Elements)

在不同的单元中,实体(连续体)单元能够模拟的构件种类最多。从概念上讲,实体单元仅模拟部件中的一小块物质。由于实体单元可以在其任何表面与其他单元连接起来，就像建筑物中的砖或马赛克镶嵌中的瓷砖一样，因此能用来建造任何形状、承受任意载荷的模型。实体单元常用于对三维几何体进行分析，模拟具有体积和复杂几何形状的结构。

实体单元通常由节点组成，可以是四面体、六面体或其他类型的几何形状，适用于考虑三维物体的体积效应和应力传递。

实体单元的输入参数包括节点坐标、材料性质（如杨氏模量、泊松比等）、截面属性（对于某些材料）、边界条件（约束和加载情况）。

实体单元的输出结果通常包括位移、应力、应变、应力分布等。

2. 壳单元（Shell Elements）

壳单元指厚度方向尺寸远小于长度、宽度方向尺寸，且垂直于厚度方向的应力可以忽略的结构。壳单元常用于分析薄壳结构，模拟具有厚度但沿厚度方向变化较小的结构。

壳单元是在二维平面内进行分析的，具有轴对称或非轴对称几何形状，适用于薄壳结构的应力、弯曲和扭转问题。

壳单元的输入参数包括几何形状、材料性质、厚度、截面属性（对于某些材料）、边界条件（约束和加载情况）。

壳单元的输出结果通常包括位移、应力、应变、弯曲和扭转等。

3. 线单元（Wire Elements）

线单元指一维结构，典型线单元是梁单元和桁架单元。其中，梁单元用来模拟长度方向尺寸远大于宽度、厚度方向尺寸，且只有长度方向的应力比较显著的构件。桁架单元是只能承受拉载荷的杆，不能承受弯矩，因此适合模拟铰接框架结构。桁架单元还可以近似地模拟线缆和弹簧。桁架单元有时还用来代表其他单元里的加强构件。

线单元是由节点组成的，适用于模拟梁、柱等线性结构，通常具有节点位移和节点旋转自由度，可以考虑梁的弯曲、剪切和轴向力等效应。

线单元的输入参数包括梁的几何尺寸（如长度、截面形状）、材料性质、边界条件（约束和加载情况）。

线单元的输出结果通常包括节点的位移、剪力、弯矩、轴力等。

4. 点单元（Point Elements）

点单元，也称为节点或节点元素，是有限元分析中的最简单元素类型之一，是用于离散化和建立连续物体模型的一种基本单元。点单元可以视为具有零体积和零尺寸的元素，只有一个位置坐标。点单元用于模拟质点或集中质量，主要用于连接其他单元或施加集中质量。

点单元本身没有形状和自由度，它们在分析中作为连接器或质量集中点使用。

点单元的输入参数通常包括位置坐标和相关质量属性（如质量、转动惯量等）。

点单元没有自身的位移或应力结果，其影响体现在与其他单元的连接和质量分布上。

5. 刚体单元（Rigid Body Element）

刚体是指在运动中或受力作用后，形状和大小不变，且内部各点的相对位置不变的物体。

刚体单元是用于模拟刚体运动和约束的特殊单元。刚体单元通常用于描述不发生变形的刚性物体、连接件或约束条件。刚体单元常用于连接其他单元或部件，并提供刚性的连接或约束。刚体单元还用于模拟不发生变形的刚性物体，例如连接件或机械装置的刚性部分。

刚体单元假设其自身没有发生变形，节点之间的距离和角度保持不变。刚体单元通常为零自由度，因为刚体本身不需要计算位移或形变。

需要注意的是，刚体单元只适用于那些实际上是刚性的部分或约束条件。对于柔性结构需要考虑变形和应变的情况，而刚体单元并不适用。

6. 欧拉单元（Eulerian Elements）

欧拉单元是一种用于描述流体或连续介质运动的单元类型。相对于拉格朗日单元（Lagrange Elements），欧拉单元采用固定的坐标系，而不是随着物体的运动而变形的坐标系。欧拉单元主要用于流体力学和固体动力学的分析，如流体力学分析和计算流体力学（CFD）。在欧拉单元中，计算域被划分为固定的网格，单元的形状和大小保持不变。

欧拉单元广泛应用于流体力学领域，用于模拟流体的流动、湍流、传热等问题。在航空航天工程中，欧拉单元常用于模拟飞行器的空气动力学特性，如气动力、升力和阻力等。在结构分析中，欧拉单元可用于模拟振动和动力响应，特别是对于大变形和非线性问题。

需要注意的是，欧拉单元适用于描述流体和连续介质的宏观行为，而不适用于描述材料内部的微观结构变化。在特定的应用中，如模拟液体、气体、燃烧过程等，欧拉单元是一种常用的工具。

拉格朗日单元采用与物体一起运动的坐标系，适用于描述物体的变形和应变。

3.1.2 材　料

有限元仿真常用的材料从原材料类型和材料特性可以分为不同的材料类型。

（1）按原材料类型可将结构力学仿真常用的材料分为金属材料、有机高分子材料、无机非金属材料、复合材料4类。

① 金属材料，如铁、铜、铝、不锈钢等。

② 有机高分子材料，通常含碳且可以燃烧，如橡胶、合成塑料、合成纤维等。

③ 无机非金属材料，通常不含碳不能燃烧，如玻璃、陶瓷等。

④ 复合材料，分为金属和非金属两大类，如纤维增强复合材料、强化合金等。

（2）按力学特性可将结构力学仿真常用的材料分为各向同性材料、各向异性材料2类。

① 各向同性材料指材料各方向性能相同，如不锈钢、铜等，可细分为弹性、弹塑性、超弹性、黏弹性材料。

② 各向异性材料指各方向材料性能不相同，可细分为正交各向异性材料和非正交各向异性材料。各向异性材料也可细分为弹性、弹塑性、超弹性等。正交各向异性材料，如木材、晶体等。主流结构力学仿真软件都有专门的正交各向异性材料本构便于模拟。非正交各向异性材料，如石墨烯、金属化合物等。一般需要借助专门的材料分析软件进行模拟。

下面将主要从弹性、塑性、弹塑性的角度介绍典型的材料模型。

3.1.3 弹性模型

1. 线弹性模型

线弹性模型基于广义胡克定律，即固体材料受力之后，材料中的应力与应变（单位变形量）成线性关系，其包括各向同性弹性模型、正交各向异性（包括横观各向同性）弹性模型和各向异性模型。

（1）各向同性弹性模型。

如果材料的属性不随方向而变，则该材料称为各向同性。各向同性材料在各个方向具有相同的杨氏模量、泊松比、热扩张系数、热导率等。各向同性线弹性模型的应力-应变表达式为

$$\begin{Bmatrix} \varepsilon_{11} \\ \varepsilon_{22} \\ \varepsilon_{33} \\ \gamma_{12} \\ \gamma_{13} \\ \gamma_{23} \end{Bmatrix} = \begin{bmatrix} 1/E & -v/E & -v/E & 0 & 0 & 0 \\ -v/E & 1/E & -v/E & 0 & 0 & 0 \\ -v/E & -v/E & 1/E & 0 & 0 & 0 \\ 0 & 0 & 0 & 1/G & 0 & 0 \\ 0 & 0 & 0 & 0 & 1/G & 0 \\ 0 & 0 & 0 & 0 & 0 & 1/G \end{bmatrix} \begin{Bmatrix} \sigma_{11} \\ \sigma_{22} \\ \sigma_{33} \\ \sigma_{12} \\ \sigma_{13} \\ \sigma_{23} \end{Bmatrix} \quad (3.1)$$

其中，杨氏模量 E 和泊松比 v 可以随温度和其他场变量变化。

（2）正交各向异性弹性模型。

与同向性材料相比，正交各向异性材料具有互相垂直的首选强度方向。沿这些方向（也称为主要方向）的属性是弹性系数的极限值。在正交各向异性材料中，通常将材料的各向异性特性描述为一个正交坐标系中的矩阵。其有独立的弹性属性，如泊松比、杨氏模量、剪切模量等。正交各向异性弹性模型的应力-应变表达式为

$$\begin{Bmatrix} \varepsilon_{11} \\ \varepsilon_{22} \\ \varepsilon_{33} \\ \gamma_{12} \\ \gamma_{13} \\ \gamma_{23} \end{Bmatrix} = \begin{bmatrix} 1/E_1 & -v_{21}/E_2 & -v_{31}/E_3 & 0 & 0 & 0 \\ -v_{12}/E_1 & 1/E_2 & -v_{32}/E_3 & 0 & 0 & 0 \\ -v_{13}/E_1 & -v_{23}/E_2 & 1/E_3 & 0 & 0 & 0 \\ 0 & 0 & 0 & 1/G_{12} & 0 & 0 \\ 0 & 0 & 0 & 0 & 1/G_{13} & 0 \\ 0 & 0 & 0 & 0 & 0 & 1/G_{23} \end{bmatrix} \begin{Bmatrix} \sigma_{11} \\ \sigma_{22} \\ \sigma_{33} \\ \sigma_{12} \\ \sigma_{13} \\ \sigma_{23} \end{Bmatrix} \quad (3.2)$$

2. 多孔介质弹性模型

多孔介质弹性模型用于描述由孔隙结构组成的材料的弹性行为。多孔介质是指由固体颗粒和空隙组成的材料，其中颗粒之间存在间隙或孔隙。这些孔隙可以是微观尺度的细小空隙，也可以是宏观尺度的空腔或孔洞。

在多孔介质中，材料的弹性行为受到多孔介质的特性、孔隙率、孔隙结构、颗粒间接触状态等因素的影响。多孔介质弹性模型是一种非线性的各向同性弹性模型，常与修正剑桥模型搭配使用，其模型的基本理论认为模型的弹性体积应变与平均应力的对数成正比。多孔介

质的弹性行为是一个复杂的问题,对于不同类型的多孔介质材料,其弹性行为可能有很大的差异。

多孔介质弹性模型的体积应力-应变关系如图 3.1 所示。

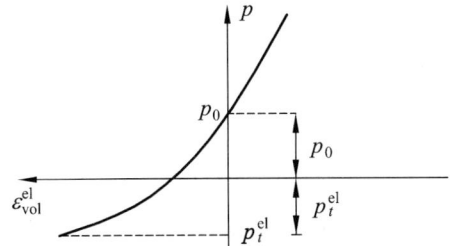

图 3.1 多孔介质弹性模型的体积应力-应变关系

3.1.4 塑性模型

塑性模型是用于描述材料塑性行为的数学模型。塑性行为指材料在超过其弹性限度后,会产生永久性形变的特性。塑性模型的目的是预测材料在应力加载下的塑性变形和应力分布。这里的塑性模型定义了弹塑性本构关系中的塑性部分,弹塑性本构关系中的弹性部分由弹性模型定义。

1. Mohr-Coulomb(莫尔-库仑)模型

莫尔-库仑模型是一种常用的岩土力学模型,用于描述岩石和土壤等岩土材料在应力作用下的变形和破坏行为。

莫尔-库仑模型假设岩土材料在达到破坏强度前是线弹性的,而在达到破坏强度后会发生剪切破坏,如图 3.2 所示。该模型主要用于描述岩土材料在三维应力状态下的破坏情况,并提出破坏面上的剪应力(剪切强度)取决于剪切面上的正应力和岩石的性质,是剪切面上正应力的函数。

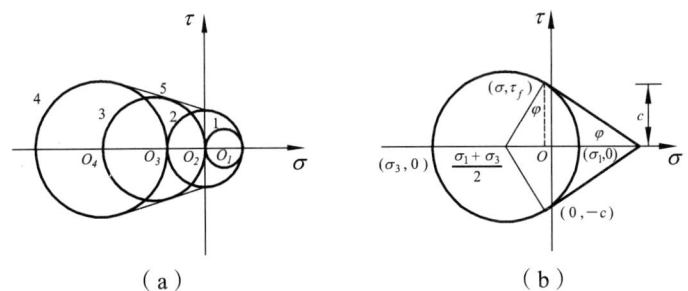

1—抗拉实验;2—纯剪试验;3—抗压试验;4—三轴试验;5—包络线。

图 3.2 莫尔-库仑破坏强度条件

莫尔-库仑模型的等效应力表达式为

$$\tau_f = c - \sigma \tan \varphi \tag{3.3}$$

式中:c——岩石内聚力;
φ——岩石内摩擦角。

莫尔-库仑模型的主要限制在于它是一个经验性模型，而且对于不同类型的岩土材料，其内摩擦角和内聚力可能会有很大的变化。因此，在实际工程应用中，人们可能会使用其他更复杂的材料模型，以更准确地描述岩土材料的行为。

2. Drucker-Prager（德鲁克-普拉格）模型

德鲁克-普拉格模型是理想弹塑性模型，理想弹塑性即应力达到屈服极限以后，应力不再增大，但是应变会一直增长。该模型用于描述土体和岩石等颗粒材料的塑性行为。该模型基于屈服准则和流动规律，可用于预测材料在应力加载下的塑性变形和应力分布。通过引入材料的内聚力参数来描述材料的压缩和拉伸不对称性。

德鲁克-普拉格模型基于屈服准则，即德鲁克-普拉格屈服准则。该准则假设材料在达到一定应力状态时发生塑性变形，其屈服条件由屈服面来描述。德鲁克-普拉格屈服面是一个圆柱面，其中心位于正应力轴上，其半径和切应力成比例。

德鲁克-普拉格模型还使用了流动规律，即德鲁克-普拉格流动规律。该规律假设材料的塑性应变率与切应力成正比，且比例系数与屈服面的形状有关。

德鲁克-普拉格模型的等效应力表达式为

$$\sigma_{eq} = \alpha + \beta I_1 \tag{3.4}$$

式中：σ_{eq}——等效应力；

α、β——模型参数；

I_1——主应力的第一不变量。

德鲁克-普拉格模型适用于描述颗粒材料在中等应力条件下的塑性行为，特别适用于岩石和土壤的塑性分析。然而，需要注意的是，德鲁克-普拉格模型是一种简化模型，不考虑材料的各向异性和温度效应等因素，对于某些特殊材料或特殊加载条件可能不适用。在实际应用中，需要根据具体情况选择适合的塑性模型。

德鲁克-普拉格模型在 p-q 平面的屈服面如图 3.3 所示。

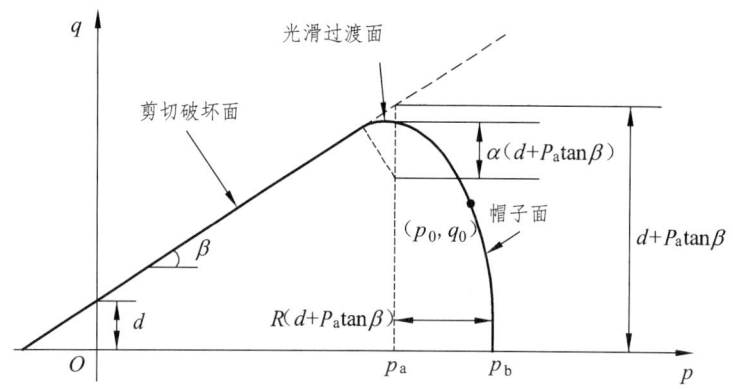

p—静水压力；q—Mises 等效应力；β—摩擦角；d—内聚力；R—偏心距；

α—过渡面曲率系数；p_a—演化参数；p_b—压缩屈服平均应力；

p_0—加载完毕后压坯所受静水压力；q_0—加载完毕后压坯所受 Mises 等效应力。

图 3.3 德鲁克-普拉格模型在 p-q 平面的屈服面

3.1.5 弹塑性模型

理想弹塑性是一种经典的塑性模型，用于描述材料的弹性和塑性行为。该模型假设材料在弹性阶段遵循线性弹性行为，在超过屈服点后进入塑性阶段，并保持塑性变形。同时，理想弹塑性模型不考虑材料的各向异性和温度效应等因素，对于某些特殊材料或特殊加载条件可能不适用。

1. 帽盖模型（Cap Model）

帽盖模型是描述地质孔隙介质弹塑性破坏特征的重要模型之一。该模型提供了一种强大的、可适应的方式，可代表地质材料的动态应力-应变行为的许多方面。帽盖系列模型已经被广泛应用了多年，主要用来描述土壤、岩石和混凝土的高度非线性特性，特别适用于地面震动和地震应用中所产生的动态分析。现代系列的帽盖模型是基于几个早期的模型改编而成的，并于 1970 年初由美国政府赞助的大学和公司研发。

帽盖模型主要应用于土壤、岩石和混凝土等地质材料，也能用于许多其他类型的材料。特别是，可以将现有的帽盖模型研究的成果应用于当前具有商业利益的新型复合材料上。帽盖模型方法以塑性理论为基础，是早期几个基于塑性模型方法的产物。多年来，最初的帽盖模型已经得到了扩展，因此帽盖模型实际上代表了一组模型。

帽盖模型在施加应力的初始阶段，岩土体表现出线性弹性行为。随着应力的增加，岩土体逐渐进入非线性阶段，开始发生塑性变形，应力-应变曲线到达峰值，这时岩土体达到最大强度，即发生破坏。

帽盖模型应力如图 3.4 所示。

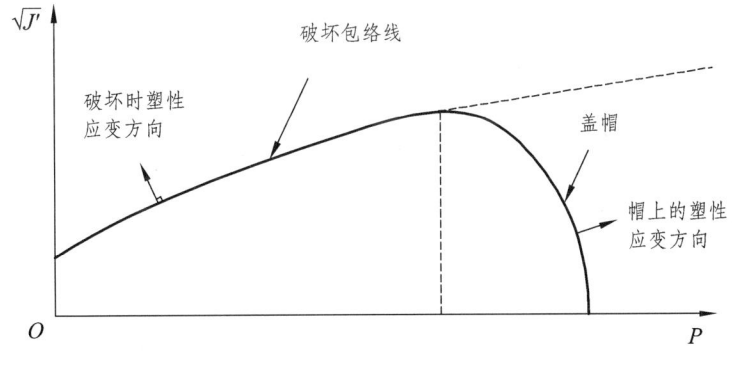

图 3.4　帽盖模型应力

2. 剑桥模型（Cambridge Model）

剑桥模型用于描述土壤的体积变形、剪切变形和应力-应变关系。它可以模拟土壤在加载和卸载过程中的非线性弹塑性行为，包括剪切强度、应变软化、体积膨胀等。

1958—1963 年，英国剑桥大学的 Roscoe 等根据正常固结黏土和弱超固结黏土的三轴试验，提出了剑桥黏土的本构模型，标志着土体力学特性认识上的第一次飞跃。他们将"帽子"屈服准则、正交流动准则和加工硬化规律系统地应用于 Cam 模型之中，并提出了临界状态线、状态边界面、弹性墙等一系列物理概念，构成了第一个比较完整的土塑性模型。Roscoe 和

Burland 又进一步修正了剑桥模型，认为剑桥模型的屈服面轨迹应为椭圆，提出了现在众所周知的修正剑桥模型。可以说，剑桥模型开创了土力学的临界状态理论。

试验证明，对于正常固结黏土和弱固结的饱和重塑黏土，孔隙比 e 与外力 p, q 之间存在有唯一的关系，且不随应力路径变化而发生变化。该模型试图描述室内试验所观察到的现象，即从某一初始状态开始加载直到最终维持塑性常体积变形的临界状态，如图 3.5 所示，其基本组成如下：

（1）在 e-p 平面中，存在一条曲线，在正常固结黏性土中的所有应力遵循此路径，这被称为正常固结线。这条线提供了体积硬化规则，可以被广义化为一般应力条件。

（2）在 e-p-q 空间中存在一条线，所有的残余状态都遵循此路径，而与实验类别和初始条件无关。这条线与 e-p 平面中的正常固结线平行，在此线上，剪切变形发生而没有体积变形发生。

（3）从固结排水和不排水实验中所得到的应力路径位于唯一的状态面，通称为 Roscoe 面。事实上，在不排水路径中，土随着塑性体积应变的发展而硬化。其中，体积应变的弹性和塑性应变增量之和保持常数。Roscoe 面的价值在于给出了屈服面类型的一个选择依据。

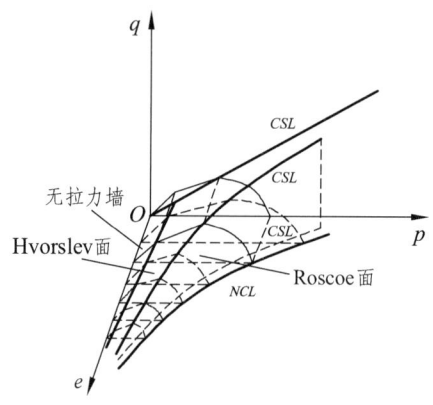

图 3.5　剑桥模型应力

3. 临界状态塑性模型（Critical State Plasticity Model）

临界状态塑性模型是用于描述土壤和岩石等颗粒材料塑性行为的模型。该模型基于临界状态力学理论，旨在描述材料达到临界状态时的力学行为，其主要是建立在临界状态边界面概念上。

英国剑桥大学 Roscoe 等于 1958—1963 年在正常固结土和弱超固结土的三轴剪切试验的基础上，发展了伦杜列克在 1937 年提出的饱和黏土有效应力和孔隙比成关系的概念，提出了在应力空间存在一完全状态边界面，土的应力状态不可能超越这个面。该边界面又称为临界状态边界面。剑桥模型、修正剑桥模型，以及在剑桥模型基础上发展起来的其他模型均属于临界状态塑性模型。在临界状态塑性模型中，土的应力状态被描述为一个应力路径，该路径在应力空间中从初始状态变化到临界状态。土的应变状态则沿着临界面进行变化，直到达到临界状态。

临界状态塑性模型在土力学和岩土工程中广泛应用，用于分析土体的塑性变形、稳定性和承载能力等问题。然而，需要注意的是，临界状态塑性模型是一种理想化模型，对于特定的土体类型和加载条件，需要根据实际情况进行适当的参数选择和校准。

临界状态塑性模型在 p-q 平面的屈服面如图 3.6 所示。

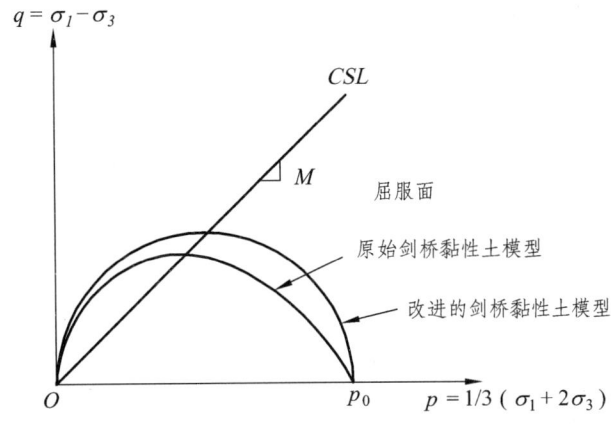

图 3.6　临界状态塑性模型在 p-q 平面的屈服面

3.1.6　材料非线性问题

材料的应力和应变是非线性关系，但当应变与位移很微小时，可以认为应变与位移呈线性关系。由于从理论上还不能提供能普遍接受的本构关系，所以，一般材料的应力与应变之间的非线性关系要基于试验数据，有时非线性材料特性可用数学模型进行模拟，尽管这些模型有一定的局限性。在工程实际中较为重要的材料非线性问题有非线性弹性（包括分段线弹性）、弹塑性、黏塑性及蠕变等。

3.2　分析流程

通过前述分析，有限元分析的基本思路首先就是建立模型，其次将模型分成有限大小的单元，单元间用节点连接，最后通过计算得出结果。有限元的分析流程可以概述为结构离散化、定义材料模型、连接设置、定义边界条件、求解计算。下面将对各步骤进行详细介绍。

3.2.1　结构离散化

结构离散化主要分为确定结构边界和几何形状、选择合适的单元类型、确定单元网格密度、确定节点、生成有限元网格、检查和修正、评估网格质量 7 个步骤。

（1）确定结构边界和几何形状：明确结构的几何形状和边界条件，包括结构的尺寸、形状、孔洞、边界约束等。

（2）选择合适的单元类型：根据结构的几何形状和特性选择合适的单元类型来近似描述结构的行为。常见的单元类型包括三角形元素、四边形元素、六面体元素等。选择适当的单元类型是确保模型准确性和计算效率的关键。

（3）确定单元网格密度：根据结构的复杂程度和分析的要求来确定。较高的网格密度可以提高模型的精度，但同时也会增加计算的复杂性和计算资源的需求。

（4）确定节点：在结构的边界和内部选择合适的节点位置。节点是连接单元的关键点，可描述结构的几何和物理性质。

（5）生成有限元网格：使用专业的有限元软件或网格生成工具，根据选定的单元类型、节点位置和网格密度生成结构的有限元网格。这包括确定单元的连接关系和节点的编号。

（6）检查和修正：对生成的有限元网格进行检查，确保单元之间的连接正确、节点编号连续并符合预期。如果有问题，需要进行适当的修正。

（7）评估网格质量：离散化的最后一步需要评估生成的有限元网格的质量，包括单元的形状、长宽比、倾斜角等指标。一个好的网格质量可以提高模型的准确性和计算效率。

3.2.2 定义材料模型

定义材料模型包括收集材料性质数据、选择适当的材料模型、确定材料参数、参数验证和校准、材料模型实现、效果评估和验证6个部分。

（1）收集材料性质数据：需要收集材料的力学性质数据，包括杨氏模量、泊松比、屈服强度、断裂韧性等。这些数据可以通过实验测试、材料数据库或相关文献获得。

（2）选择适当的材料模型：根据材料的行为特性和研究需求，选择适当的材料模型。常见的材料模型包括线性弹性模型、塑性模型、弹塑性模型、渐进破坏模型等。选择合适的模型需要考虑材料的弹性性质、塑性行为、硬化效应、断裂特性等。

（3）确定材料参数：根据收集的材料性质数据，确定材料模型中的参数。不同的材料模型有不同的参数，如杨氏模量、屈服强度、硬化指数、断裂能等。这些参数可以通过试验测试、拟合实验数据或从材料规范中获取。

（4）参数验证和校准：对定义的材料模型进行验证和校准，以确保模型能够准确描述实际材料的行为。这可以通过与实验数据的比较或与其他可靠模型的对比来完成。

（5）材料模型实现：将定义的材料模型实现到有限元软件中。这可以通过输入软件的材料属性或使用软件提供的材料模型来实现。确保正确输入材料参数和模型选择。

（6）效果评估和验证：在进行有限元分析之前，对材料模型的效果进行评估和验证。这可以通过模拟已知的实验或解析解来进行。如果模型的预测与实际结果一致，则可以继续进行有限元分析。

3.2.3 连接设置

连接设置包括确定连接区域、选择连接单元、定义连接属性、建立连接约束、调整连接参数5个步骤。

（1）确定连接区域：确定需要进行连接设置的具体区域，可能是两个构件的接触面、螺栓孔或焊接接头等。根据实际情况，可以在模型中添加额外的几何信息或构件。

（2）选择连接单元：根据连接方式和实际需求，选择适当的连接单元。常见的连接单元包括接触单元、弹簧单元和约束单元。接触单元用于模拟接触面之间的力传递，弹簧单元用于模拟弹性连接，约束单元用于模拟刚性连接。

（3）定义连接属性：为连接单元分配适当的材料属性和力学行为，包括杨氏模量、刚度、摩擦系数、预紧力等。根据实际情况，可以从材料数据库中选择现有的材料属性或自定义材料属性。

（4）建立连接约束：根据连接的实际情况，将适当的连接约束应用于模型中的连接区域，包括定义接触面之间的接触条件、定义弹簧单元的刚度、定义约束单元的固定边界条件等。

（5）调整连接参数：根据需要，调整连接设置的参数，包括调整接触面之间的摩擦系数、调整弹簧单元的刚度或预紧力的大小等。

3.2.4 定义边界条件

定义边界条件包括确定边界和接触面、约束条件、加载条件、温度边界条件、连接约束、调整边界条件、验证边界条件7个部分。

（1）确定边界和接触面：边界是结构的外部界面，接触面是不同构件之间的接触面。根据实际情况和研究需求，准确确定这些区域。

（2）约束条件：为模型的边界设置适当的约束条件。约束条件是对结构的运动自由度进行限制，模拟实际情况中的固定或约束边界。常见的约束条件包括固定边界、固定位移、固定旋转等。

（3）加载条件：根据实际情况和研究需求，为模型设置适当的加载条件。加载条件可以是集中力、分布力、压力、温度等。在设置加载条件时，需要考虑加载的方向、大小和施加位置。

（4）温度边界条件：如果温度是分析中的重要因素，需要定义适当的温度边界条件。这包括确定固定温度、热通量或热边界系数等。

（5）连接约束：如果模型中存在连接装置，如螺栓、焊接等，需要根据实际情况设置适当的连接约束。这可以包括定义螺栓预紧力、焊接接头的刚性连接等。

（6）调整边界条件：根据需要，调整边界条件的参数。这可能涉及改变约束的类型、调整加载的大小或位置等。

（7）验证边界条件：在设置边界条件后，验证边界条件是否正确应用。可以通过手算、对比实验结果或与现有解析解进行对比来验证边界条件的准确性。

3.2.5 求解计算

做完上述步骤后，可以进行结构的求解计算，利用软件可以快速求解得出结果。其具体步骤包括确定刚度矩阵和载荷向量、应用边界条件、求解有限元方程组、求解有限元方程组、计算节点位移、计算其他结果、后处理和结果评估6个步骤。

（1）确定刚度矩阵和载荷向量：根据有限元离散化得到单元刚度矩阵和载荷向量，根据单元自由度的编号组装整体刚度矩阵和载荷向量，将单元刚度矩阵和载荷向量分配到相应的位置。

（2）应用边界条件：根据定义的边界条件，修改整体刚度矩阵和载荷向量，以考虑约束条件的影响，包括将边界条件对应的行和列置零，并将边界条件的值反映到载荷向量中。

（3）求解有限元方程组：将修正后的刚度矩阵和载荷向量代入有限元方程中，并选择适当的求解方法来解决有限元方程组。常用的求解方法包括直接法（如高斯消元法、LU 分解法）和迭代法（如共轭梯度法、雅可比迭代法）。

（4）计算节点位移：根据求解得到的结果，计算每个节点的位移。这可以通过将位移值从解向量中提取出来，并将其分配到相应的节点上。

（5）计算其他结果：利用节点位移和单元刚度矩阵可以计算其他感兴趣的结果，如应力、应变、变形等，通常将位移值代入本构关系或形变关系中进行计算。

（6）后处理和结果评估：分析和评估计算结果，包括查看结构的响应、应力分布、变形情况等，可以通过可视化工具、图表和报告来呈现。

3.3 接 触

3.3.1 概 述

在工程结构分析中，经常会遇到大量的接触问题，如齿轮啮合、法兰连接、轴承接触、密封、冲击等。接触是典型的状态非线性问题，是一种高度的非线性行为。对一般情况下的接触问题进行求解，常用的数值方法是有限单元法、有限差分法和边界法。由于有限单元法概念简单，易于利用计算机计算并且可以适用于各种几何形状、材料特性和载荷条件，在接触问题的数值求解中得到广泛的应用。

接触问题分为两种基本类型：刚体-柔体的接触，柔体-柔体的接触。在刚体-柔体的接触问题中，接触面的一个或多个被当作刚体（与它接触的变形体相比，有大得多的刚度）。一般情况下，一种软材料和一种硬材料接触时，可以假定为刚体-柔体的接触，许多金属成形问题归为此类接触。柔体-柔体的接触是一种更为普遍的类型，在这种情况下，两个接触体都是变形体（有相似的刚度）。

3.3.2 接触算法介绍

接触问题可描述为求区域内位移场 U，使得系统的势能 $\Pi(U)$ 在接触边界条件的约束下达到最小。即

$$\min \Pi(U) = \frac{1}{2} U^\mathrm{T} K U - U^\mathrm{T} F$$
$$g(U) \geqslant 0 \qquad\qquad (3.5)$$

式中：K——刚度矩阵；

F——力场。

接触约束算法就是通过对接触边界约束条件的适当处理，将公式所示的约束优化问题转化为无约束优化问题求解。根据无约束优化方法的不同，主要可分为罚函数方法、Lagrange 乘子法及增广 Lagrange 乘子法等。

1. 罚函数法

罚函数方法实际上是将接触非线性问题转化为材料非线性问题。根据处理方法不同，又分为障碍函数法和惩罚函数法。障碍函数法假设接触面之间充满某虚拟物质，在未接触时其刚度趋于 0，不影响物体的自由运动，在接触时其刚度变得足够大，能阻止接触物体之间的相互嵌入。常用的间隙元等方法均属于此类，该方法处理简单，编程方便，只是在传统有限元分析中增加一种单元模式。惩罚函数法对接触约束条件的处理是通过在势能泛函中增加一个惩罚势能，即

$$\Pi_p(U) = \frac{1}{2} P^\mathrm{T} E_p P \tag{3.6}$$

式中：E_p——惩罚因子；

P——嵌入深度，是节点位移 U 的函数。

这样，接触问题就等价于无约束优化问题，即

$$\min \Pi(U) = \Pi(U) + \Pi_p(U) \tag{3.7}$$

以位移 U 为未知量，其系统控制方程为

$$(K + K_p)U = F - F_p \tag{3.8}$$

其中

$$\left. \begin{array}{l} K = \left(\dfrac{\partial P}{\partial U}\right)^\mathrm{T} E_p \dfrac{\partial P}{\partial U} \\[2mm] K_p = \left(\dfrac{\partial P}{\partial U}\right)^\mathrm{T} E_p P_0 \end{array} \right\} \tag{3.9}$$

罚函数方法不增加系统的求解规模，但由于人为设置了很多罚因子，可能引起方程的病态。

2. Lagrange 乘子法

Lagrange 乘子法通过引入乘子 λ，定义接触势能为

$$\Pi_\epsilon(U) = \frac{1}{2} g(U)^\mathrm{T} \lambda \tag{3.10}$$

将上述公式的约束最小化问题转化为无约束最小化问题，有

$$\min \Pi(U, \lambda) = \frac{1}{2} U^\mathrm{T} K U - U^\mathrm{T} F + g(U)^\mathrm{T} \lambda \tag{3.11}$$

通常可将 $g(U)$ 对位移场 U 作 Taylor 展开，取一次项，有

$$g(U) \approx g_0(U) + \frac{\partial g(U)}{\partial U} U = g_0(U) + G U \tag{3.12}$$

化简可以得到以位移场 U 和 Lagrange 乘子 λ 为基本未知量的系统控制方程，即

$$\begin{bmatrix} K & G^{\mathrm{T}} \\ G & 0 \end{bmatrix} \begin{bmatrix} U \\ \lambda \end{bmatrix} = \begin{bmatrix} F \\ -g_0(U) \end{bmatrix} \tag{3.13}$$

Lagrange 乘子法中接触约束条件可以精确满足。

3. 增广 Lagrange 乘子法

由于罚函数方法和 Lagrange 乘子法各有优缺点，人们自然就想到了两者的联合使用，从而形成了各种增广 Lagrange 乘子法。其中，最直接的一种方法是构造修正的势能泛函，即上增加一个附加自由度（接触压力），来满足不可穿透条件。

$$\Pi(U) = \Pi_\epsilon(U) + \Pi_p(U) + \Pi_c(U) \tag{3.14}$$

相应的控制方程为

$$\begin{bmatrix} K + K_p & G^{\mathrm{T}} \\ G & 0 \end{bmatrix} \begin{bmatrix} U \\ \lambda \end{bmatrix} = \begin{bmatrix} F - F_p \\ -g_0(U) \end{bmatrix} \tag{3.15}$$

考虑 Lagrange 乘子的物理意义，可将其用接触对的接触应力代替，通过迭代计算得到问题的正确解。在迭代过程中，接触应力作为已知量出现，这样既吸收了罚函数方法和 Lagrange 乘子法的优点，又不增加系统的求解规模，而且收敛速度也比较快。

另一种增广 Lagrange 乘子法主要是为了弥补 Lagrange 乘子法中控制矩阵存在零主元的弱点，它在修正势能泛函式中增加一惩罚项，即

$$\Pi(U) = -\frac{1}{2}\lambda^{\mathrm{T}} E_p^{-1} \lambda \tag{3.16}$$

$$\min \Pi(U, \lambda) = \frac{1}{2} U^{\mathrm{T}} K U - U^{\mathrm{T}} F + g(U)^{\mathrm{T}} \lambda - \frac{1}{2} \lambda^{\mathrm{T}} E_p^{-1} \lambda \tag{3.17}$$

经适当的处理后，可将系统的控制方程写为

$$(K + G^{\mathrm{T}} E_p G) U = F - G^{\mathrm{T}} E_p g_0(U) \tag{3.18}$$

3.3.3 接触类型

1. 面-面接触（图 3.7）

为每一个从节点查找从面上相邻的面片，在每一个从节点相邻的面片上选择样本点（例如高斯点），采用节点到面的方法查找相应的主面面片，确定主面面片后，在从面片和主面片之间建立多个接触单元，一个从面面片对应多个接触单元。

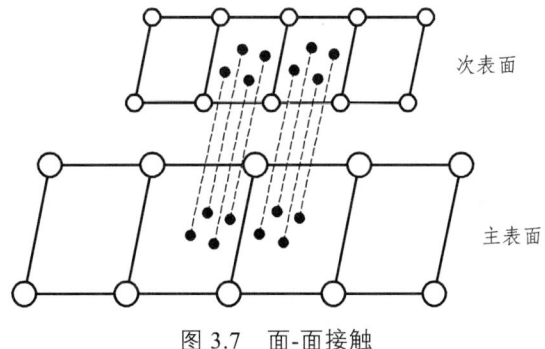

图 3.7 面-面接触

2. 点-面接触（图 3.8）

对于每个从节点，在搜索距离内寻找一个主面，该从节点可沿主面的法向投影至主面上（投影后的点不一定在主面单元的节点上），找到主面后，在从节点、主面间建立接触单元，一个从节点对应一个接触单元。

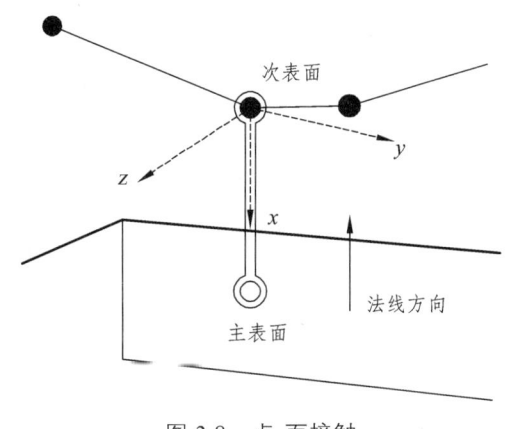

图 3.8 点-面接触

以下情况建议使用点-面接触。

（1）接触面上存在尖角，比如边与边接触，或者线-面接触（齿轮啮合）。

（2）非线性收敛性调试时，为减小计算量，提高调试效率，可采用点-面接触，参数调试完成后再根据具体情况决定是否切换为面-面接触。

（3）接触面非常大，采用点-面接触可减小计算量。

（4）不关注接触区域计算结果时，可采用点-面接触减小计算量。

（5）在计算资源足够的前提下，其余接触情况都建议使用面-面接触，以获得更高精度的结果。

3. 点-点接触

可以使用节点-节点接触单元来模拟点-点接触。可在各表面相对节点之间指定单个节点-节点接触来模拟两个表面之间的接触，此时要求两个相对表面之间的节点是匹配的，且将忽略两个表面之间的相对滑动，同时两个表面之间的交形（转动）也必须很小。

3.3.4 接触单元

1. 两节点单元（图 3.9）

两个物体在接触面上同一位置的两侧有一个节点对子，将这一节点对子连接即可组成一个单元。两节点单元的力学模型可表示为两个节点间由一片沿法向的弹簧和一片沿切向的弹簧连接，当发生节点相对位移时就产生相互作用力。

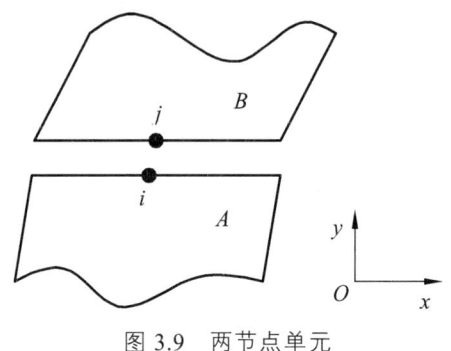

图 3.9 两节点单元

两节点单元对于简单且要求不高的工程是一种简单易行的方法，因此在目前土木工程计算中仍有应用。

2. 哥德曼单元（图 3.10）

哥德曼单元是哥德曼等在 1968 年提出的一种岩石节理单元：长期以来被广泛地用作接触单元。这种单元为无厚度的四节点平面单元，这种单元假设两片接触面之间由无数的法向和切向微小弹簧相联系。

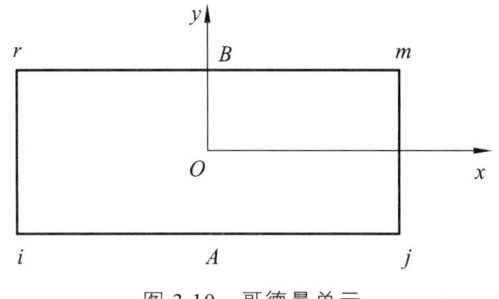

图 3.10 哥德曼单元

哥德曼单元能较好地模拟接触面上的错动滑移和张开，能考虑接触面变形的非线性特性。但是，它存在两个缺点：一是单元无厚度，在受压时就会使两侧不同材料的单元相互嵌入；二是只要法向相对位移存在微小的误差，就会使计算结果有较大误差。

3. 薄层四边形单元

为防止上述单元有可能产生相互嵌入，且由于机械工程中两种构件的接触往往中间夹有薄层材料，如轴承、活塞等结构，两边金属材料之间存在一层厚度为 t 的油膜薄层，进而提出薄层单元。它可以取平面四节点单元或八节点等参数单元，其刚度矩阵形成方式与四节点至八节点单元一样。但在本构关系矩阵中，要将法向与切向分量分开考虑。可表示为

$$\boldsymbol{D} = \begin{bmatrix} \boldsymbol{D}_{tt} & \boldsymbol{D}_{tn} \\ \boldsymbol{D}_{nt} & \boldsymbol{D}_{nn} \end{bmatrix} \tag{3.19}$$

式中：$\boldsymbol{D}_{tt}$——切向分量；

$\boldsymbol{D}_{tn}$、$\boldsymbol{D}_{nt}$——考虑相互耦合效应分量；

$\boldsymbol{D}_{nn}$——法向分量。

4. 接触摩擦单元

（1）六节点接触单元（图3.11）。

六节点接触单元是直接取节点接触应力为基本未知量，它可以模拟复杂的接触面形状。单元内任意一点相对位移可用节点相对位移表示，单元内任意一点的接触应力也可由节点接触应力表示。

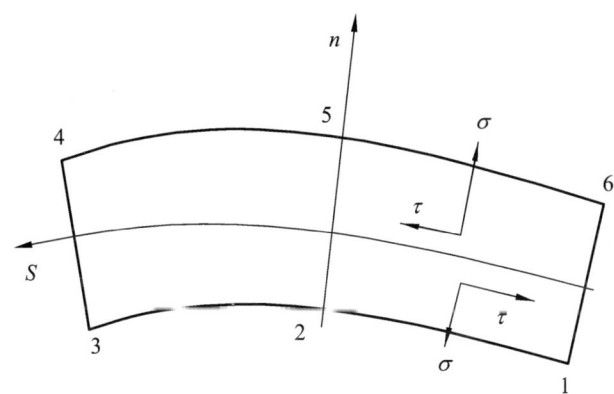

图3.11 六节点接触单元

（2）三维八节点接触单元（图3.12）。

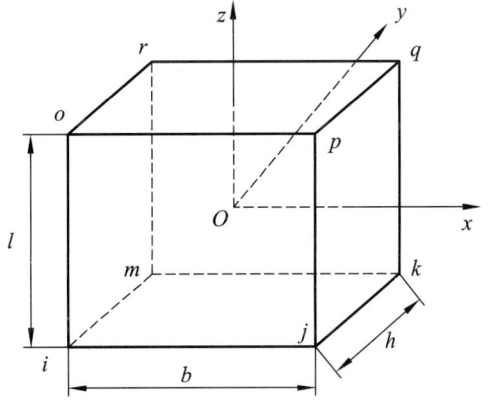

图3.12 三维八节点接触单元

为了充分反映接触受力特性，建立三维八节点接触单元，它由两片长度相同、宽度相同的接触面组成。假设两接触面之间由无数微小弹簧所连接，在受力前，两接触面为上、下两个三维弹性体表面的一部分，而且两个接触面之间也完全吻合，即单元厚度为 0。接触面单元之间只有节点处有作用力联系。坐标原点放在单元形心上，单元在 z 向受接触压力，在 x、y 向受摩擦切应力。

接触面单元的刚度矩阵与一般三维单元刚度矩阵一样，可以按节点平衡条件叠加到结构刚度矩阵之中，由结构平衡方程求解位移，进而求得接触面上的应力。

3.4 约 束

3.4.1 概 述

约束的定义在工程实际中，构件总是以一定的形式与周围的其他构件相互连接，即物体的运动要受到周围其他物体的限制。这种对物体的某些位移起限制作用的周围其他物体称为约束。约束也是根据自由度形式进行定义的。在三维空间中，一共有 6 个自由度，分别是沿 x，y，z 3 个方向的移动，以及绕 x，y，z 3 个方向的转动，二维中有沿 x，y 2 个方向的移动与绕 z 轴方向的转动。通过不同的约束类型可以控制住不同方向的自由度。

3.4.2 约束类型

1. 固定约束（图 3.13）

固定约束是最常用的约束类型之一，它将结构的某些部分固定在空间中，使这些部分不发生任何位移或旋转。在有限元分析中，固定约束通常用于模拟结构的支撑部分，如墙壁、地基等。固定约束可以通过将结构的某些节点的位移和旋转限制为 0 来实现。

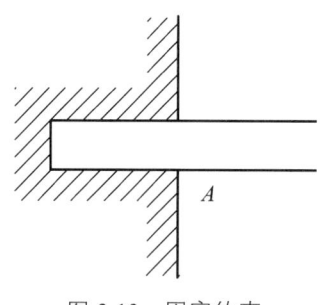

图 3.13 固定约束

2. 弹性约束（图 3.14）

弹性约束是一种限制结构位移和旋转的约束类型，但它允许结构在一定程度上发生变形。在有限元分析中，弹性约束通常用于模拟杆件、桥梁等柔性结构。弹性约束可以通过在结构的某些节点处施加弹簧或阻尼器来实现。

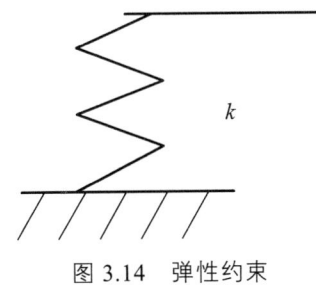

图 3.14 弹性约束

3. 平移约束（图 3.15）

平移约束是一种限制结构在某个方向上移动的约束类型。在有限元分析中，平移约束通常用于模拟某些结构的水平或垂直移动。平移约束可以通过将结构的某些节点的位移限制为一个固定值来实现。

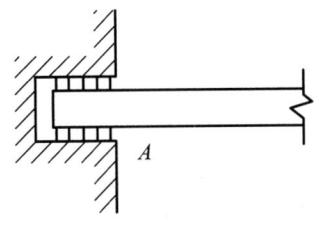

图 3.15 平移约束

4. 旋转约束

旋转约束是一种限制结构在某个方向上旋转的约束类型。在有限元分析中，旋转约束通常用于模拟某些结构的旋转行为，如桥梁的摆动。旋转约束可以通过将结构的某些节点的旋转限制为一个固定值来实现。

5. 自由约束（图 3.16）

自由约束是一种不限制结构位移和旋转的约束类型。在有限元分析中，自由约束通常用于模拟某些结构的自由运动，如机械手臂的运动。自由约束不需要在结构的任何节点处施加约束条件。

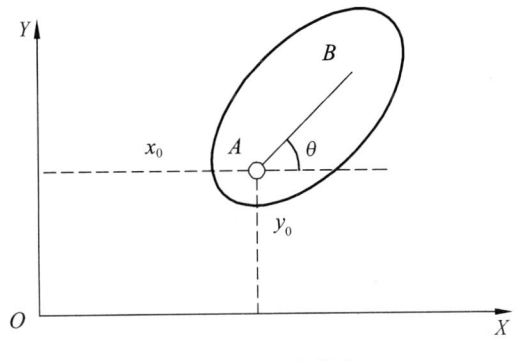

图 3.16 自由约束

6. 点约束

点约束是一种只在结构的某些节点处施加约束条件的约束类型。在有限元分析中，点约束通常用于模拟某些结构的局部约束条件，如某个节点的支撑条件。点约束可以通过将结构的某些节点的位移和旋转限制为一个固定值来实现。

7. 线约束

线约束是一种只在结构的某些线段上施加约束条件的约束类型。在有限元分析中，线约束通常用于模拟某些结构的局部约束条件，如某个梁的支撑条件。线约束可以通过将结构的某些节点的位移和旋转限制为一个固定值来实现。

8. 面约束（图 3.17）

面约束是一种只在结构的某些面上施加约束条件的约束类型。在有限元分析中，面约束通常用于模拟某些结构的局部约束条件，如某个板的支撑条件。面约束可以通过将结构的某些节点的位移和旋转限制为一个固定值来实现。

图 3.17　面约束

综上所述，有限元分析中常用的约束类型包括固定约束、弹性约束、平移约束、旋转约束、自由约束、点约束、线约束和面约束。这些约束类型可以模拟不同的结构行为，因此在进行有限元分析时，需要选择合适的约束类型以获得准确的分析结果。

3.5　加　载

在有限元分析中，载荷是指作用于结构体系上的各种力。载荷会影响结构体系的应力、变形和振动等，因此在有限元分析中，对载荷进行正确的描述和分析是非常重要的。载荷的类型主要包括静载荷、动载荷、温度载荷和预应力载荷等。

3.5.1　静载荷

静载荷（图 3.18）是指作用于结构体系上的恒定力和重力等，其大小和方向不随时间变化。静载荷可以分为均布载荷和集中载荷两种类型。

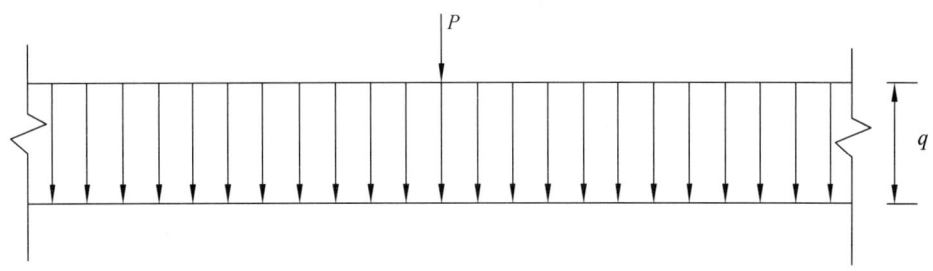

P—集中载荷；q—均布载荷。

图 3.18 静载荷

（1）均布载荷：作用于结构体系上均匀分布的力，如地震载荷、风载荷和自重载荷等。在有限元分析中，可以通过施加均匀分布的节点载荷来模拟均布载荷。

（2）集中载荷：作用于结构体系上的集中力，如钢筋混凝土构件的载荷、桥梁的车辆载荷等。在有限元分析中，可以通过施加节点载荷来模拟集中载荷。

3.5.2 动载荷

动载荷是指作用于结构体系上的随时间变化的力，如地震、风、水流和车辆等振动载荷。在有限元分析中，可以使用模态分析和时程分析等方法来模拟动载荷。

（1）模态分析：一种基于结构的固有振动特性进行分析的方法，通过对结构的固有振动模态进行分析，可以预测结构在不同频率下的响应情况。

（2）时程分析：一种基于时间历程的分析方法，通过对结构的载荷历程进行分析，可以预测结构在不同时间点的响应情况。

3.5.3 温度载荷

温度载荷是指由于温度变化引起的结构体系的应力和变形。在有限元分析中，可以通过施加温度载荷来模拟温度载荷，如图 3.19 所示。

图 3.19 温度载荷在隧道抗火中的应用

3.5.4 预应力载荷

预应力载荷是指在混凝土结构中预先施加的应力。预应力可以改变混凝土结构的初始应力状态，改善其力学性能和抗震性能，如图 3.20 所示。预应力可以提升使用阶段的性能；对拉伸和弯曲构件施加预应力能够减缓裂缝的出现，降低高载荷水平时裂缝的宽度；预应力也可以减少甚至消除使用载荷下的挠度。

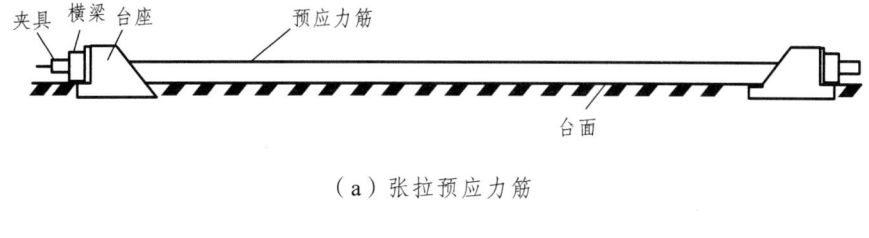

（a）张拉预应力筋

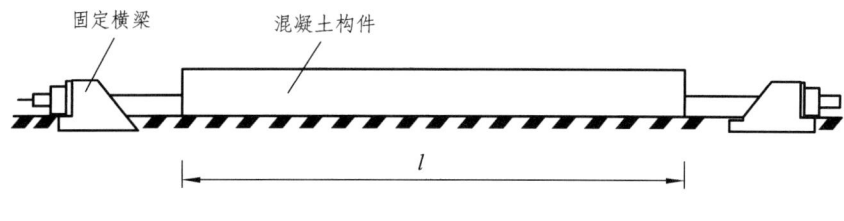

（b）浇筑混凝土构件

（c）放张预应力筋

图 3.20 预应力混凝土

预应力可以提升剪切承载力，施加纵向预应力能够减缓混凝土构件中斜裂缝的形成，提升剪切承载力。预应力可以提升卸载后的恢复力，如果清除混凝土构件上的载荷，预应力可以让裂缝完全闭合，进一步提高承重结构的弹性恢复能力。

预应力可以提升抗疲劳性，减轻结构自重，调整结构内力。在常规钢筋混凝土结构中，因为高强度钢等裂缝和挠度等问题，难以充分发挥其强度。预应力的使用能够大大节省钢材的使用量，减小截面尺寸，减少混凝土的用量，具有明显的经济效益。

总之，正确描述和分析载荷是有限元分析中非常重要的一部分，不同的载荷类型需要采用不同的分析方法和模拟方式来进行分析。

第 4 章
Abaqus 基本介绍

Abaqus 是一套基于有限元法的工程分析软件，它既能完成简单的有限元分析，也能解决大型模型的高度非线性问题。本章将对 Abaqus 的主要模块、文件系统及功能进行基本介绍。

4.1 软件介绍

Abaqus 公司是世界知名的有限元分析软件公司之一，成立于 1978 年，总部位于美国罗得岛州博塔市，其主要业务是非线性有限元分析软件 Abaqus 的开发、维护及售后服务。

如今 Abaqus 软件已逐步完善，从简单的线弹性静态问题到复杂的高度非线性问题，从单个零件的力学分析到庞大复杂系统的多物理场耦合分析，Abaqus 都能驾驭。

Abaqus 软件以其强大的有限元分析功能和 CAE 功能，被广泛运用于土木工程、隧道桥梁、水利水工、岩土工程、机械制造、汽车制造、船舶工业、航空航天、核工业、石油化工等领域。

Abaqus 具有以下优势：
（1）功能强大，使用方便。
（2）非线性分析功能强。
（3）丰富的单元库和材料库。
（4）良好的开放性。

4.2 分析模块

Abaqus/Standard（隐式分析模块）、Abaqus/Explicit（显式分析模块）和 Abaqus/CFD（流体分析模块）是 Abaqus 的 3 个主要的分析模块。其中，Abaqus/Standard 还附带了 Abaqus/Aqua（海洋平台模块）、Abaqus/Design（设计灵敏度分析模块）及 Abaqus/Foundation（线性静态和动态分析模块）3 个特殊用途的分析模块。另外，Abaqus 还提供了 Moldflow 和 MSC Adams 接口。

Abaqus/CAE 经过多年的发展，仿真流程向导已经非常完善了。在使用 Abaqus 进行分析时，CAE 工程师需要站在工程的角度去思考应该如何建立合理的力学模型，主要的分析流程如图 4.1 所示。

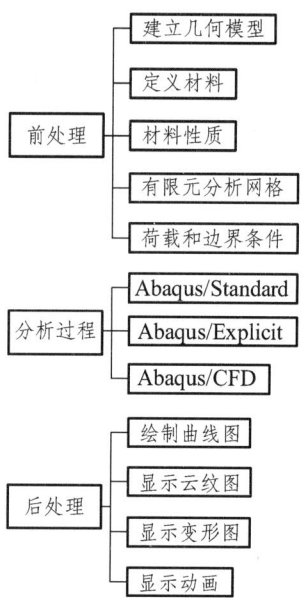

图 4.1 Abaqus 分析流程

4.2.1 Abaqus/CAE 前后处理模块

Abaqus/CAE 是 Abaqus 的交互式图形环境，用它可方便快捷地构造模型，可从其他系统导入几何体或网格，为部件定义材料特性、载荷、边界条件等模型参数。

Abaqus/CAE 具有强大的网格划分功能，可检验所构造的分析模型，提交、监视和控制分析作业，并使用后处理模块来显示分析结果。此外，Abaqus/CAE 还具有几何体建模、模型装配、定义材料性质、定义约束和接触网格划分等功能。

4.2.2 Abaqus/Standard 隐式分析模块

Abaqus/Standard 是一个通用的分析模块。它能够求解广泛领域的线性和非线性问题，包括静态分析、动态分析、结构的热响应分析以及其他复杂非线性耦合物理场的分析。在每一个求解增量中，Abaqus/Standard 隐式地求解方程组。

4.2.3 Abaqus/Explicit 显式分析模块

Abaqus/Explicit 是功能齐全的显式求解器模块，是一个通用分析模块，能够求解广泛的瞬态问题，如爆炸、碰撞、跌落、冲压、水下爆炸等，具有极强的结构分析能力。

对处理接触条件变化的高度非线性问题也非常有效，如模拟成型问题。它的求解方法是在时间域中以很小的时间增量步向前推出结果（中心差分法），无须在每一个增量步求解耦合的方程系统。

Abaqus/Standard 和 Abaqus/Explicit 各有其优点。实际工程中需要两者结合使用，以一种分析模块开始分析，分析结束后将结果作为初始条件与另一分析模块继续进行分析，从而结合显式和隐式求解技术的优点。

4.2.4　Abaqus/CFD 流体分析模块

Abaqus/CFD 是新增加的流体仿真模块，新模块的增加使得 Abaqus 能够模拟层流、湍流等流体问题，方便实现 Abaqus/Standard、Abaqus/Explicit 与 Abaqus/CFD 的耦合，实现真正意义上的流固耦合或耦合传热。

该模块的增加使得流体材料特性、流体边界、载荷及流体网格等流体相关的前处理定义等都可以在 Abaqus/CAE 中完成，同时还可以用 Abaqus 输出等值面、流速矢量图等多种流体相关的后处理结果。

4.2.5　Abaqus/Aqua 海洋平台模块

Abaqus/Aqua 是用于海洋工程的一个附加模块，附加在 Abaqus/Standard 上应用。其目的是模拟海上结构，也可以进行海上石油平台导管和立架的分析、基座弯曲的计算和漂浮结构的研究，以及管道的受拉模拟。该模块还可以模拟稳定水流和波浪，对受浮力和自由水面上受风载的结构进行分析。

4.2.6　Abaqus/Design 设计灵敏度分析模块

Abaqus/Design 作为 Abaqus/Standard 的补充附加模块，主要用于设计灵敏度分析（SDA）。设计灵敏度对于理解空间变化及预测设计改变的影响非常有用。设计灵敏度可作为再设计和基于梯度的优化提供基础。

4.2.7　Abaqus/Foundation 线性静态和动态分析模块

Abaqus/Foundation 是 Abaqus/Standard 的一部分，可以更经济地使用 Abaqus/Standard 的线性静态和动态分析。

4.2.8　MOLDFLOW 接口

Abaqus 的 Moldflow 接口是 Abaqus/Explicit 和 Abaqus/Standard 的交互产品，用户将注塑成型软件 Moldflow 与 Abaqus 配合使用，将 Moldflow 分析软件中的有限元模型信息转换写成 inp 文件的组成部分。

4.2.9　MSC Adams 接口

Abaqus 的 MSC Adams 接口是基于 Adams/Flex 的子模态综合格式，是 Abaqus/Standard 的交互产品。

4.3　单元类型

Abaqus 具有庞大的单元库，在进行有限元分析时，选取不同的单元类型以解决不同的问题。不同单元及其特征详见表 4.1。

表 4.1　不同单元类型及其特征

单元类型	特征
梁单元	可以模拟一维尺寸远小于长度、宽度方向尺寸，且垂直于厚度方向的应力可以忽略的结构
壳单元	可以模拟一维尺寸（厚度）远小于长度、宽度方向尺寸，且垂直于厚度方向的应力可以忽略的结构，包括薄壳单元和厚壳单元
实体单元	可在其任何表面与其他单元连接，如三维单元、平面应力单元、平面应变单元、无扭曲轴对称单元等
桁架单元	只能承受拉伸和压缩载荷的杆，不能承受弯曲，用于模拟铰接框架结构，近似模拟线缆和弹簧
刚体单元	没有独立自由度
其他单元	膜单元、非线性单元等

每一个单元都由单元族、自由度（和单元族直接相关）、节点数、数学描述（单元列式）、积分等特性进行表征。

在 Abaqus 中，每种单元都有其独特的名字，例如 C3D8R、CAX4I。

1. 单元族

图 4.2 给出了应力分析中最常用的单元族，即实体单元、壳单元、梁单元、桁架单元，在后面的学习中需要掌握这几种单元。当然，Abaqus 还有刚体单元、膜单元、无限单元等。区分单元族最明显的特征就是几何特性。

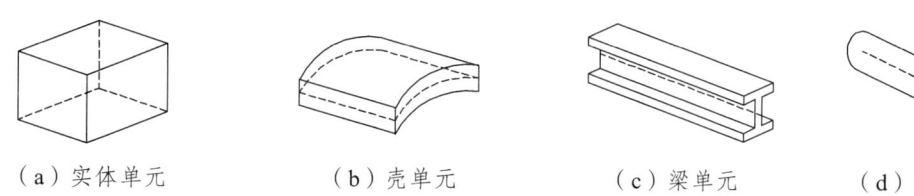

（a）实体单元　　　　（b）壳单元　　　　（c）梁单元　　　　（d）桁架单元

图 4.2　常用单元族

2. 自由度

自由度是分析中计算的基本变量。对于壳和梁单元的应力/位移模拟分析，自由度是每一节点处的平动和转动。

Abaqus 中自由度的排序规则如下：

1—1 方向的平动。

2—2 方向的平动。

3—3 方向的平动。

4—绕 1 轴的转动。

5—绕 2 轴的转动。

6—绕 3 轴的转动。

7—开口截面梁单元的翘曲。

8—声压或孔隙压力。

9—电势。

10—温度（对梁和壳，指厚度方向第一点温度）。

11—梁和壳厚度上相关点的温度。

方向 1，2，3 分别对应于整体坐标的 x，y 和 z 方向，除非已经在节点处定义了局部坐标系。

轴对称单元有专门的位移和转动自由度定义：

1—r 方向的平动。

2—z 方向的平动。

3—r-z 平面内的转动。

方向 r 和 z 分别对应于整体坐标的 x 和 y 方向。

本书限于结构方面的应用，只讨论单元的平动和转动自由度。

3. 节点数

Abaqus 仅在单元的节点处计算位移。在单元内的任何连续点处，位移是由节点位移插值获得的。通常，插值的阶数由单元采用的节点数决定。

在角点处有节点的单元，如图 4.3 所示的 8 节点实体单元 C3D8，在节点的每个方向采用线性插值，因此常被称作线性单元或者一阶单元。

在边中点有节点的单元，如图 4.4 所示的 8 节点实体单元 C3D20，采用二次插值，因此被称作二次单元或者二阶单元。

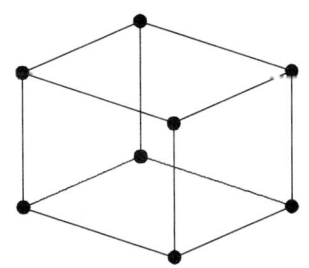 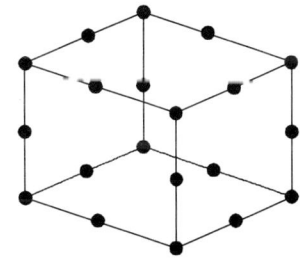

图 4.3　线性单元（8 节点实体单元，C3D8）　　图 4.4　二次单元（20 节点实体单元，C3D20）

4. 单元列式

单元列式是指用来定义单元行为的数学理论。

5. 积　分

Abaqus 应用数值方法对每一单元体上各种变量进行积分。

4.3.1　梁单元（B）

梁单元用于模拟一维尺寸（长度）远大于另外二维尺寸的构件，且只有长度方向上的应力比较显著。

在 Abaqus 中，梁单元的名字以字母"B"开头。下一个字符表示单元的维数："2"指的是二维梁单元，"3"指的是三维梁单元。第三个字符表示插值的阶数："1"表示线性插值，"2"表示二次插值，"3"则表示三次插值。

对于包含接触的任何模拟，应使用一阶、剪切变形的梁单元（B21，B31）如果结构刚度非常大或者非常柔软，在几何非线性模拟中应当使用杂交梁单元（B21H，B32H 等）。

使欧拉-伯努利（三次）梁单元（B23，B33）的精度很高，可模拟承受分布载荷作用的梁，例如动态振动分析。如果考虑横向剪切变形，要使用铁摩辛柯（二次）梁单元（B22，B32）。

模拟有开口薄壁横截面的结构应当使用开口截面翘曲理论的梁单元。

梁单元库中有二维和三维的线性、二次及三次梁单元。

三维梁单元每个节点有 6 个自由度：3 个平动自由度和 3 个转动自由度。开口截面型的梁（例如 B31OS）有一个表示梁横截面翘曲量的附加自由度。

二维梁单元的每个节点有 3 个自由度：2 个平动自由度和 1 个绕模型所在平面法线的转动自由度。

绘制梁单元时，必须知道梁截面特性，需要规定梁的材料性质和梁横截面轮廓线；节点坐标只定义了梁的长度。必须给出梁截面轮廓线的几何尺寸和形状。比如工字梁或者 T 形梁，绘制时需要知道截面面积及惯性矩。

4.3.2　壳单元（S）

壳单元可以模拟有一维尺寸（厚度）远小于长度、宽度方向尺寸，且垂直于厚度方向的应力可以忽略的结构。

在 Abaqus 中壳单元的名字以字母"S"开头。轴对称壳单元都以字母"SAX"开头，而反对称变形的轴对称单元以字母"SAXA"开头。除轴对称壳外，壳单元名字中的每一个数字表示单元中的节点数，而轴对称壳单元名字中的第一个数字则表示插值的阶数。

一般壳单元：S4R，S3R，SAX1，SAX2，SAX2T。对于薄壳和厚壳问题的应用均有效，且考虑了有限薄膜应变。

薄壳单元：STRI3，STRI35，STRI65，S4R5，S8R5，S9R5，SAXA。强化了基尔霍夫条件，即垂直于壳中截面的平面保持垂直于中截面。

厚壳单元：S8R，S8RT。二阶四边形单元，在小应变和载荷使计算结果沿壳的跨度方向上平缓变化的情况下，比普通单元产生的结果更精确。

对于给定的应用，判断是属于薄壳还是厚壳问题，如果单一材料制造的各向同性壳体的厚度和跨度之比在 1/20 ~ 1/10，认为是厚壳问题；如果比值小于 1/30，则认为是薄壳问题；若介于 1/30 ~ 1/20，则不能明确划分。由于横向剪切柔度在复合材料层合壳结构中作用显著，故比值（厚跨比）将远小于薄壳理论中采用的比值。具有高柔韧中间层的复合材料（"三明治"复合材料）有很低的横向剪切刚度并且几乎总是被用来模拟厚壳。

4.3.3 实体单元（C）

实体单元可在其任何表面与其他单元连接起来，就像建筑物中的砖或马赛克镶嵌中的瓷砖一样，能用来建造几乎任何形状，能承受任意载荷的模型。

以 C3D8R 为例，各符号、数字代表的含义如下：最开头的"C"表示其为实体单元（Corporeal）；中间的"3D"表示这是一个三维单元，其他常用的有"2D"即二维单元、"PS"表示平面应力单元、"PE"表示平面应变单元以及"AX"表示轴对称单元；"8"表示其有 8 个节点。"R"表示这是一个减缩积分单元，其他有以"I"结尾的非协调单元、以"M"结尾的修正单元、以"H"结尾的杂交单元，结尾无字母则表示全积分。

同理，CAX4 表示全积分、线性、轴对称的 4 节点实体单元；CAX4R 表示缩减积分、线性、轴对称实体单元。

4.3.4 桁架单元（T）

桁架单元只能承受拉伸和压缩载荷的杆，不能承受弯曲，可模拟铰接框架结构，近似模拟线缆和弹簧。

所有桁架单元的名字都以字母"T"开头。随后的两个字符表示单元的维数，如"2D"表示二维桁架单元，"3D"表示三维桁架单元。最后一个字符表示单元中的节点数。

桁架单元的节点只有平动自由度。三维桁架单元有 3 个自由度，二维桁架单元只有 2 个自由度。

4.4 材料模型

Abaqus 材料库中包含了可以模拟的绝大多数工程材料，如金属、塑料、橡胶、泡沫材料、复合材料、颗粒状土壤、岩石、混凝土和钢筋混凝土。广泛的材料库包含几乎所有的 Abaqus 材料模型，材料相关数据可以直接输入，可以从文件中读取，也可以从材料库中导入。

三种最常用的材料模型为线弹性材料模型、金属塑性材料模型和钢筋混凝土材料模型。

4.4.1 线弹性材料模型

只有在小的弹性应变（一般材料应变不超过 5%）下，线弹性材料模型的建立才是有效的，此时，材料的刚度是一个常数（杨氏模量），材料的本构关系近似一条直线。

弹性类型可以是各向同性、正交各向异性或完全各向异性，前者需要定义材料的杨氏模量和泊松比，后两者需要采用局部坐标定义材料参数，也可以具有依赖于温度或者其他场变量的属性。

在 Abaqus/CAE 中定义线弹性如图 4.5 所示。

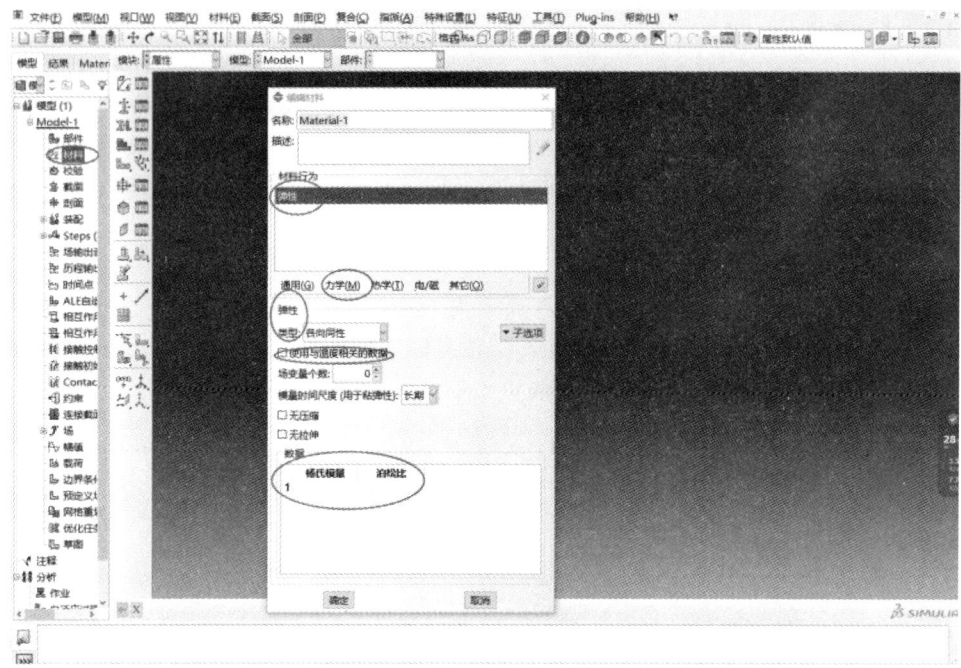

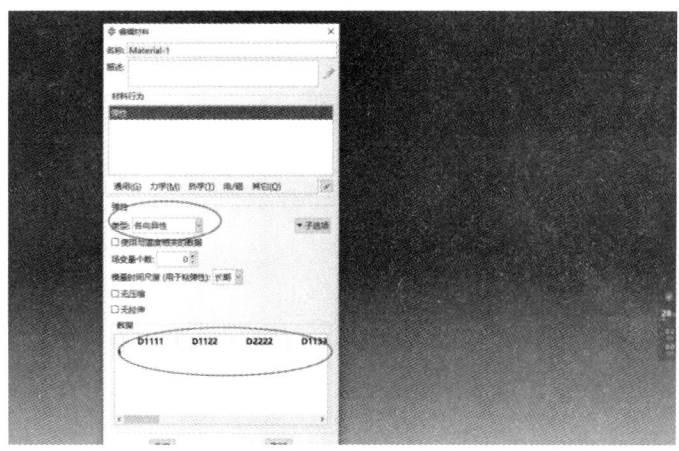

图 4.5　在 Abaqus/CAE 中定义线弹性

1. 各向同性弹性材料参数

在不考虑温度场以及其他场变量情况下的材料输入参数只有杨氏模量以及泊松比。在考虑温度场以及其他场变量的情况下，在材料参数输入时需要添加与温度或者其他场相关的材料参数，遇到多行时，需要在某一行右击鼠标进行添加，添加完信息后点击下方的确定按钮或者完成即可完成创建。与温度相关的材料参数最好采用试验值

2. 由工程常数定义的材料参数

由工程常数定义的材料参数主要包括以下 9 个参数的输入：

（1）E_1、E_2、E_3：材料在 X、Y、Z 3 个方向的杨氏模量，单位为 Pa。

（2）Nu_{12}、Nu_{13}、Nu_{23} 为材料在 YZ、XZ、XY 3 个平面上的泊松比。

（3）G_{12}、G_{13}、G_{23} 材料在 YZ、XZ、XY 3 个平面上的剪切模量，单位为 Pa。

与温度场相关的参数最好由试验获取，参数输入参照上节末尾。

3．受剪材料参数

受剪材料参数主要输入材料的剪切模量，与温度相关的参数由试验数据获取。不同材料类型以及参数输入如图 4.6 所示。

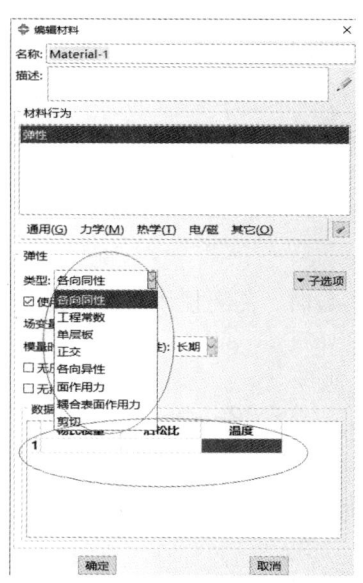

图 4.6 与温度相关参数输入

4.4.2 金属塑性材料模型

在高应力（应变）的情况下，金属开始具有非线性、非弹性的行为，称其为塑性。与线弹性材料模型所不同，此时材料具有明显的塑性发展区域，其应力-应变曲线如图 4.7 所示。

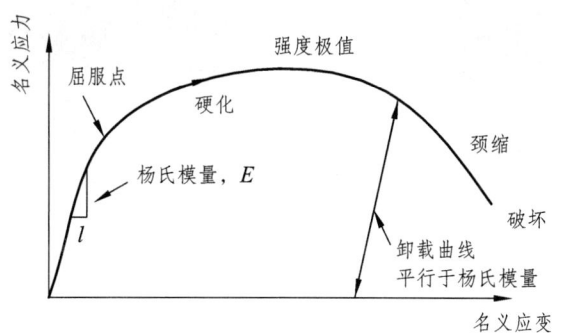

图 4.7 应力-应变曲线

金属塑性材料模型符合 Mises 屈服准则的各向同性塑性模型，以及 Hill 准则的各向异性塑性模型，材料的塑性行为可以用屈服点和屈服后的硬化来描述。

在单向拉压试验当中得到的数据通常是以名义应力和名义应变表示的，各自的计算公式为

$$\varepsilon_{\text{nom}} = \frac{\Delta l}{l_0} \qquad \sigma_{\text{nom}} = \frac{F}{A_0} \tag{4.1}$$

为了准确描述试件在变形过程中横截面积的改变，需要采用真实应力、应变，它们与名义应力、应变的换算关系为

$$\varepsilon_{\text{true}} = \int_{l_0}^{l} \frac{\mathrm{d}l}{l} = \ln\left(\frac{l}{l_0}\right) = \ln(1+\varepsilon_{\text{nom}}) \tag{4.2}$$

$$\sigma_{\text{true}} = \frac{F}{A} = \frac{F}{A_0} \cdot \frac{A_0}{A} = \sigma_{\text{nom}} \frac{l}{l_0} = \sigma_{\text{nom}}(1+\varepsilon_{\text{nom}}) \tag{4.3}$$

式中：l——式样当前长度；

A——式样当前横截面面积。

在 Abaqus 中定义塑性材料参数时，需要使用塑性应变（塑性应力及应变由材料进入塑性区域的 σ-ε 曲线获得），即

$$\varepsilon_{\text{pl}} = |\varepsilon_{\text{true}}| - |\varepsilon_{e_1}| = |\varepsilon_{\text{true}}| - \frac{|\sigma_{\text{true}}|}{E}$$

在 Abaqus/CAE 当中定义塑性材料参数如图 4.8 所示。

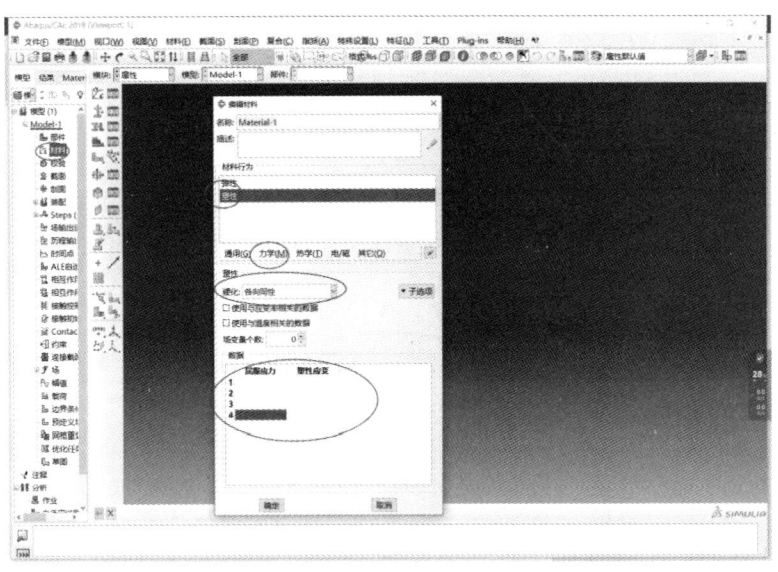

图 4.8　在 Abaqus/CAE 当中定义塑性材料参数

4.4.3　钢筋混凝土材料模型

钢材为各向同性材料，本构关系（有明显的屈服流线）比较成熟，考虑弹性、弹塑性、强化以及断裂 4 个阶段。钢材的基本参数为密度、杨氏模量、泊松比。

混凝土是明显的各向异性材料，存在强化、软化、开裂及损伤等复杂的受力行为，如何

在 Abaqus 中准确地模拟混凝土的本构关系对于模型的后期分析处理过程十分重要。混凝土的基本参数为密度、杨氏模量（与混凝土强度有关）、泊松比。为了简化对混凝土塑性损伤的理解，在输入混凝土塑性参数时应用《混凝土结构设计标准（2024年版）》（GB/T 50010——2010）中的相关计算参数。Abaqus 给定的默认参数，如图 4.9 所示。

数据					
	膨胀角	偏心率	fb0/fc0	K	粘性参数
1	30	0.1	1.16	0.6667	0.0005

图 4.9　Abaqus 默认给定常用混凝土塑性损伤参数

以 C30 混凝土为例，根据《混凝土结构设计标准（2024年版）》（GB/T 50010——2010）可知，C30 混凝土的杨氏模量为 30 000 MPa，泊松比为 0.2。

相应的压缩特性数据以及拉伸数据也可以根据规范数据进行计算，混凝土根据强度的不同会有不同，输入的参数也不同。以 C30 混凝土为例，其受压区、受拉区的应力-应变曲线如图 4.10、图 4.11 所示。

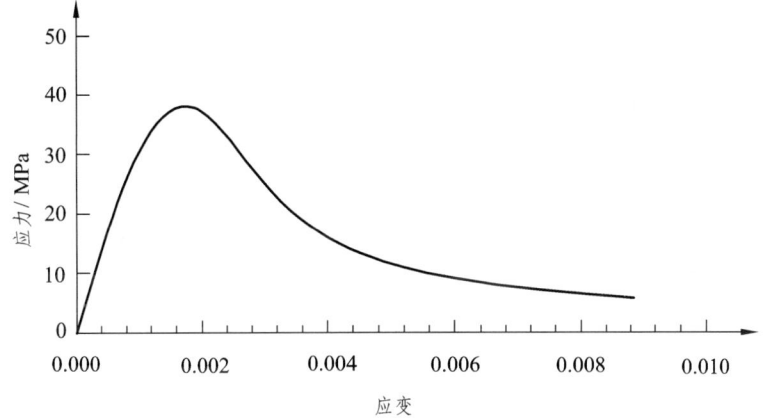

图 4.10　C30 混凝土受压区应力-应变曲线

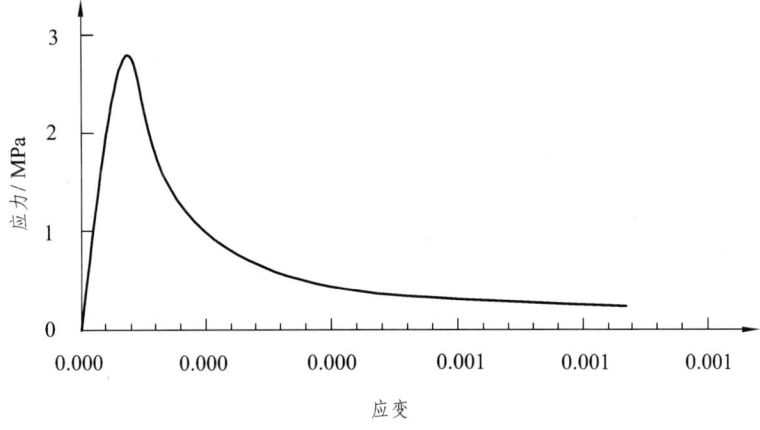

图 4.11　C30 混凝土受拉区应力-应变曲线

4.5 分析过程

在 Abaqus 建模过程当中常见的分析过程如图 4.12 所示。

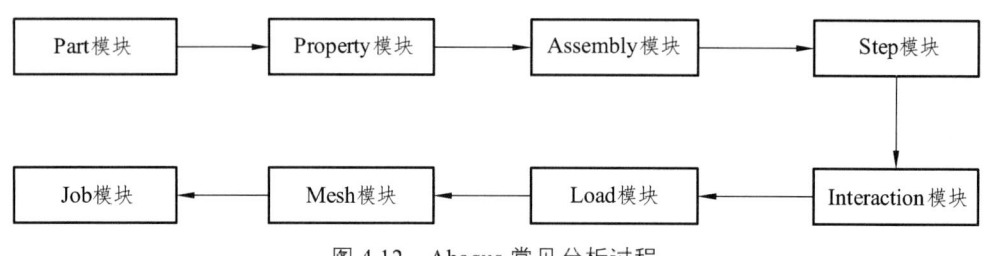

图 4.12 Abaqus 常见分析过程

下面将详细介绍各个模块功能。

4.5.1 Part（部件）模块

在建立 Abaqus 模型之前，必须确定量纲系统，一个建模项目输入的所有数据必须是在同一个量纲系统下的，表 4.2 是常用的量纲系统。

表 4.2 Abaqus 常用量钢

条目名称	m-N-s-kg 制	mm-N-s-t 制	mm-mN-s-kg 制
长度	m	mm	mm
力	N	N	10^{-3} N=mN
时间	s	s	s
速度	m/s	10^{-3} m/s=mm/s	10^{-3} m/s=mm/s
加速度	m/s^2	10^{-3} m/s^2=mm/s^2	10^{-3} m/s^2=mm/s^2
质量	kg	10^3 kg=t	kg
应力/模量	Pa	10^6 Pa=MPa	10^3 Pa=kPa
密度	kg/m^3	10^{12} kg/m^3	10^9 kg/m^3
功	J	10^{-3} J	10^{-6} J
功率	W	10^{-3} W	10^{-6} W
导热系数	W/(m·K)	W/(m·K)	10^{-3} W/(m·K)
换热系数	J/(m^2·K)	10^3 J/(m^2·K)	J/(m^2·K)
比热容	J/(kg·K)	10^{-6} J/(kg·K)	10^{-6} J/(kg·K)

常用 mm-N-s-t 制的量纲进行分析。

部件是模型中每一部分的几何形体，它们是 Abaqus/CAE 模型的基本构造块。在 Abaqus/CAE 中生成部件时，首先在当前环境下直接生成部件（即创造模型空间），然后确定模型类型，最后勾选模型的基本特征。也可以由其他软件生成几何体或者是有限元网格，比如导入一种基于算法的网格生成器 AIgo Mesh、Ansys Meshing、3DMax 等作为部件。

在创造部件模块时，可以根据自己的需要创建实体单元、壳单元、线、切削、内/外圆角、镜像，也可以创建/禁用/删除部件的某些特征。

在对某些部件隔离分析的时候需要创建拆分，建立自己的局部坐标，等等。

需要注意的是，即使各个部件的几何特征相同，也需要绘制各自的部件，因为后期在提交分析作业时，不同的材料属性对分析结果造成的影响也不同。

4.5.2　Property（材料属性）模块

在材料属性模块中需要对所建模型需要的材料本构参数和截面属性进行定义，并将截面属性赋予到相应的部件上面去，即将材料属性赋给截面，然后将截面属性赋给部件。首先，定义材料本构关系、泊松比等；其次，创建和指派截面属性（在创建截面的时候需要注意：命名需要和之前创建的部件命名相统一，以防在给部件赋予截面属性时出现混乱）；最后，用户在定义单元时要特别注意单位的统一。总结下来就是截面属性定义（如材料和横截面积）、截面名称、类型管理器的使用、给部件赋予截面。

材料属性模块还包含创建复合层、创建剖面等，需要结合不同的部件进行实际的创建。不论需要创建什么样的面，需要注意命名以及单位使用时的一些问题。在完成材料部分工作时，用户为保险起见，可以对以上工作做一个校验，这样就可以避免在检查输出结果时出现问题不知道在哪一部分的情况。

4.5.3　Assembly（装配）模块

在装配模块当中，首先需要弄清楚的一个问题就是每个部件所在的是局部坐标系，各个部件之间是相互独立的，用户需要在装配模块中定义整个装配件的几何形体，所以需要定义整体坐标系下的原点。当创建了装配体的整体坐标系时，需要将各个部件通过移动、旋转、阵列复制、添加几何约束等操作将多个部件组装成整体。装配模块中的一些其他功能需要结合具体的装配体进行连接等，比如一些表面特征以及连接指派。

4.5.4　Step（分析步）模块

对模型施加载荷、边界条件或定义模型的接触问题之前，必须定义分析步，然后才可以指定在哪一步施加载荷、在哪一步施加边界条件、在哪一步去定义相互关联。Abaqus 的各种载荷要分别加载在不同的分析步中，比如像竖向载荷、偏转角度、水平载荷要分别建立三个分析步。Abaqus 的分析类型有 General（通用分析）以及 Linear Perturbation（线性摄动分析）分析。本科阶段经常使用的是静力通用分析，而动力显示分析的计算速度更快，稳定性更好，两者分析步的总时长相比动态显示分析更短。

在分析步中需要创建场变量输出，所谓场变量输出就是用于描述某个量随时间的变化。进行场变量输出时，需要自己勾选相应的输出成果，比如混凝土的加载破坏和损伤过程。在分析步中也可创建历程分析，所谓历程分析就是描述某个量随时间变化，比如在土体模型模拟当中，土受先期土体压力的影响会出现应力历史，土体受力各个物理量的变化可以进行历程输出分析。

4.5.5　Interaction（相互作用）模块

在学习相互作用的时候，一定要先弄清楚相互作用模块中一些量的含义，常见的如下：

（1）Interaction（相互作用）：定义模型的各部分之间或模型与外部环境之间的相互作用，例如接触、弹性地基、热辐射等。

（2）Constraint（约束）：定义模型各部分之间的约束关系。

（3）Connector（连接）：定义模型两点之间或模型与地面之间的连接单元，用来模拟固定连接、铰接等。

在土木工程中用得比较多就是约束，接触大多用在机械工程中。这里需要注意的是，即使两个实体之间或一个装配体的两个区域之间在空间位置上是相互接触的，Abaqus/CAE 也不会认为它们之间存在着接触关系，需要应用 Interaction 模块中的主菜单来定义这种接触关系。

在 Abaqus 不同的模块中，有一些容易混淆的添加约束的功能：

（1）在 Assembly 过程中，主菜单的 Constraint 作用主要是定义各个实体（部件）间的相互位置关系，从而能够确定它们在装配件中的初始位置。

（2）在 Load 过程中，主菜单的 BC（边界条件）的作用是定义边界，清楚模型的刚体位移。

（3）在 Interaction 过程中，主菜单 Constraint 的作用是定义模型各部分的自由度之间的约束关系。

在 Interaction 功能模块当中本科阶段常用的 Constraint 类型有：

（1）Tie（绑定约束）：模型中的两个面被牢固地粘连在一起，在分析过程中不再分开，简单来说就是形成一个整体。被绑定的两个面可以有不同的几何形状和网格划分。

（2）Rigid Body（刚性约束）：在模型的某区域和一个参考点之间建立刚性连接（和 Bridge Doctor 使用功能差不多），此区域变为一个刚体，各节点之间的相对位置在分析过程中保持不变。

（3）Display Body（显示体约束）：和刚体约束类似，受到此约束的实体只作为一种陪衬体，并不参与受力分析。

（4）Embedded Region（嵌入区域约束）：模型的一个区域嵌入在另一个区域当中。

还有一些本科阶段不常遇见的耦合约束、壳体-实心体约束以及方程约束在具体的分析过程中再学习加以运用。

在具体的装配体相互作用模块创建过程中，需要仔细考虑创建接触对时主面与从面的选择。

所谓的主面和从面，即发生接触的是主面，而从面与主面背离，接触方向总是指向主面法线方向，从面上的点不会穿越到主面，主面上的点可以穿越到从面。一般来说将刚度大、网格划分较粗糙的一面作为主面，这里的刚度不仅仅是材料刚度，还要考虑结构或装配体的整体刚度。解析面必须是主面。

4.5.6　Load（加载）模块

常见的加载模块的操作流程如图 4.13 所示。

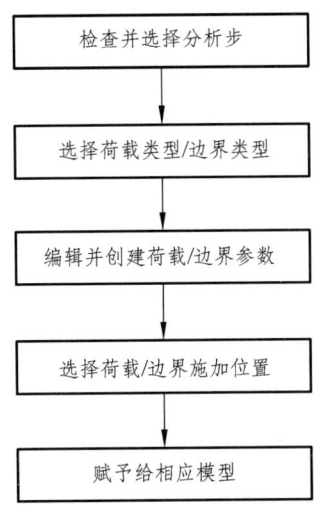

图 4.13 Abaqus 常用加载模块

在加载模块当中有载荷创建、边界条件创建、预定义场创建、工况创建，而对于比较基础的装配体的分析一般用得比较多就是前 3 种。在加载模块中要施加边界条件和载荷，而施加边界条件和载荷也依赖于所建立的分析步。所以在创建载荷时，首先要把分析步定义清楚，比如静力通用分析步下常见的可以创建集中力、弯矩以及分布力等。在与温度相关的分析步下，可以创建温度载荷。如果选择的分析步下不能创建相关载荷，说明创建的分析步出现了问题。Abaqus 中动力载荷（简单的时变载荷）的加载，在分析步中选择动力显示分析步后，选择时变载荷的类型，确定时变载荷在哪个方向变化的幅值，随后在幅值表载荷中创建幅值曲线，然后将 Excel 表格中模拟出的幅值函数的数据导入到表载荷当中，最后将创建的时变载荷赋予给相应的模型就完成了相应简单时变载荷的加载过程。常见的边界条件就是位移和转角，Abaqus 中用 1、2、3 代表的 X、Y、Z 三个方向，U1、U2、U3 代表 X、Y、Z 三个方向的位移，UR1、UR2、UR3 代表 X、Y、Z 方向上的转角。常见的一些铰支座、链杆支座和固定支座的创建如图 4.14 所示。

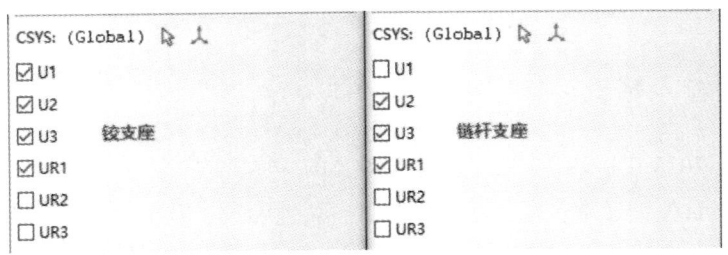

图 4.14 常用支座

预定义场的创建可以根据自己模型所处的分析环境添加相应的场变量，比如温度场、电磁场等的创建。以温度场为例，在 Excel 表格当中模拟温度场的变化或者根据实验需要模拟的温度场数据导入到预定义温度场的表格当中。

以上载荷、边界条件以及预定场的创建过程都是依赖分析步的,所以在创建相应内容的时候一定要弄清楚是在哪个分析步。还需要注意创建的命名,这个对于初学者很重要,一般建议命名为"分析步名称+创建内容+施加位置"。

4.5.7 Mesh(网格划分)模块

网格划分步骤如图 4.15 所示。

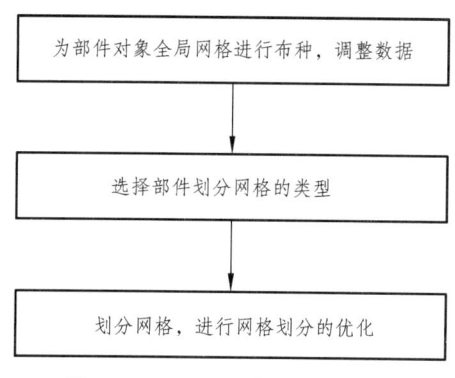

图 4.15 Abaqus 常见网格划分

Abaqus 的网格划分中需要优化的方面比较多,如网格划分的常见策略,部件对应颜色只能划分相应的网格类型,优先选择全局六面体网格以及四边形网格,用户需要着重关注的地方需要进行网格加密处理,尽量避免出现三角形网格,等等,需要大家在实践过程中自己体会。

4.5.8 Job(分析作业)模块

Job 模块是在上述 7 个步骤完成的基础上进行的。进行作业提交的模块,创建作业之后,编辑作业可以选择两个并行的处理器进行分析,当发现两个处理器并行处理时,不能生成 ODB 文件,就要勾掉这一选项。也可以选择数据检查,然后提交作业,等待作业状态为已完成时就可以查看处理结果了。

4.6 界面输入格式

基于 Abaqus 2018(中文版)版本就前面涉及的一些常规输入界面格式进行简要介绍。前处理建立的 Abaqus 模型通常包括创建部件、材料属性参数、载荷和边界条件、创建分析步、输出要求等信息。

4.6.1 创建部件

创建部件如图 4.16 所示,创建之后进入草绘界面,如图 4.17 所示。创建部件需要定义坐标以及尺寸长度,可以创建孤立点、连接线、圆、矩形,等等,可以进行裁剪等操作。

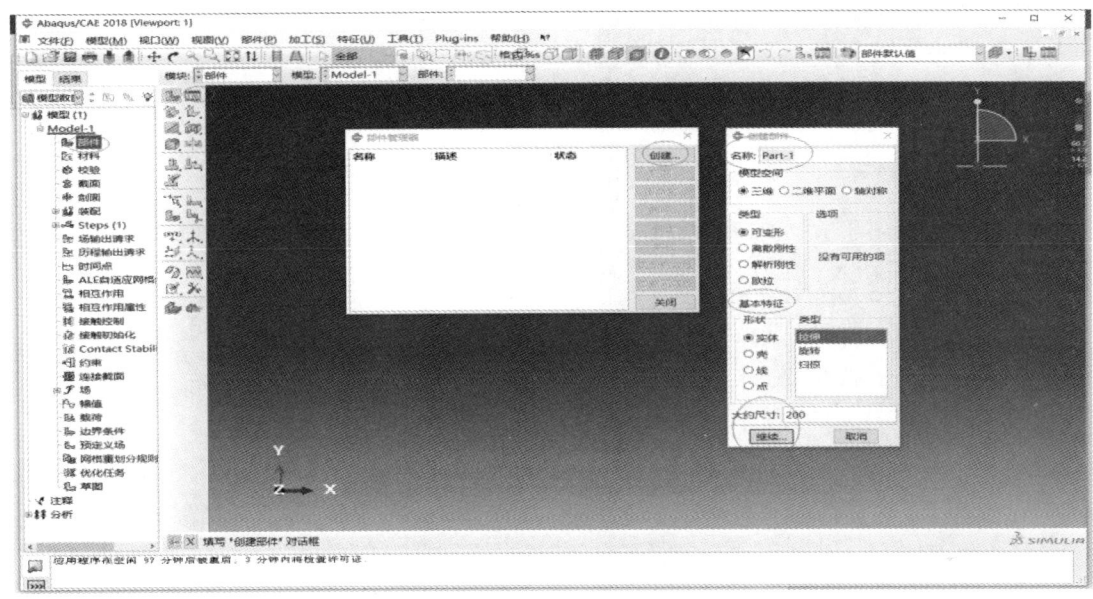

图 4.16 创建部件

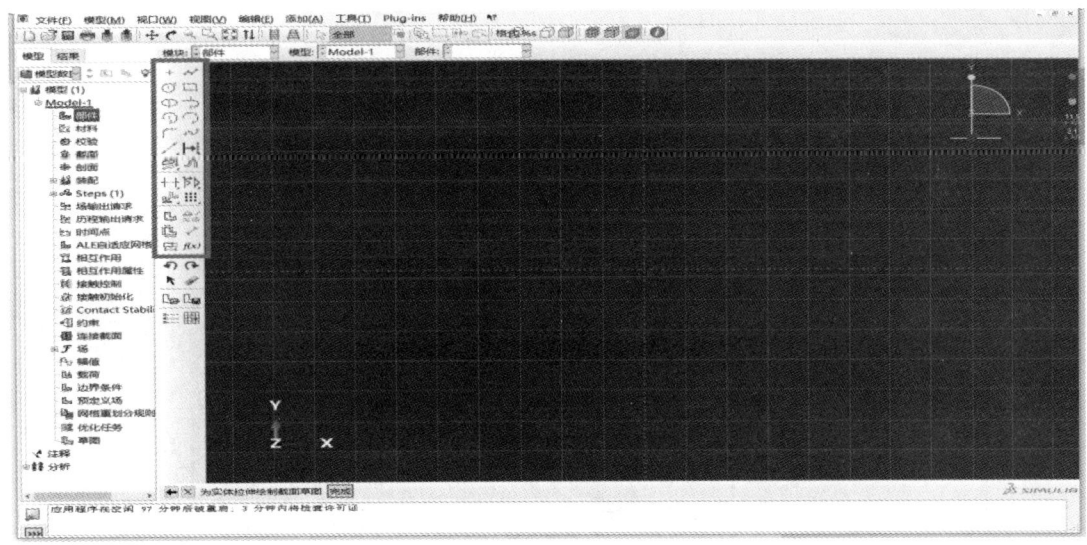

图 4.17 草绘界面

4.6.2 材料属性

根据建模材料属性，选择弹性、塑性，根据弹出的对话框选择更加具体的材料属性，如图 4.18 所示。以钢筋混凝土为例需要输入的材料参数有钢筋基本参数、混凝土基本参数。

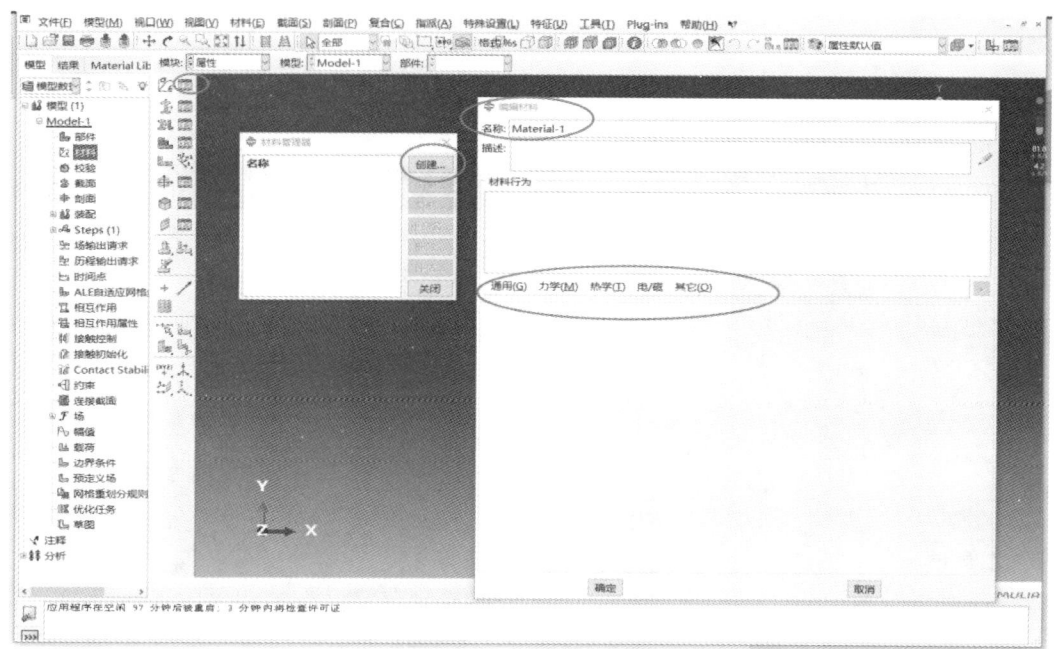

图 4.18　定义材料属性

根据前面选择的材料进行截面的创建,如图 4.19 所示。最后进行截面的指派,如图 4.20 所示。

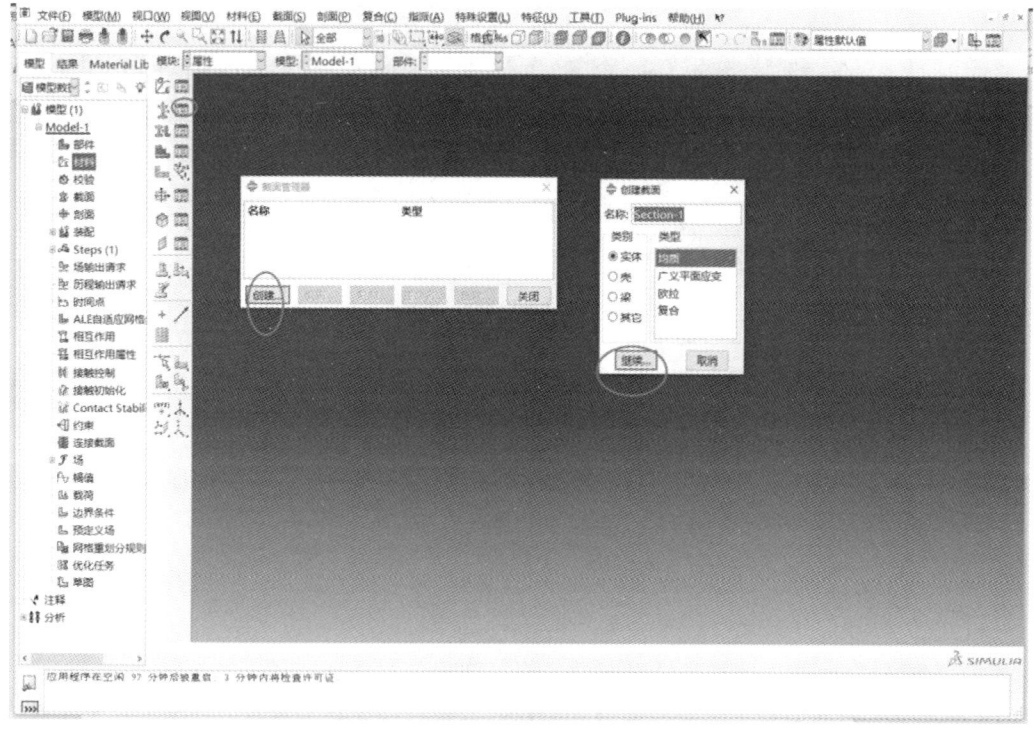

图 4.19　创建截面

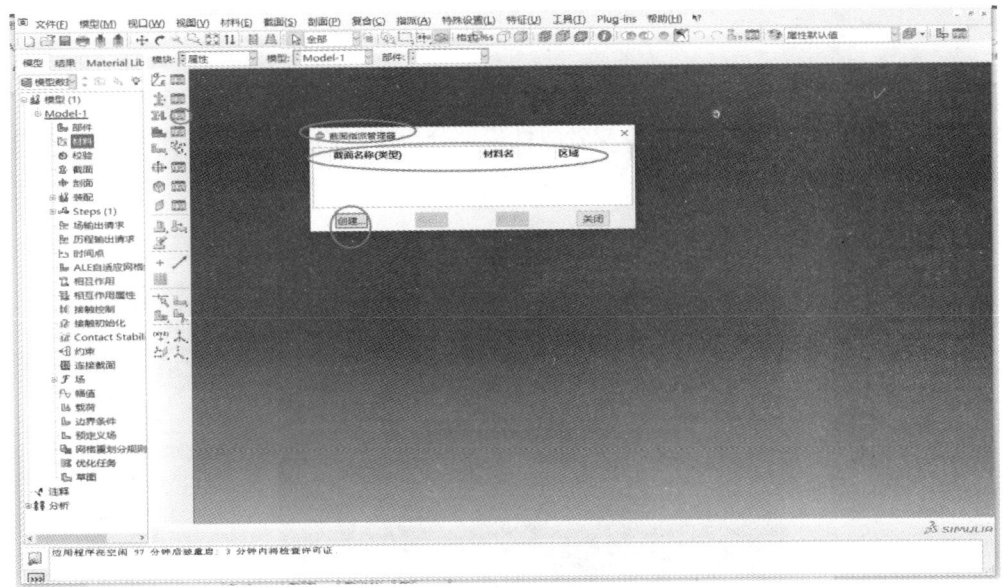

图 4.20 截面指派

材料属性模块还有常见的应用，比如创建剖面、蒙皮等，可以按照弹出的对话框进行操作。

4.6.3 装 配

装配模块针对有很多部件的模型来说需要连接组装，对于单个部件来说此步可省略。
装配模块主要涉及部件之间的连接操作，例如阵列复制、平移、选择等，如图 4.21 所示。

图 4.21 装配

4.6.4 分析步及约束

在加载之前需要创建分析步，分析步的创建会影响加载（即边界条件的创建），在初始分析步的基础上再创建通用静态分析步或者线性摄动分析步。创建、编辑分析步如图 4.22、图 4.23 所示。

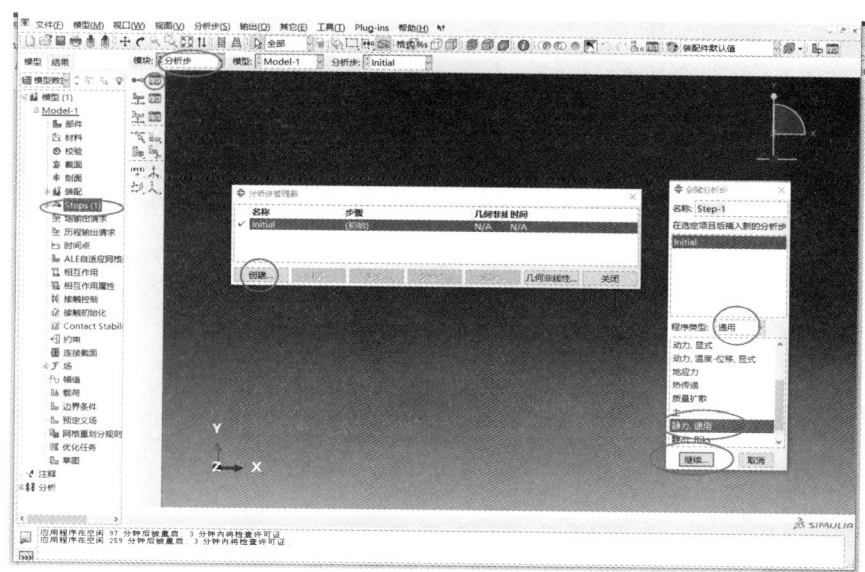

图 4.22　创建分析步

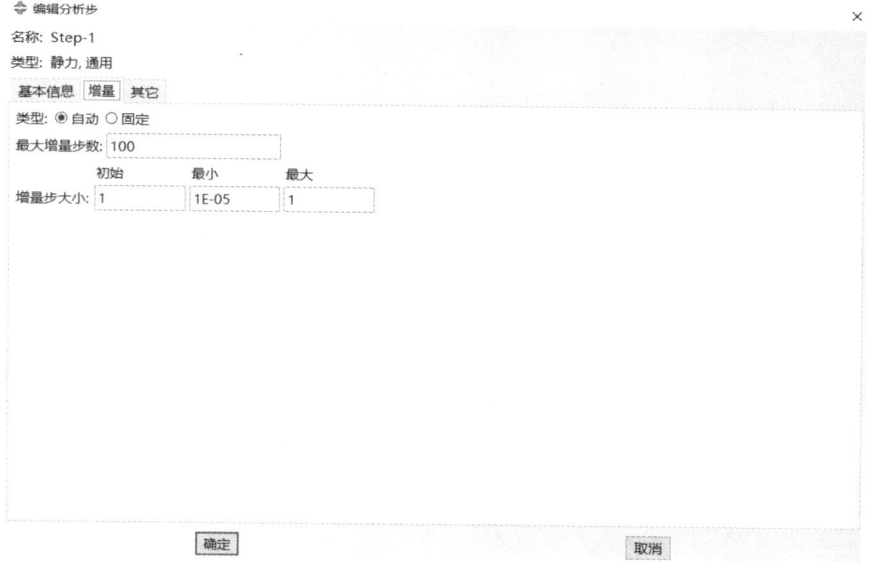

图 4.23　编辑分析步

对分析步进行细化和编辑，在创建分析步的基础上进行相互作用以及载荷的创建，注意要一一对应，如静力分析步以及需要输入与相应场变量对应下的分析步等。在分析步创建的过程中，对相应场输出以及历程输出的要求进行手动选择，如图 4.24 所示。

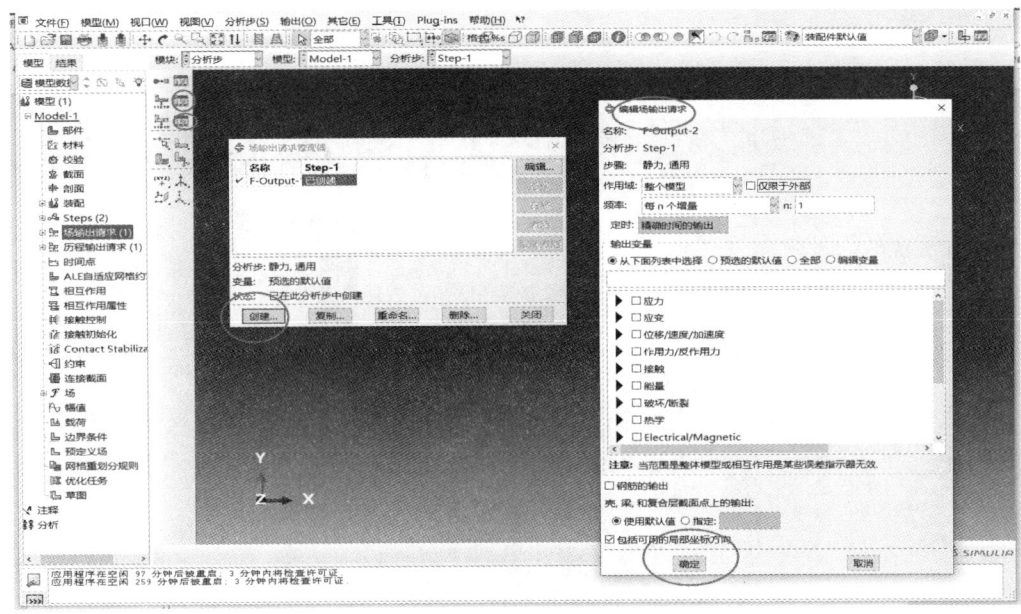

图 4.24　输出结果选择

根据模型要求进行相关相互作用及约束的创建，如图 4.25 所示。

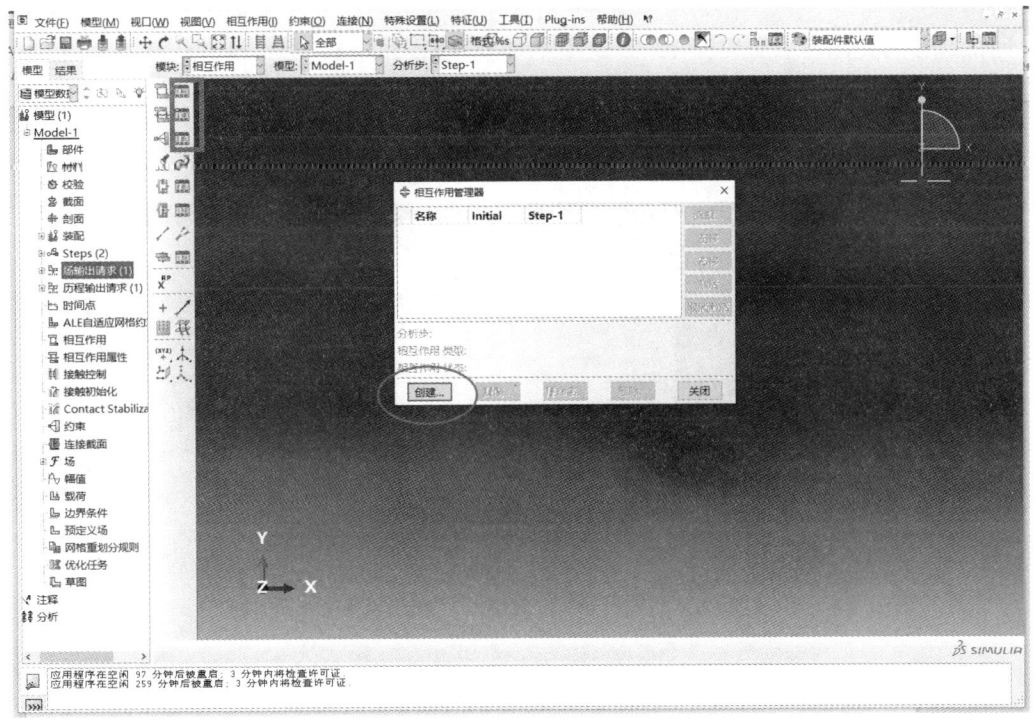

图 4.25　创建相互作用

在载荷模块需要进行载荷的加载、边界条件的创建即预定义场的创建，如图 4.26 所示。

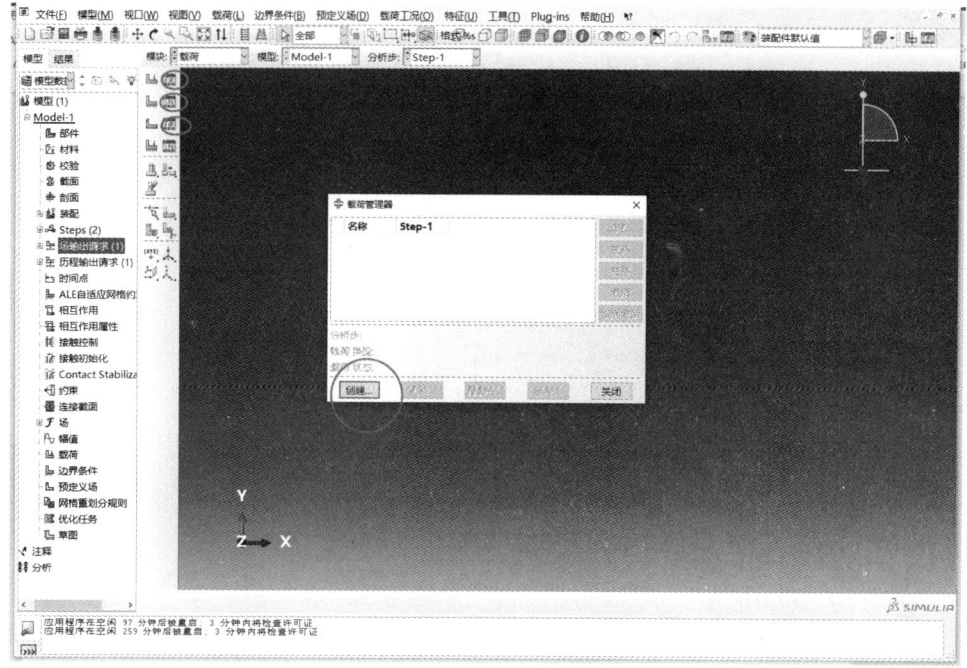

图 4.26 创建预定义场

4.6.5 网格划分

网格划分的具体要求前文已介绍，这里主要进行输入的演示。

首先进行全局种子的设置，如图 4.27 所示。

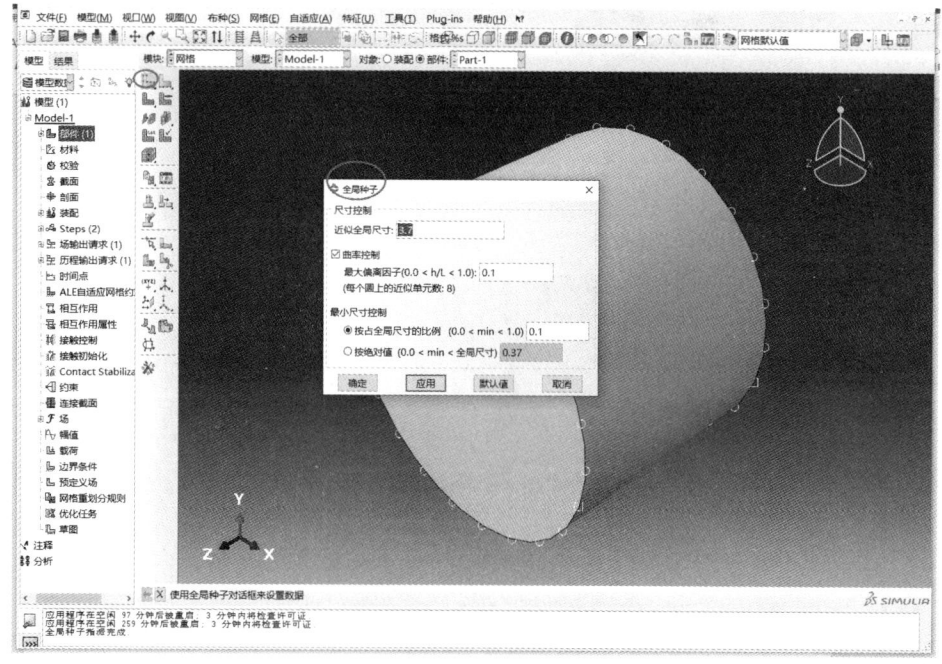

图 4.27 全局种子

然后选择划分网格类型，如图 4.28 所示。

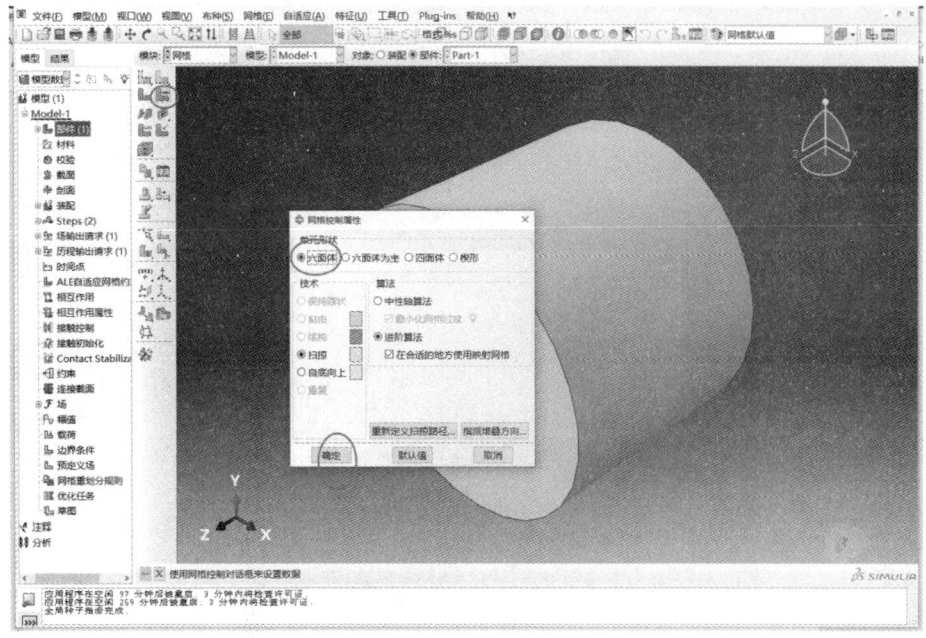

图 4.28　网格类型

最后进行网格划分，如图 4.29 所示。

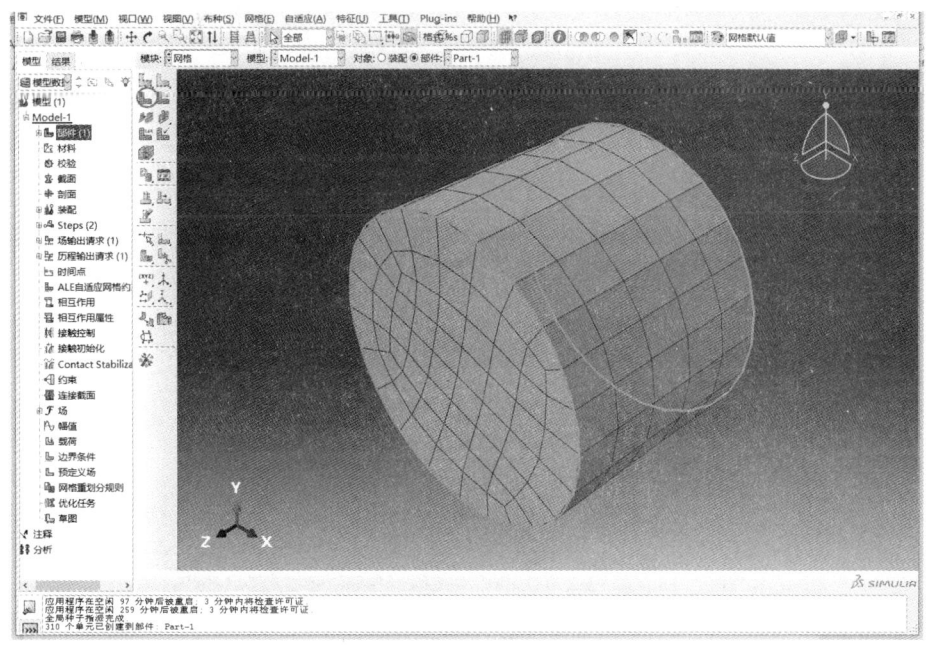

图 4.29　网格划分

网格优化对于后面分析计算很重要，优化后的网格能更好地帮助我们分析某点的应力、应变。

4.6.6 提交作业

网格划分结束后,检查数据及边界条件等,最后进行作业的提交,如图 4.30 所示。

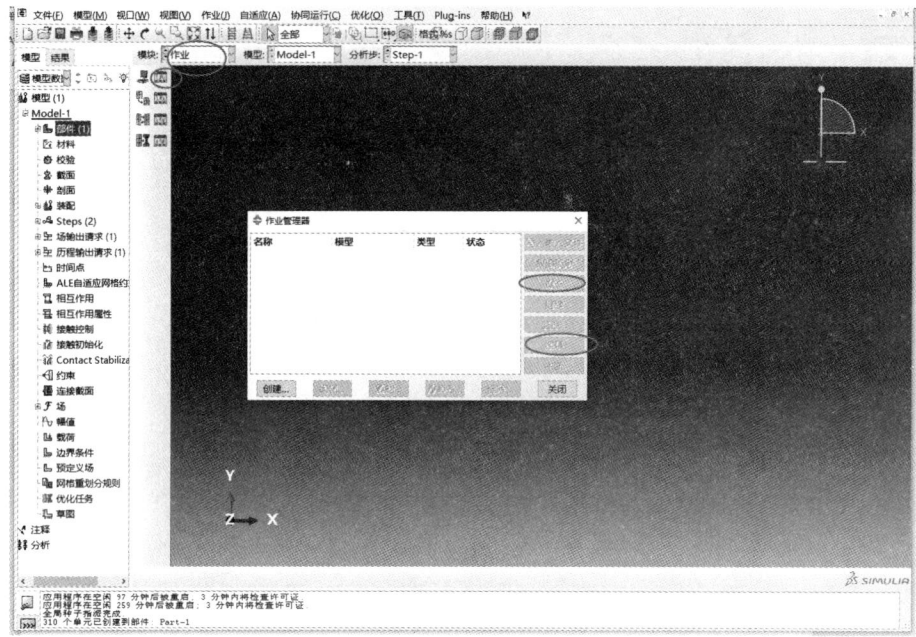

图 4.30　提交作业

第5章
梁与刚架结构的静力分析

本章从一维的连续梁分析到二维的刚架分析,再到三维的框架分析,层层递进,通过对基本构件、结构的受力分析,可强化读者对建筑结构受力特征的认识,通过掌握有限单元法在结构静力分析中的应用,进一步加深读者对基本力学概念的理解,做到手算与 CAE 电算相结合,帮助读者更深入地理解力学原理,增强读者的数学和计算能力。

5.1 连续梁结构静力分析

5.1.1 实例描述

如图 5.1 所示,有一两跨连续梁结构长 10 m,单跨长度为 5 m,整体结构为钢材质,杨氏模量为 210 GPa,泊松比为 0.3,梁截面采用 H 型钢,截面尺寸为 500 mm×300 mm×16 mm×25 mm,承受垂直 X 轴方向竖直向下的均布载荷 P=20 kN/m。使用 Abaqus 进行连续梁结构的静力分析,求解该结构的内力与位移结果。

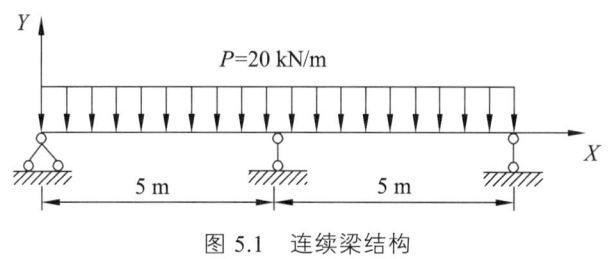

图 5.1 连续梁结构

5.1.2 分析流程

1. 创建部件

启动 Abaqus/CAE,选择 with Standard/Explicit Model 模块,创建一个新模型,对模型重命名并保存。

根据图 5.1 建立三维线模型,进入部件模块,单击创建部件图标,在弹出的对话框中,输入部件名称 "Part-1",在模型空间中选择三维,类型选择可变形,形状选择线,在大约尺寸的文本框中输入 "40",单击继续按钮,进入草图环境;单击 "创建线:首尾相连" 图标,选用依据点创建线方式,在参数输入区中依次输入 3 个点的坐标 "0,0" "5,0" "10,0",单击完成按钮,完成部件的创建,形成两跨连续梁结构,如图 5.2 所示。

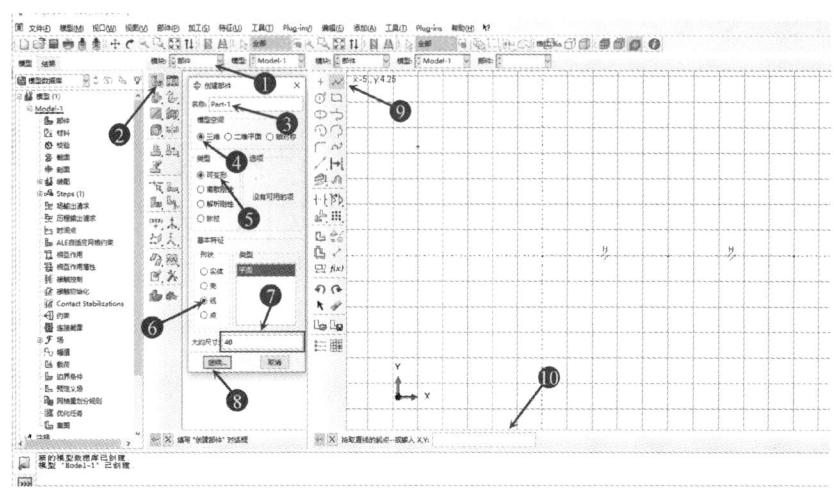

图 5.2 创建部件（连续梁）

2. 定义属性

（1）定义材料。

在属性模块下定义材料线弹性本构，需注意统一单位制。在本例中，尺寸单位采用 m，杨氏模量的单位为 Pa，即 210 000 000 000 Pa，泊松比为 0.3。此外，杨氏模量的输入也可以使用科学记数法，即 210e9。

在环境栏模块中选择属性，进入属性模块，单击创建材料图标，在弹出的对话框中，输入材料名称"Material-1"，并选择力学选项，在子菜单中选择弹性，材料行为选择弹性，在数据中输入杨氏模量和泊松比，其余按照默认设置。单击确定按钮，完成材料属性的定义，如图 5.3 所示。

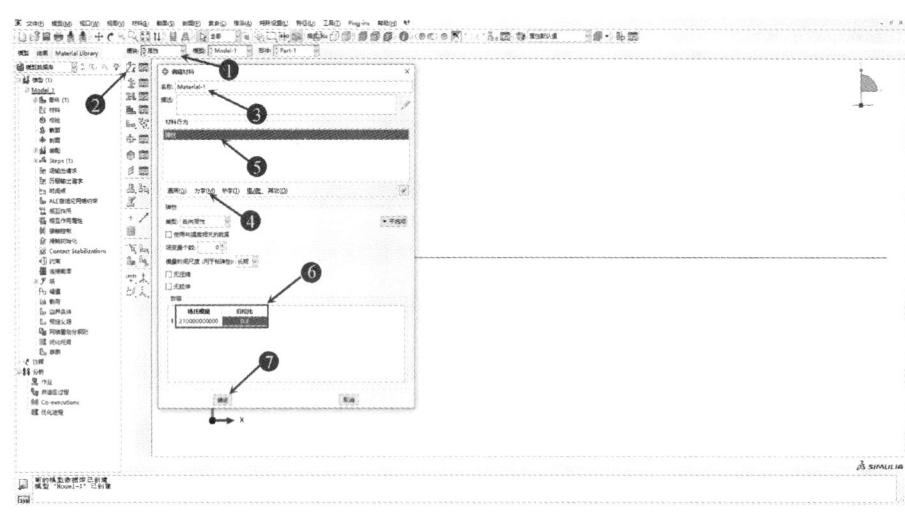

图 5.3 定义材料（连续梁）

（2）定义梁断面。

对于梁单元必须先定义其断面，此连续梁结构采用 H 型钢，梁截面为 500 mm×300 mm×16 mm×25 mm，单击创建剖面图标，在弹出的对话框中，输入断面名称"Profile-1"，并选择 I

形,单击继续按钮;随后,在弹出的对话框中输入梁的断面信息(I 文本框中输入 "0.25",h 文本框中输入 "0.5",b1、b2 文本框中分别输入 "0.3",t1、t2 文本框中分别输入 "0.025",t3 文本框中输入 "0.016"),并保证坐标系中的 1、2 轴方向。输入后单击确定按钮,完成梁断面的定义,如图 5.4 所示。

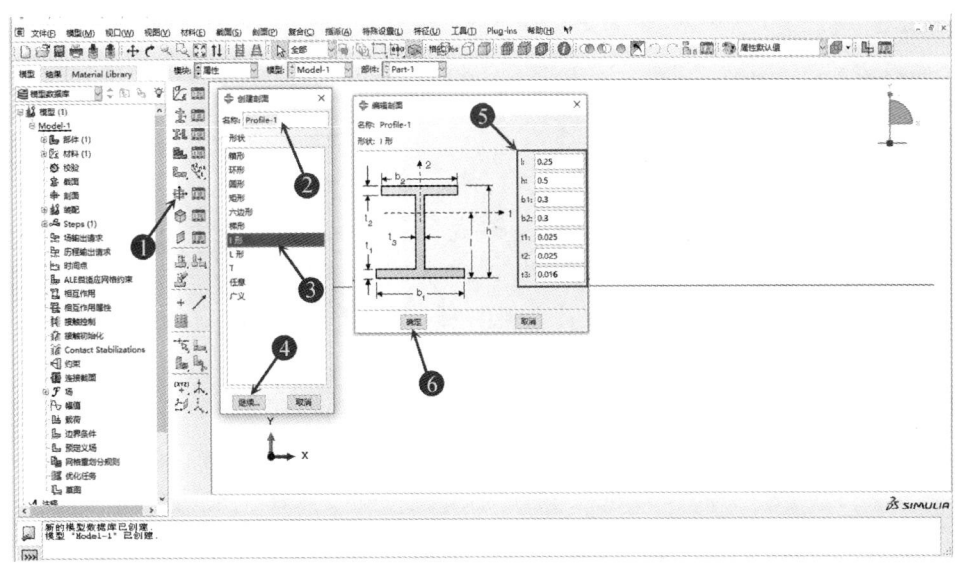

图 5.4　定义梁断面(连续梁)

(3)定义梁截面。

单击创建截面图标,在弹出的对话框中,输入截面名称 "Section-1",在类别中选择梁,类型选择梁,单击继续按钮,在弹出的对话框中选择已经定义好的梁断面 Profile-1 和梁材料 Material-1,单击确定按钮,完成梁截面的定义,如图 5.5 所示。

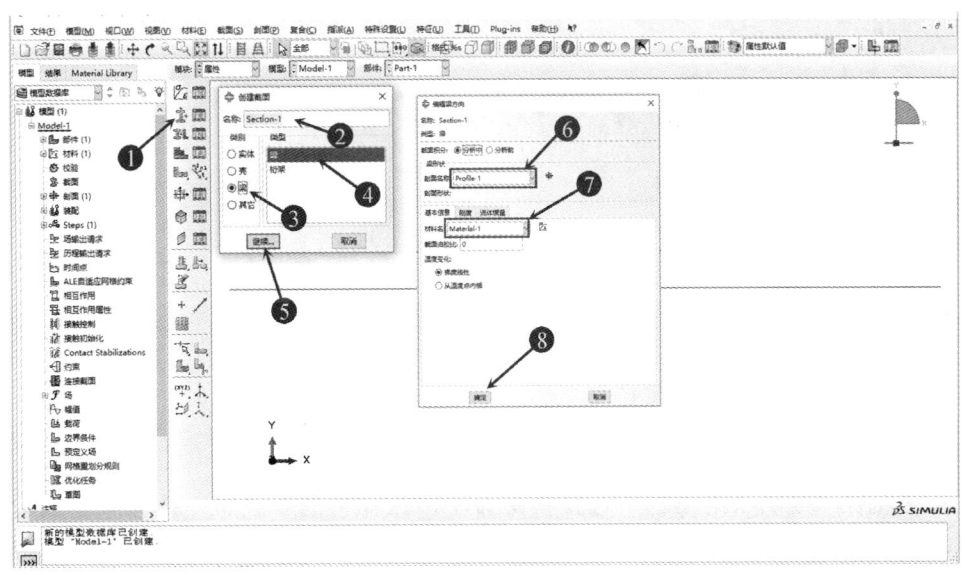

图 5.5　定义梁截面(连续梁)

（4）赋予截面属性。

将梁的截面赋值到几何模型，单击指派截面图标，选中所有线，单击完成按钮完成几何模型的选择，在弹出的对话框中选择已经定义好的截面 Section-1，单击确定按钮，把截面属性赋予部件 Part-1，如图 5.6 所示。

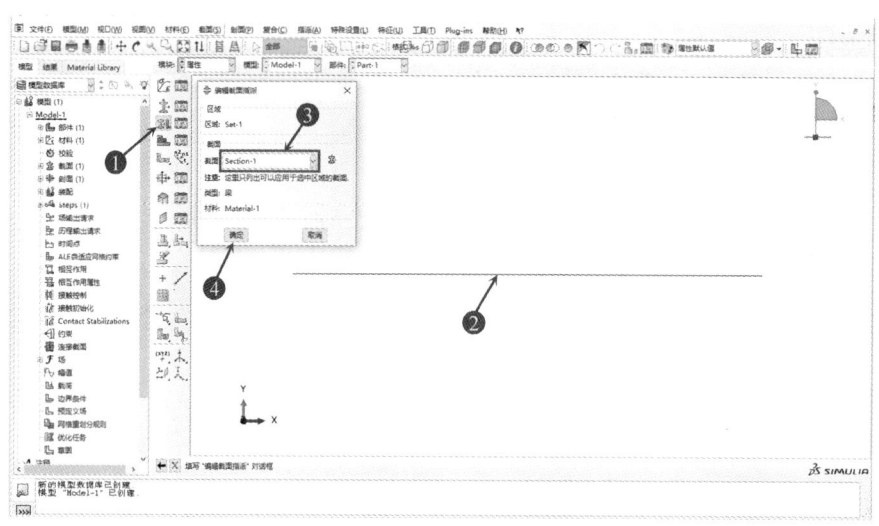

图 5.6　梁截面赋值（连续梁）

（5）定义梁的方向。

对该连续梁结构可知，两段梁的 2 方向均为 Y 轴方向，单击指派梁方向图标，同时选择两段线，输入方向向量"0.0, 0.0, –1.0"，最后单击完成按钮，完成梁方向的定义，如图 5.7 所示。

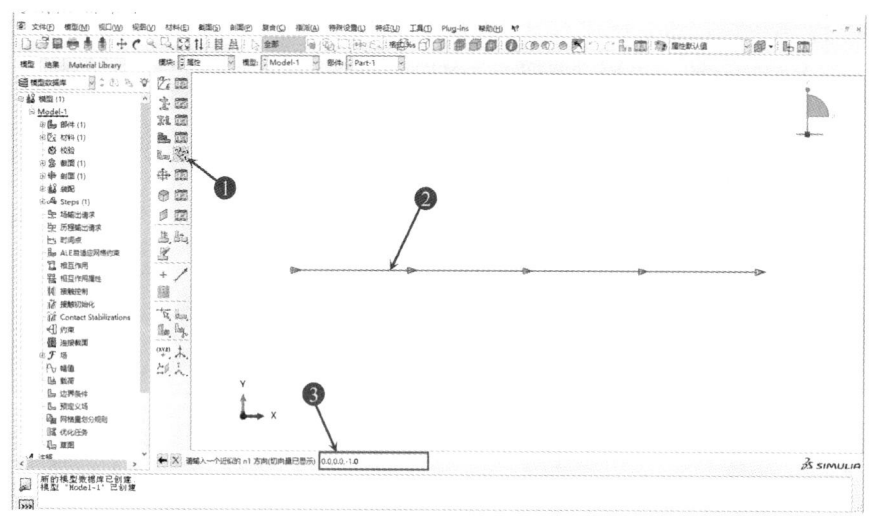

图 5.7　定义梁的方向（连续梁）

设置完成后，可以在菜单栏中选择视图命令，在弹出的子菜单中选择部件显示选项命令，并在弹出的对话框中切换到通用选项卡，勾选辅助显示内的渲染剖面复选框，单击确定按钮，便可查看梁的几何状态，检查梁的截面和方向是否设置正确，如图 5.8 所示。

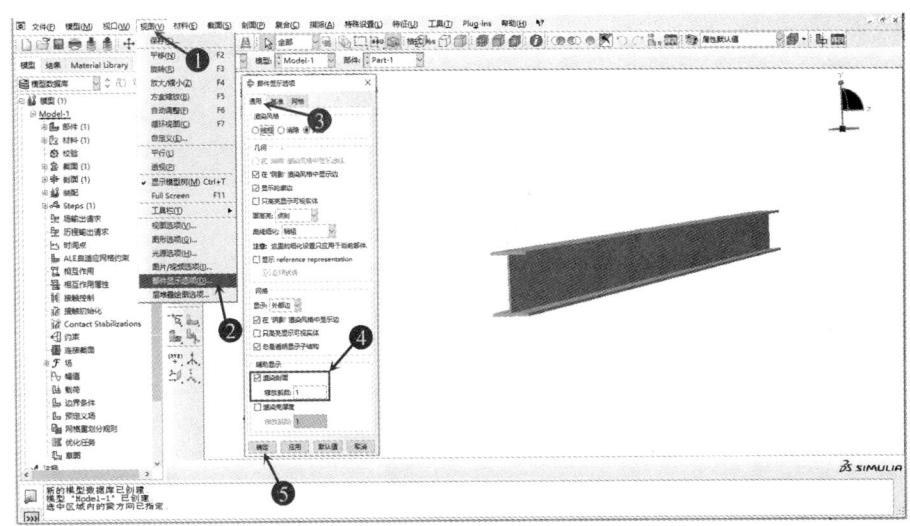

图 5.8 梁截面显示（连续梁）

3. 定义装配

由于只有一个部件，可直接进行装配，切换进入装配模块，单击创建实例图标，在弹出的对话框中选择部件中的 Part-1，实例类型选择默认的非独立（网格在部件上），单击确定按钮，完成创建实例，如图 5.9 所示。

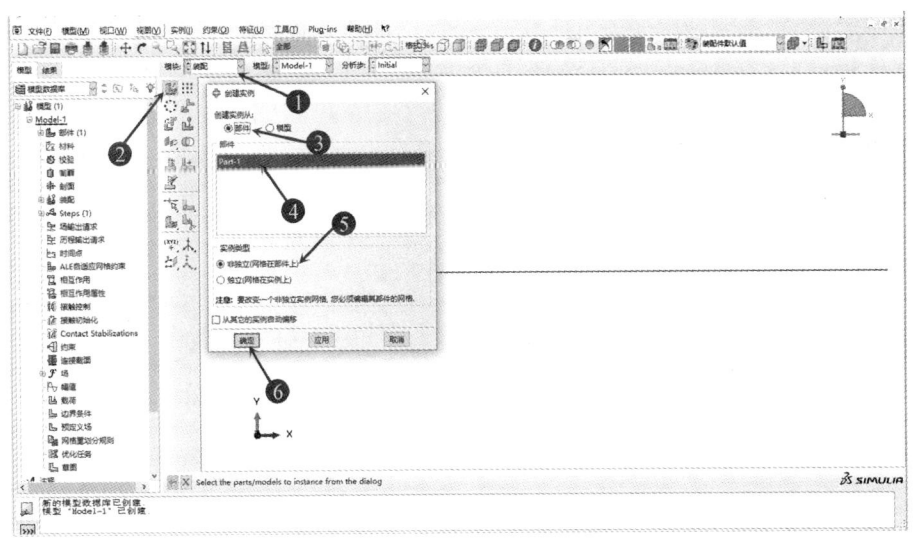

图 5.9 定义装配（连续梁）

4. 定义分析步和输出变量

（1）定义分析步。

切换进入分析步模块，单击创建分析步图标，在弹出的对话框中，输入分析步名称"Step-1"，选择"静力，通用"选项，单击继续按钮，在弹出的对话框中接受默认设置，单击确定按钮，完成分析步的定义，如图 5.10 所示。

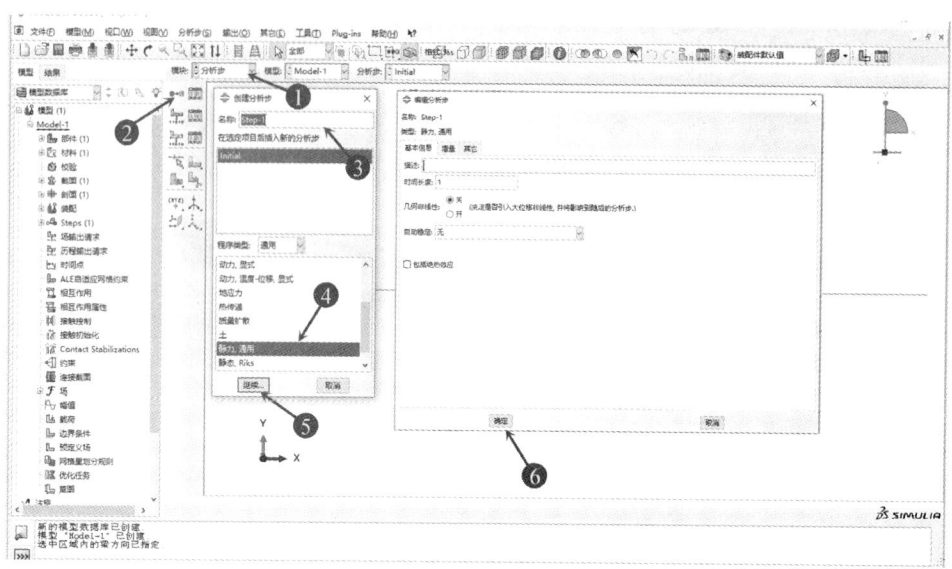

图 5.10　定义分析步（连续梁）

（2）定义输出变量。

本例需要获取结构的内力与位移结果，而默认的分析结果输出不能满足后处理的需求，需要查看更多的分析结果可对场变量进行编辑。单击场输出请求管理器图标，选择已生成的输出变量 F-Output-1，单击编辑按钮，在弹出的对话框中，可根据所需要的输出量，勾选相应的复选框。本例需要得到结构的内力结果，即需要勾选 SF 复选框，其余接受默认选项，单击确定按钮，完成输出变量的定义，如图 5.11 所示。

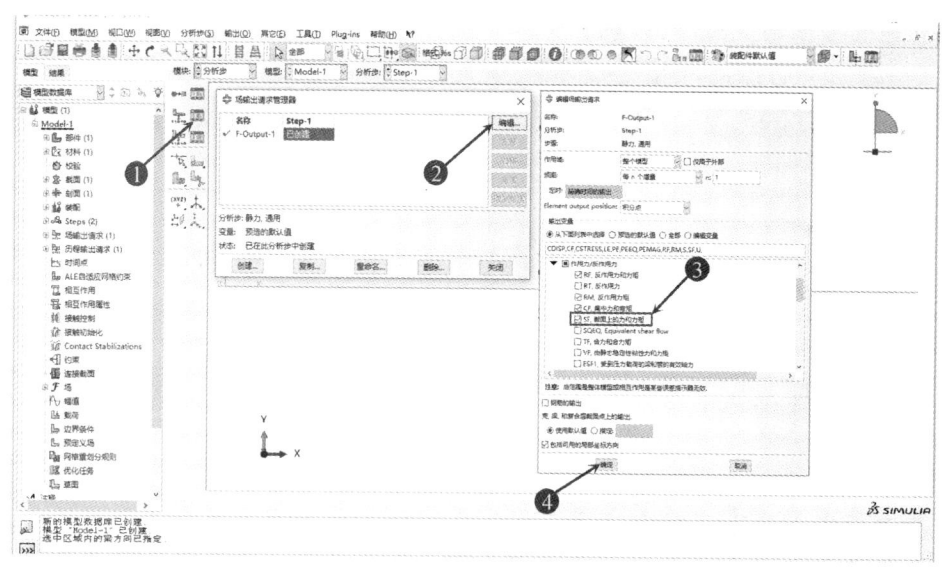

图 5.11　定义输出变量（连续梁）

5. 定义约束和载荷

本例不涉及接触问题，所以直接跳过相互作用模块。

（1）定义约束。

根据图 5.1 定义连续梁结构的边界约束，切换进入载荷模块，单击创建边界条件图标，在弹出的对话框中，输入约束名称"BC-1"，分析步选择系统定义的初始分析步 Initial，类别选择力学，可用于所选分析步的类型选择位移/转角，单击继续按钮，选择连续梁结构的左端点，单击完成按钮，在弹出的对话框中释放 UR3 约束，并约束其他自由度，单击确定按钮，完成左端点不动铰约束的定义，如图 5.12 所示。

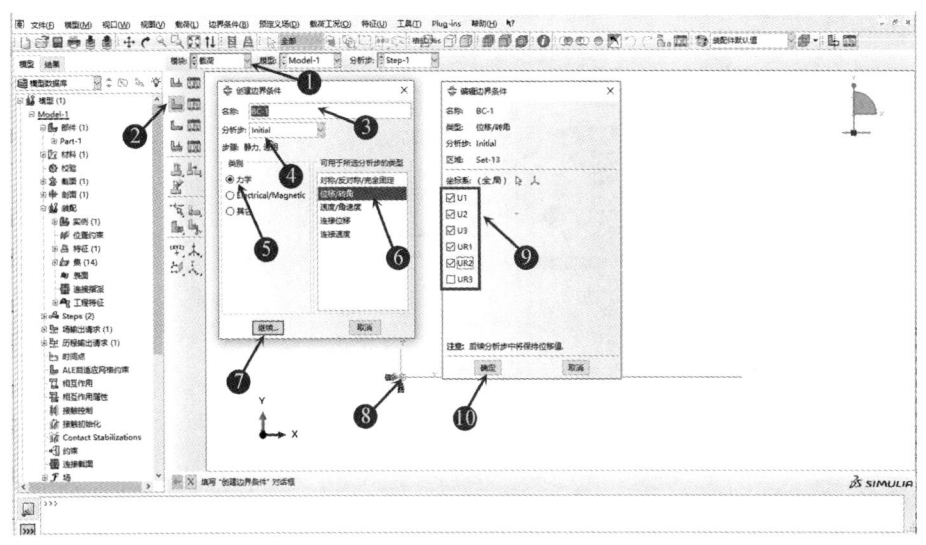

图 5.12　定义不动铰约束（连续梁）

以同样的方法对中部端点和右端点的滑动铰约束 BC-2 进行定义，可用于所选分析步的类型选择位移/转角，在弹出的对话框中释放 U1、UR3 约束，约束其他自由度，其他操作同上，如图 5.13 所示。

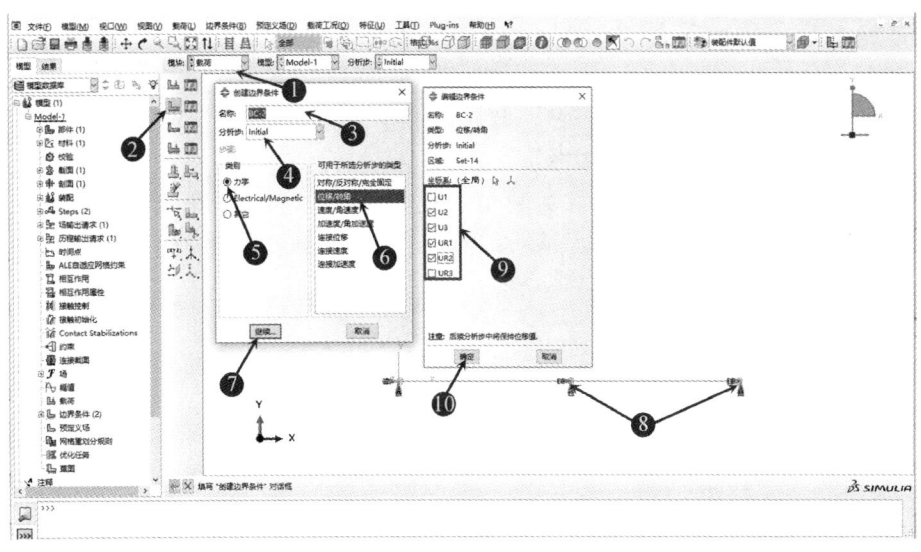

图 5.13　定义滑动铰约束（连续梁）

（2）施加载荷。

由图 5.1 可知，该连续梁结构承受垂直 X 轴方向竖直向下的均布载荷。将该载荷施加在模型中，单击创建载荷图标，在弹出的对话框中，输入载荷名称"Load-1"，分析步选择 Step-1，类别选择力学，可用于所选分析步的类型选择线载荷，单击继续按钮，选择两段梁线，单击完成按钮，在弹出的对话框中，在分量 2 文本框中输入"-20000"（单位为 N），单击确定按钮，完成载荷的施加，如图 5.14 所示。

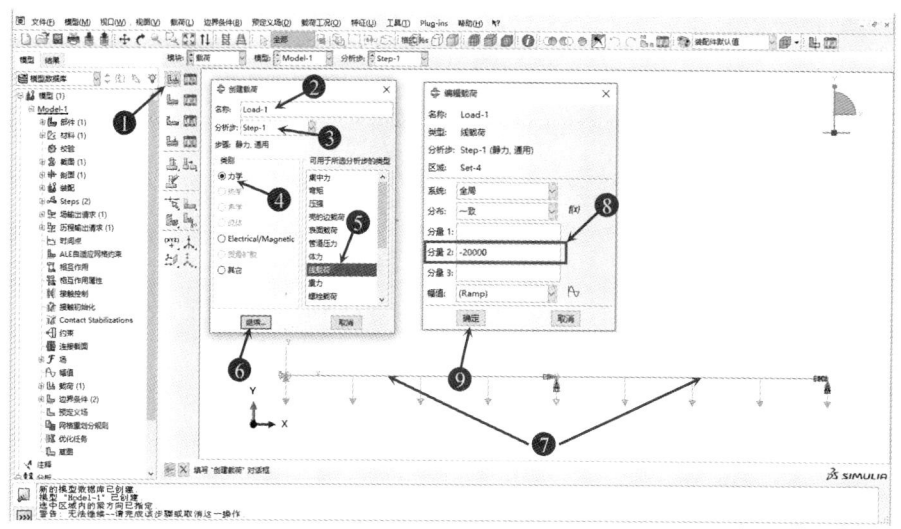

图 5.14　施加载荷（连续梁）

6. 网格划分

切换进入网格模块，将窗口顶部的环境栏对象选项设为部件选项，单击种子部件图标，在弹出的对话框中开始定义全局种子，将近似全局尺寸定义为 0.1，单击确定按钮，如图 5.15 所示。

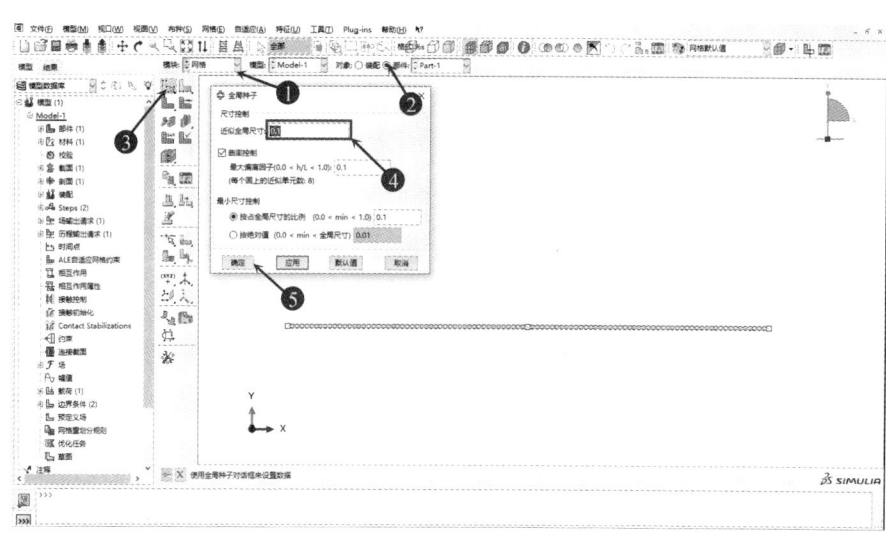

图 5.15　网格划分（连续梁）

单击指派单元类型图标,在视图中选择模型,单击完成按钮,在弹出的对话框中选择梁单元,默认的单元为 B31,单击确定按钮,完成单元类型的选择,然后,单击为部件实例划分网格图标,完成网格划分,如图 5.16 所示。

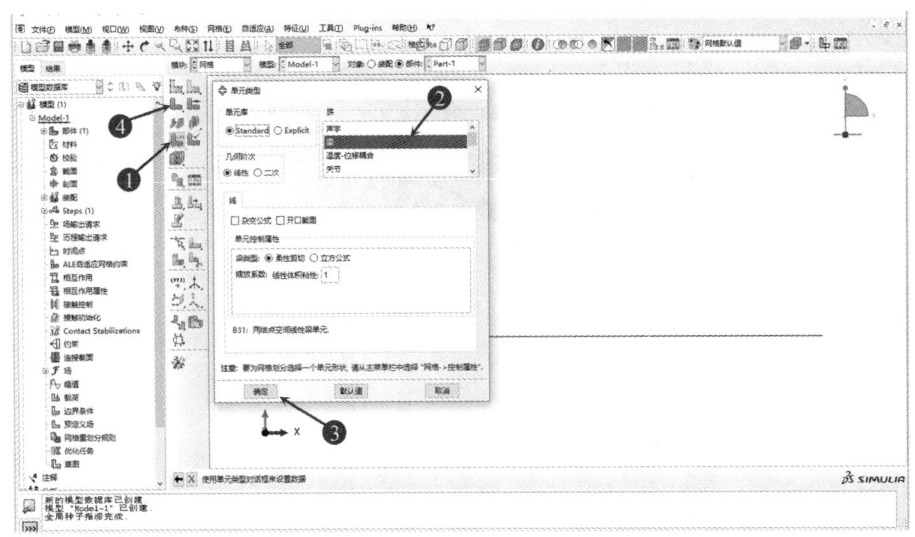

图 5.16　定义网格单元(连续梁)

网格划分是决定分析精度的重要因素,网格密度和网格质量的提升能在一定程度上提高分析结果的精度,但同时会增加计算时间,因此在分析时需要综合考虑,在保证结果精确度的同时,最大程度地减小网格密度,从而减少计算时间。

7. 提交作业

切换进入作业模块,单击创建作业图标,在弹出的对话框中,输入作业名称"Job-1",单击继续按钮,在弹出的对话框中,接受默认选项,单击确定按钮,完成作业定义,如图 5.17 所示。

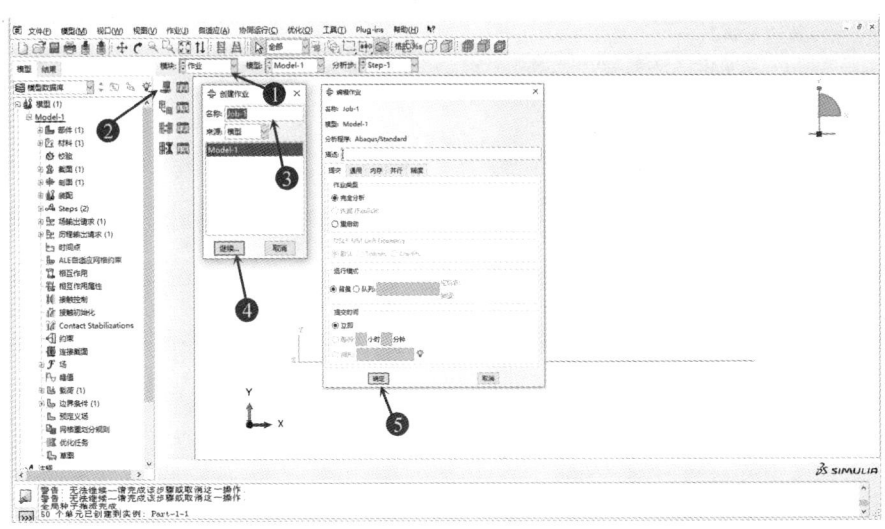

图 5.17　定义作业(连续梁)

单击作业管理器图标,选中当前作业,单击提交按钮,提交作业,在分析过程中,可单击监控按钮,可查看分析过程中出现的警告信息,如图5.18所示。

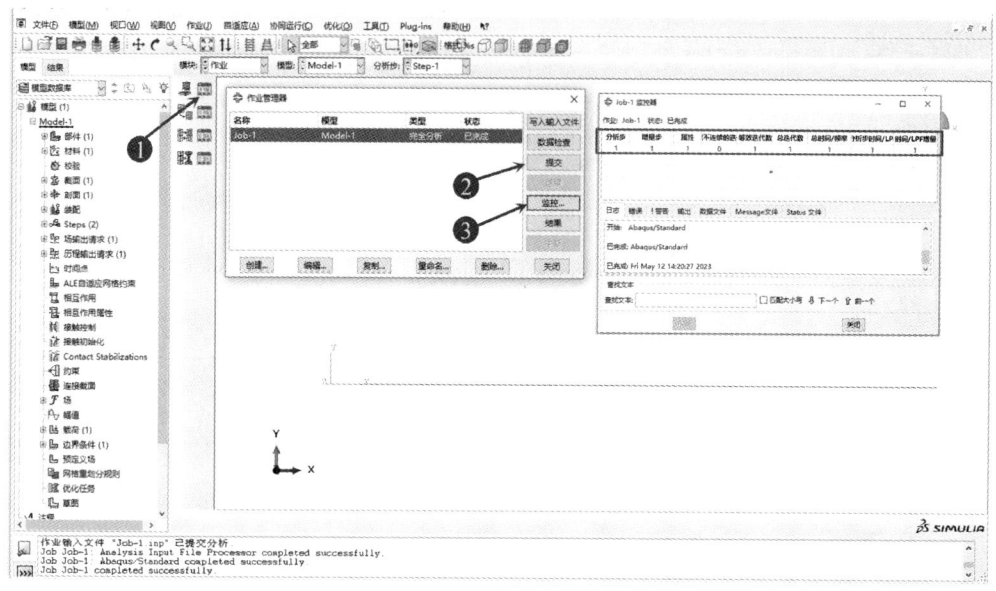

图 5.18　提交作业(连续梁)

8. 后处理

作业管理器对话框的状态显示为完成时,单击结果按钮可进入可视化模块后处理界面,如图 5.19 所示。也可直接通过切换模块至可视化模块,进入后处理界面,根据要求,需要获得连续梁结构的内力与位移结果。

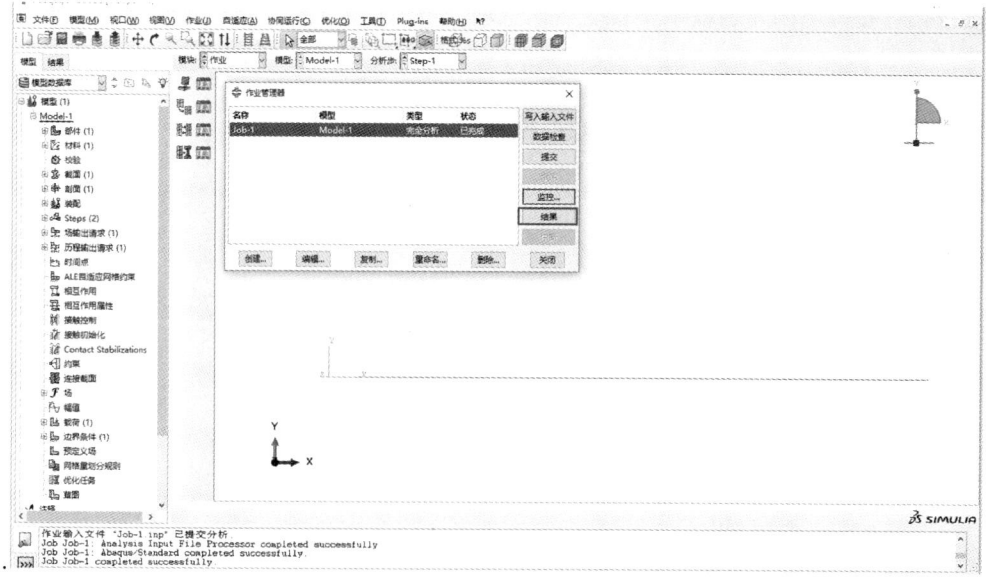

图 5.19　进入后处理(连续梁)

切换进入可视化模块，单击在变形图上绘制云图图标，此处选择 S、Mises，可查看结构应力云图，如图 5.20 所示。

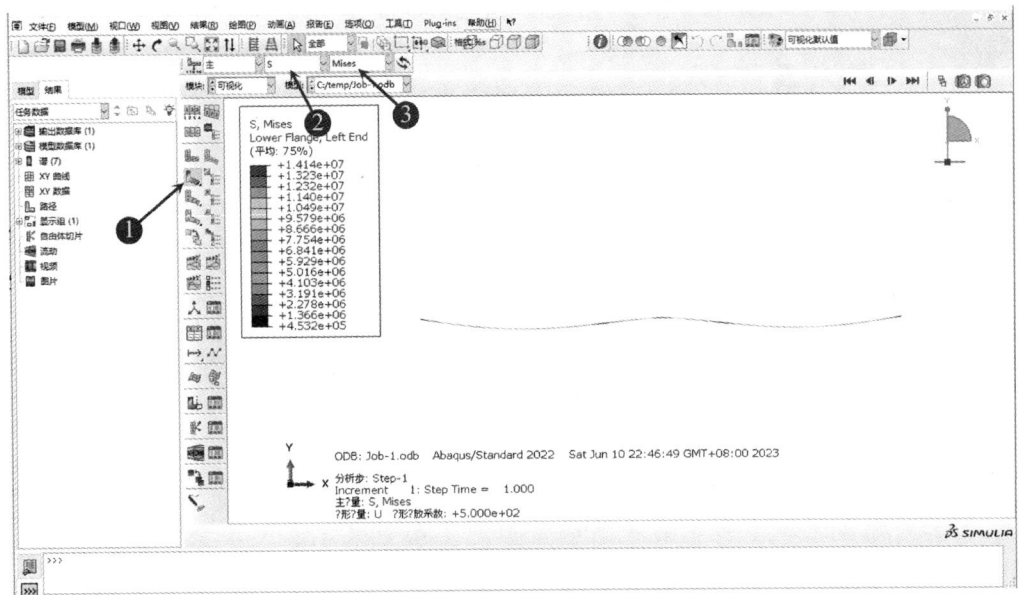

图 5.20　应力云图（连续梁）

选择 U、Magnitude，即可查看结构整体位移云图，如图 5.21 所示。

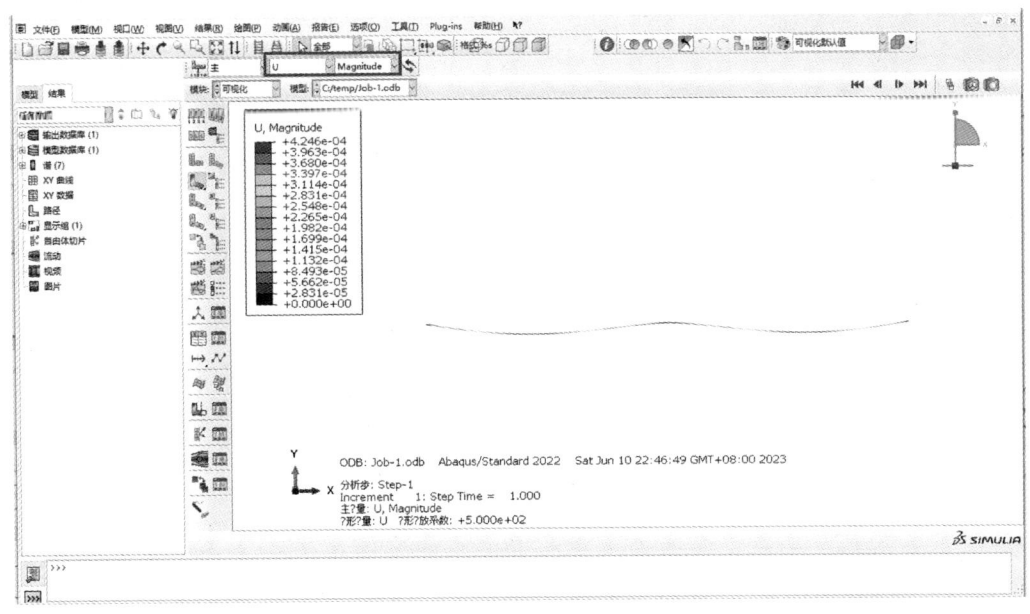

图 5.21　位移云图（连续梁）

若需要查看结构剪力及弯矩结果，单击云图选项图标，在弹出的对话框中勾选显示线单元的 tick 标记复选框，单击确定按钮，如图 5.22 所示。

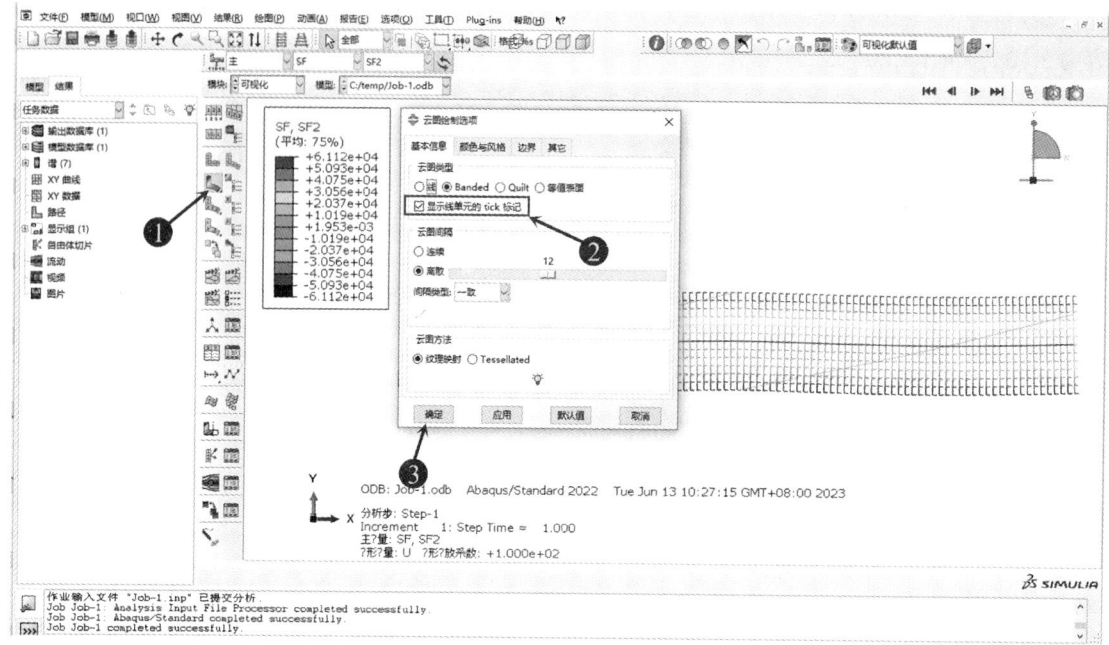

图 5.22 显示云图（连续梁）

再在菜单栏中分别切换至 SF、SF2 和 SM、SM1，即分别可查看结构剪力云图及弯矩云图，如图 5.23、图 5.24 所示。若需要查看更多的分析结果，可在上方菜单栏处选择需要的输出量进行结果查看。

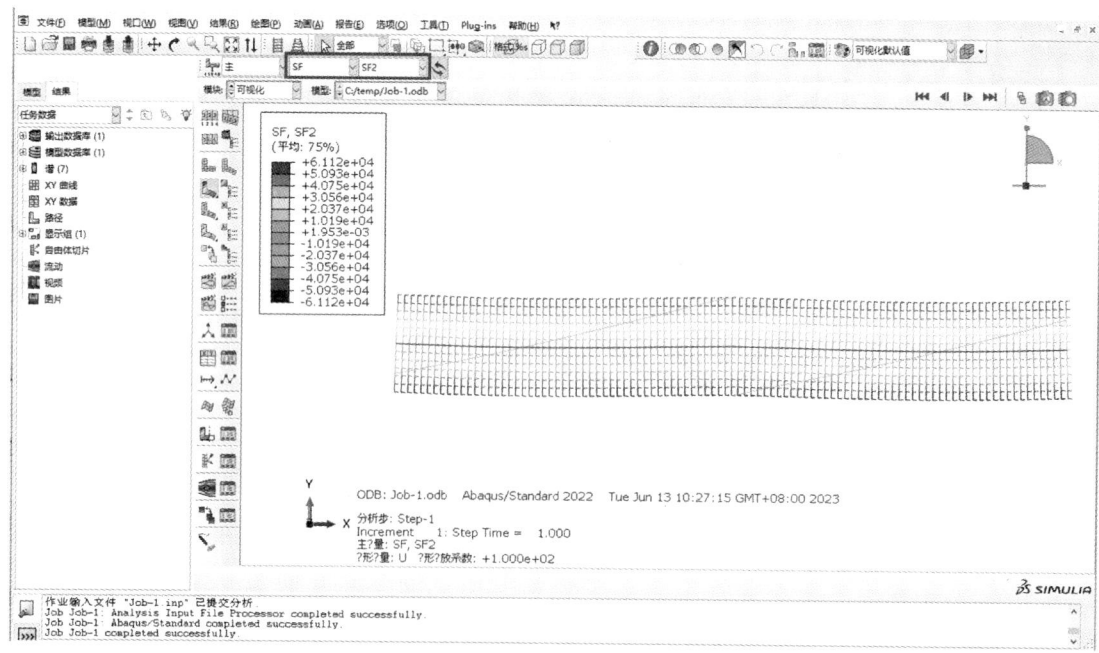

图 5.23 剪力云图（连续梁）

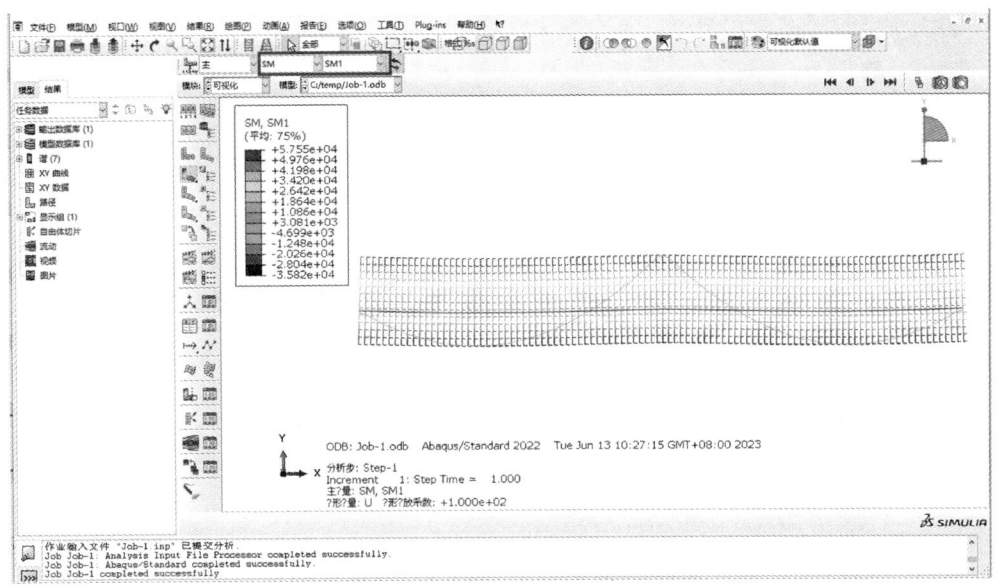

图 5.24　弯矩云图（连续梁）

若需要查看在真实比例下的变形以及截面剖面下的变形，单击通用选项按钮，在弹出的对话框中切换到基本信息选项卡，在变形缩放系数下选择一致，数值文本框中输入"1"，单击确定按钮，即可查看真实比例下的变形云图，输入其他数值，便可查看相对应的比例系数的结果，如图 5.25 所示。

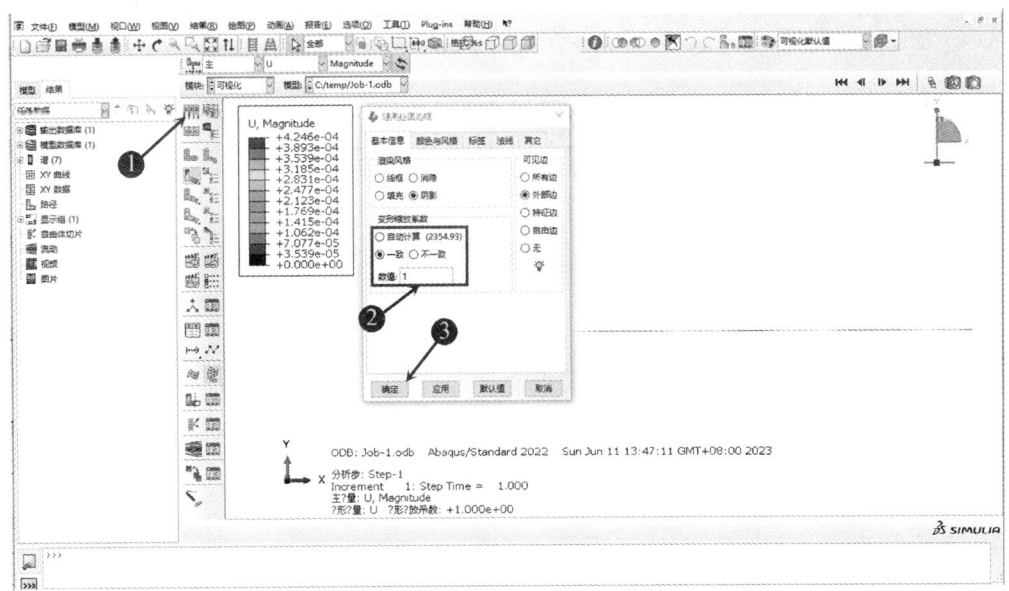

图 5.25　真实比例变形云图（连续梁）

同时，在菜单栏中选择视图命令，在子菜单中选择 ODB 显示选项，并在弹出的对话框中切换到通用选项卡，勾选辅助显示下的渲染剖面复选框，单击确定按钮，即可查看截面剖面下的结果云图，如图 5.26 所示。

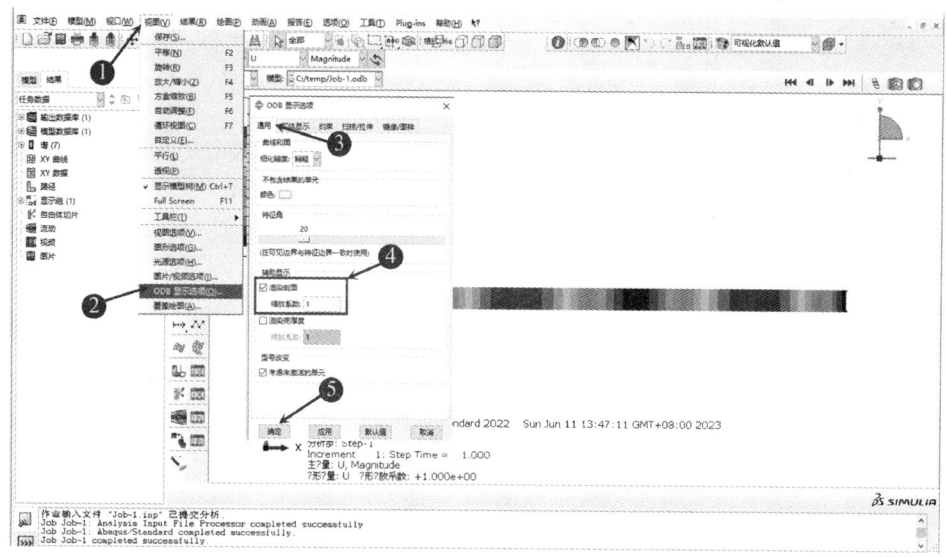

图 5.26　真实剖面变形云图（连续梁）

5.2　平面刚架结构静力分析

5.2.1　实例描述

如图 5.27 所示，有一平面刚架，柱和梁均采用箱形截面，截面尺寸为 600 mm × 300 mm × 20 mm × 20 mm，柱底固接，整体为结构钢材质，杨氏模量为 210 GPa，泊松比为 0.3，在柱 AC 侧承受沿 X 轴方向的均布载荷 P=10 kN/m。使用 Abaqus 进行该平面刚架结构的静力分析，求解该结构的内力与位移结果。

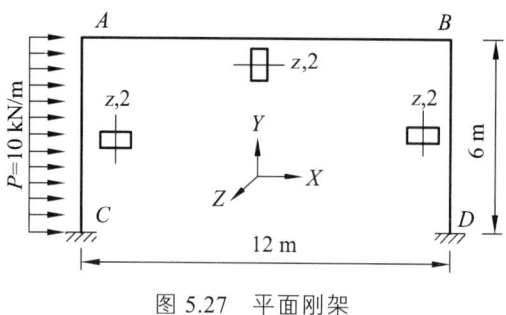

图 5.27　平面刚架

5.2.2　分析流程

1. 创建部件

启动 Abaqus/CAE，选择 with Standard/Explicit Model 模块，创建一个新模型，对模型重命名并保存。

根据图 5.27 建立三维线模型，进入部件模块，单击创建部件图标，在弹出的对话框中，输入部件名称"Part-1"，在模型空间中选择三维，类型选择可变形，形状选择线，在大约尺寸的文本框中输入"40"，单击继续按钮，进入草图环境，单击"创建线：首尾相连"图标，选用依据点创建线方式,在参数输入区中依次输入 4 个点的坐标"0,0""0,6""12,6""12,0",单击完成按钮,完成部件创建,形成平面刚架结构,如图 5.28 所示。

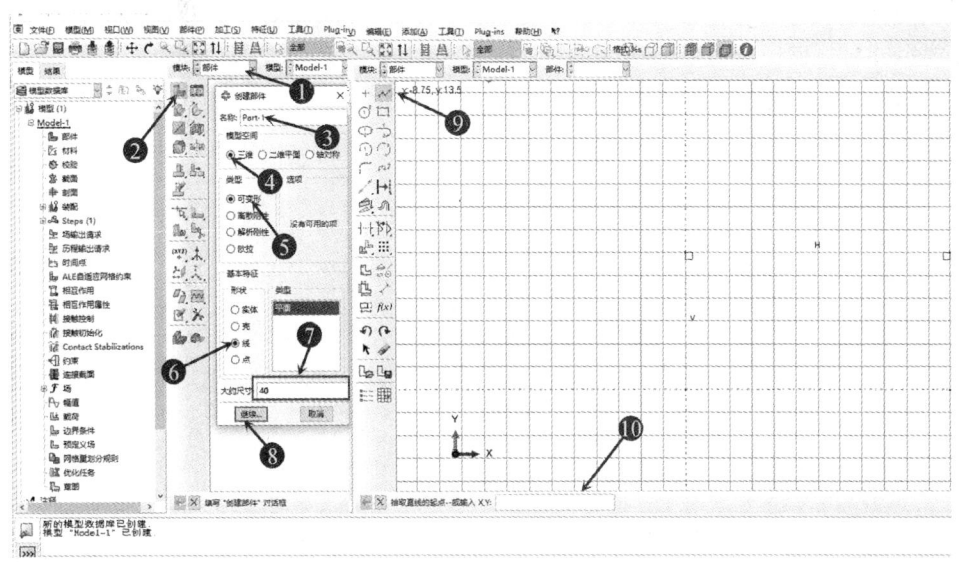

图 5.28 创建部件(平面刚架)

2. 定义属性

(1)定义材料。

在属性模块下,需注意统一单位制。在本例中,尺寸单位采用 m,杨氏模量单位为 Pa,杨氏模量为 210 000 000 000 Pa,泊松比为 0.3。在环境栏模块中选择属性,进入属性模块,单击创建材料图标,在弹出的对话框中,输入材料名称"Material-1",并选择力学选项,在子菜单中选择弹性,材料行为选择弹性,在数据中输入杨氏模量和泊松比,其余按照默认设置,单击确定按钮,完成材料属性的定义,如图 5.29 所示。

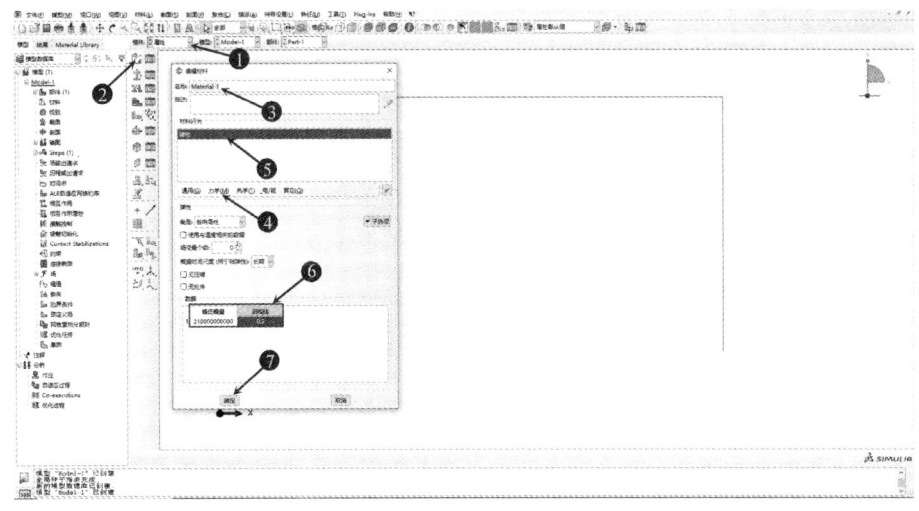

图 5.29 定义材料(平面刚架)

(2)定义梁断面。

此平面刚架结构统一采用箱形截面,截面尺寸为 600 mm×300 mm×20 mm×20 mm,单击创建剖面图标,在弹出的对话框中,输入断面名称"Profile-1",并选择箱形,单击继续按钮,在弹出的对话框中输入梁的断面信息[宽度(a)文本框中输入"0.6",高度(b)文本框中输入"0.3",厚度选择一致且文本框中输入"0.02"],并保证坐标系中的 1、2 轴方向,单击确定按钮,完成梁断面的定义,如图 5.30 所示。

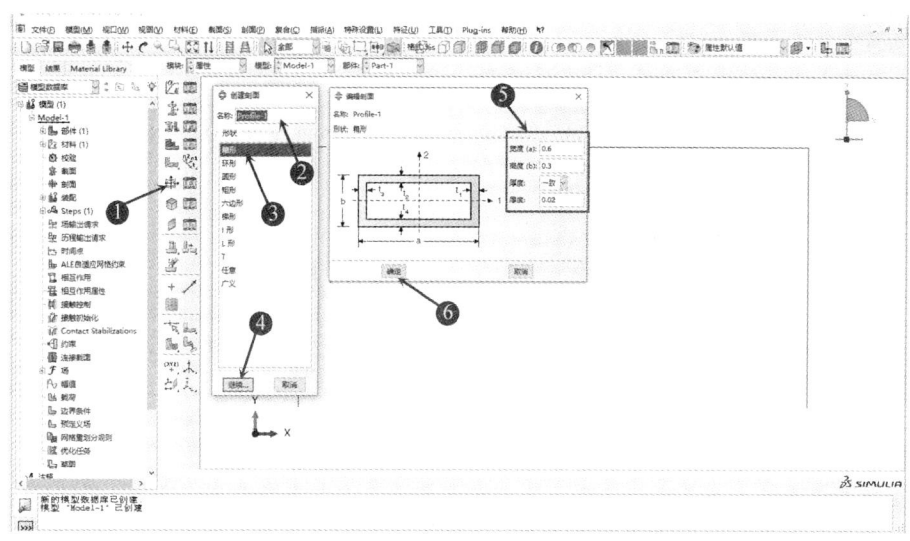

图 5.30 定义梁断面(平面刚架)

(3)定义梁截面。

单击创建截面图标,在弹出的对话框中,输入截面名称"Section-1",类别选择梁,类型选择梁,单击继续按钮,在弹出的对话框中选择已经定义好的梁断面 Profile-1 和材料 Material-1,单击确定按钮,完成梁截面的定义,如图 5.31 所示。

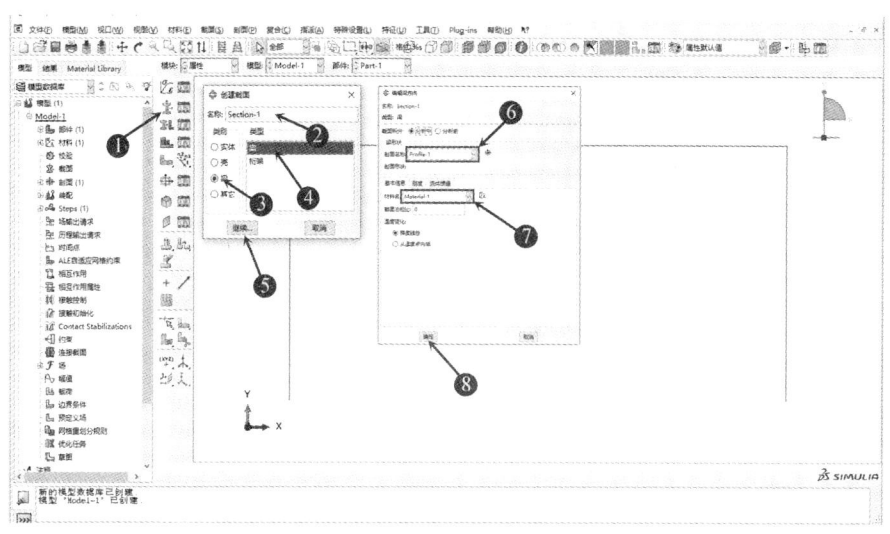

图 5.31 定义梁截面(平面刚架)

（4）赋予截面属性。

将梁的截面赋值到几何模型，单击指派截面图标，选中所有线，单击完成按钮完成几何模型的选择，在弹出的对话框中选择已经定义好的截面 Section-1，最后单击确定按钮，把截面属性赋予部件 Part-1，如图 5.32 所示。

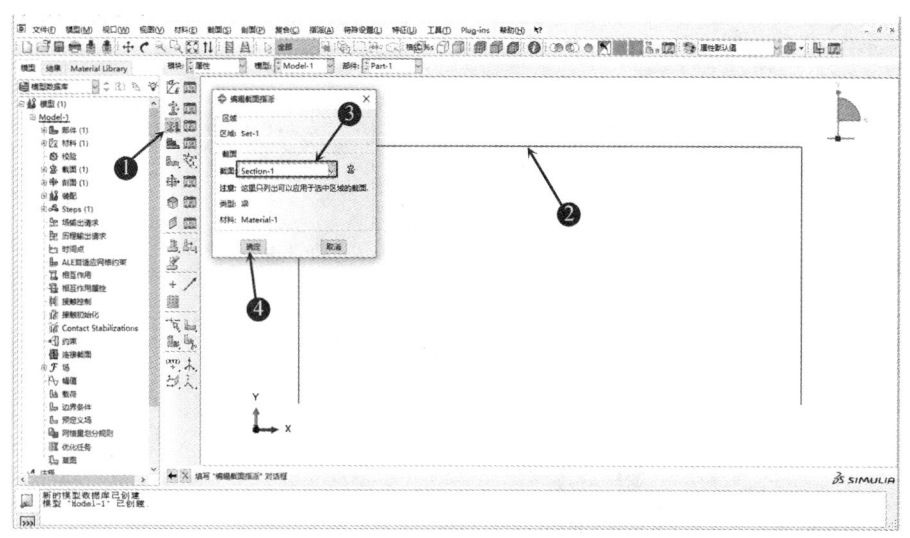

图 5.32　梁截面赋值（平面刚架）

（5）定义梁的方向。

由图 5.27 可知，三段梁的 2 方向均为 Z 轴方向。在设置梁的方向时，需要定义 1 轴方向，但不能将所有梁全部选中进行设置，可以将方向统一、相互平行的梁一起定义。本例中的三段梁分开进行定义。

首先定义第一段梁，由于要求 2 方向为 Z 轴正方向，根据右手定则，1 轴方向为 X 轴负方向。单击指派梁方向图标，选择第一段线，输入 1 轴的方向向量"-1,0,0"，单击完成按钮，完成梁方向的定义，如图 5.33 所示。

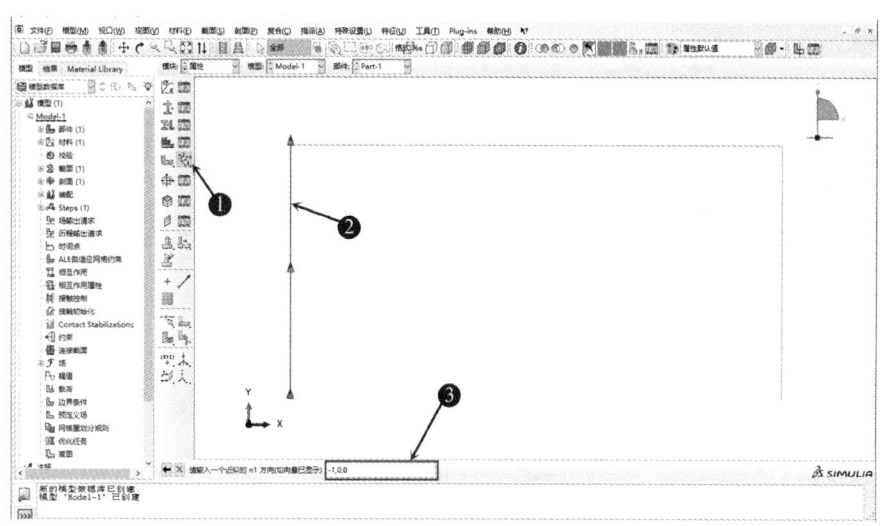

图 5.33　定义梁的方向（平面刚架）

用同样的方法分别设置第二段梁和第三段梁，输入的方向向量分别为"0, 1, 0""1, 0, 0"。设置完成后，可查看梁的最终几何状态，检查梁的截面和方向是否设置正确，具体操作如图5.34所示。

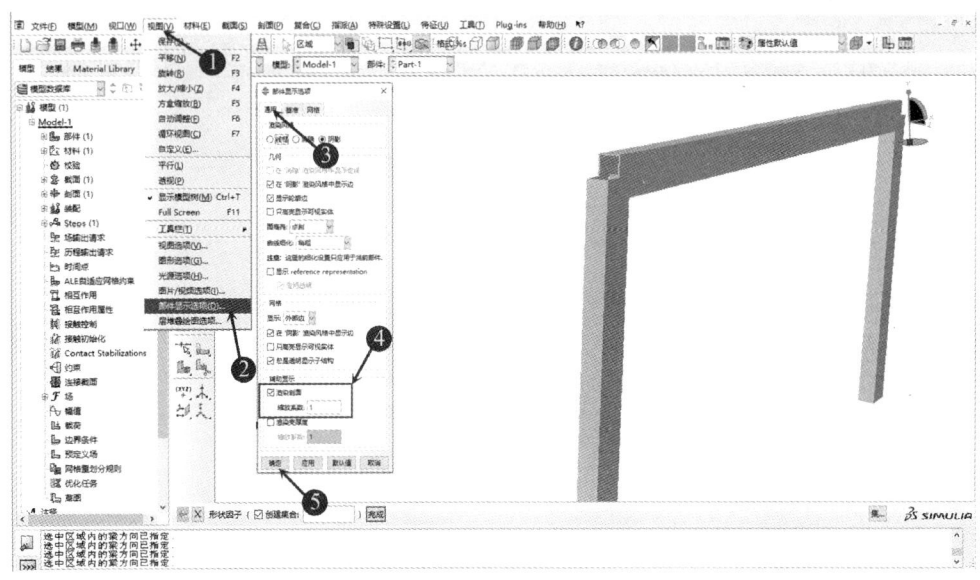

图 5.34　查看梁截面（平面刚架）

3. 定义装配

由于只有一个部件，可直接进行装配，切换进入装配模块，单击创建实例图标，在弹出的对话框中选择部件中的 Part-1，实例类型选择默认的非独立（网格在部件上），单击确定按钮，创建部件的实例，如图 5.35 所示。

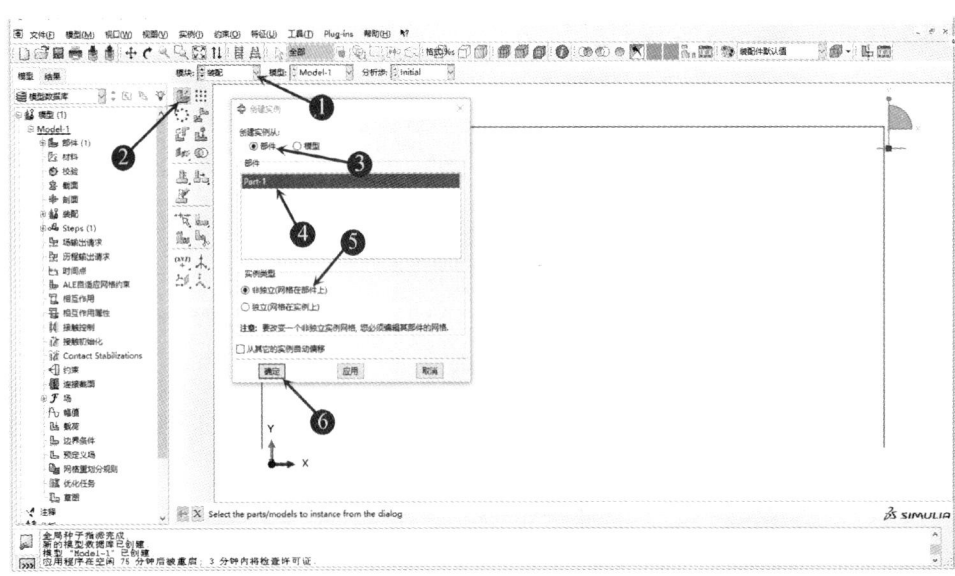

图 5.35　定义装配（平面刚架）

4. 定义分析步和输出变量

（1）定义分析步。

切换进入分析步模块，单击创建分析步图标，在弹出的对话框中，输入分析步名称"Step-1"，选择"静力，通用"选项，单击继续按钮，在弹出的对话框中接受默认设置，单击确定按钮，完成分析步的定义，如图 5.36 所示。

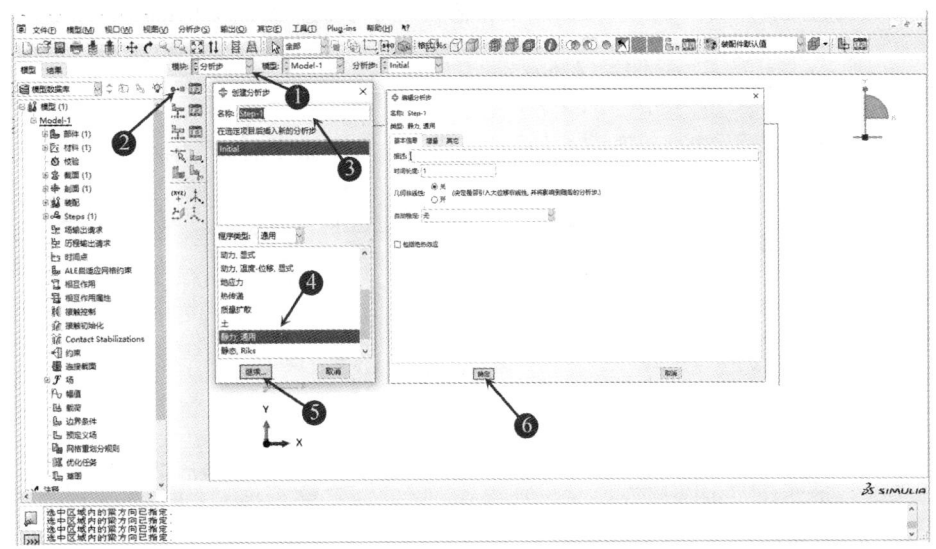

图 5.36　定义分析步（平面刚架）

（2）定义输出变量。

本例需要获取结构的内力与位移结果，默认的分析结果输出不能满足后处理的需求，需要对场变量进行编辑，单击场输出管理器图标，选择已生成的输出变量 F-Output-1，单击编辑按钮，在弹出的对话框中，勾选 SF 复选框，得到结构的内力结果，其余接受默认选项，单击确定按钮，完成输出变量的定义，如图 5.37 所示。

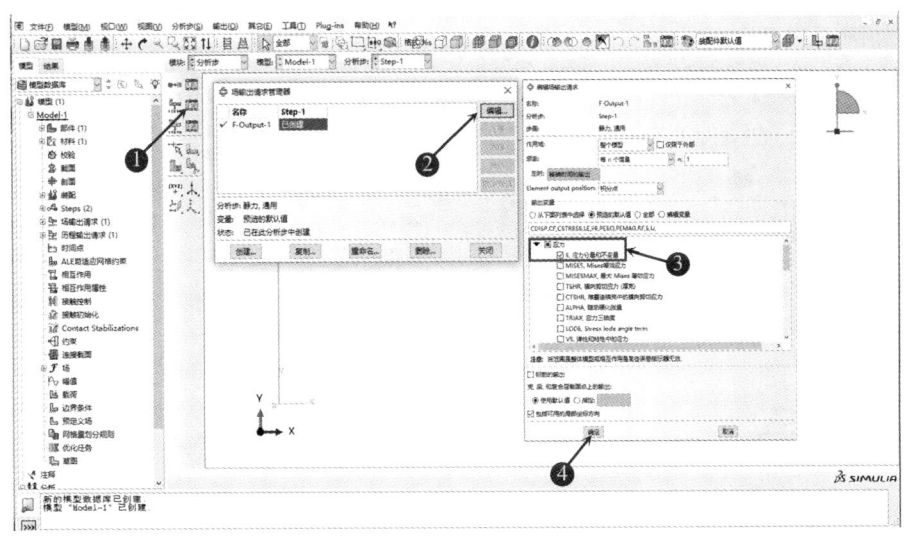

图 5.37　定义输出变量（平面刚架）

5. 定义约束和载荷

本例不涉及接触问题，所以直接跳过相互作用模块。

（1）定义约束。

平面刚架结构柱底固接，切换进入载荷模块，单击创建边界条件图标，在弹出的对话框中，输入约束名称"BC-1"，分析步选择系统定义的初始分析步 Initial，类别选择力学，可用于所选分析步的类型选择对称/反对称/完全固定，单击继续按钮，按住 Shift 键，依次选择柱的 2 个下部端点，单击完成按钮，在弹出的对话框选择完全固定（U1=U2=U3=UR1=UR2=UR3=0），单击确定按钮，完成约束的定义，如图 5.38 所示。

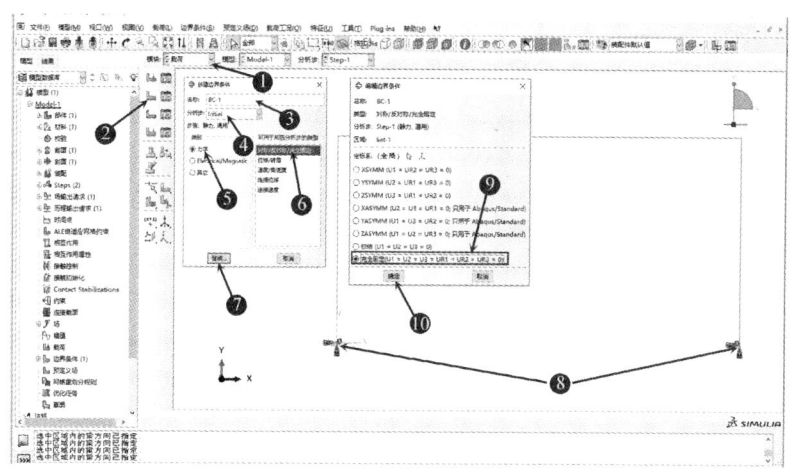

图 5.38 定义约束（平面刚架）

（2）施加载荷。

由图 5.27 可知，AC 柱承受平行 X 轴正方向的均布载荷，将该载荷施加在模型中，单击创建载荷图标，在弹出的对话框中，输入载荷名称"Load-1"，分析步选择 Step-1，类别选择力学，可用于所选分析步的类型选择线载荷，单击继续按钮，选择左端柱线，单击完成按钮，在弹出的对话框中，在分量 1 文本框中输入"10000"（单位为 N），单击确定按钮，完成载荷的施加，如图 5.39 所示。

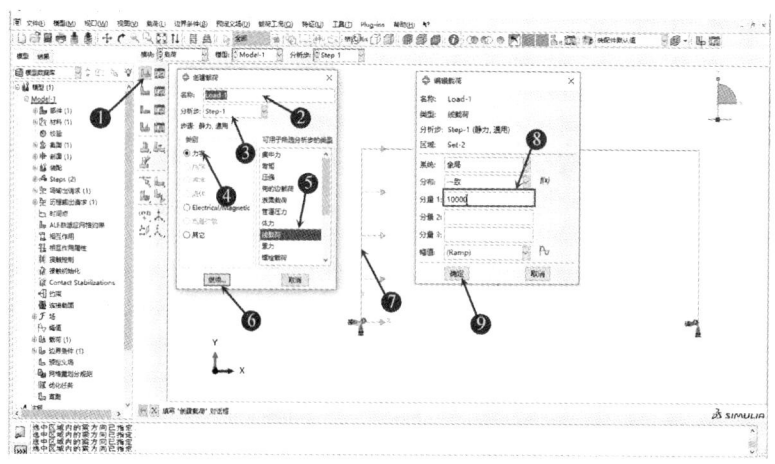

图 5.39 施加载荷（平面刚架）

6. 网格划分

切换进入网格模块，将窗口顶部的环境栏对象选项设为部件选项，单击种子部件图标，在弹出的对话框中开始定义全局种子，将近似全局尺寸定义为0.2，单击确定按钮，如图5.40所示。

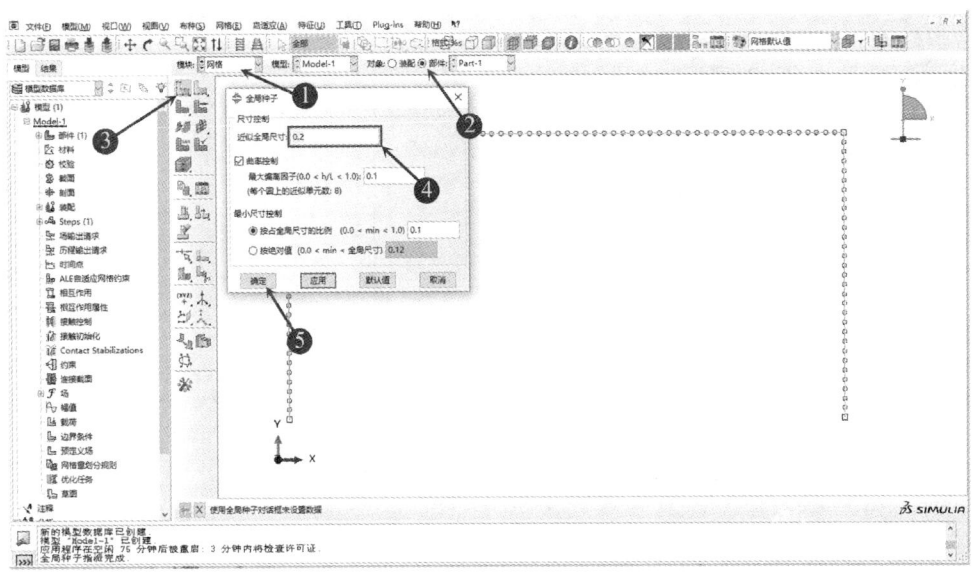

图 5.40　网格划分（平面刚架）

选择单元类型，单击指派单元类型图标，在视图中选择模型，单击完成按钮，在弹出的对话框中选择梁单元，默认的单元为B31，单击确定按钮，完成单元类型的选择，然后，单击为部件实例划分网格图标，单击是按钮，完成网格划分，如图5.41所示。

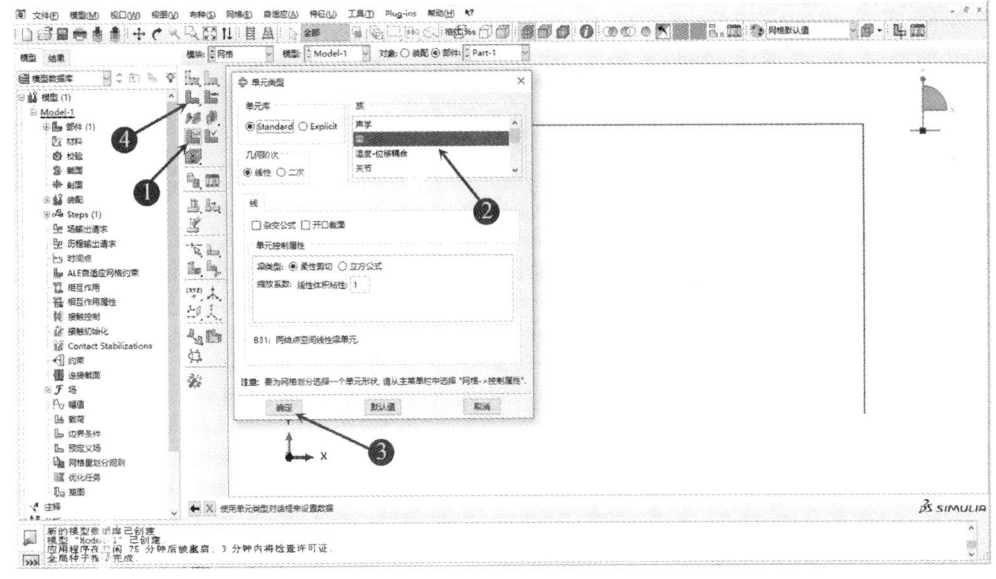

图 5.41　定义网格单元（平面刚架）

7. 提交作业

切换进入作业模块，单击创建作业图标，在弹出的对话框中，输入作业名称"Job-1"，单击继续按钮，在弹出的对话框中，接受默认选项，单击确定按钮，完成作业定义，如图 5.42 所示。

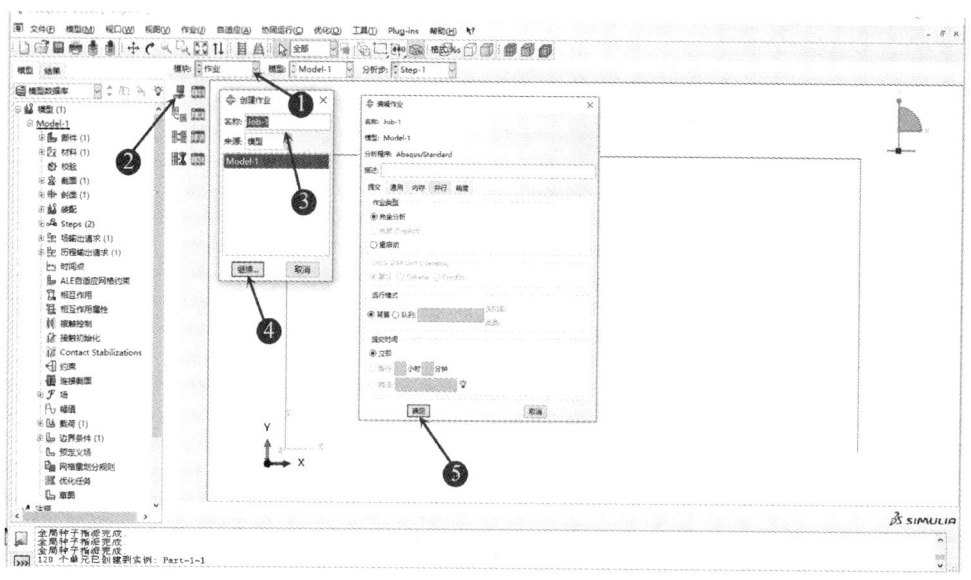

图 5.42　定义作业（平面刚架）

单击作业管理器图标，选中当前作业，单击提交按钮，完成提交作业，如图 5.43 所示。

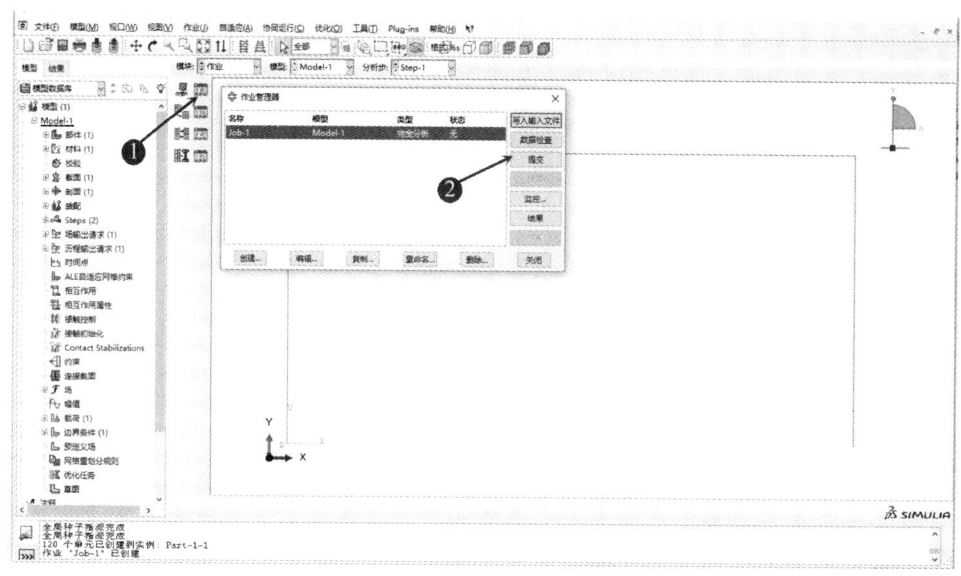

图 5.43　提交作业（平面刚架）

8. 后处理

作业管理器对话框的状态显示为完成时，单击结果按钮进入可视化模块后处理界面，如

图 5.44 所示，也可直接通过切换模块至可视化模块，进入后处理界面，根据要求，需要获得平面刚架结构的内力与位移结果。

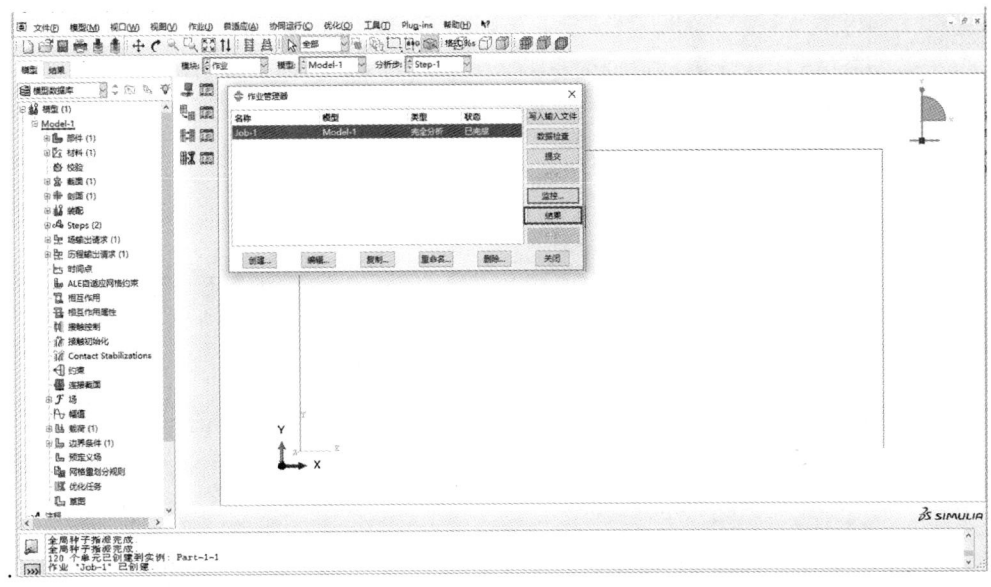

图 5.44　进入后处理（平面刚架）

切换进入可视化模块，单击在变形图上绘制云图图标，在上方菜单栏处可选择需要查看的输出量，此处选择 S、Mises，可查看结构应力云图，如图 5.45 所示。

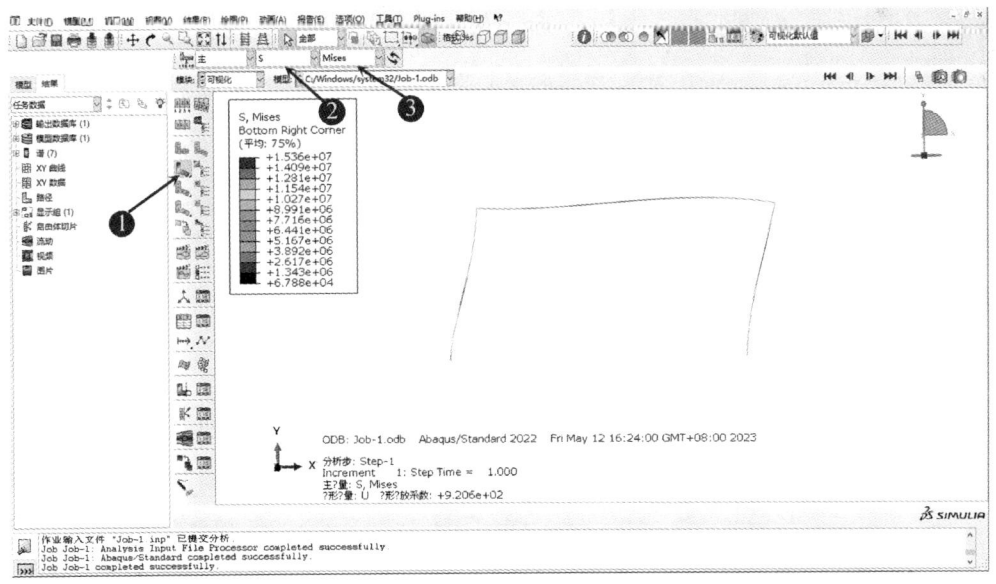

图 5.45　应力云图（平面刚架）

选择 U、Magnitude，即可查看结构位移云图，如图 5.46 所示。

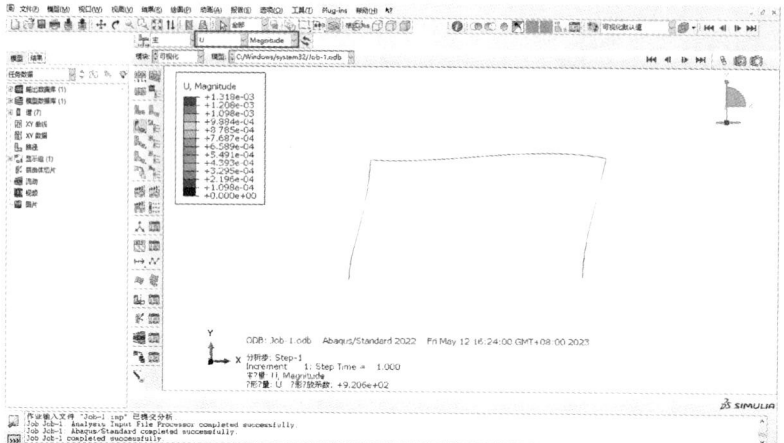

图 5.46 位移云图(平面刚架)

选择 SF、SF1 和 SM、SM2,可分别查看结构剪力、弯矩云图,如图 5.47、图 5.48 所示。

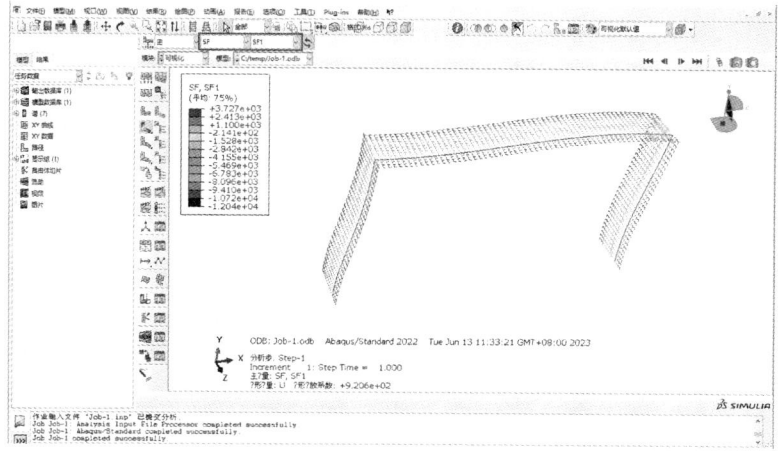

图 5.47 剪力云图(平面刚架)

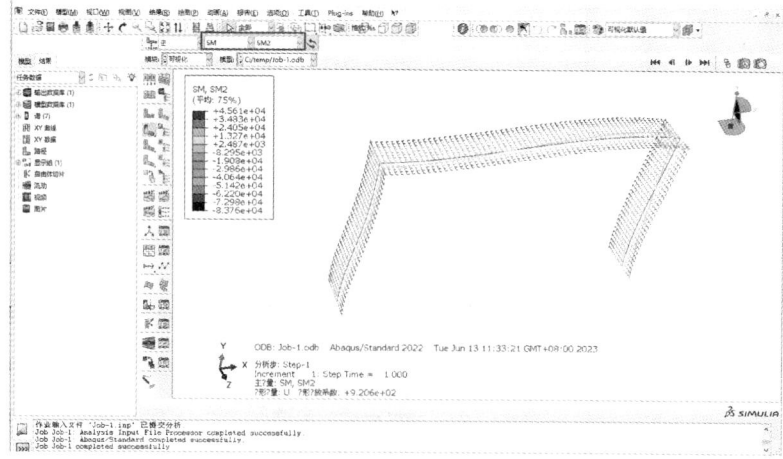

图 5.48 弯矩云图(平面刚架)

5.3 框架结构静力分析

5.3.1 实例描述

如图 5.49 所示,有一单层三维框架长 6 m、宽 4 m、高 4 m,梁柱框架结构为钢材质,杨氏模量为 210 GPa,泊松比为 0.3。设有 120 mm 楼板,板的杨氏模量为 30 GPa,泊松比为 0.2(此例仅考虑弹性)。长边方向梁截面为 300 mm × 300 mm × 16 mm × 20 mm,短边方向梁截面为 250 mm × 250 mm × 16 mm × 20 mm,柱截面为 400 mm × 400 mm × 16 mm × 25 mm,柱底铰接,板上承受竖直向下均布载荷为 8 kPa。使用 Abaqus 进行框架结构的静力分析,求解该结构的应力与位移结果。

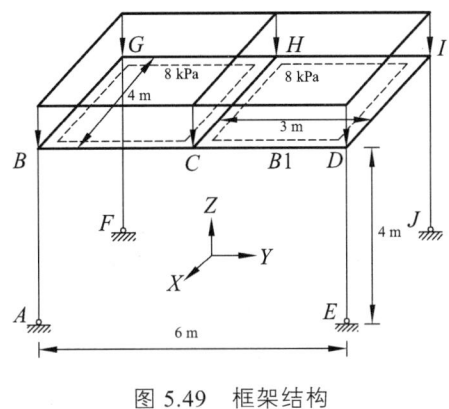

图 5.49 框架结构

5.3.2 分析流程

1. 创建部件

启动 Abaqus/CAE,选择 with Standard/Explicit Model 模块,创建一个新模型,对模型重命名并保存。

根据图 5.49 建立三维几何模型,进入部件模块,单击创建部件图标,在弹出的对话框中,输入部件名称"Part-1",在模型空间中选择三维,类型选择可变形,形状选择线,在大约尺寸的文本框中输入"40",单击继续按钮,进入草图环境;单击"创建线:首尾相连"图标,选用依据点创建线方式,在参数输入区中依次输入"0, 2""0, -2"2 个点的坐标,单击完成按钮,完成部件 Part-1(柱)的创建,如图 5.50 所示。以同样的方法可分别创建部件 Part-2(主梁)、Part-3(次梁)。

形状选择实体,类型选择拉伸,大约尺寸的文本框中输入"40",单击继续按钮,进入草图环境;单击"创建线:矩形"图标,选用依据点创建面方式,在参数输入区中依次输入 2 个点的坐标"0, 0""3, 4",单击完成按钮,在弹出的对话框中,深度设为 0.12,单击确定按钮,完成拉伸操作,完成部件 Part-4(板)的创建,如图 5.51 所示。

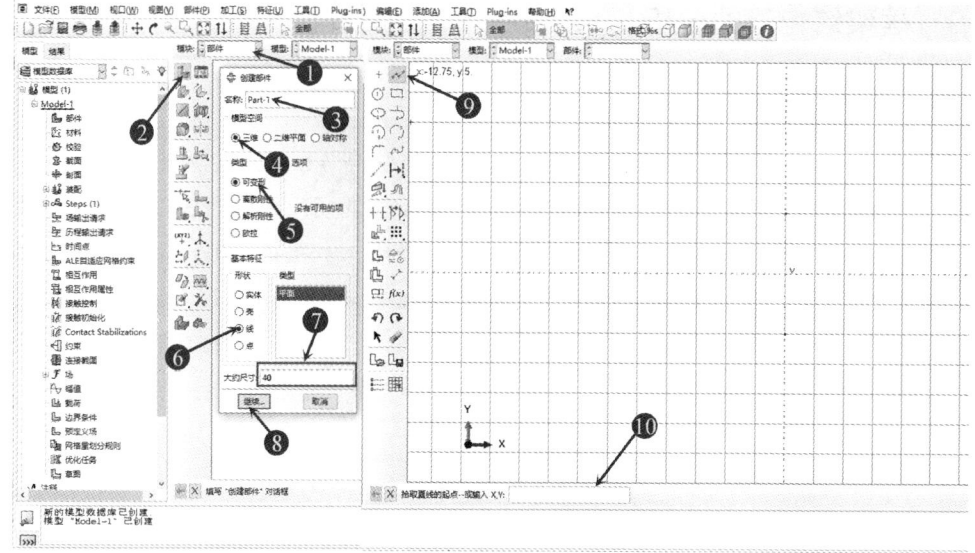

图 5.50 创建部件（柱）

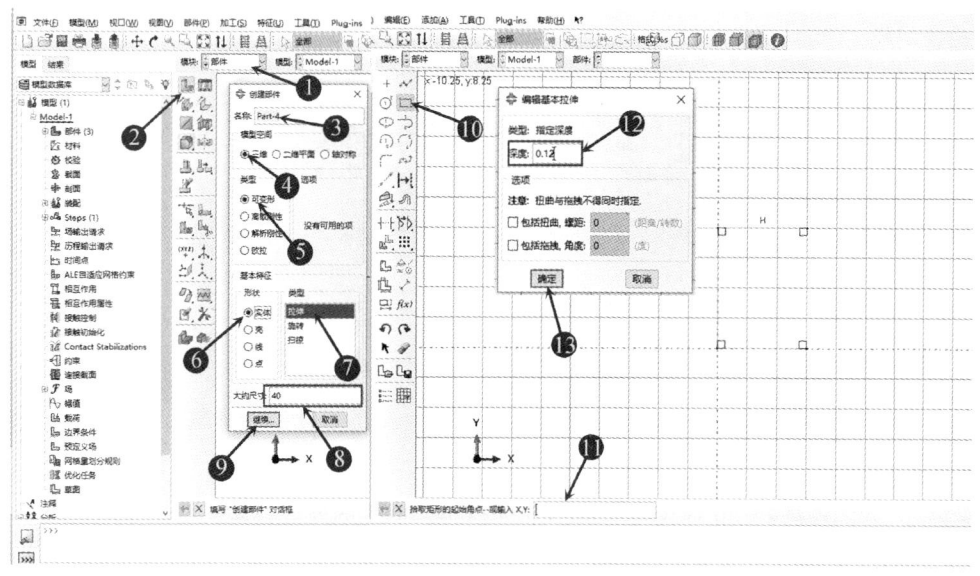

图 5.51 创建部件（板）

2. 定义属性

（1）定义材料。

在属性模块下，需注意统一单位制。在本例中，尺寸单位采用 m，杨氏模量单位为 Pa，梁柱的杨氏模量为 210 000 000 000 Pa，泊松比为 0.3，楼板的杨氏模量为 30 000 000 000 Pa，泊松比为 0.2。在环境栏模块中选择属性，进入属性模块，单击创建材料图标，在弹出的对话框中，输入材料名称"Material-1"，并选择力学选项，在子菜单中点击弹性，材料行为选择弹性，在数据中输入杨氏模量和泊松比，其余按照默认设置，单击确定按钮，完成 Material-1（钢材）的属性的定义，如图 5.52 所示。并以同样的方法定义楼板材质 Material-2（混凝土）。

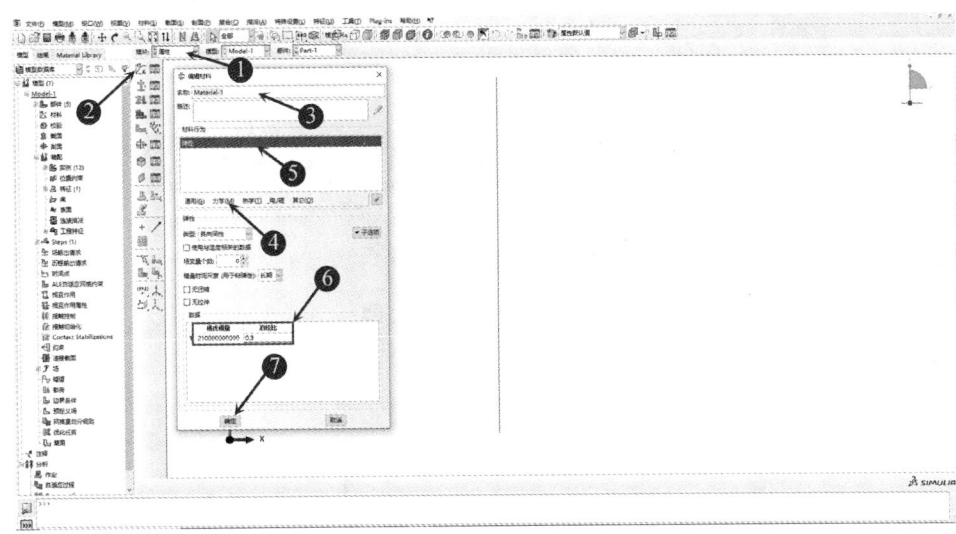

图 5.52 定义材料（钢材）

（2）定义断面。

该框架结构梁柱均采用 H 形截面，单击创建剖面图标，在弹出的对话框中，输入断面名称"Profile-1"，并选择 I 形，单击继续按钮，在弹出的对话框中输入梁的断面信息，并保证坐标系中的 1、2 轴方向，输入后单击确定按钮，完成 Profile-1（柱）断面的定义，如图 5.53 所示。并以同样的方法分别定义断面 Profile-2（主梁）、Profile-3（次梁）。

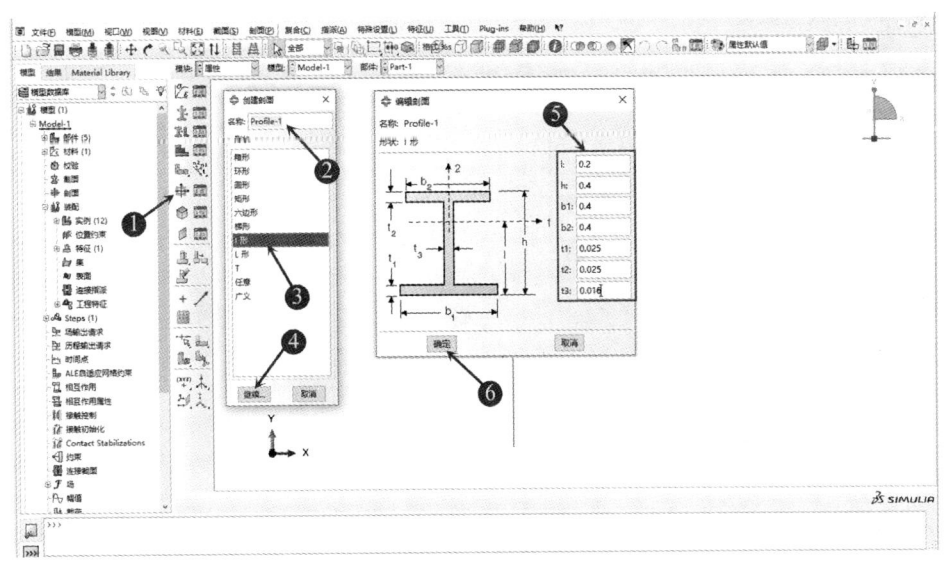

图 5.53 定义断面（柱）

（3）定义截面。

单击创建截面图标，在弹出的对话框中，输入截面名称"Section-1"，类别选择梁，类型选择梁，单击继续按钮，在弹出的对话框中选择已经定义好的断面 Profile-1 和材料 Material-1，单击确定按钮，完成 Section-1（柱）截面的定义，如图 5.54 所示。并以同样的方法分别定义截面 Section-2（主梁）、Section-3（次梁），剖面名称分别选择 Profile-2、Profile-3，材料统一为 Material-1，即可完成框架截面的定义。

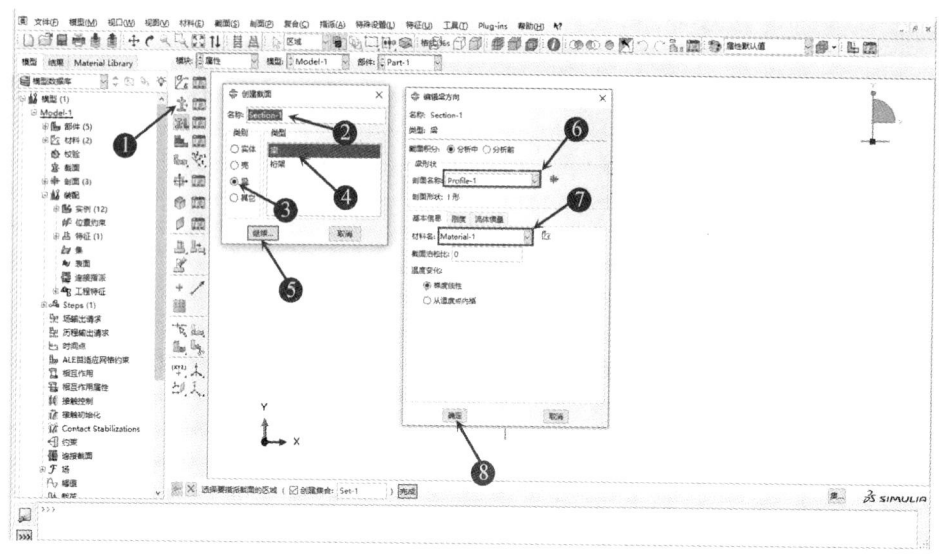

图 5.54　定义截面（柱）

单击创建截面图标，在弹出的对话框中，输入截面名称"Section-4"，类别选择实体，类型选择均质，单击继续按钮，在弹出的对话框中，材料选择 Material-2，单击确定按钮，完成 Section-4（板）截面的定义，如图 5.55 所示。

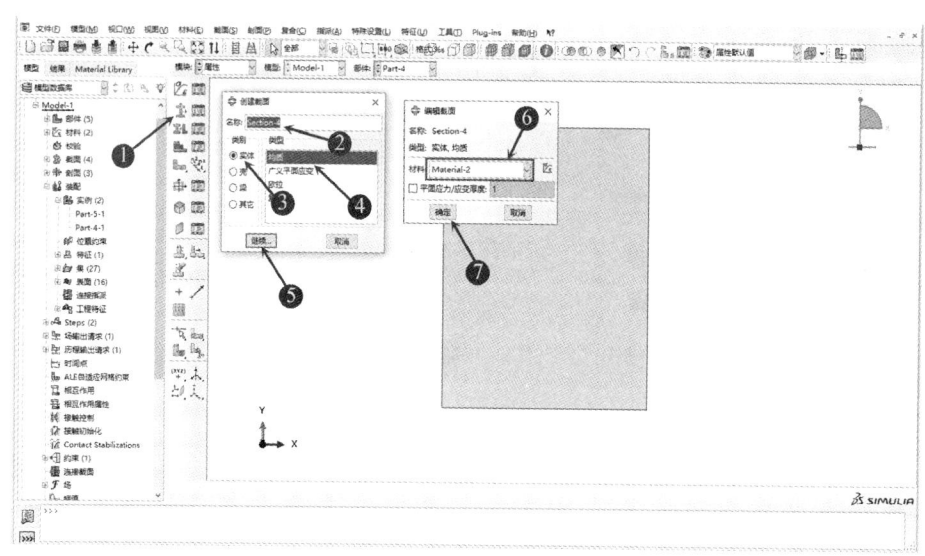

图 5.55　定义截面（板）

（4）赋予截面属性。

将不同的截面分别赋值到相应部件中，选择部件 Part-1，单击指派截面图标，选择柱线，单击完成按钮完成区域的选择，在弹出的对话框中选择已经定义好的截面 Section-1，单击确定按钮,把截面属性赋予 Part-1,如图 5.56 所示。通过切换部件,以同样的方法分别对 Part-2、Part-3、Part-4 赋予截面属性,截面分别选择已定义的 Section-2、Section-3、Section-4。

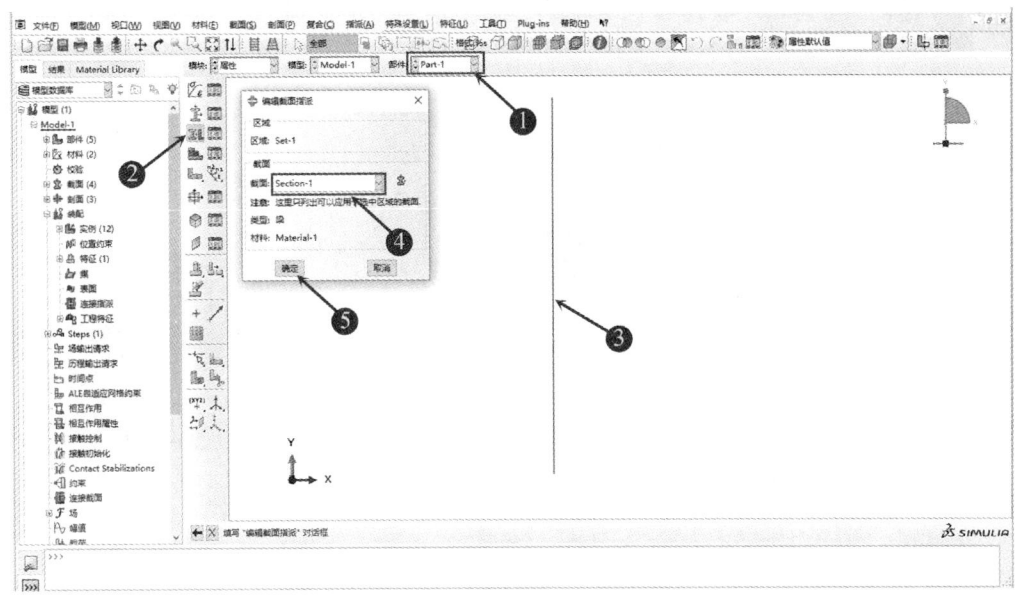

图 5.56　截面赋值(柱)

(5)定义截面方向。

首先定义框架柱截面方向,单击指派梁方向图标,同时选中柱线,输入方向向量"0.0,0.0,-1.0",最后单击完成按钮,完成截面方向的定义,如图 5.57 所示。通过切换部件,以同样的方法分别指定 Part-2、Part-3 的截面方向,方向向量可按默认选择。

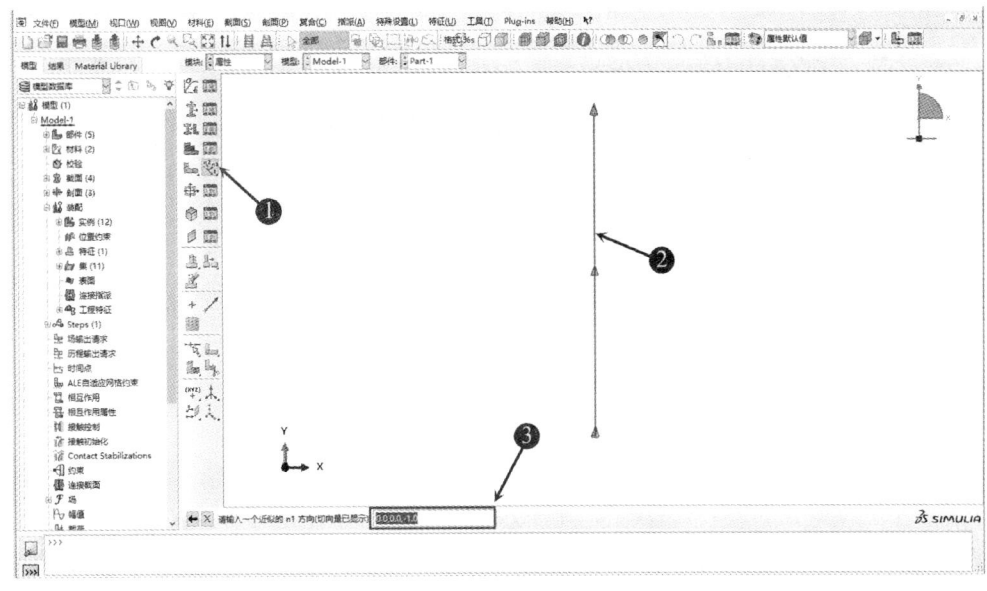

图 5.57　定义截面方向(柱)

3. 定义装配

切换进入装配模块，单击创建实例图标，在弹出的对话框中选中所有部件，实例类型选择默认的非独立（网格在部件上），勾选从其他的实例自动偏移选项，可更直观地观察到不同部件，单击确定按钮，创建部件的实例，如图 5.58 所示。

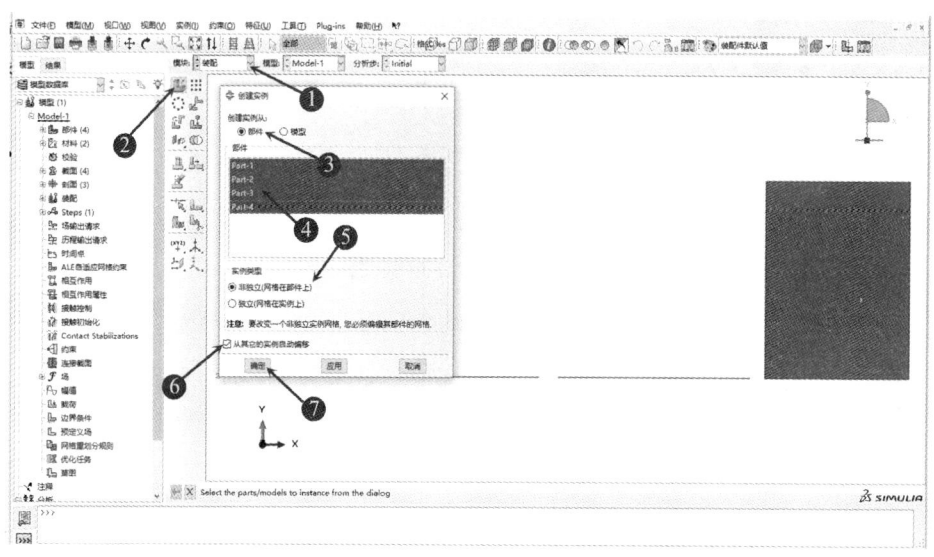

图 5.58 定义装配（框架结构）

随后，分别通过平移实例和旋转实例功能对实例进行平移和旋转得到基础框架，单击线性阵列图标，可分别选择 Part-1、Part-2、Part-3、Part-4，通过调整方向、个数和偏移量进行部件阵列复制，形成最终的框架几何模型结构，如图 5.59 所示。

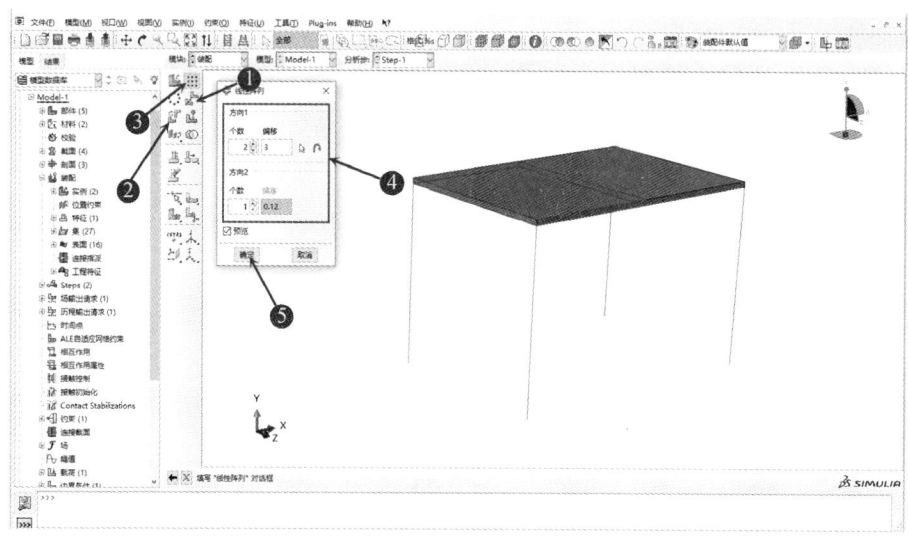

图 5.59 装配部件（框架结构）

装配完成后，可查看截面的最终几何状态，检查截面和方向是否设置正确，具体操作如图 5.60 所示。

第 5 章 梁与刚架结构的静力分析

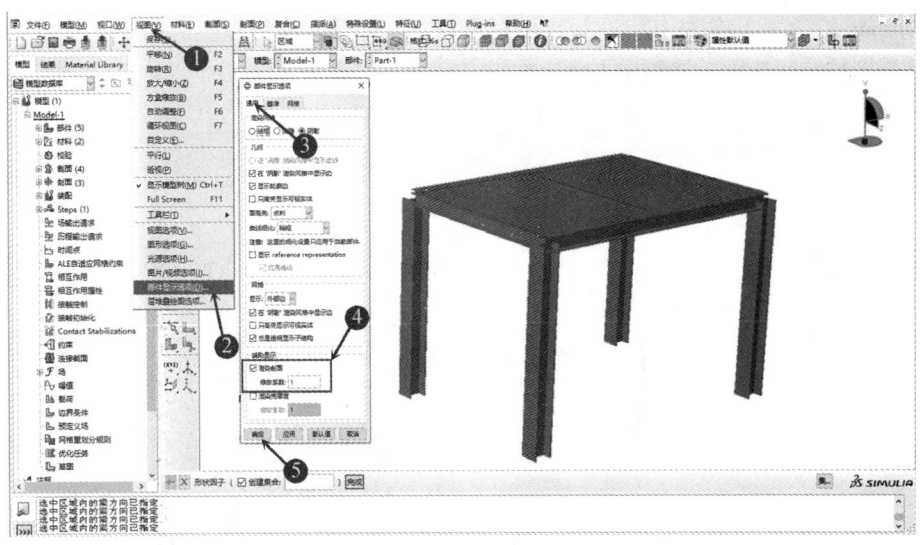

图 5.60 几何模型（框架结构）

4. 定义分析步和输出变量

（1）定义分析步。

切换进入分析步模块，单击创建分析步图标，在弹出的对话框中，输入分析步名称"Step-1"，选择"静力，通用"选项，单击继续按钮，在弹出的对话框中接受默认设置，单击确定按钮，完成分析步的定义，如图 5.61 所示。

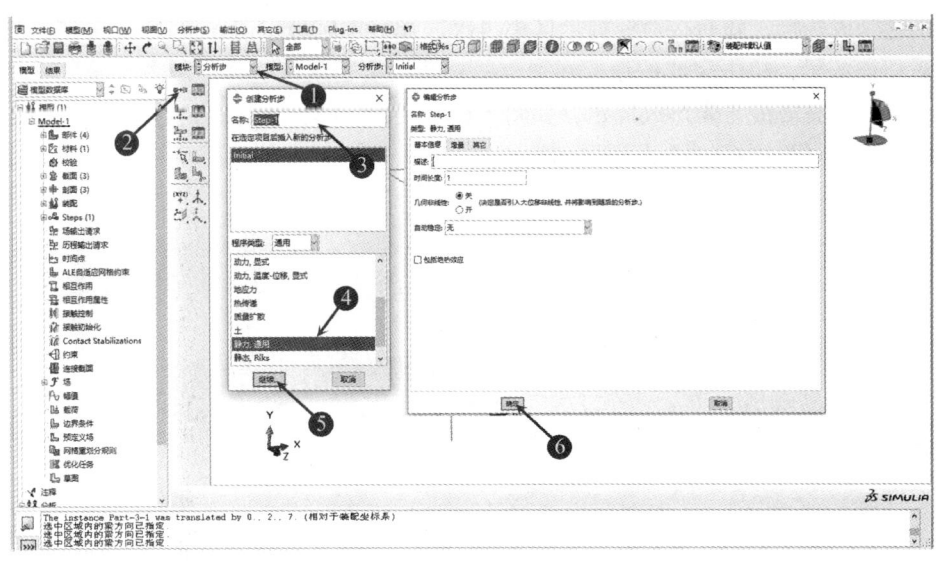

图 5.61 定义分析步（框架结构）

（2）定义输出变量。

本例需要获取结构的应力与位移结果，输出默认的分析结果即能满足后处理的需求，若需要查看更多的分析结果可对场变量进行编辑。单击场输出管理器图标，选择已生成的输出变量 F-Output-1，单击编辑按钮，在弹出的对话框中，可以根据所需要的输出量，勾选相应的复选框，其余接受默认选项，然后单击确定按钮，完成输出变量的定义，如图 5.62 所示。

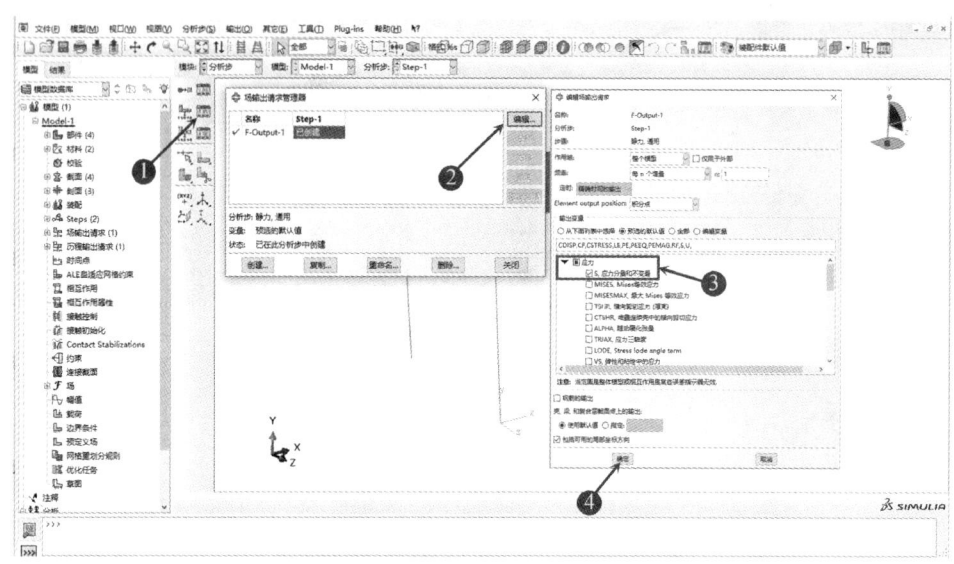

图 5.62 定义输出变量（框架结构）

5. 定义相互作用

切换进入相互作用模块，单击创建约束图标，在弹出的对话框中，输入约束名称"Constraint-1"，类型选择绑定，单击继续按钮，单击命令提示区的表面按钮，选择板底，单击鼠标中键完成选择，随后在命令提示区中再次选择节点区域按钮，按住 shift 键，依次选择与板四周相连的梁，单击完成按钮，在弹出的对话框接受默认选择，单击确定按钮，完成相互作用的定义，对楼板与梁形成绑定，如图 5.63 所示。以同样的方法对另一块板及相连的梁进行绑定，以及对两块板的接触面进行绑定。

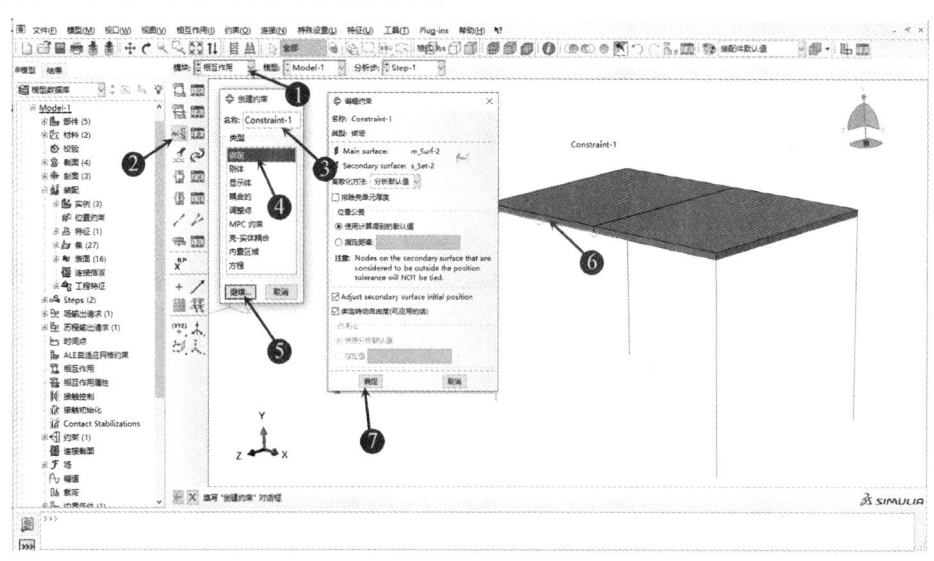

图 5.63 定义相互作用（框架结构）

6. 定义约束和载荷

（1）定义约束。

该框架结构柱底铰接，切换进入载荷模块，单击创建边界条件图标，在弹出的对话框中，输入约束名称"BC-1"，分析步选择系统定义的初始分析步 Initial，类别选择力学，可用于所选分析步的类型选择对称/反对称/完全固定，单击继续按钮，按住 Shift 键，依次选择柱的四个下部端点，单击完成按钮，在弹出的对话框选择铰结（U1=U2=U3=0），单击确定按钮，完成约束的定义，如图 5.64 所示。

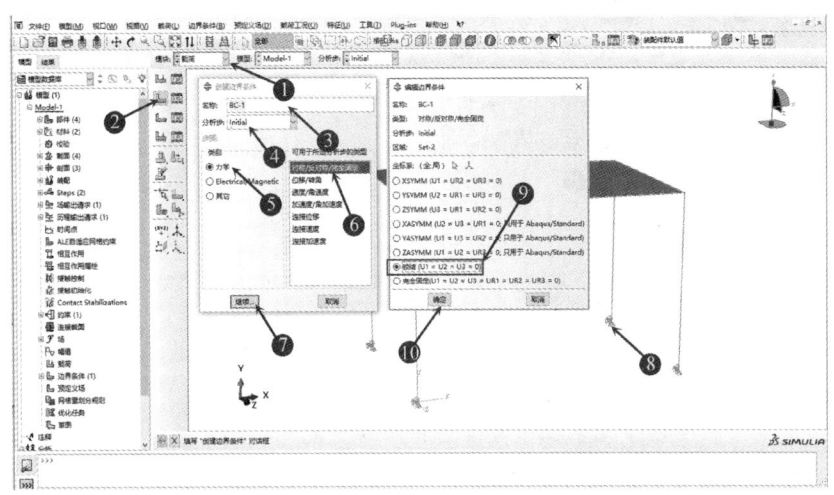

图 5.64　定义约束（框架结构）

（2）施加载荷。

楼板承受竖直向下的均布载荷 8 kPa，将该载荷施加在模型中，单击创建载荷图标，在弹出的对话框中，输入载荷名称"Load-1"，分析步选择 Step-1，类别选择力学，可用于所选分析步的类型选择压强，单击继续按钮，选择两块板，单击完成按钮，在弹出的对话框中，在大小文本框中输入"8000"（单位为 Pa），单击确定按钮，完成载荷的施加，如图 5.65 所示。

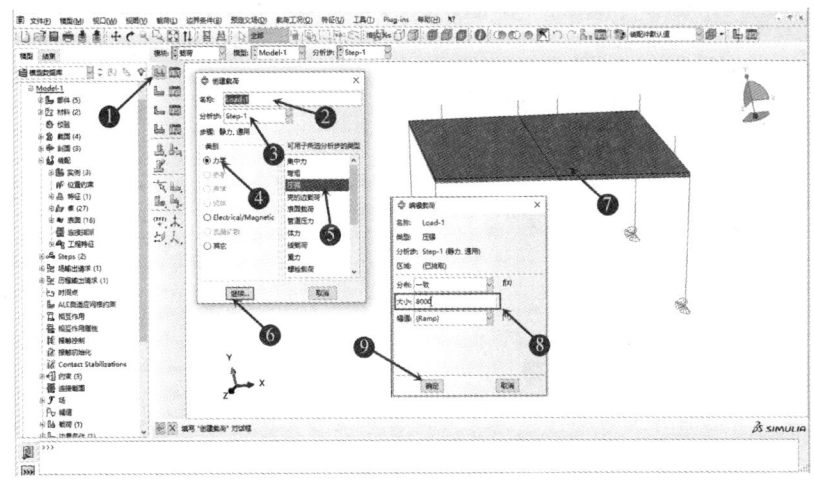

图 5.65　施加载荷（框架结构）

7. 网格划分

切换进入网格模块，将窗口顶部的环境栏对象选项设为部件选项，并切换至部件 Part-1，单击种子部件图标，在弹出的对话框中开始定义全局种子，将近似全局尺寸定义为 0.1，单击确定按钮，如图 5.66 所示。

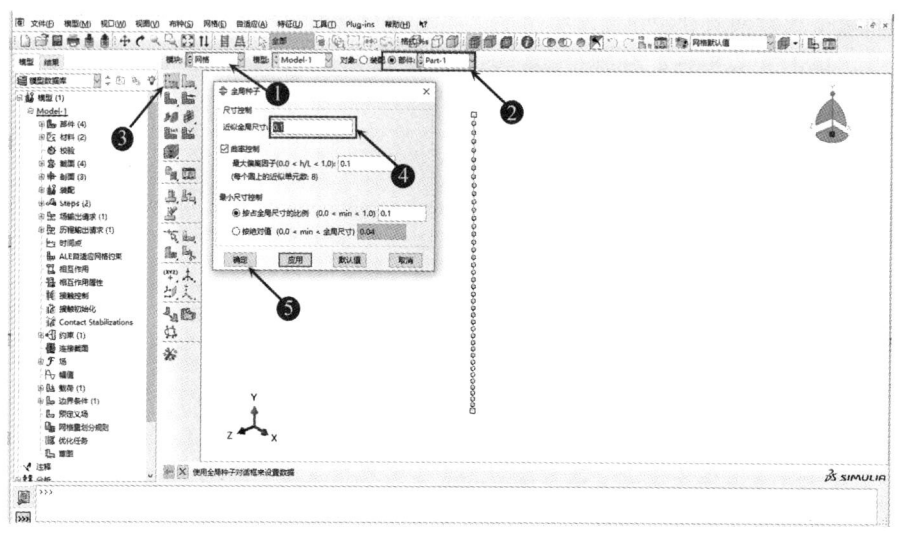

图 5.66　网格划分（柱）

选择单元类型，单击指派单元类型图标，在视图中选择模型，单击完成按钮，在弹出的对话框中选择梁单元，默认的单元为 B31，单击确定按钮，完成单元类型的选择，然后，单击为部件实例划分网格图标，单击是按钮，完成网格划分，如图 5.67 所示。通过切换部件，以同样的方法分别对 Part-2、Part-3、Part-4 进行网格划分，近似全局尺寸分别取 0.1、0.1、0.2，对所有部件完成网格划分，装配实例网格为非独立（网格在部件上），跟随部件自动划分网格，即完成最终的网格划分。

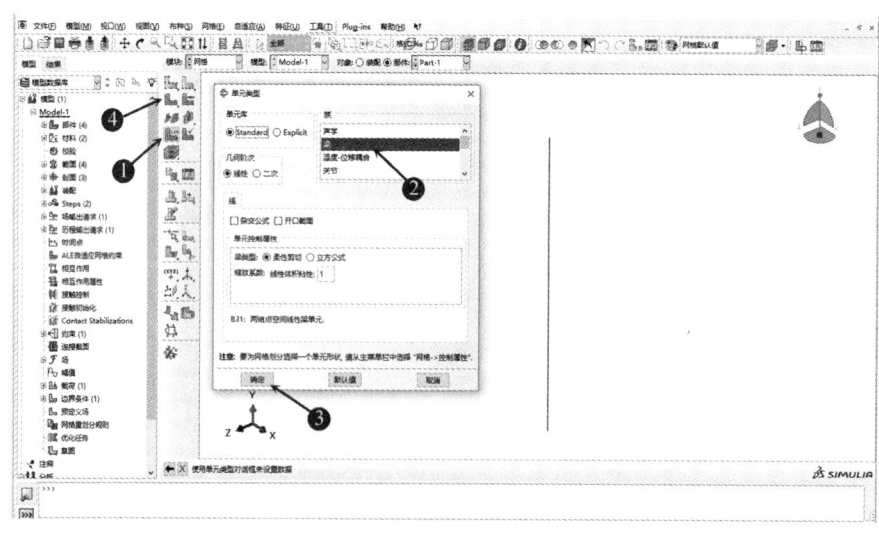

图 5.67　定义网格单元（柱）

8. 提交作业

切换进入作业模块，单击创建作业图标，在弹出的对话框中，输入作业名称"Job-1"，单击继续按钮，在弹出的对话框中，接受默认选项，单击确定按钮，完成作业定义，如图 5.68 所示。

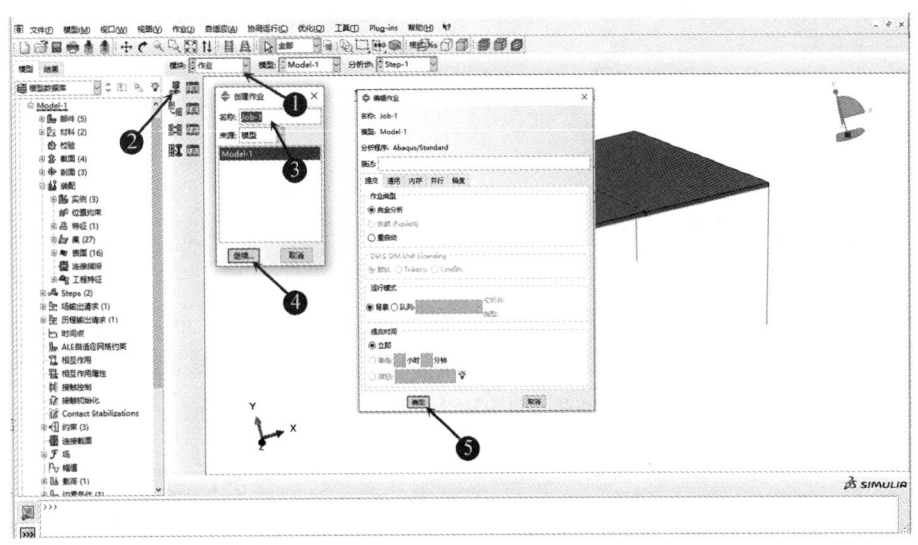

图 5.68 定义作业（框架结构）

单击作业管理器图标，选中当前作业，单击提交按钮，提交作业，如图 5.69 所示。

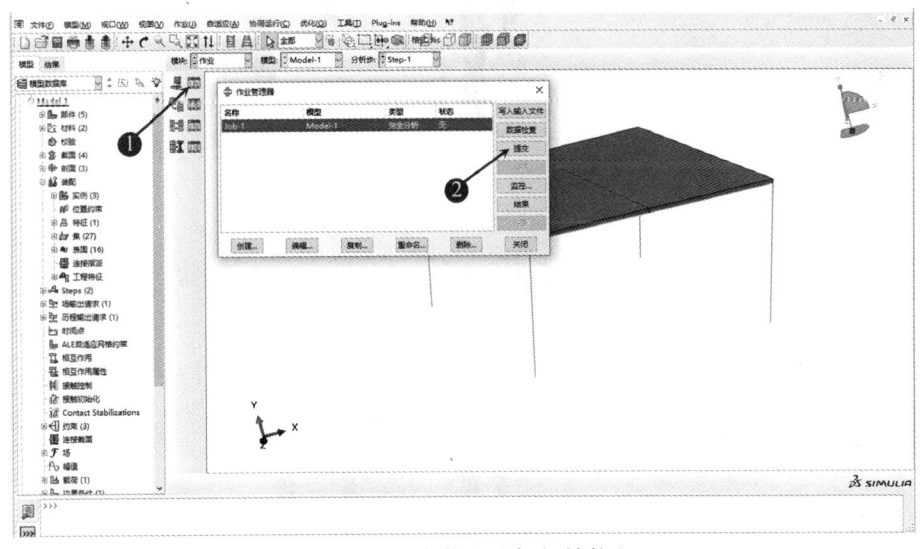

图 5.69 提交作业（框架结构）

9. 后处理

作业管理器对话框的状态显示为完成时，单击结果按钮进入可视化模块后处理界面，如图 5.70 所示，也可直接通过切换模块至可视化模块，进入后处理界面，根据要求，需要获得框架结构的应力与位移云图。

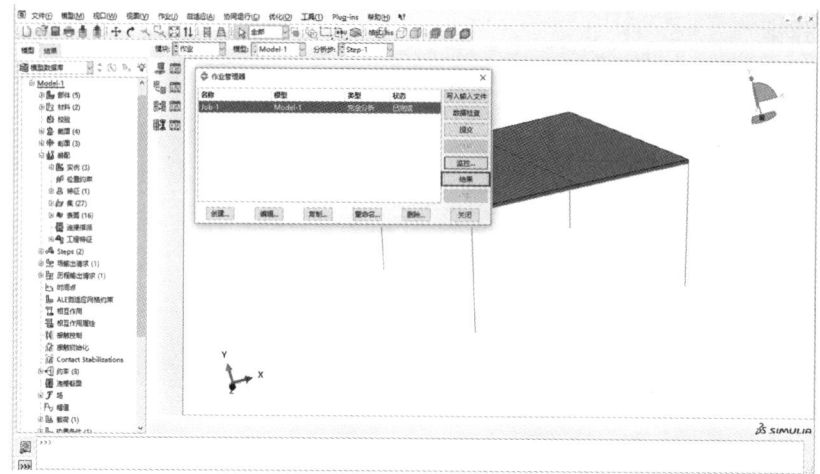

图 5.70 进入后处理（框架结构）

切换进入可视化模块，单击在变形图上绘制云图图标，在上方菜单栏处可选择需要查看的输出量，此处选择 S、Mises，可查看结构应力云图，如图 5.71 所示。

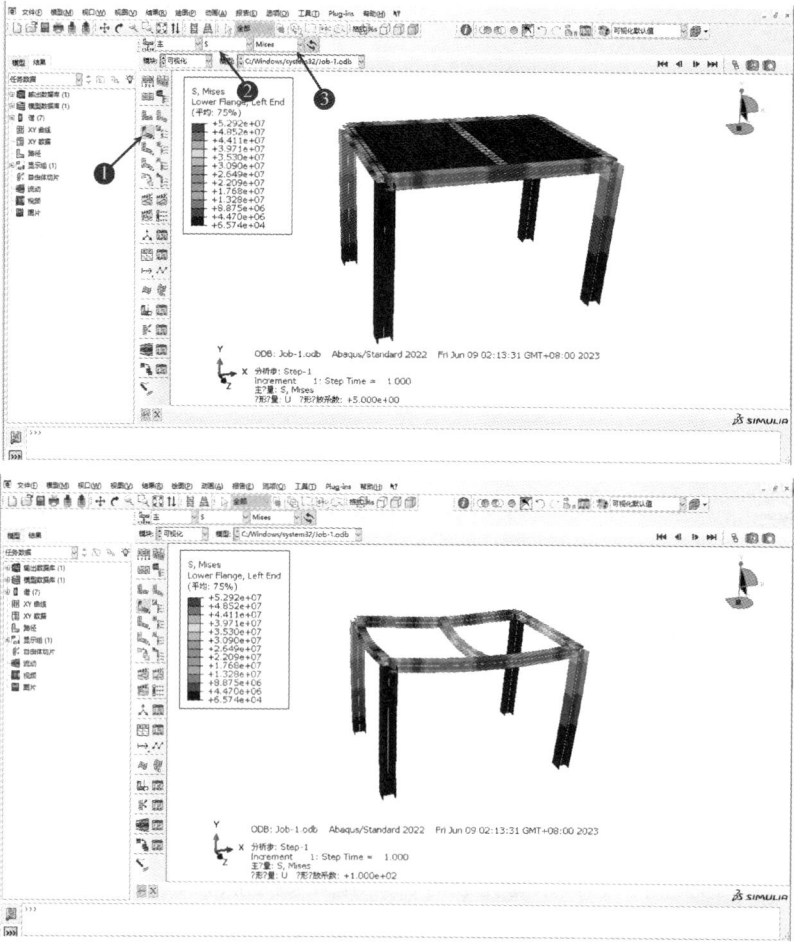

图 5.71 应力云图（框架结构）

选择 U、Magnitude，可查看结构位移云图，如图 5.72 所示。

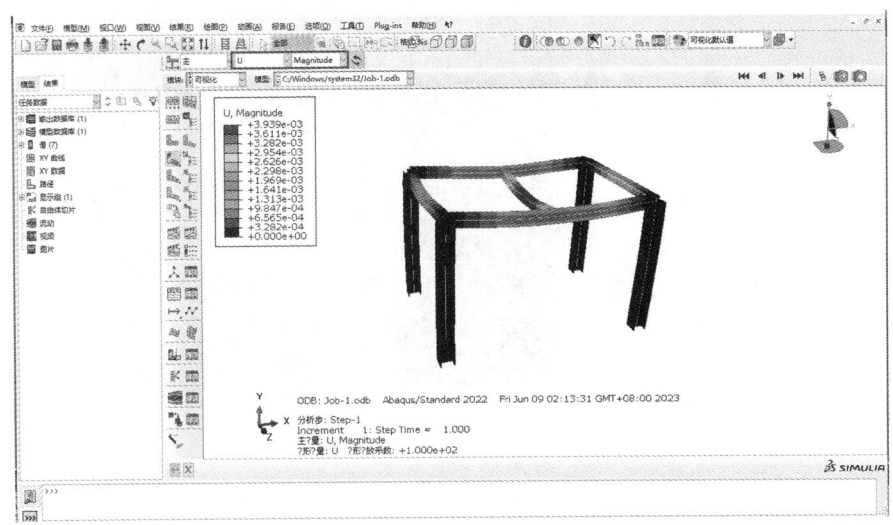

图 5.72 位移云图（框架结构）

5.4 工程案例分析：空间刚架结构

5.4.1 实例描述

某三维刚架立柱截面为箱形，梁截面为工字形，具体尺寸如图 5.73 所示。该空间钢架整体结构为钢材质，杨氏模量为 210 GPa，泊松比为 0.3。拱脚完全固定约束，刚架的横梁和纵梁承受竖直向下的均布载荷 P=5 N/m。使用 Abaqus 进行该平面刚架结构的静力分析，求解该结构的弯矩与位移结果。

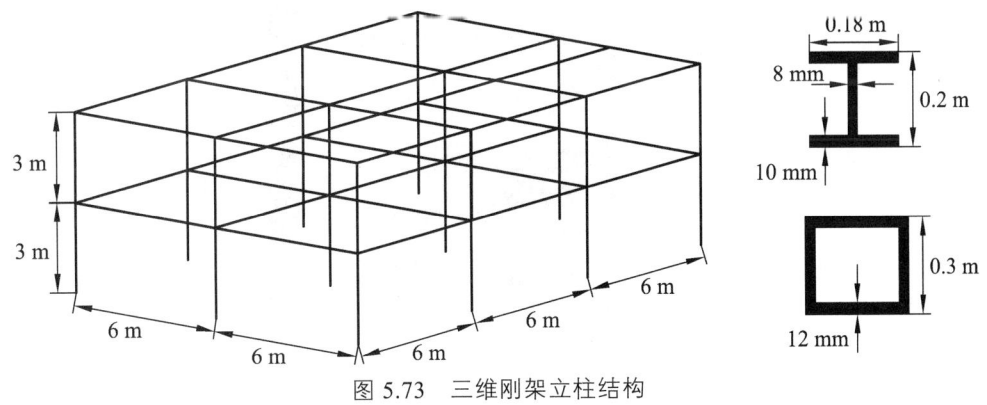

图 5.73 三维刚架立柱结构

5.4.2 分析流程

1. 创建部件

启动 Abaqus/CAE，选择 with Standard/Explicit Model 模块，创建一个新模型，对模型重命名并保存。根据图 5.73 建立三维线模型，进入部件模块，点击创建部件按钮，在草图中画出立柱，点击尺寸控制按钮，将立柱尺寸设置为 3 m，点击完成。点击过三点画圆弧按钮，通过三个关键点创建圆弧，如图 5.74 所示。

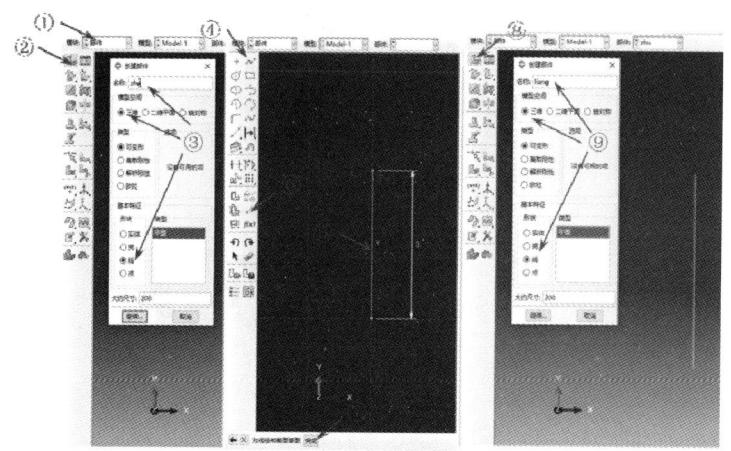

图 5.74　建立几何模型（空间刚架结构）

2. 定义属性

（1）定义材料。

在属性模块下，需注意统一单位制。在本例中，尺寸单位采用 m，杨氏模量单位为 Pa。进入属性模块，单击创建材料图标，在弹出的对话框中，输入材料名称，并选择力学选项，在子菜单中点击弹性，在数据中输入杨氏模量和泊松比，其余按照默认设置，单击确定按钮，完成材料属性的定义，如图 5.75 所示。

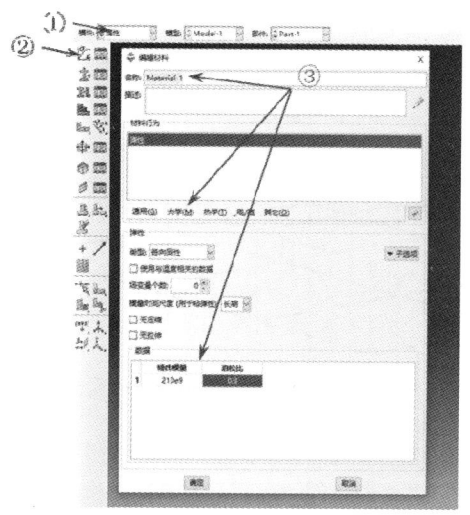

图 5.75　定义材料（空间刚架结构）

（2）定义梁断面。

单击创建剖面图标，在弹出的对话框中，输入断面名称"zhu"，并选择箱形，单击继续按钮，在弹出的对话框中输入柱的断面信息［宽度（a）文本框中输入"0.3"，高度（b）文本框中输入"0.3"，厚度选择一致且文本框中输入"0.12"］，并保证坐标系中的 1、2 轴方向，单击确定按钮，完成梁断面的定义，如图 5.76 所示。重复上述操作创建梁的截面 liang。

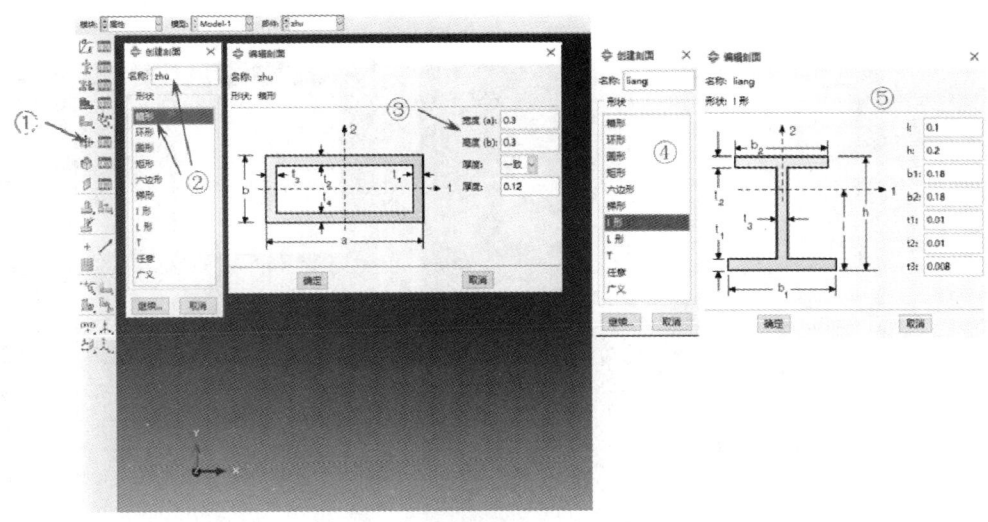

图 5.76　定义梁断面（空间刚架结构）

（3）定义材料截面。

单击创建材料截面图标，在弹出的对话框中，输入材料截面名称"zhu"，在类别中选择梁，类型选择梁，单击继续按钮，在弹出的对话框中选择已经定义好的 zhu 断面和材料 Material-1，单击确定按钮，完成立柱材料截面的定义。重复上述操作，创建梁的材料截面 liang，如图 5.77 所示。

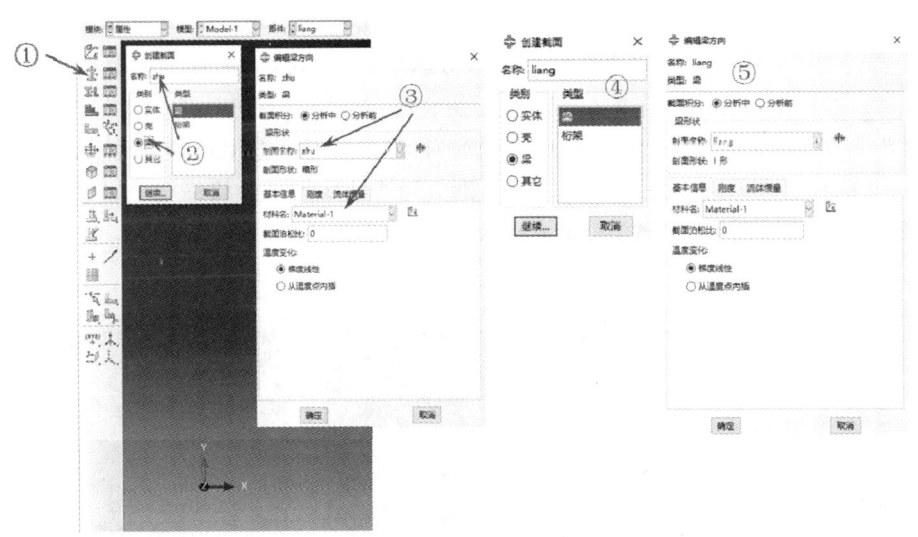

图 5.77　定义材料截面（空间刚架结构）

（4）材料截面指派。

将梁的截面赋值到几何模型，单击指派截面图标，选中所有线，单击完成按钮完成几何模型的选择，在弹出的对话框中选择已经定义好的材料截面 Section-1，最后单击确定按钮，把截面属性赋予部件 Part-1，如图 5.78 所示。在上方菜单栏中切换到 Part-2，重复上述操作将材料截面 Section-1 属性赋予部件 Part-2。

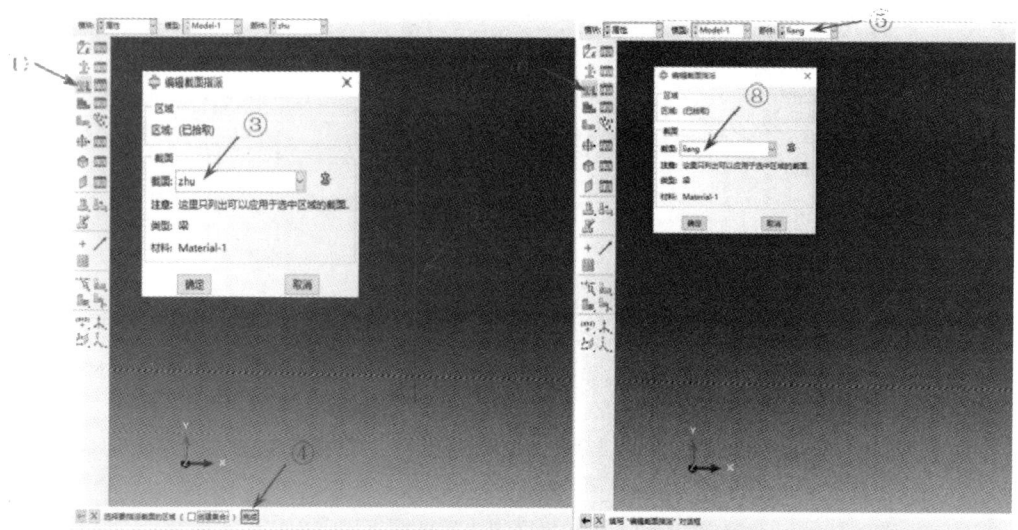

图 5.78 材料截面指派（空间刚架结构）

3. 定义装配

进入装配模块，单击创建实例图标，在弹出的对话框中选择部件中的 zhu 和 liang，实例类型选择默认的非独立，单击确定按钮，装配立柱和横梁。点击平移实例图标，然后选中横梁，再依次点击梁的左端点和柱的顶端，将梁平移到柱的顶端，如图 5.79（a）所示。再次点击创建实例图标，在弹出的对话框中选择部件中的 liang，点击确定，装配纵梁。点击旋转实例图标，然后选中纵梁，在窗口下方分别输入方向向量"0.0,0.0,0.0""0,1,0"，设定旋转轴和旋转角度，按回车键完成纵梁的旋转，最后再将纵梁平移到柱的顶端，如图 5.79（b）所示。点击线性阵列图标，然后选中立柱，点击完成，在弹出的对话框里设置 3 列 4 行，偏移距离为 6，点击确定，如图 5.79（c）所示。再分别应用线性阵列功能将横梁和纵梁铺满，最后全部选中再向上阵列一层，如图 5.79（d）所示。

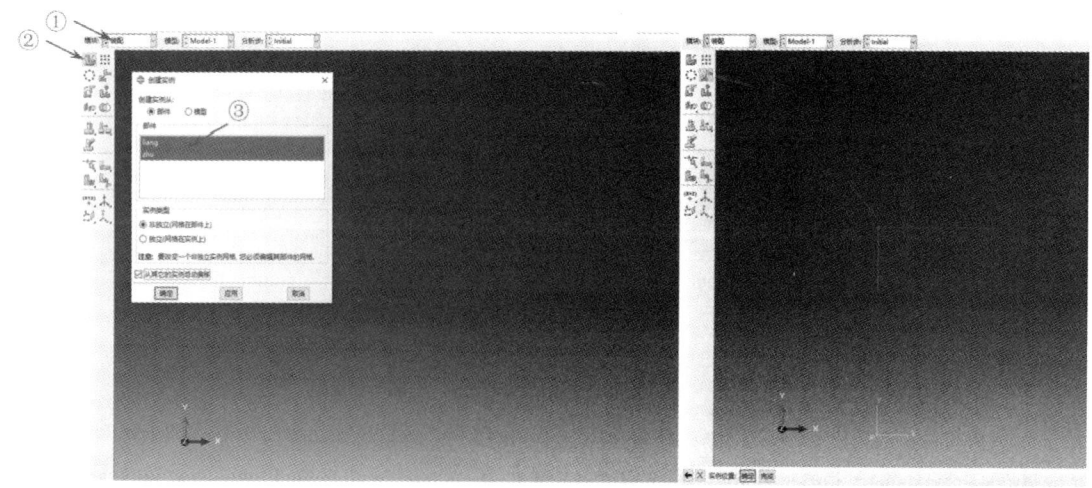

（a）

第 5 章 梁与刚架结构的静力分析

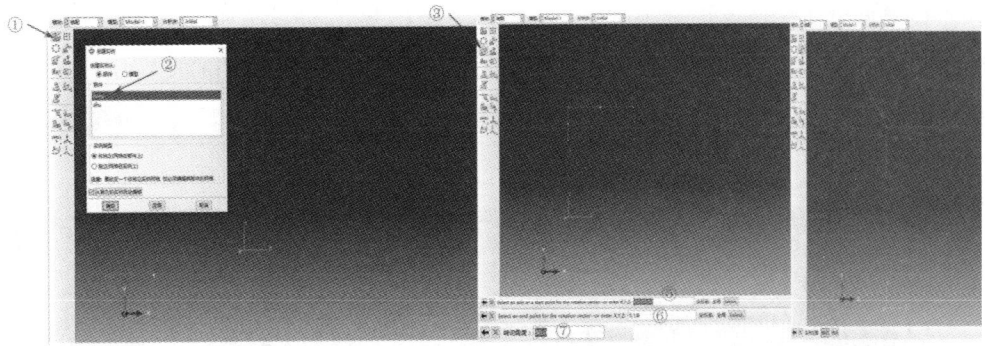

（b）

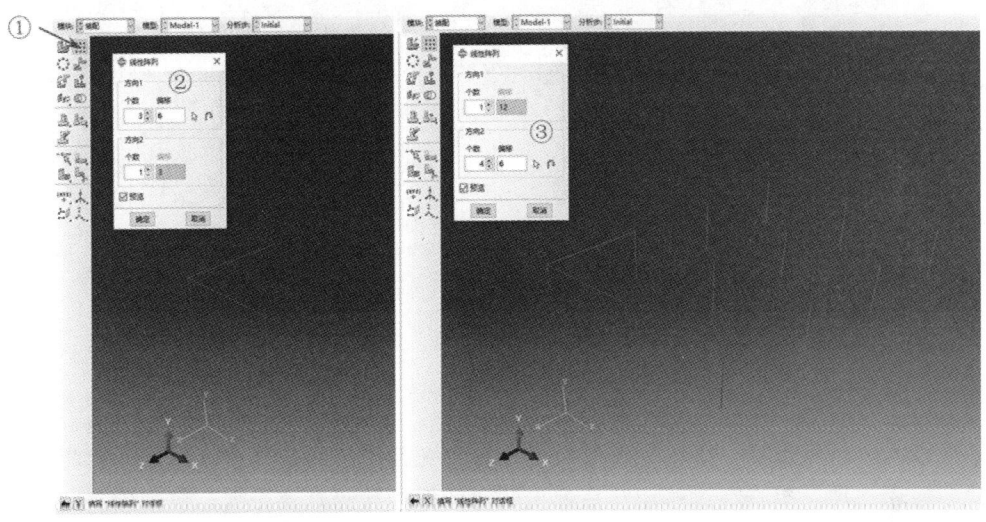

（c）

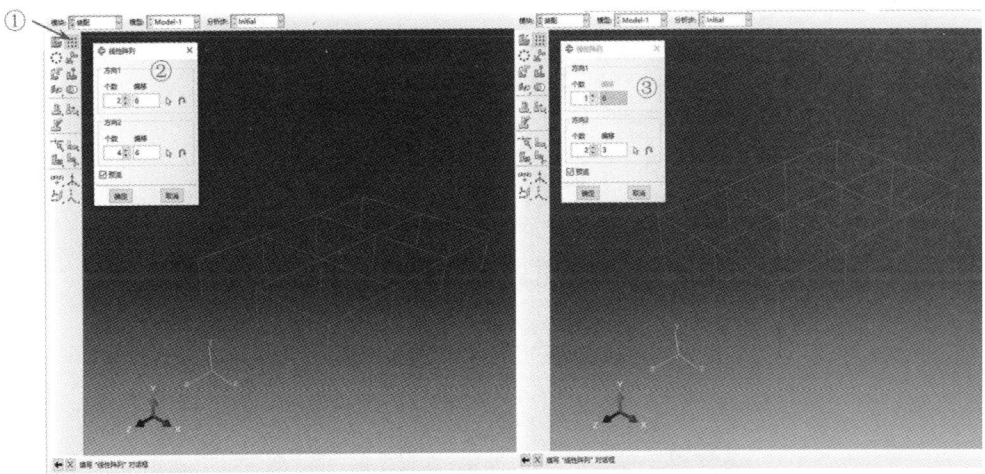

（d）

图 5.79 装配部件（空间刚架结构）

切换到属性模块，单击指派梁单元方向图标，按住 Shift 框选中立柱和横梁，输入方向向量"0.0, 0.0, -1.0"，按回车键完成立柱和横梁方向的定义。然后旋转角度，再框选所有纵梁，在窗口下方输入方向向量"1，0，0"，按回车键完成纵梁方向的定义如图 5.80 所示。

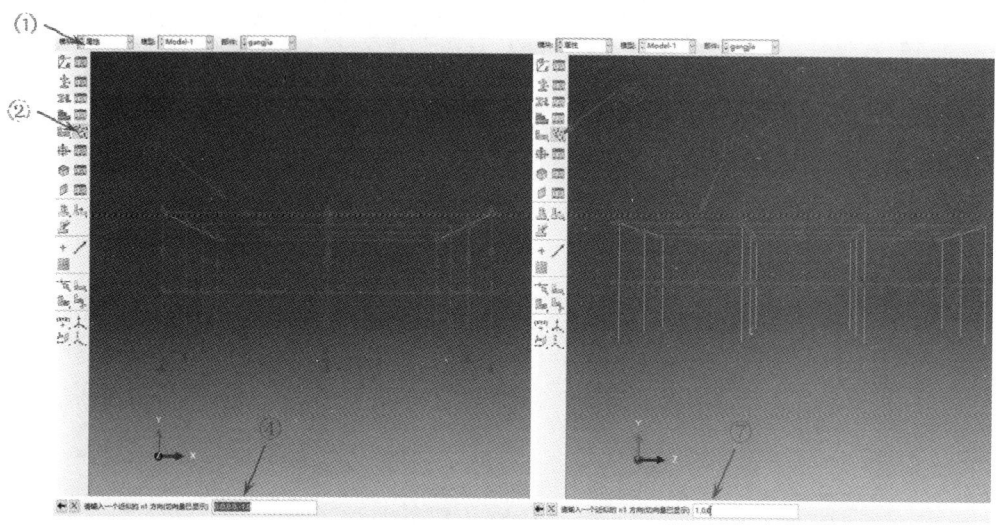

图 5.80　定义梁的方向（空间刚架结构）

4. 定义分析步和输出变量

（1）定义分析步。

切换进入分析步模块，单击创建分析步图标，在弹出的对话框中，输入分析步名称，选择静力、通用选项，单击继续按钮；在弹出的对话框中接受默认设置，单击确定按钮，完成分析步的定义，如图 5.81 所示。

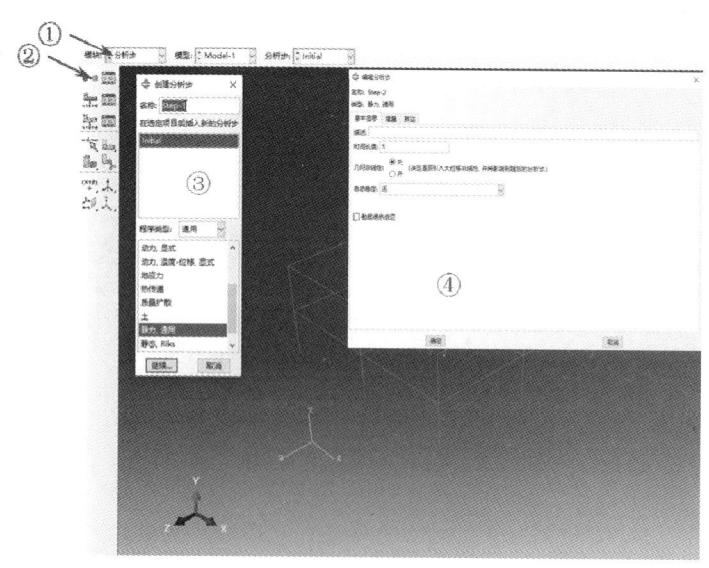

图 5.81　定义分析步（空间刚架结构）

（2）定义输出变量。

该分析需要获取结构的弯矩与位移结果。单击输出变量管理按钮，在弹出的对话框中点击编辑，在弹出的对话框中选择要输出的变量，如图 5.82 所示。

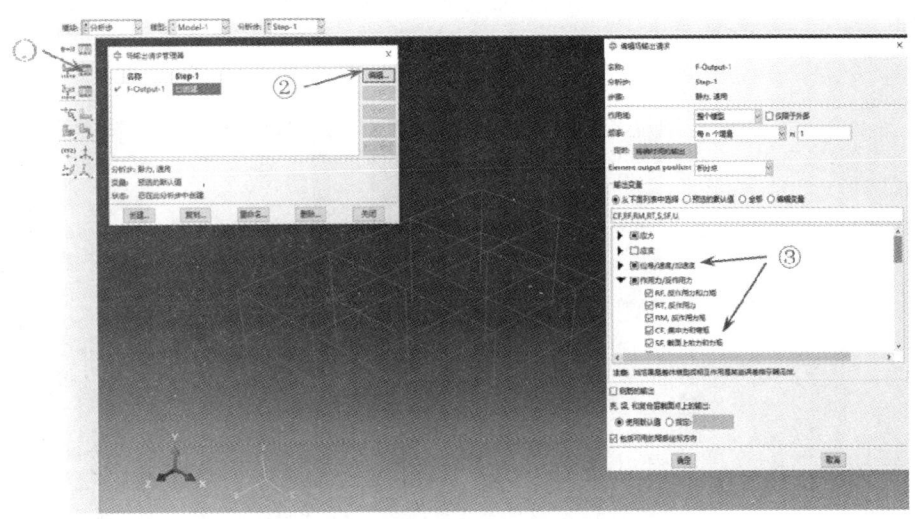

图 5.82　定义输出变量（空间刚架结构）

5. 定义约束和载荷

本例不涉及接触问题，所以直接跳过相互作用模块。

（1）定义约束。

切换进入载荷模块，单击创建边界条件图标，在弹出的对话框中，输入约束名称，分析步选择系统定义的初始分析步 Step-1，类别选择力学，可用于所选分析步的类型选择对称/反对称/完全固定，单击继续按钮，按住 Shift 键，依次点选立柱底端，单击完成按钮，在弹出的对话框选择完全固定，单击确定按钮，完成约束的定义，如图 5.83 所示。

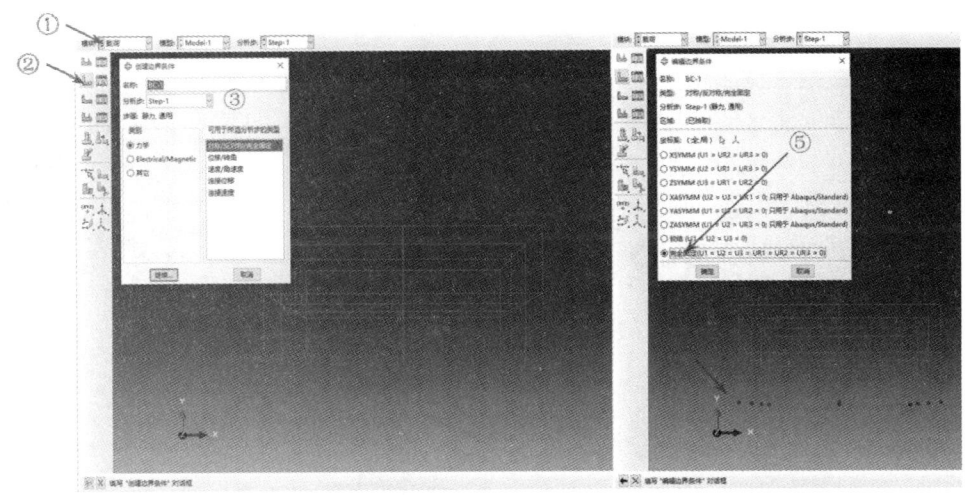

图 5.83　定义约束（空间刚架结构）

（2）施加载荷。

单击创建载荷图标，在弹出的对话框中，输入载荷名称，分析步选择 Step-1，类别选择力学，可用于所选分析步的类型选择线载荷，单击继续按钮，选中所有横梁和纵梁，单击完成按钮，在弹出的对话框中，在分量 2 文本框中输入"－5"（单位为 N），单击确定按钮，完成载荷的施加，如图 5.84 所示。

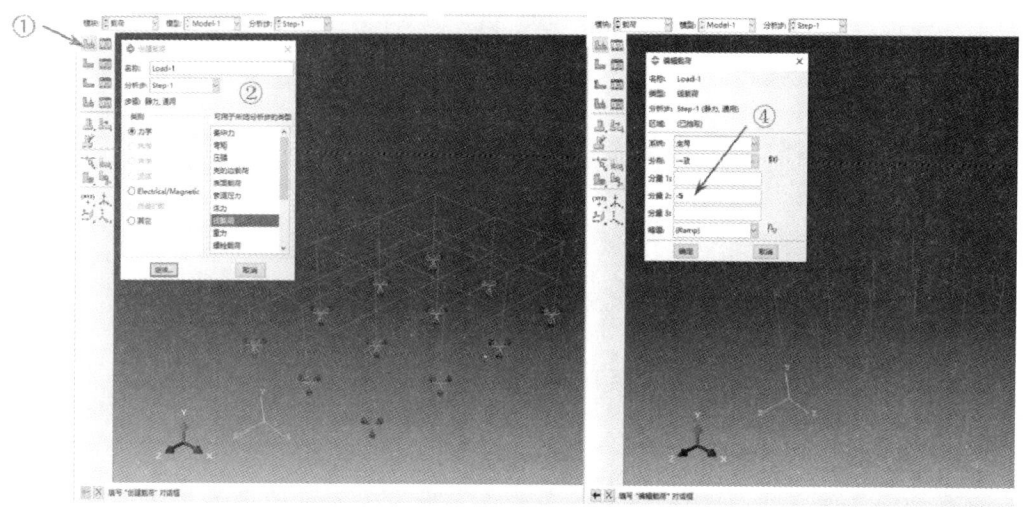

图 5.84　施加载荷（空间刚架结构）

6. 网格划分

切换进入网格模块，将窗口顶部的环境栏对象选项设为部件选项，并选择 gangjia，单击全局单元尺寸图标，在弹出的对话框中开始定义全局单元尺寸，将近似单元尺寸定义为 0.5，单击确定按钮。随后，选择单元类型，单击指派单元类型图标，在视图中选择模型，单击完成按钮，在弹出的对话框中选择梁单元，梁类型选择柔性剪切，单击确定按钮，完成单元类型的选择。最后，单击为部件实例划分网格图标，单击是按钮，完成网格划分，如图 5.85 所示。

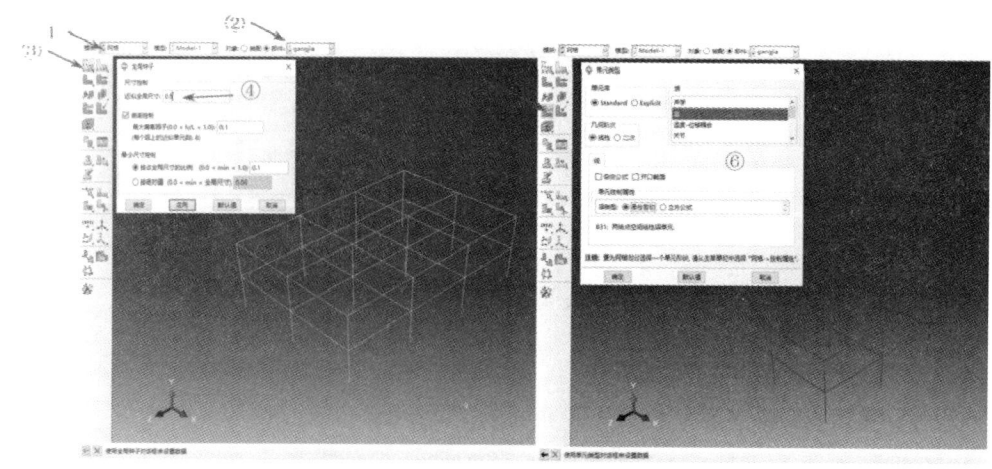

图 5.85　网格划分（空间刚架结构）

点击菜单栏中的视图,点击 ODB 显示选项,在弹出的对话框里勾选渲染剖面,可检查梁的方向,如图 5.86 所示。

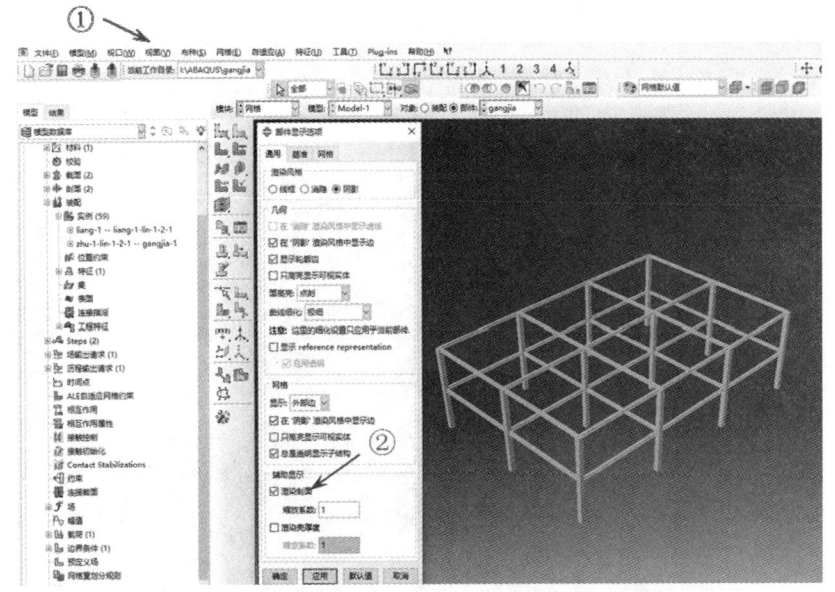

图 5.86 检查梁方向(空间刚架结构)

7. 提交作业

切换进入作业模块,单击创建作业图标,在弹出的对话框中,输入作业名称,单击继续按钮,在弹出的对话框中,接受默认选项,单击确定按钮,完成作业定义。单击作业管理器图标,选中当前作业,单击提交按钮,提交作业,如图 5.87 所示。

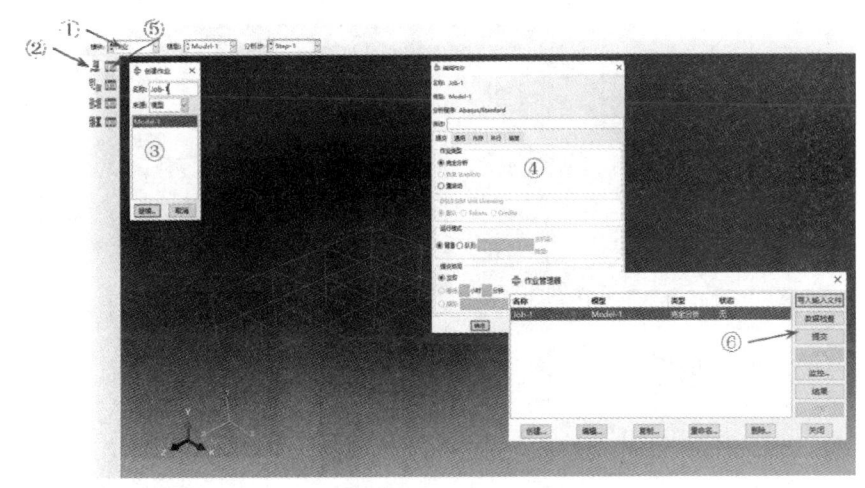

图 5.87 定义作业(空间刚架结构)

8. 后处理

作业管理器对话框的状态显示为完成时,单击结果按钮进入可视化模块后处理界面。根据要求，本例需要获得拱结构的弯矩与位移结果。

切换进入可视化模块，在上方菜单栏处可选择输出量 SM、SM1，可查看结构弯矩云图，如图 5.88 所示。

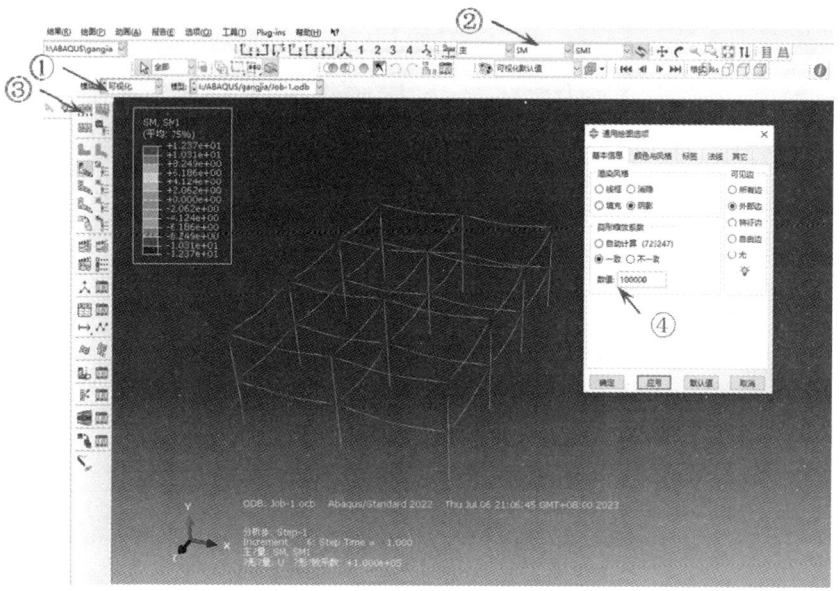

图 5.88 弯矩云图（空间刚架结构）

在菜单栏中选择 U、U2，即可查看结构竖直位移云图，如图 5.89 所示。选择 U、U1，即可查看结构水平位移云图。

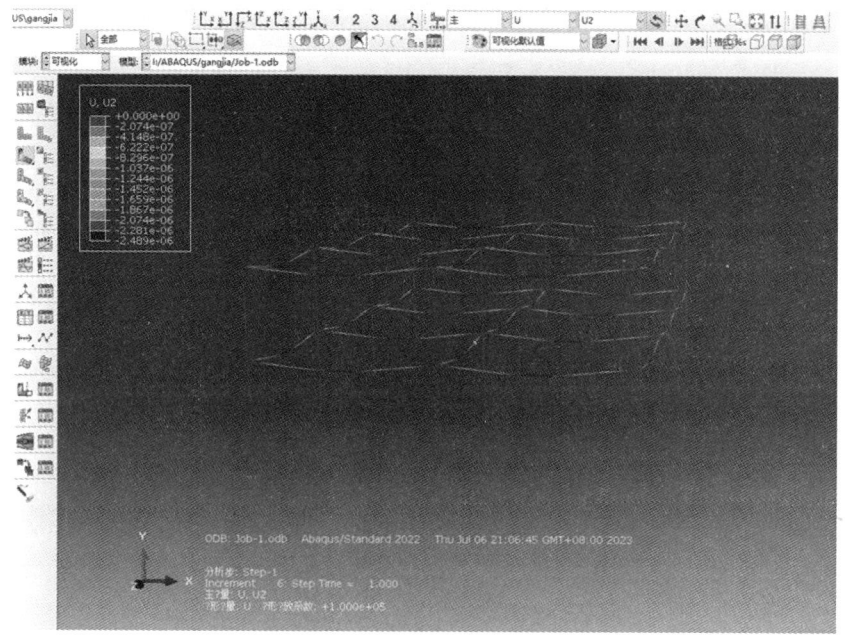

图 5.89 竖直位移云图（空间刚架结构）

第 6 章
桁架、拱以及组合结构的静力分析

数值计算是当代土木工程学科的重要分支，是力学及计算机实现其在工程结构设计领域中应用的必不可少的工具。随着计算科学与工程软件技术的进步与发展，数值分析的应用范围早已扩大到许多土木工程专业领域。当前，我国经济社会仍处于高速发展阶段，在大型与复杂高层建筑、桥梁、隧道、路基等领域的众多关键技术方面已经处于世界领先水平。同时，在有限元数值分析理论与大型工业软件开发方面也取得了长足的进步。伴随着数字建造、信息建造、智能建造等技术的兴起，工程结构数值分析的应用将会更加广泛，在复杂结构设计施工全过程及相应的关键技术研发中也会扮演着更为重要的角色。

6.1 桁架结构静力分析

6.1.1 实例描述

桁架结构尺寸及受力如图 6.1 所示。该桁架整体为钢结构材质，杨氏模量为 210 GPa，泊松比为 0.3，结构横截面采用圆环型钢，截面外直径为 0.152 4 m，厚度 6.35 mm。桁架两端铰结约束，各杆间固定约束。使用 Abaqus 进行桁架结构的静力分析，求解该桁架结构的应力、支反力、轴力、弯矩与位移结果。

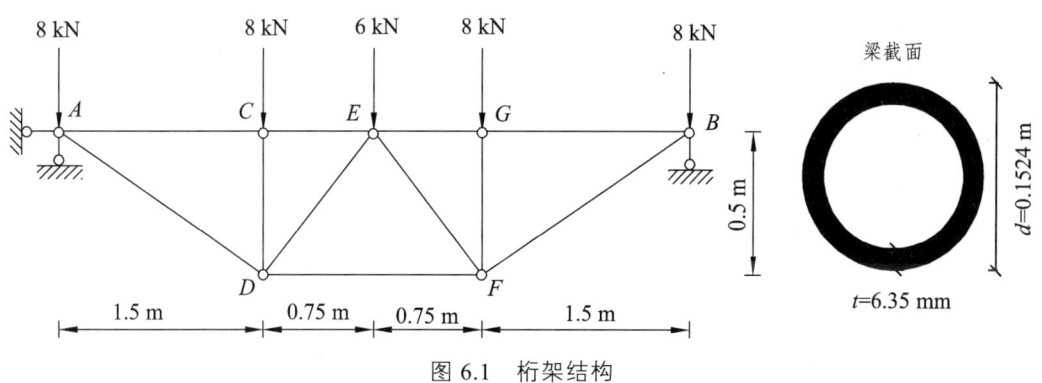

图 6.1 桁架结构

6.1.2 分析流程

1. 创建部件

启动 Abaqus/CAE，选择 with Standard/Explicit Model 模块，创建一个新模型，对模型重

命名并保存。进入部件模块，单击创建部件图标，在弹出的对话框中输入部件名称，在模型空间中选择二维平面，类型选择可变形，形状选择线，在大约尺寸的文本框中输入"20"，单击继续按钮，进入草图环境，单击创建线，在草图中画出桁架结构轮廓，设计每条线段的尺寸。单击完成按钮，完成部件的创建，形成桁架结构，如图6.2所示。

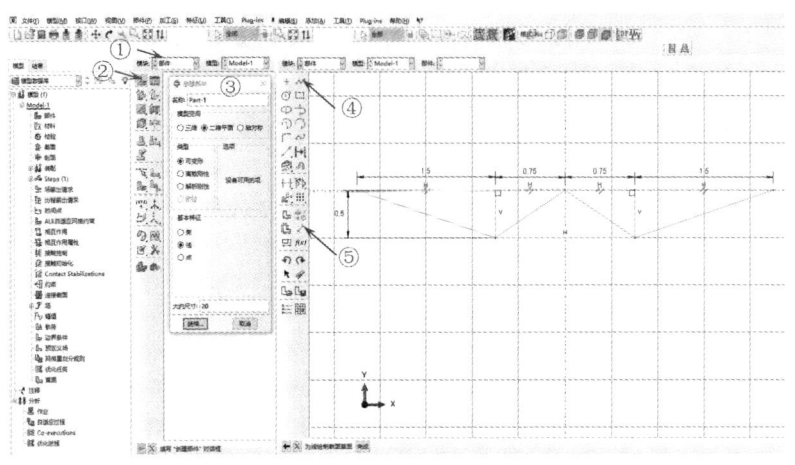

图6.2 建立几何模型（桁架结构）

2. 定义属性

（1）定义材料。

在属性模块下定义材料线弹性本构，需注意统一单位制。在本例中，尺寸单位采用 m，杨氏模量单位为 Pa，即杨氏模量为 2 100 000 000 Pa，泊松比为 0.3。在模块中选择属性，进入属性模块，单击创建材料图标，在弹出的对话框中，输入材料名称"Material-1"，并选择材料性质选项，在子菜单中点击弹性，在数据中输入弹性模量和泊松比，其余按照默认设置，单击确定按钮，完成材料属性的定义，如图6.3所示。

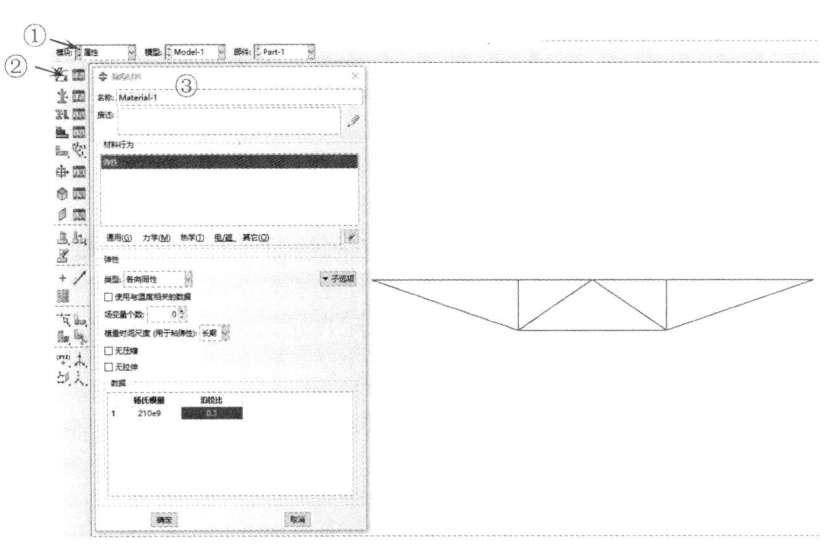

图6.3 定义材料属性（桁架结构）

（2）定义材料截面。

单击创建材料截面图标，在弹出的对话框中，输入材料截面名称"Section-1"，在类别中选择梁，类型选择梁，单击继续按钮，在弹出的对话框中选择材料 Material-1，点击定义剖面图标，在弹出的对话框中选择环形剖面，单击确定按钮，在弹出的对话框中输入结构剖面尺寸，然后点击确定，完成梁截面的定义，如图 6.4 所示。

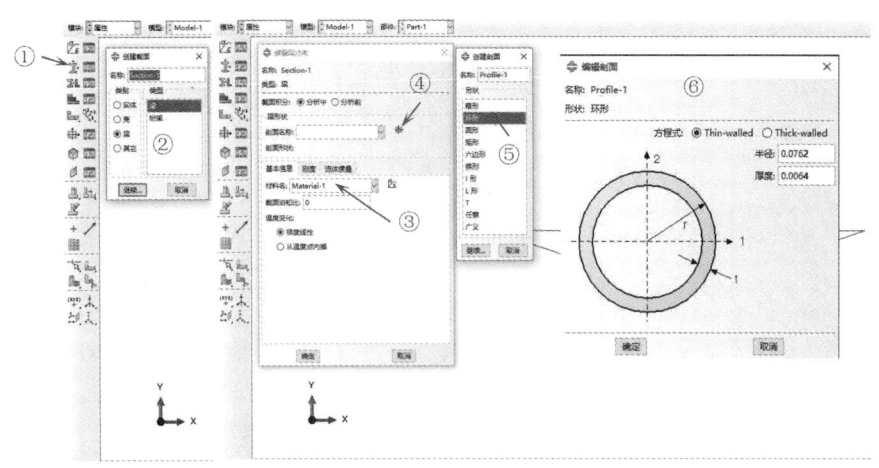

图 6.4　定义材料截面（桁架结构）

（3）材料截面指派。

将桁架的截面属性赋值到几何模型，单击指派截面图标，选择整个桁架结构，单击完成按钮完成几何模型的选择，在弹出的对话框中选择已经定义好的截面 Section-1，最后单击确定按钮，把截面属性赋予部件 Part-1，如图 6.5 所示。

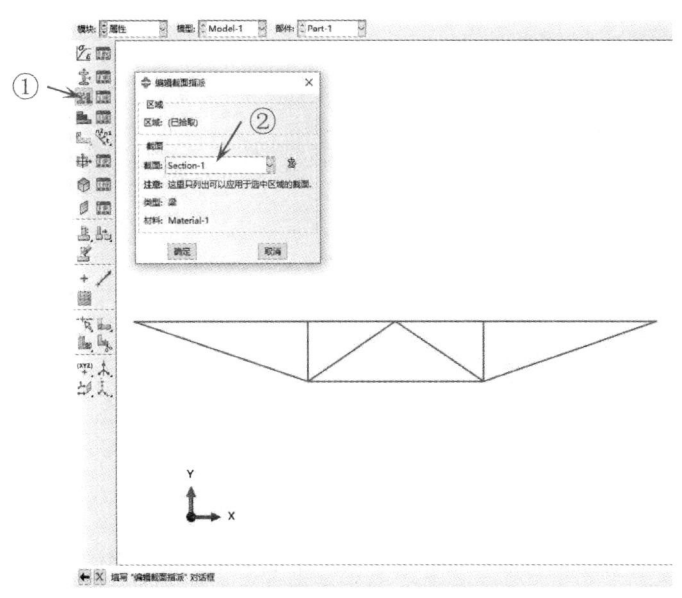

图 6.5　材料截面指派（桁架结构）

（4）定义桁架结构梁的方向。

单击指派梁方向图标，选中整个桁架结构，输入方向向量"0.0, 0.0, -1.0"，最后单击完成按钮，完成桁架结构中梁方向的定义，如图6.6所示。

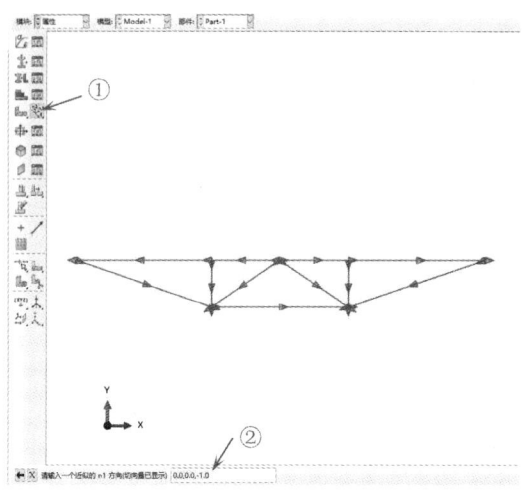

图6.6　定义桁架结构中梁的方向（桁架结构）

设置完成后，可以在菜单栏中选择视图命令，在弹出的子菜单中选择部件显示选项命令，并在弹出的对话框中切换到通用选项卡，勾选辅助显示内的渲染剖面复选框，单击确定按钮，便可查看桁架结构的真实几何状态，检查梁的截面和方向是否设置正确，如图6.7所示。

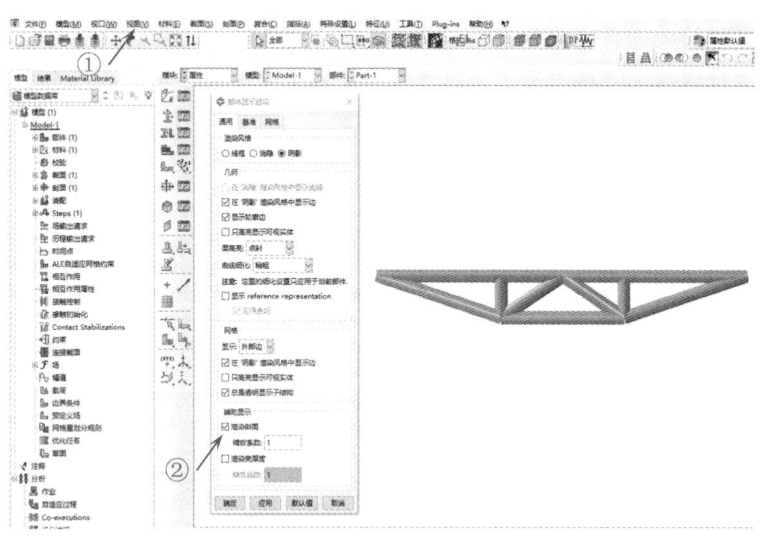

图6.7　查看桁架结构真实几何状态（桁架结构）

3. 定义装配

进入装配模块，单击创建实例图标，在弹出的对话框中选择部件中的Part-1，实例类型选择默认的非独立，单击确定按钮，完成对部件的装配，如图6.8所示。

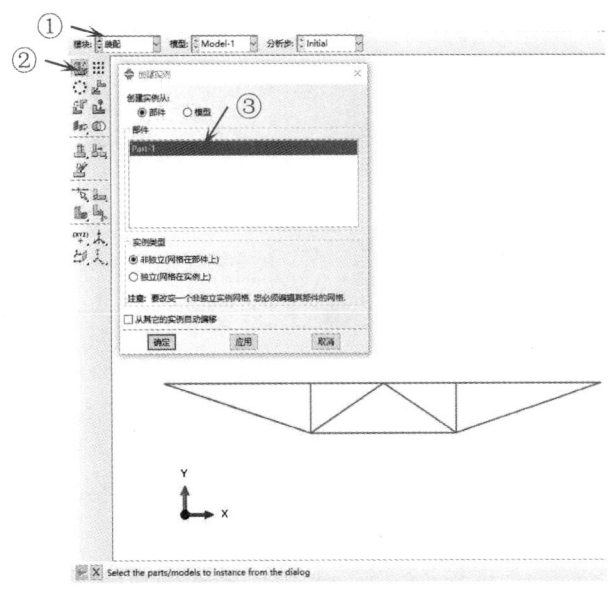

图 6.8 定义装配（桁架结构）

4. 定义分析步和输出变量

（1）定义分析步。

切换进入分析步模块，单击创建分析步图标，在弹出的对话框中，输入分析步名称，选择择静力、通用选项，单击继续按钮，在弹出的对话框中单击增量按钮，设置初始增量步大小为 0.1，单击确定按钮，完成分析步的定义，如图 6.9 所示。

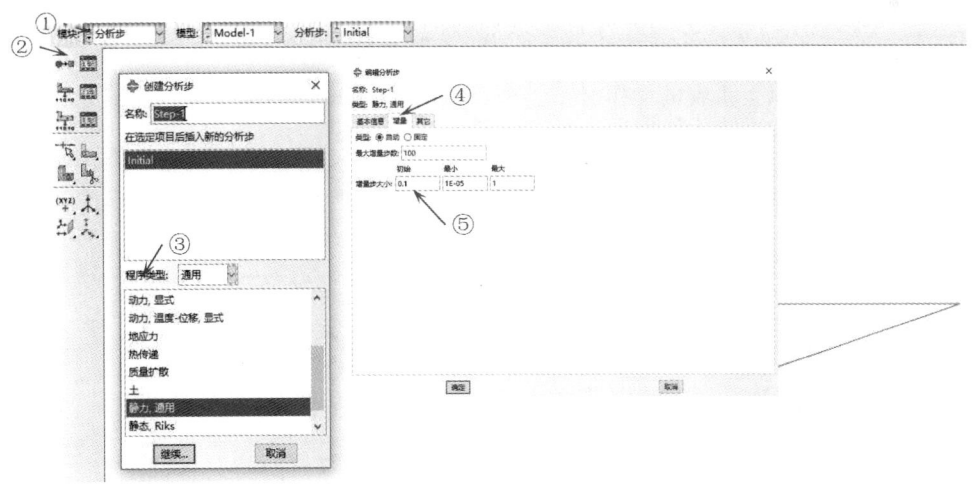

图 6.9 定义分析步（桁架结构）

（2）定义输出变量。

本模型计算要求获取结构的应力、支反力与位移结果。单击场输出管理器图标，在弹出的对话框里选择已生成的输出变量 F-Output-1，单击编辑按钮，在弹出的对话框中，可以根据所需要的输出量,勾选相应的复选框,其余接受默认选项,然后单击确定按钮,完成输出变量的定义,如图6.10所示。

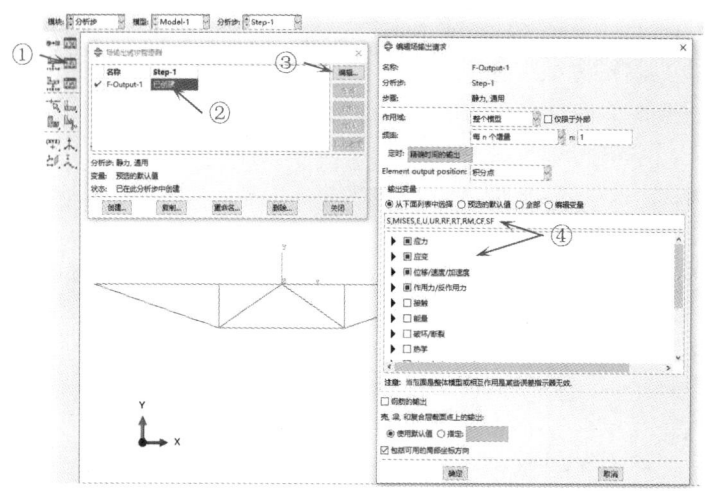

图 6.10　定义输出变量（桁架结构）

5. 定义约束和载荷

本例不涉及接触问题,所以直接跳过相互作用模块。

（1）施加载荷。

根据图 6.1 中桁架的载荷分布,在对应节点上施加集中力。在模块下拉选项中选择载荷模块,单击创建载荷图标,在弹出的对话框中,输入载荷名称,分析步选择 Step-1,类别选择力学,可用于所选分析步的类型选择集中力,单击继续按钮,按住 Shift 键,依次点击选择 2、3、5、6 号节点,单击完成按钮,在弹出的对话框中,在 CF2 文本框中输入"-8000"(单位为 N),单击确定按钮。重复以上步骤的操作对 1 号节点施加 -6 000 N 的集中力,如图 6.11 所示。

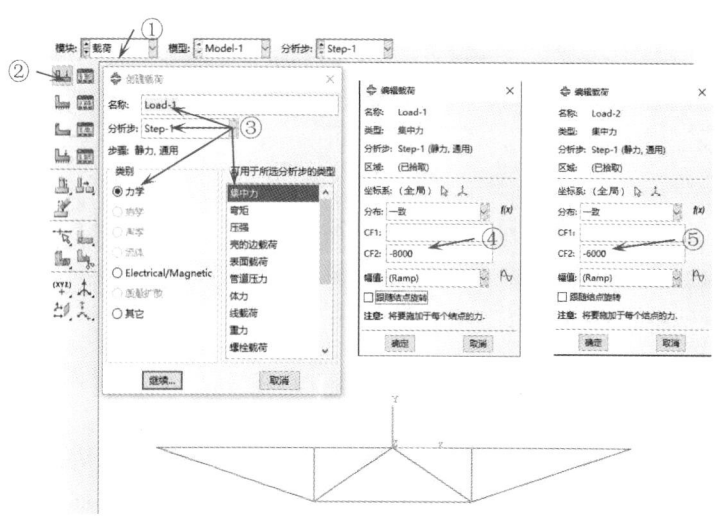

图 6.11　施加载荷（桁架结构）

（2）定义约束。

按照案例中桁架的约束条件，桁架的左端部支座为固定铰支，右端支座为滑动铰支。单击创建边界条件图标，在弹出的对话框中，输入约束名称，分析步选择系统定义的初始分析步 Step-1，类别选择力学，可用于所选分析步的类型选择对称/反对称/完全固定，单击继续按钮；单击选择桁架左端点（节点 3），单击完成按钮，在弹出的对话框选择铰结（U1=U2=U3=0），单击确定按钮；单击创建边界条件图标，在弹出的对话框中输入约束名称，分析步选择系统定义的初始分析步 Step-1，类别选择力学，选择可用于所选分析步的类型选择位移/转角，单击继续按钮；单击选择桁架右端点（节点 6），单击完成按钮；在弹出的对话框勾选 U2，并输入"0"，单击确定按钮完成桁架约束条件的定义，如图 6.12 所示。

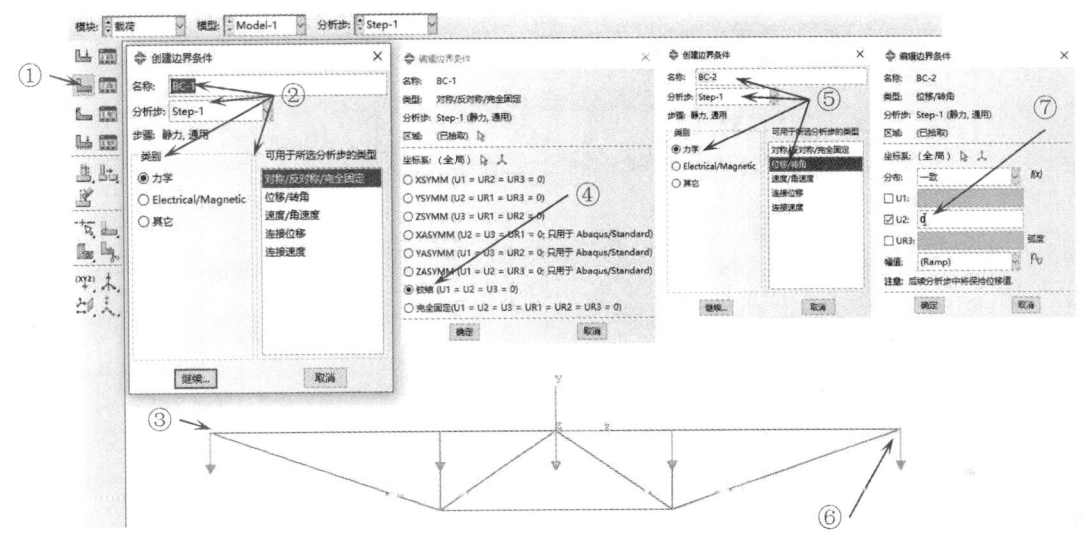

图 6.12　定义约束（桁架结构）

6. 网格划分

选择网格模块，将窗口顶部的环境栏对象选项设为部件，单击局部网格控制图标，在视图中框选整个模型，并点击完成，在弹出的对话框选择按个数控制桁架每根构件单元数为 1，单击确定按钮。随后，选择单元类型，单击指派单元类型图标，在视图中框选整个模型，单击完成按钮，在弹出的对话框中选择线性梁单元 B23，单击确定按钮，完成单元类型的选择。最后，单击为部件实例划分网格图标，单击是按钮，完成网格划分，如图 6.13 所示。

7. 提交作业

切换进入作业模块，单击创建作业图标，在弹出的对话框中，输入作业名称，单击继续按钮，在弹出的对话框中，接受默认选项，单击确定按钮，完成作业定义，单击作业管理器图标，在弹出的对话框中选中当前作业，单击提交按钮，提交作业，如图 6.14 所示。在分析过程中，可单击监控按钮，查看分析过程中出现的警告信息。

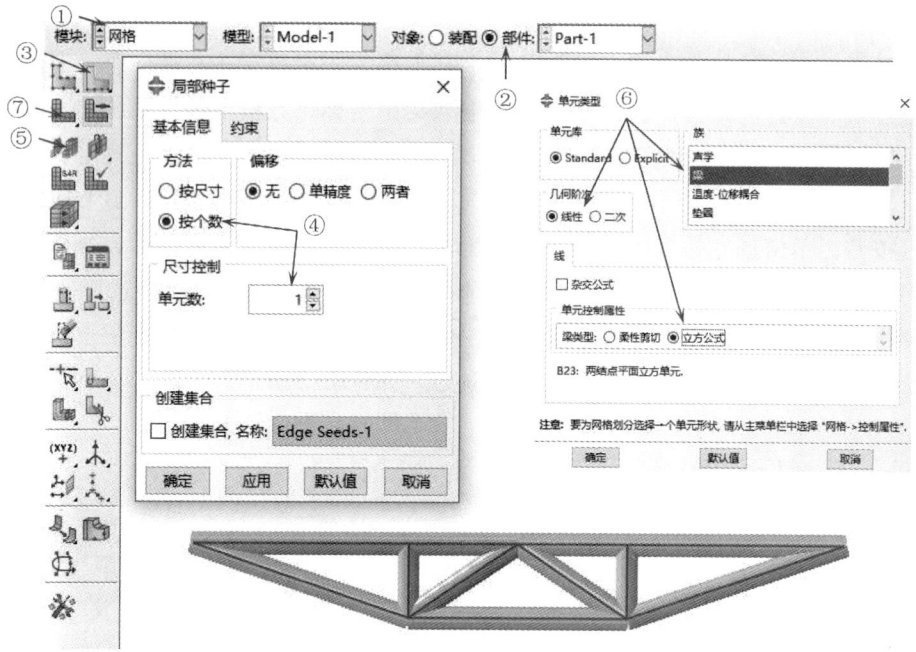

图 6.13 网格划分(桁架结构)

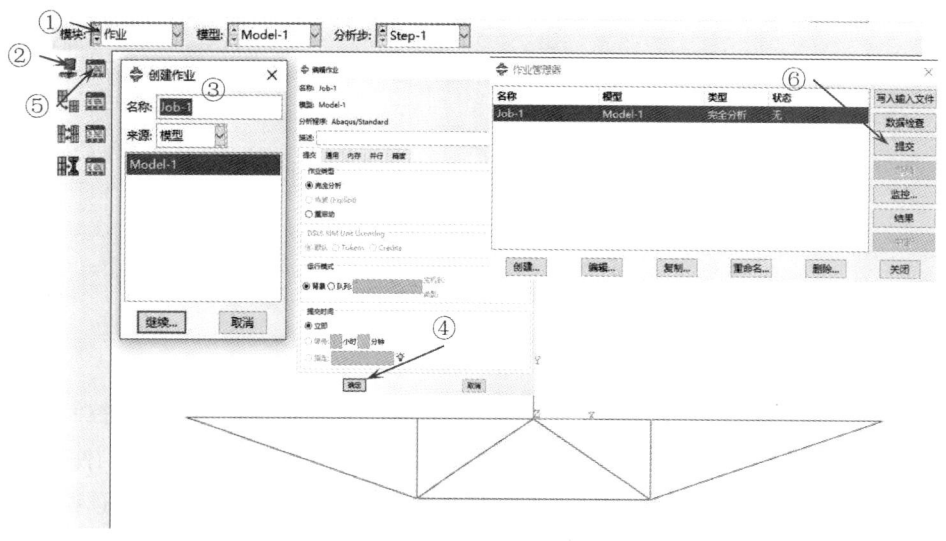

图 6.14 定义作业(桁架结构)

8. 后处理

作业管理器对话框的状态显示为已完成时,单击结果按钮进入可视化模块后处理界面,根据要求,需要获得连续梁结构的应力、位移、轴力、弯矩和约束点的支反力结果。

选择可视化模块,单击绘制云图按钮,在上方菜单栏处可选择需要查看的输出量,此处选择 S、Mises,可查看结构应力云图,点击上方菜单栏中视图选项中的 ODB 显示选项,在弹出的对话框中勾选渲染剖面,单击确定按钮,即可查看桁架结构实际尺寸下的应力云图。单击云图设置选项按钮,在弹出的对话框中,选择边界,并勾选在最大、最小值处显示位置,单击确定,便可显示结构中的最大最小值及其位置。若需要查看在真实比例下的变形,以及截面剖面下的变形,单击通用选项按钮,在弹出的对话框中切换到基本信息选项卡,在变形缩放系数内选择一致,数值文本框中输入1,单击确定按钮,即可查看真实比例下的变形云图,如图6.15所示。

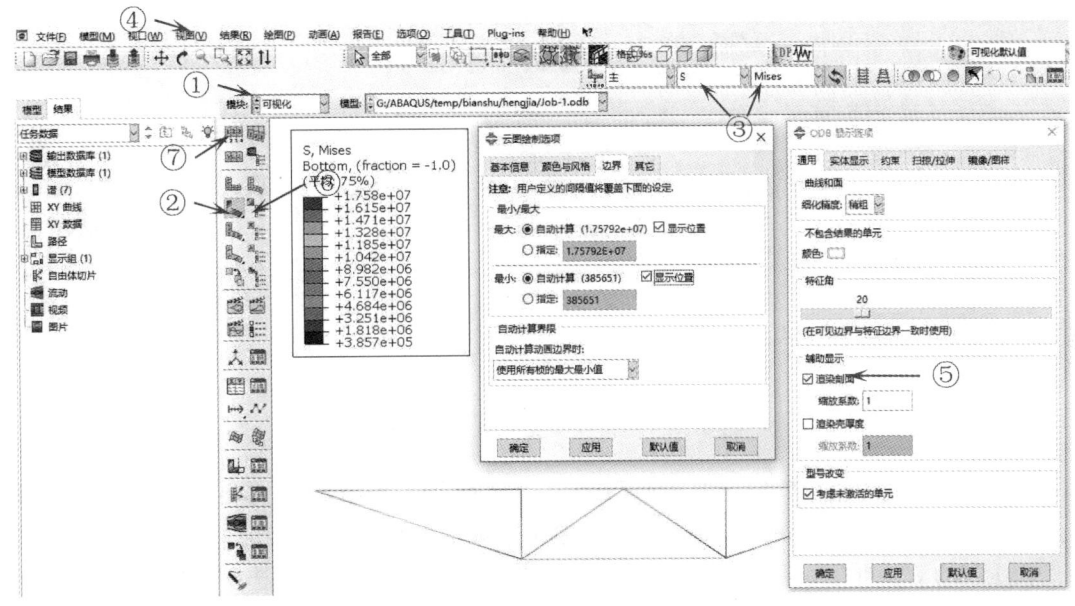

图6.15　Mises应力云图(桁架结构)

在上方菜单栏中选择U、U2,即可查看结构竖直位移云图,如图6.16所示。

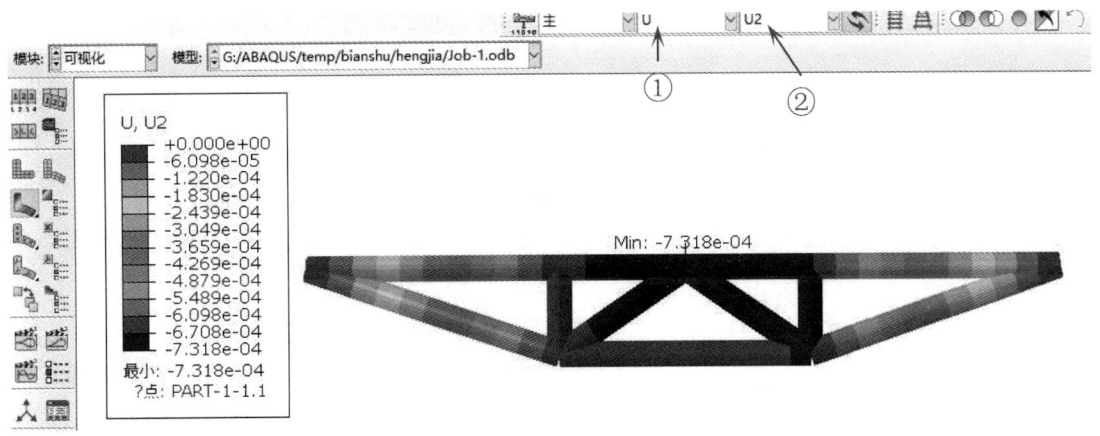

图6.16　竖直位移云图(桁架结构)

在上方菜单栏中选择输出变量RF、RF2,点击通用选项按钮,在弹出的对话框中选择标签选项卡,勾选显示结点编号,单击确定,单击查询信息按钮,在弹出的对话框中点击查询值,在弹出的对话框中,选择查询结点,单击模型中的约束结点(3号和6号结点),查询值对话框中便会显示出查询对象的值,即可查看约束点支反力,如图6.17所示。

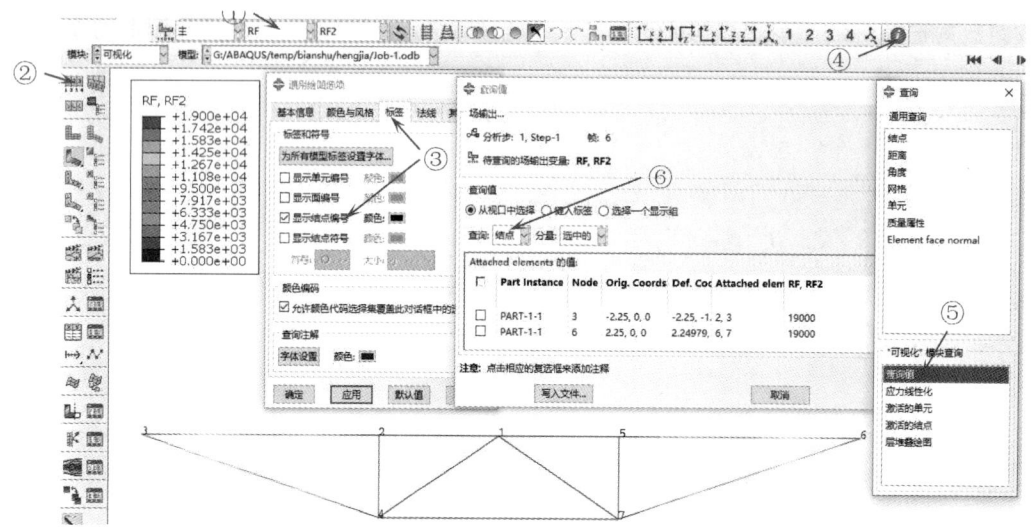

图6.17 约束点支反力(桁架结构)

在上方菜单栏中选择输出变量SM、SM1,点击通用选项按钮,在弹出的对话框中选择标签选项卡,勾选显示单元编号,单击确定,单击查询信息按钮,在弹出的对话框中点击查询值,在弹出的对话框中,在查询值下方选择一个显示组,查询下拉框选择单元,位置下拉框选择单元面,显示组下拉框选择All,查询值对话框中便会显示出结构所有单元的弯矩值,如图6.18所示。同理,在上方菜单栏中选择SF、SF1,即可查看结构单元的轴力。

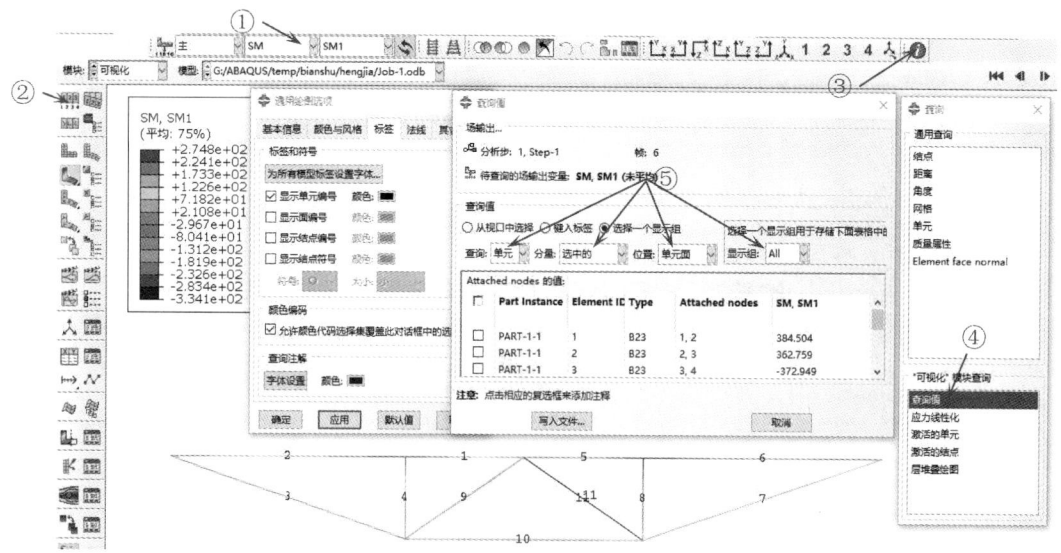

图6.18 结构单元弯矩(桁架结构)

6.2 单跨拱结构静力分析

6.2.1 实例描述

有一单跨三铰拱，拱截面为 0.3 m×0.3 m 的矩形，结构与截面的具体尺寸及截面方向见如图 6.19 所示。该单跨三铰拱整体为结构钢材质，杨氏模量为 210 GPa，泊松比为 0.3。拱脚固定铰接，右半拱承受竖直向下的均布载荷 P=10 kN/m。使用 Abaqus 进行该平面刚架结构的静力分析，求解该结构的内力与位移结果。

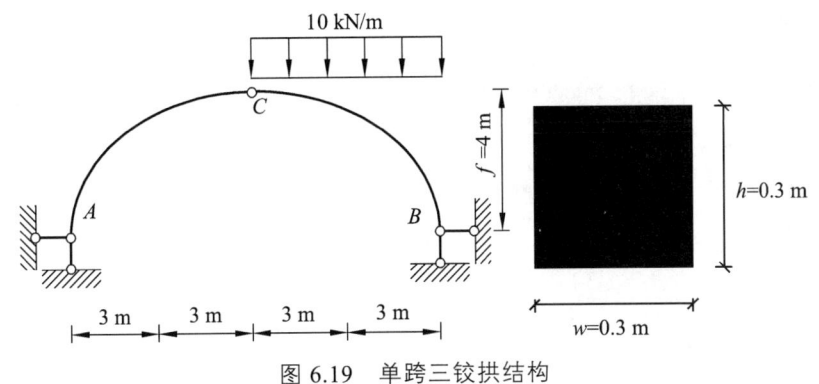

图 6.19　单跨三铰拱结构

6.2.2 分析流程

1. 创建草图

启动 Abaqus/CAE，选择 with Standard/Explicit Model 模块，创建一个新模型，对模型重命名并保存。进入草图模块，根据图 6.19 建立二维线模型，点击创建点按钮，通过输入坐标创建拱脚和拱顶关键点。点击过三点画圆弧按钮，通过三个关键点创建圆弧，如图 6.20 所示。

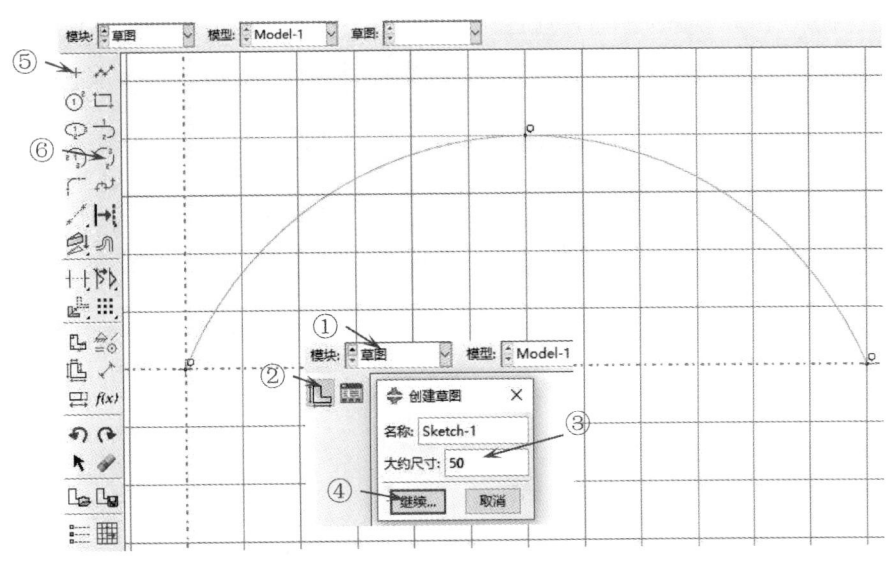

图 6.20　创建三铰拱结构草图

2. 创建部件

进入部件模块，单击创建部件图标，在弹出的对话框中，输入部件名称 Part-1，在模型空间中选择二维，类型选择可变形，形状选择线，在大约尺寸的文本框中输入"200"，单击继续按钮，进入草图环境。单击导入草图按钮，在弹出的对话框中选择已创建的草图名称，点击确定。单击修剪按钮，剪掉草图中的右半拱，点击完成，完成左半拱的创建。重复以上步骤可创建右半拱模型，如图 6.21 所示。

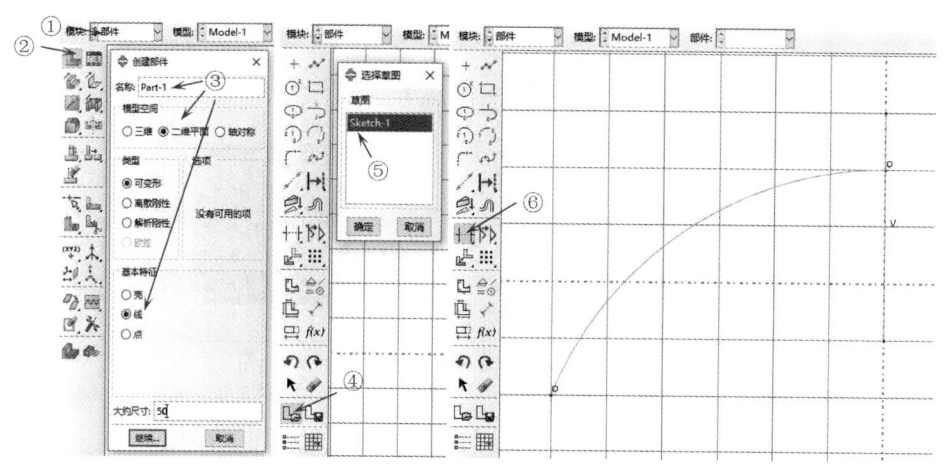

图 6.21 建立几何模型（单跨拱结构）

3. 定义属性

（1）定义材料。

进入属性模块，本例中尺寸单位采用 m，杨氏模量单位为 Pa，即杨氏模量为 210 000 000 000 Pa，泊松比为 0.3。单击创建材料图标，在弹出的对话框中，输入材料名称，并选择力学选项，在子菜单中点击弹性，在数据中输入弹性模量和泊松比，其余按照默认设置，单击确定按钮，完成材料属性的定义，如图 6.22 所示。

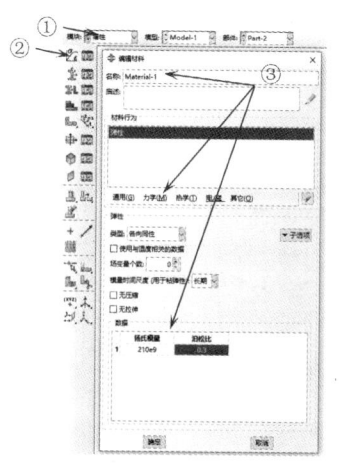

图 6.22 定义材料（单跨拱结构）

（2）定义梁断面。

此单跨三拱结构采用矩形截面，单击创建剖面图标，在弹出的对话框中，输入断面名称，并选择矩形，单击继续按钮，在弹出的对话框中输入梁的断面信息（a 文本框中输入"0.3"，b 文本框中输入"0.3"），并保证坐标系中的 1、2 轴方向，单击确定按钮，完成梁断面的定义，如图 6.23 所示。

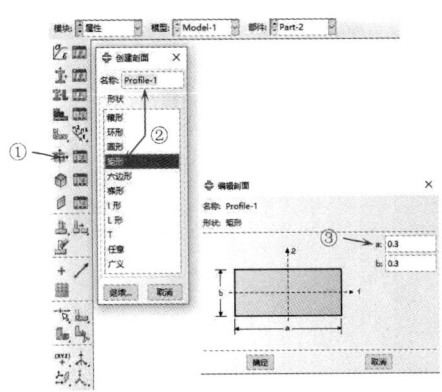

图 6.23　定义梁断面（单跨拱结构）

（3）定义材料截面。

单击创建材料截面图标，在弹出的对话框中，输入材料截面名称，在类别中选择梁，类型选择梁，单击继续按钮；在弹出的对话框中选择已经定义好的梁断面 Profile-1 和梁材料 Material-1，单击确定按钮，完成材料截面的定义，如图 6.24 所示。

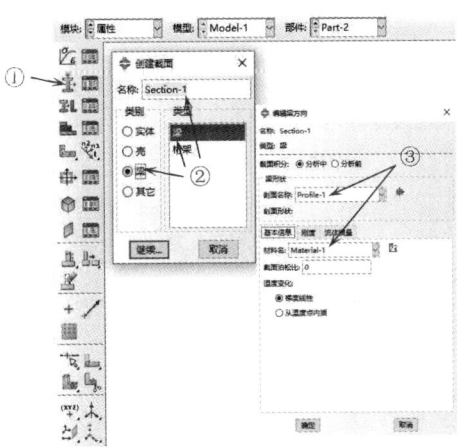

图 6.24　定义梁截面（单跨拱结构）

（4）材料截面指派。

将梁的截面赋值到几何模型，单击指派截面图标，选中所有线，单击完成按钮完成几何模型的选择，在弹出的对话框中选择已经定义好的材料截面 Section-1，最后单击确定按钮，把截面属性赋予部件 Part-1，如图 6.25 所示。在上方菜单栏中切换到 Part-2，重复上述操作将材料截面 Section-1 属性赋予部件 Part-2。

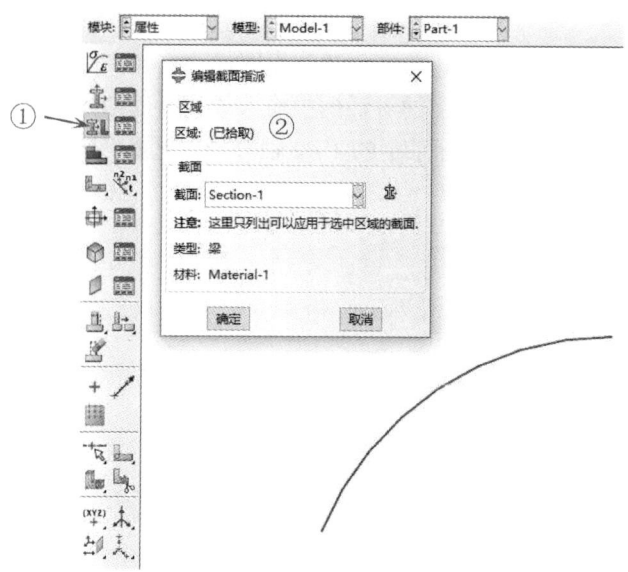

图 6.25　材料截面指派（单跨拱结构）

（5）定义梁单元的方向。

单击指派梁单元方向图标，选中整个 Part-1，输入方向向量 "0.0, 0.0, – 1.0"，最后单击完成按钮，完成左半拱中梁单元方向的定义，如图 6.26 所示。在上方菜单栏中切换到 Part-2，重复以上操作完成定义右半拱的梁单元方向。

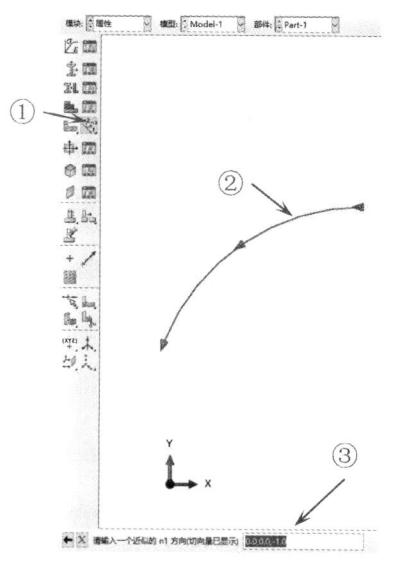

图 6.26　定义梁单元的方向（单跨拱结构）

4. 定义装配

进入装配模块，单击创建实例图标，在弹出的对话框中选择部件中的 Part-1 和 Part-2，实例类型选择默认的非独立，单击确定按钮，创建部件的实例，如图 6.27 所示。

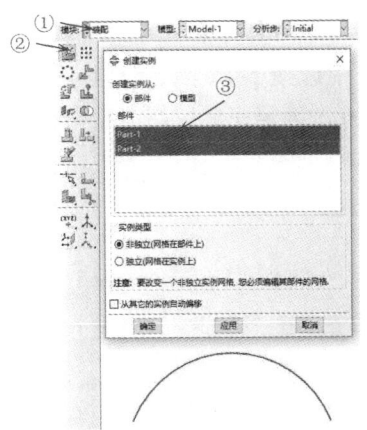

图 6.27　定义装配（单跨拱结构）

5. 定义分析步和输出变量

（1）定义分析步。

切换进入分析步模块，单击创建分析步图标，在弹出的对话框中，输入分析步名称，选择静力、通用选项，单击继续按钮，在弹出的对话框中接受默认设置，单击确定按钮，完成分析步的定义，如图 6.28 所示。

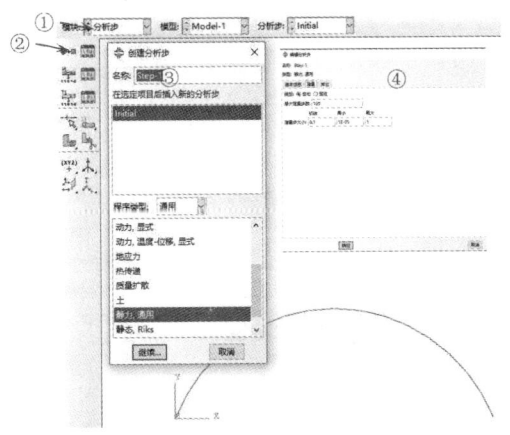

图 6.28　定义分析步（单跨拱结构）

（2）定义输出变量。

该分析需要获取结构的弯矩、轴力与位移结果。单击输出变量管理按钮，在弹出的对话框中点击编辑，在弹出的对话框中选择输出的变量，如图 6.29 所示。

6. 定义铰结

切换进入相互作用模块，在定义铰结之前，将左半拱和右半拱的铰结点分别定义为集。框选右半拱，点击上方菜单栏中工具，点击集，点击创建，在弹出的对话框中输入集的名称"p-1"，点击继续，选中拱顶关键点，点击完成；点击上方菜单栏中的反选按钮，显示右半拱，重复步骤再创建一个关于右半拱拱顶关键点的新集，输入名称为"p-2"。接下来创建铰结，点击创建约束按钮，在弹出的对话框中命名约束名称，约束类型选择 MPC 约束，点击继续，单击右下角的集，在弹出的对话框中选择 p-1，点击继续，再选择 p-2，点击继续，在弹出的对话框中选择 MPC 类型为铰结，点击确定完成铰结的定义。操作步骤如图 6.30 所示。

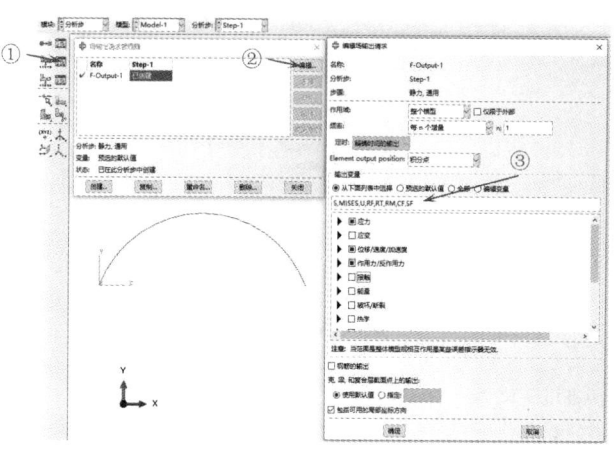

图 6.29　定义输出变量（单跨拱结构）

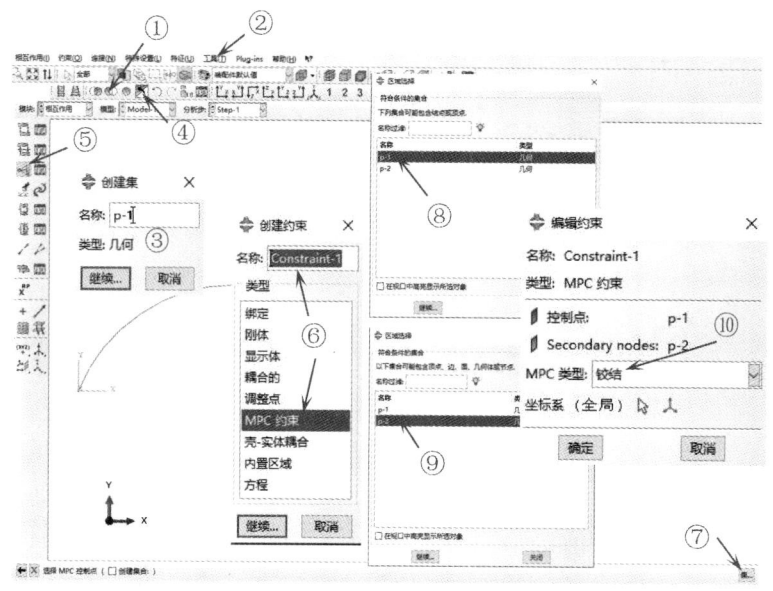

图 6.30　定义输出铰结（单跨拱结构）

7. 定义约束和载荷

（1）定义约束。

切换进入载荷模块，单击创建边界条件图标，在弹出的对话框中，输入约束名称"BC-1"，分析步选择系统定义的初始分析步 Initial，类别选择力学，可用于所选分析步的类型选择对称/反对称/完全固定，单击继续按钮，按住 Shift 键，依次选择两个拱脚的两个端点，单击完成按钮，在弹出的对话框选择铰结（U1=U2=U3=0），单击确定按钮，完成约束的定义，如图 6.31 所示。

第6章 桁架、拱以及组合结构的静力分析

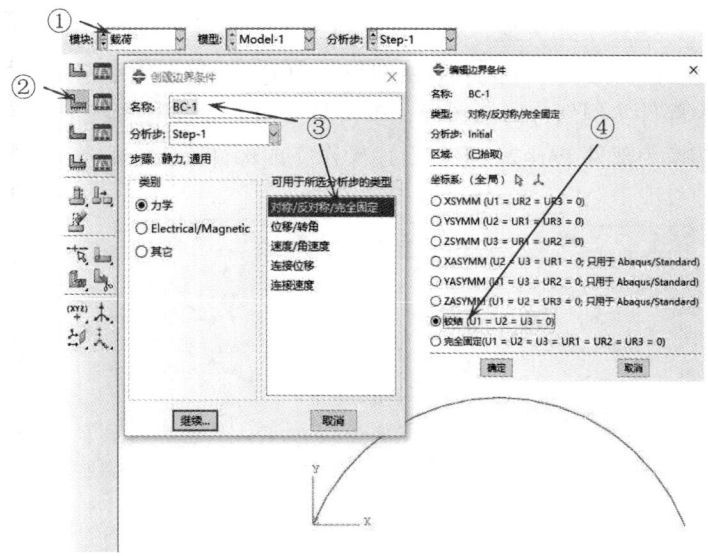

图6.31 定义约束（单跨拱结构）

（2）施加载荷。

单击创建载荷图标，在弹出的对话框中，输入载荷名称，分析步选择 Step-1，类别选择力学，可用于所选分析步的类型选择线载荷，单击继续按钮；选择右半拱线段，单击完成按钮，在弹出的对话框中，在分量 2 文本框中输入"-10000"（单位 N），单击确定按钮，完成载荷的施加，如图 6.32 所示。

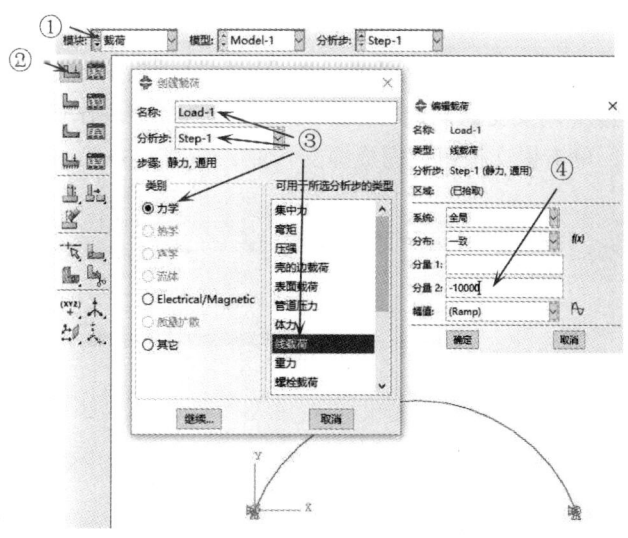

图6.32 施加载荷（单跨拱结构）

8. 网格划分

切换进入网格模块，将窗口顶部的环境栏对象选项设为部件选项，并选择 Part-1，单击全局单元尺寸图标，在弹出的对话框中开始定义全局单元尺寸，将近似单元尺寸定义为 0.5，单

击确定按钮。随后，选择单元类型，单击指派单元类型图标，在视图中选择模型，单击完成按钮，在弹出的对话框中选择梁单元，默认的单元为 B23，单击确定按钮，完成单元类型的选择。最后，单击为部件实例划分网格图标，单击是按钮，完成网格划分，如图 6.33 所示。在窗口上部菜单栏切换为部件 Part-2，重复上述操作完成部件 Part-2 的单元划分。

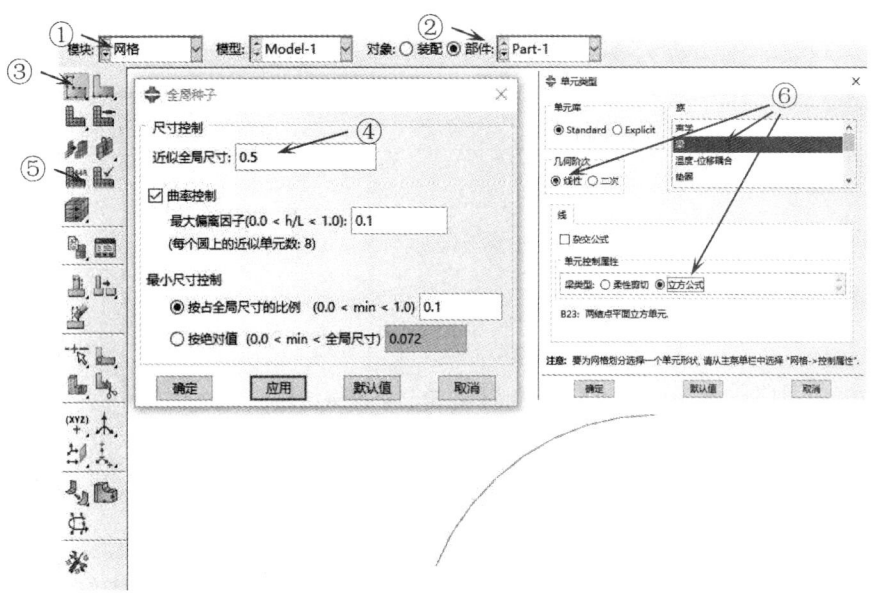

图 6.33　网格划分（单跨拱结构）

9. 提交作业

切换进入作业模块，单击创建作业图标，在弹出的对话框中，输入作业名称，单击继续按钮，在弹出的对话框中，接受默认选项，单击确定按钮，完成作业定义。单击作业管理器图标，选中当前作业，单击提交按钮，完成提交作业，如图 6.34 所示。

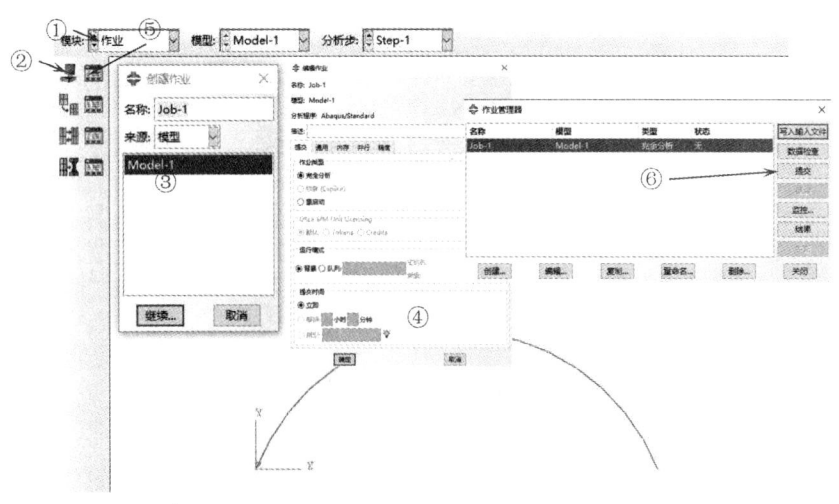

图 6.34　定义作业（单跨拱结构）

10. 后处理

作业管理器对话框的状态显示为完成时，单击结果按钮进入可视化模块后处理界面。根据要求，需要获得拱结构的弯矩、轴力与位移结果。

切换进入可视化模块，在上方菜单栏处可选择输出量 SM、SM1，可查看结构弯矩云图，单击菜单栏中的视图，在弹出的 ODB 显示选项框中，勾选辅助显示中的渲染剖面，即可查看拱结构真实尺寸条件下的弯矩云图，如图 6.35 所示。

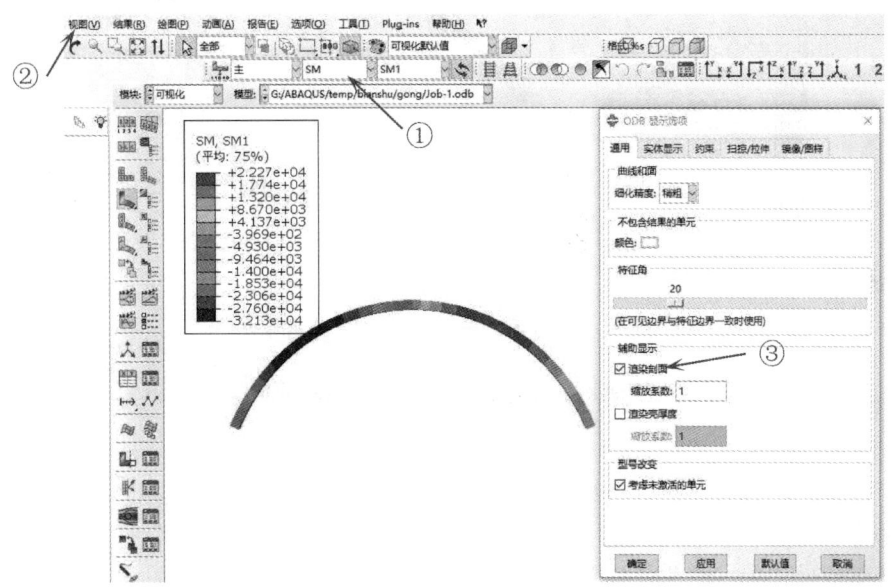

图 6.35 弯矩云图（单跨拱结构）

在菜单栏中选择 SF、SF1，即可查看结构轴力云图，如图 6.36 所示。

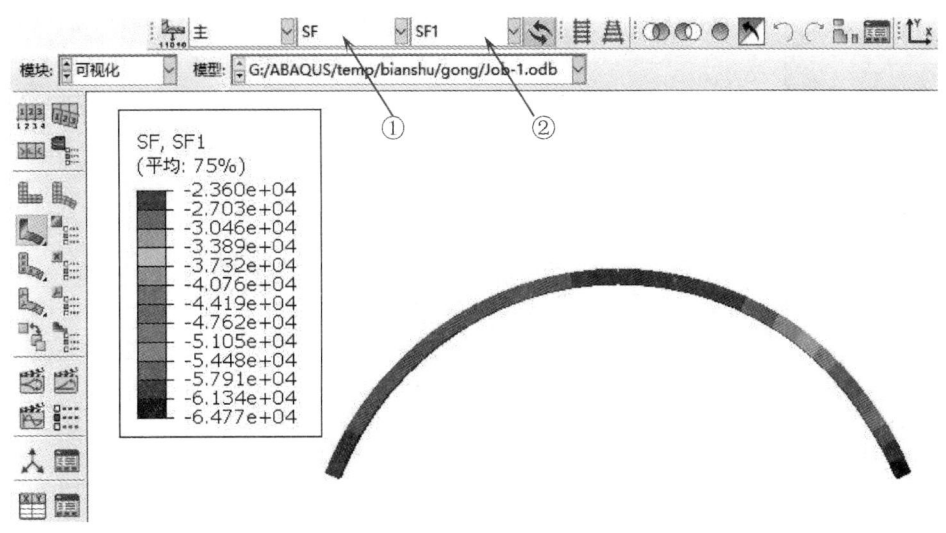

图 6.36 轴力云图（单跨拱结构）

选择 U、U2，即可查看结构竖直位移云图，如图 6.37 所示。

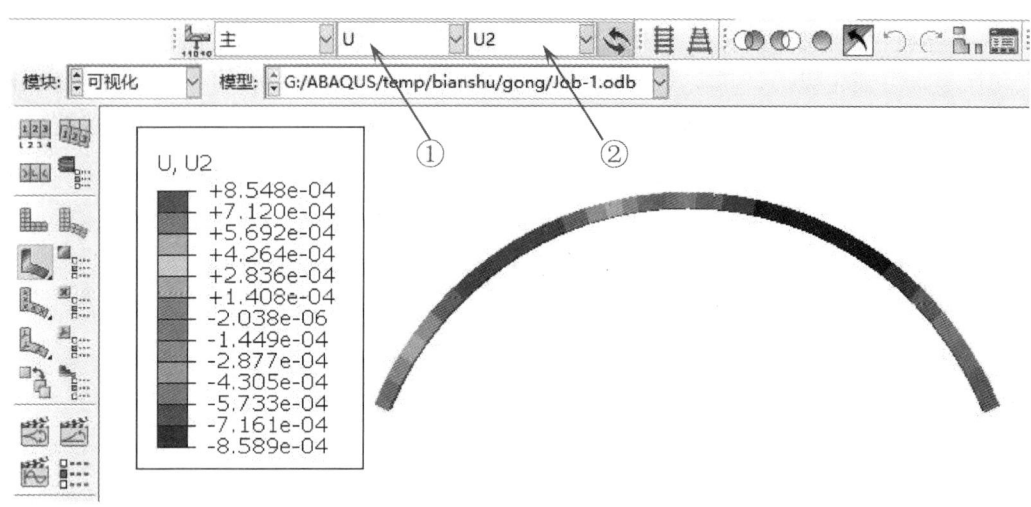

图 6.37　竖直位移云图（单跨拱结构）

选择 U、U1，即可查看结构水平位移云图，如图 6.38 所示。

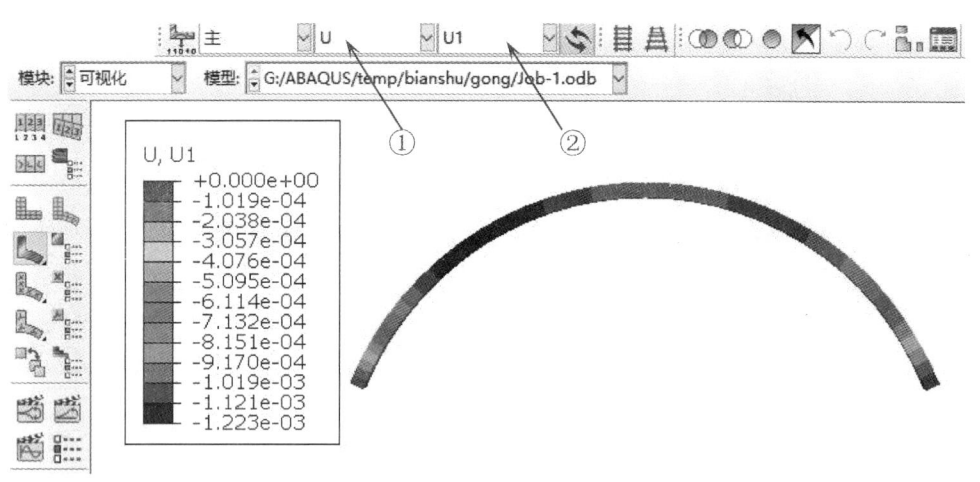

图 6.38　水平位移云图（单跨拱结构）

6.3　组合结构静力分析

6.3.1　实例描述

有一梁与桁架的组合结构，构件横截面为箱形，其结构尺寸与载荷条件如图 6.39 所示。其整体为结构钢材质，杨氏模量为 210 GPa，泊松比为 0.3，使用 Abaqus 进行结构的静力分析，求解该结构的弯矩与位移结果。

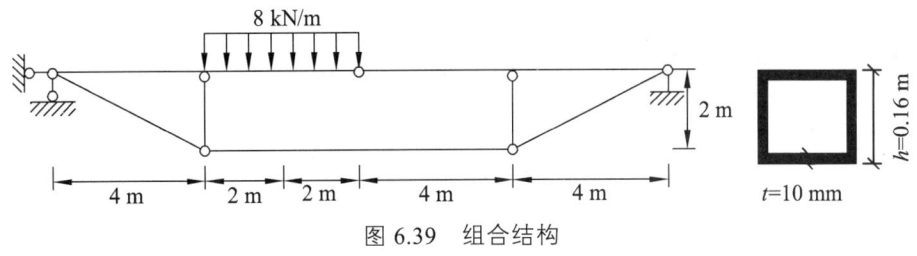

图 6.39 组合结构

6.3.2 分析流程

1. 创建部件

启动 Abaqus/CAE，选择 with Standard/Explicit Model 模块，创建一个新模型，对模型重命名并保存。根据图 6.40 建立二维线模型，进入部件模块，单击创建部件图标，在弹出的对话框中，输入部件名称 Part-1，在模型空间中选择二维，类型选择可变形，形状选择线，在大约尺寸的文本框中输入"50"，单击继续按钮，进入草图环境，单击创建点图标，输入结构各关键点的坐标，完成点的创建，然后点击创建线图标，按照图 6.40 连接各个关键点，完成结构的创建。

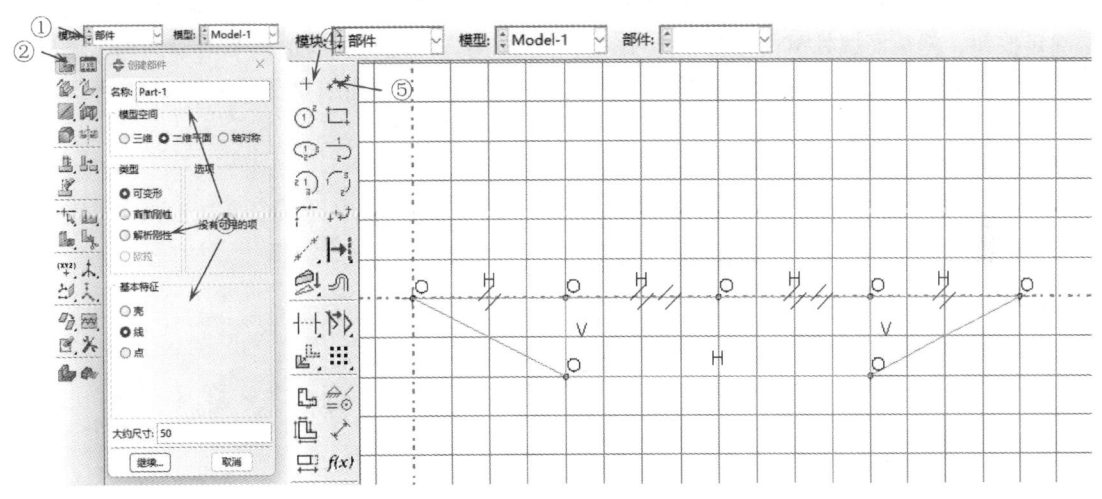

图 6.40 建立几何模型（组合结构）

2. 定义属性

在属性模块下定义材料线弹性本构，需注意统一单位制。本例中尺寸单位采用 m，杨氏模量单位为 Pa，即杨氏模量为 210 000 000 000 Pa，泊松比为 0.3。在模块中选择属性，进入属性模块，单击创建材料图标，在弹出的对话框中，输入材料名称，并选择材料性质选项，在子菜单中点击弹性，在数据中输入弹性模量和泊松比，其余按照默认设置，单击确定按钮，完成材料属性的定义。点击定义剖面图标，在弹出的对话框中选择箱形剖面，单击确定按钮，在弹出的对话框中输入结构剖面尺寸，然后点击确定，完成梁剖面的定义，如图 6.41 所示。

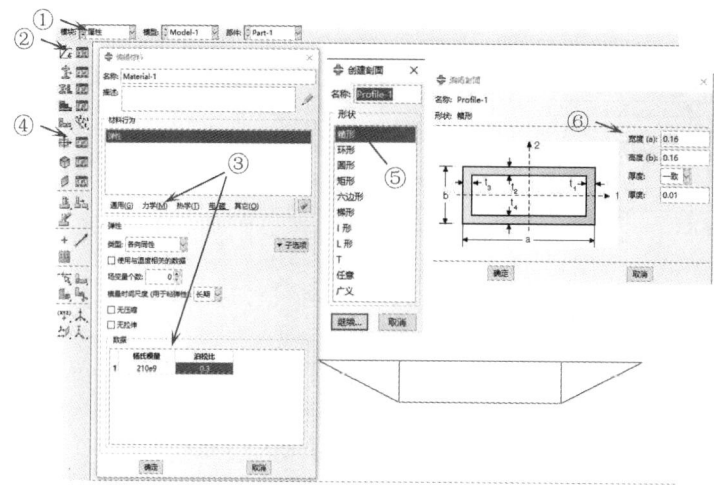

图 6.41　定义材料属性与结构剖面（组合结构）

接下来创建材料截面，单击创建材料截面图标，在弹出的对话框中，输入材料截面名称，在类别中选择梁，类型选择梁，单击继续按钮，在弹出的对话框中选择材料 Material-1，剖面选择 Profile-1，单击确定完成材料截面的定义。单击指派截面图标，选择整个结构模型，单击完成按钮完成几何模型的选择，在弹出的对话框中选择已经定义好的截面 Section-1，最后单击确定按钮，把截面属性赋予部件 Part-1。点击指派梁方向图标，框选整个桁架结构，输入方向向量"0.0, 0.0, –1.0"，最后单击完成按钮，完成结构中梁方向的定义，如图 6.42 所示。

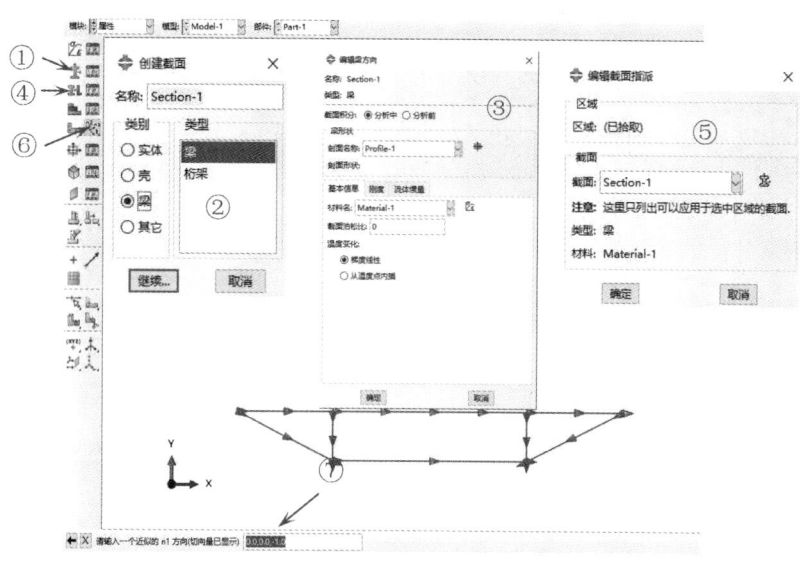

图 6.42　定义材料截面和梁方向（组合结构）

3. 定义装配

进入装配模块，单击创建实例图标，在弹出的对话框中选择部件中的 Part-1，实例类型选择默认的非独立，单击确定按钮，完成对部件的装配，如图 6.43 所示。

第6章 桁架、拱以及组合结构的静力分析

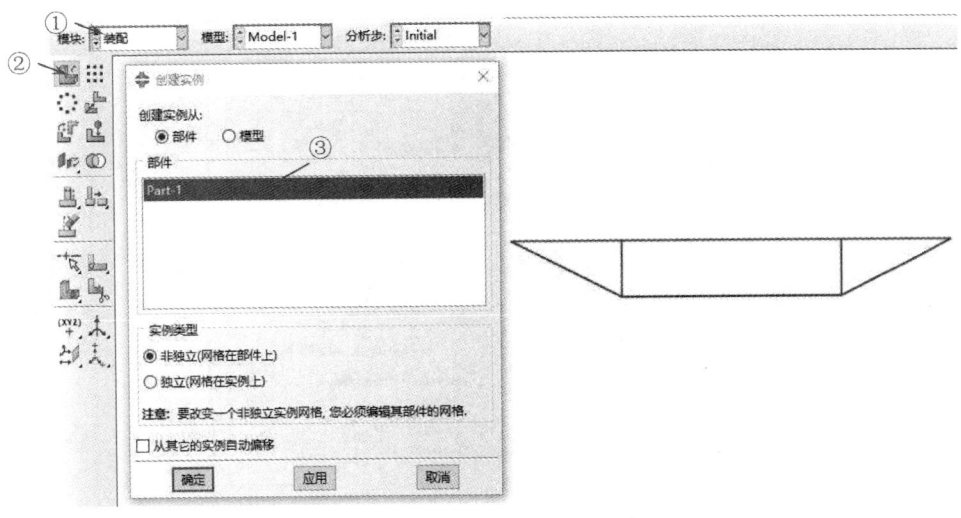

图 6.43　定义装配（组合结构）

4. 定义分析步和输出变量

（1）定义分析步。

切换进入分析步模块，单击创建分析步图标，在弹出的对话框中，输入分析步名称，选择静力、通用选项，单击继续按钮，在弹出的对话框按默认设置，单击确定按钮，完成分析步的定义，如图 6.44 所示。

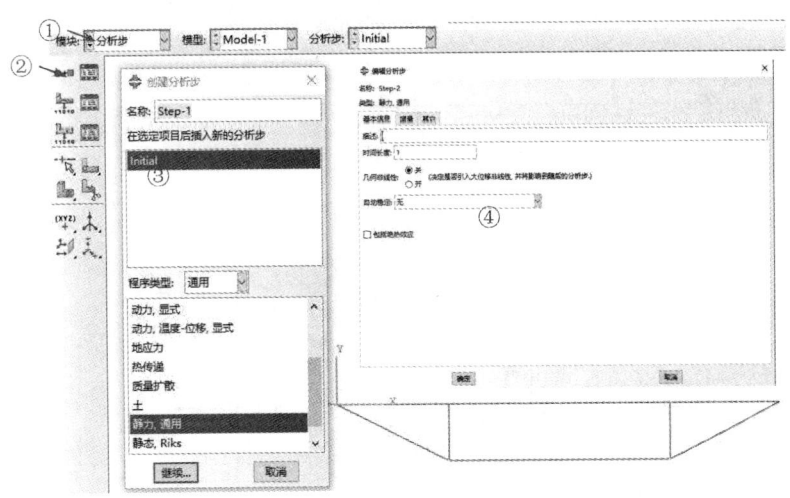

图 6.44　定义分析步（组合结构）

（2）定义输出变量。

本模型计算要求获取结构的应力、支反力与位移结果。单击场输出管理器图标，在弹出的对话框里选择已生成的输出变量 F-Output-1，单击编辑按钮，在弹出的对话框中，可以根据所需要的输出量，勾选相应的复选框，其余接受默认选项，然后单击确定按钮，完成输出变量的定义，如图 6.45 所示。

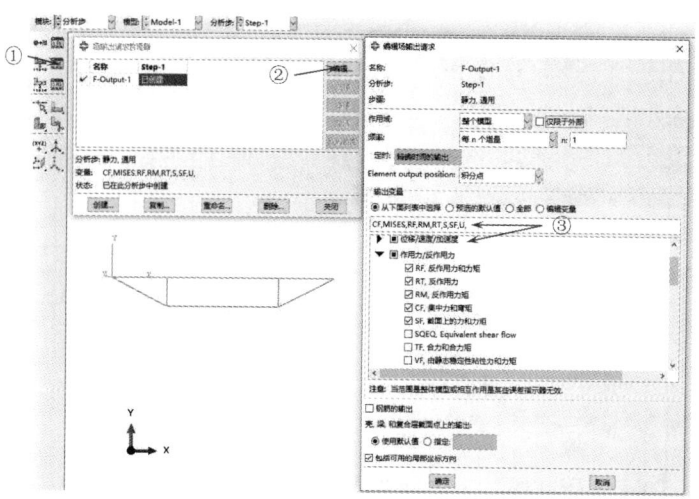

图 6.45 定义输出变量（组合结构）

5. 定义约束和载荷

本例不涉及接触问题，所以直接跳过相互作用模块。

（1）施加载荷。

根据图 6.39 所示的组合结构的载荷分布，在对应节点上施加均布力。在模块下拉选项中选择载荷模块，单击创建载荷图标，在弹出的对话框中，输入载荷名称，分析步选择 Step-1，类别选择力学，可用于所选分析步的类型选择线载荷，单击继续按钮，选中承受载荷的梁，单击完成按钮，在弹出的对话框中，在 CF2 文本框中输入"–8000"（单位为 N），单击确定按钮，如图 6.46 所示。

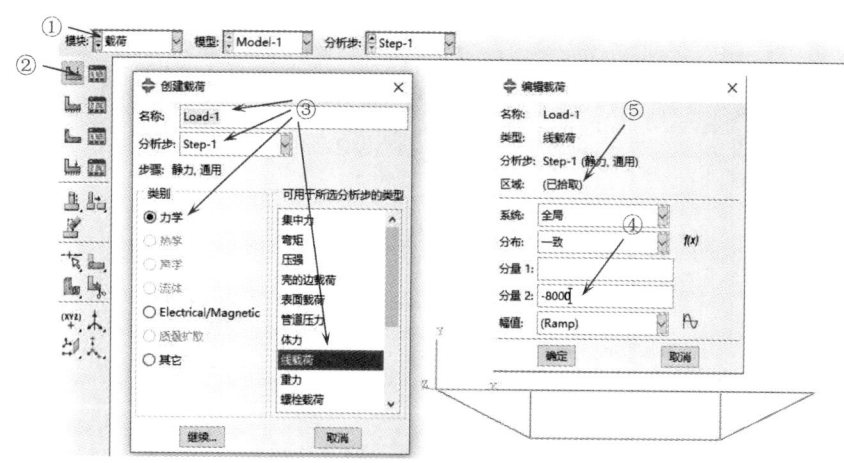

图 6.46 施加载荷（组合结构）

（2）定义约束。

按照案例中桁架的约束条件，桁架的左端部支座为固定铰支，右端支座为滑动铰支。单击创建边界条件图标，在弹出的对话框中，输入约束名称，分析步选择系统定义的初始分析步 Step-1，类别选择力学，可用于所选分析步的类型选择对称/反对称/完全固定，单击继续按钮，单击选择桁架左端点，单击完成按钮，在弹出的对话框中选择铰结（U1=U2=U3=0），单击确定按钮，再次单击创建边界条件图标，在弹出的对话框中输入约束名称，分析步选择系统定义的初始分析步 Step-1，类别选择力学，可用于所选分析步的类型选择位移/转角，单击继续按钮，单击选择桁架右端点，单击完成按钮，在弹出的对话框勾选 U2，并输入 0，单击确定按钮完成桁架约束条件的定义，如图 6.47 所示。

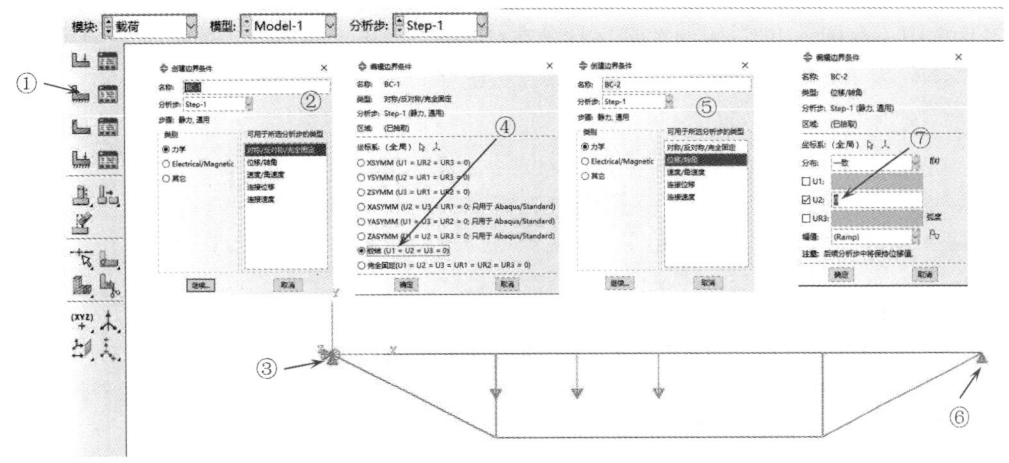

图 6.47 定义约束（组合结构）

6. 网格划分

选择网格模块，将窗口顶部的环境栏对象选项设为部件，单击全局网格控制图标，在视图中框选整个模型，并点击完成，在弹出的对话框中，在近似全局单元尺寸文本框中输入"0.5"，单击确定按钮。随后，选择单元类型，单击指派单元类型图标，在视图中框选整个模型，单击完成按钮，在弹出的对话框中选择线性梁单元 B23，单击确定按钮，完成单元类型的选择，最后，单击为部件实例划分网格图标，单击是按钮，完成网格划分，如图 6.48 所示。

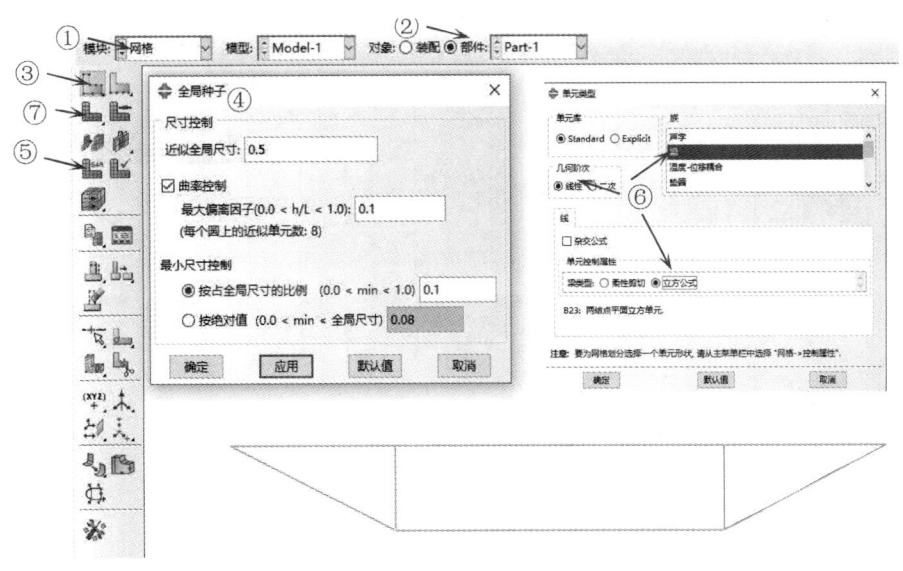

图 6.48 网格划分（组合结构）

· 143 ·

7. 编辑关键字

模型中杆件之间的交点默认为刚接，故需要在铰结位置释放弯矩自由度。点击最上方菜单栏中的视图选择部件显示选项，在弹出的对话框中，点击网格选项卡，勾选显示单元编号。从模型中可以看出 38、50、58、49、74、37、24、33 号单元末端需要释放弯矩，46、59、25、34 号单元起始端需要释放弯矩。点击菜单栏中模型，点击编辑关键字，点击 Model-1，在弹出的对话框中，将图 6.49 右侧的关键字粘贴在*Beam Section 的下方。关键字中 s1 代表单元起始端，s2 代表单元末端，最后点击确定保存关键字。

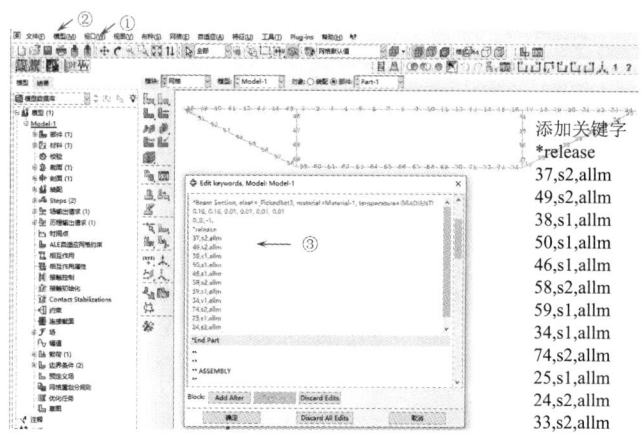

图 6.49　编辑关键字（组合结构）

8. 提交作业

切换进入作业模块，单击创建作业图标，在弹出的对话框中，输入作业名称，单击继续按钮，在弹出的对话框中，接受默认选项，单击确定按钮，完成作业定义。单击作业管理器图标，在弹出的对话框中选中当前作业，单击提交按钮，完成提交作业，如图 6.50 所示。

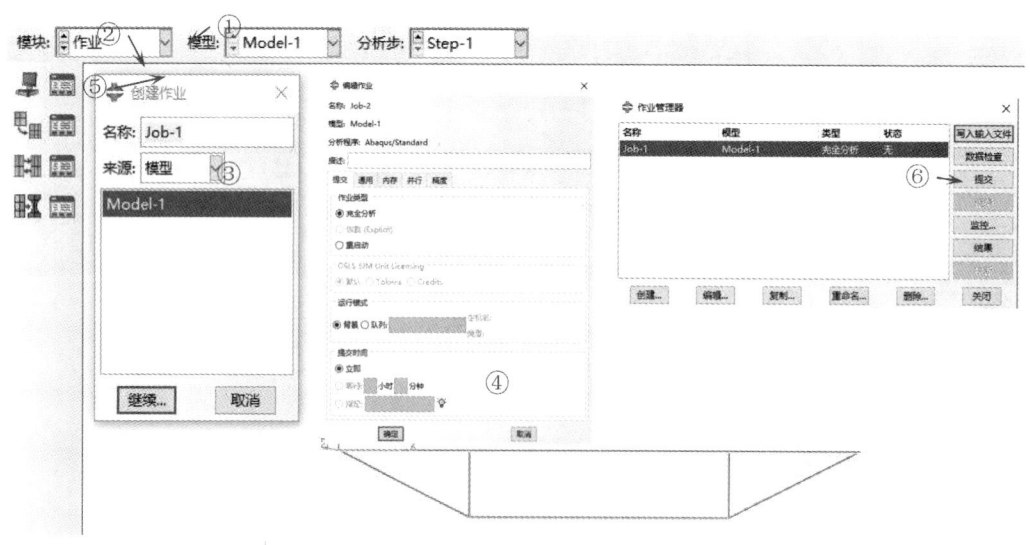

图 6.50　提交作业（组合结构）

9. 后处理

作业管理器对话框的状态显示为已完成时，单击结果按钮进入可视化模块后处理界面，根据要求，需要获得连续梁结构的应力、位移、轴力、弯矩和约束点的支反力结果。

选择可视化模块，在上方菜单栏处可选择需要查看的输出量 U、U1，可查看结构水平位移云图。若需要查看在真实比例下的变形，以及截面剖面下的变形，单击通用选项按钮，在弹出的对话框中切换到基本信息选项卡，在变形缩放系数内选择一致，数值文本框中输入 1，单击确定按钮，即可查看真实比例下的变形云图，如图 6.51 所示。

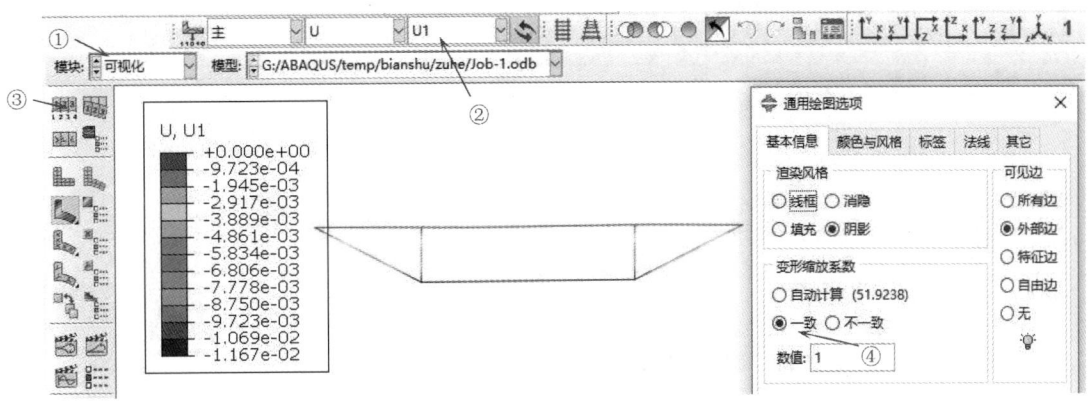

图 6.51 水平位移云图（组合结构）

在上方菜单栏中选择 U、U2，即可查看结构竖直位移云图，如图 6.52 所示。

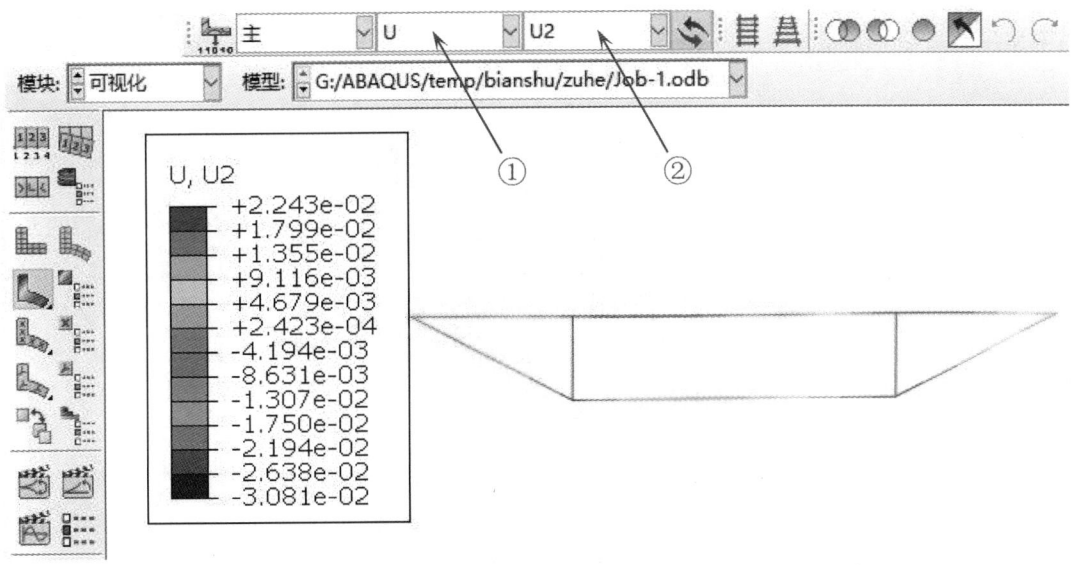

图 6.52 结构竖直位移云图（组合结构）

在上方菜单栏中选择输出变量 SM、SM1，即可查看结构弯矩云图，如图 6.53 所示。

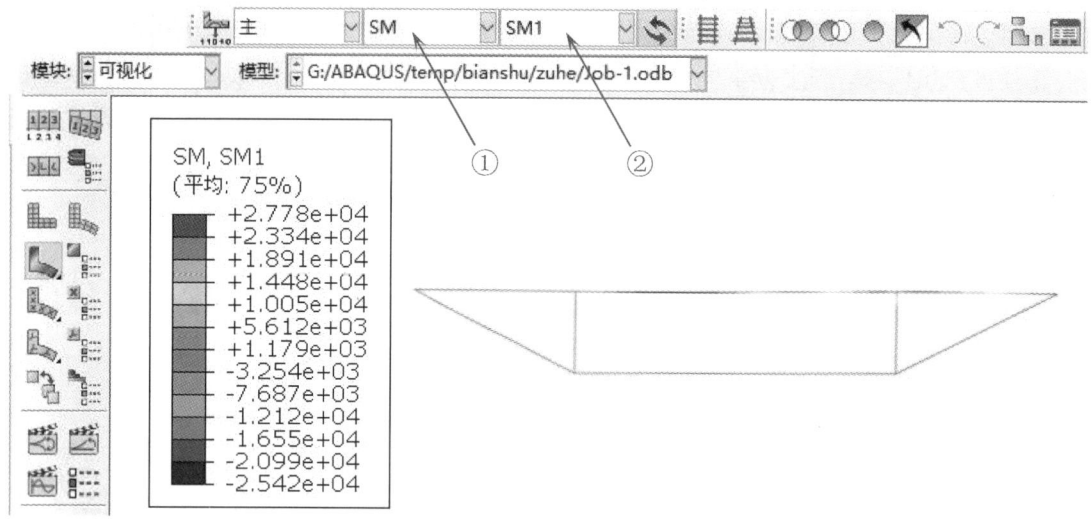

图 6.53　结构单元弯矩云图（组合结构）

6.4　工程案例分析：隧道结构

6.4.1　实例描述

某隧道埋深 27 m，圆形开挖断面直径为 6 m，建立模型尺寸如图 6.54 所示。围岩等级为 IV 级，初期支护采用 C25 喷射混凝土，二次衬砌采用 C35 模筑混凝土，材料参数见表 6.1。使用 Abaqus 进行该隧道的三维开挖分析，开挖方式采用全断面开挖，求解该隧道开挖过程中的围岩压力与位移结果。

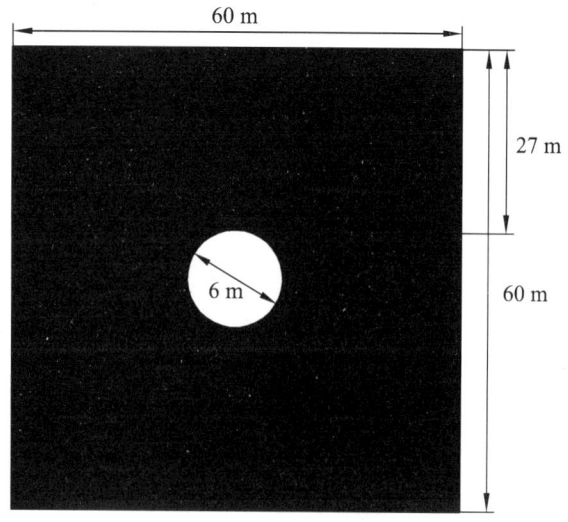

图 6.54　隧道结构

表 6.1 隧道模型参数

类别	密度/(kg/m³)	杨氏模量/GPa	泊松比	内摩擦角/(°)	黏聚力/MPa
围岩	2 300	3	0.31	35	0.5
初期支护	2 400	24	0.23	—	—
二次衬砌	2 500	31.5	0.2	—	—

6.4.2 分析流程

1. 创建部件

进入部件模块，单击创建部件图标，在弹出的对话框中，输入部件名称 weiyan，在模型空间中选择三维，类型选择可变形，形状选择实体，在大约尺寸的文本框中输入 200，单击继续按钮，进入草图环境。单击绘制矩形按钮，输入矩形的对角顶点坐标"-30,-30""30,30"，按回车键完成矩形绘制，在弹出的对话框中，在深度文本框中输入"10"，点击确定，完成围岩的创建。接下来将围岩分块，点击创建基准面按钮，选择要移动坐标平面，输入偏移距离，按回车键创建基准面，并重复步骤创建多个基准面，长按切割几何元素按钮，选择用基准面切割，根据提示，按照选择要拆分的几何体、选择基准面、创建分区的顺序，依次切割围岩，如图 6.55（a）所示。

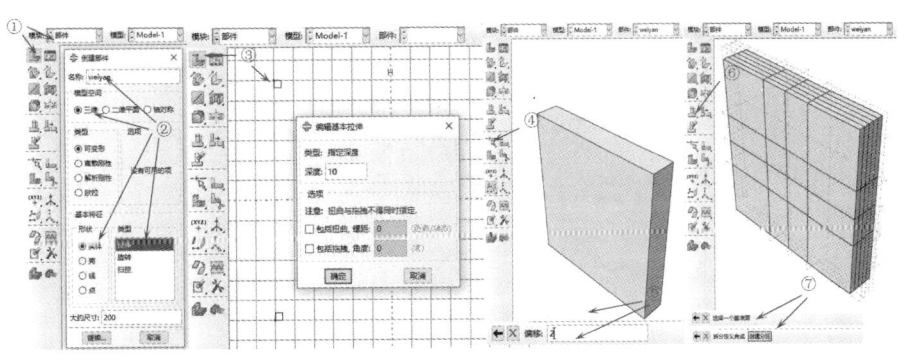

（a）

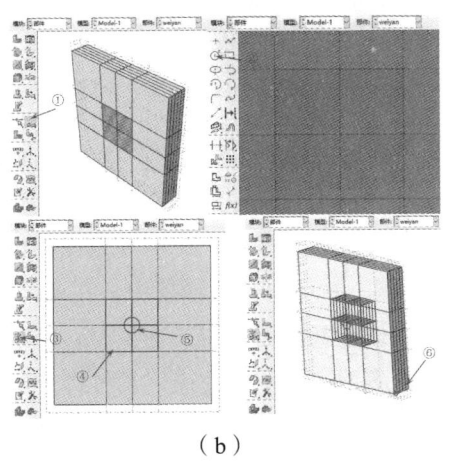

（b）

图 6.55 建立围岩几何模型（隧道结构）

接下来在围岩中切割出隧道开挖部分：单击拆分面按钮，根据提示选中围岩中间的四个小面，点击完成进入草图界面，点击绘制圆按钮，在围岩中心绘制半径为 3 m 的圆，点击完成，回到部件模块，长按切割几何元素按钮，选择拉伸扫掠边，框选需要切割的块体，再按边的夹角点击圆，选择沿某个方向拉伸，点击任意一条围岩厚度方向的线，再点击创建分区，完成开挖部分的划分，如图 6.55（b）所示。

单击创建部件图标，在弹出的对话框中，输入部件名称 chuzhi，在模型空间中选择三维，类型选择可变形，形状选择壳，在大约尺寸的文本框中输入 200，单击继续按钮，进入草图环境。单击绘制圆按钮，输入圆心坐标"0, 0"，在草图中创建半径为 3 m 的圆，按回车键完成绘制，在弹出的对话框中，在深度文本框中输入"10"，点击确定，完成初期支护结构的创建。点击创建基准面按钮，选择要移动坐标平面，输入偏移距离，按回车键创建基准面，并重复该步骤创建多个基准面，长按拆分面按钮，选用基准面切割，根据提示，按照选择要拆分的面、选择基准面、创建分区的顺序，依次切割初期支护结构，进行初期支护结构分块，如图 6.56 所示。

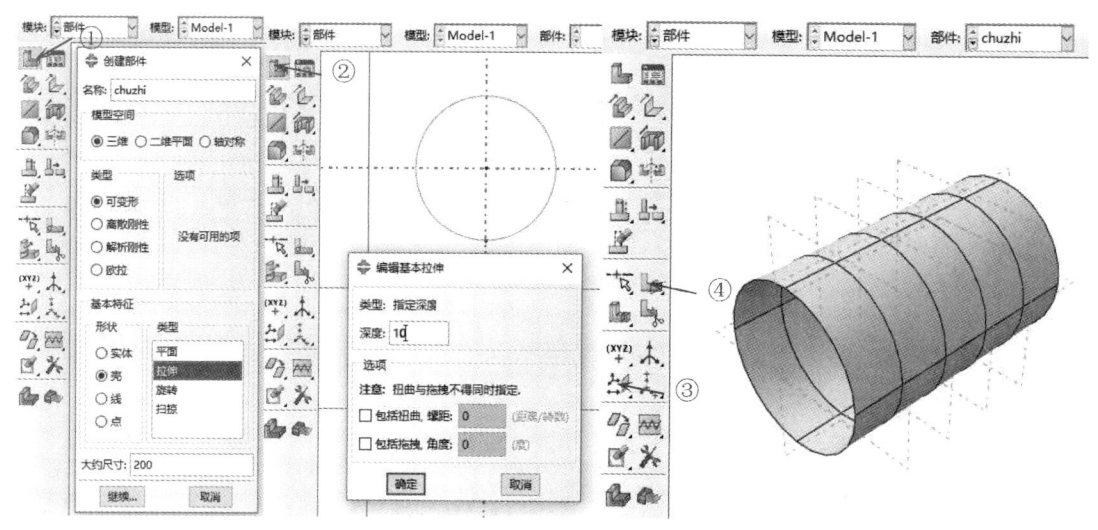

图 6.56　建立初期支护几何模型（隧道结构）

单击创建部件图标，在弹出的对话框中，输入部件名称 chuzhi，在模型空间中选择三维，类型选择可变形，形状选择实体，在大约尺寸的文本框中输入"200"，单击继续按钮，进入草图环境。单击绘制圆按钮，输入圆心坐标"0, 0"，在草图中创建外半径为 3 m、内半径为 2.7 m 的圆环，按回车键完成绘制，在弹出的对话框中，在深度文本框中输入"10"，点击确定，完成二次衬砌的创建。点击创建基准面按钮，选择要移动坐标平面，输入偏移距离，按回车键创建基准面，并重复该步骤创建多个基准面，长按拆分集合元素按钮，选用基准面切割，根据提示，按照选择要拆分的几何体、选择基准面、创建分区的顺序，依次切割二次衬砌，进行二次衬砌分块，如图 6.57 所示。

第 6 章 桁架、拱以及组合结构的静力分析

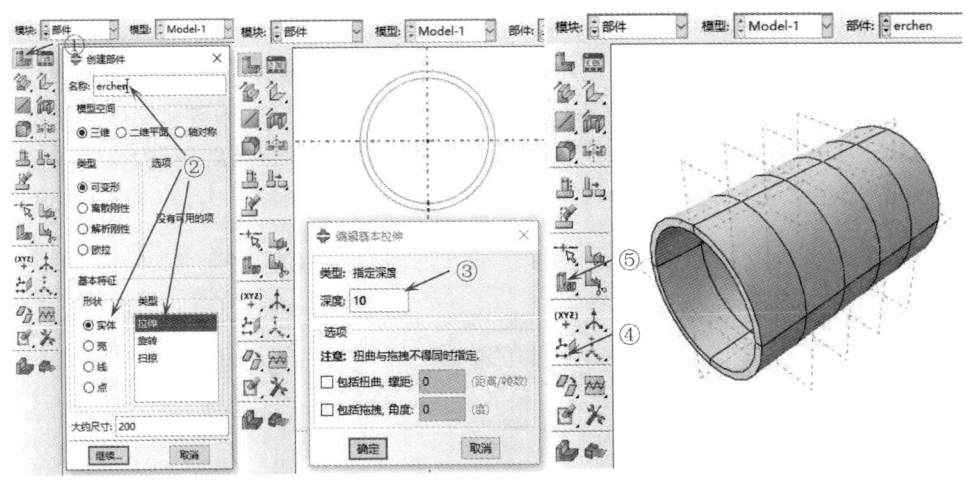

图 6.57 建立二次衬砌几何模型（隧道结构）

2. 定义属性

（1）定义材料。

进入属性模块，单击创建材料图标，在弹出的对话框中，输入材料名称"weiyan"，依次点击通用、密度，在密度选项栏里输入"2300"，依次点击力学、弹性、弹性，在数据栏中输入杨氏模量和泊松比，再依次点击力学、塑性、莫尔-库仑塑性，在数据栏中输入内摩擦角"35"，黏聚力"500000"，其余按照默认设置，单击确定完成围岩材料属性的定义。重复上述操作依次创建初期支护结构材料 chuzhi 和二次衬砌材料 erchen，如图 6.58 所示。

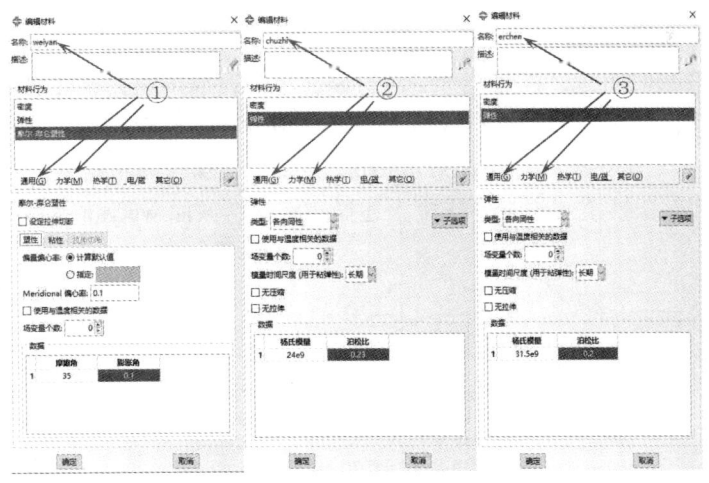

图 6.58 定义材料（隧道结构）

（2）定义材料截面。

单击创建材料截面图标，在弹出的对话框中，输入材料截面名称"weiyan"，在类别中选择实体，类型选择均质，单击继续按钮，在弹出的对话框中选择已经定义好的材料 weiyan，单击确定按钮，完成围岩材料截面的定义。再次单击创建材料截面图标，在弹出的对话框中，

输入材料截面名称"chuzhi",在类别中选择壳,类型选择均质,单击继续按钮,在弹出的对话框中选择已经定义好材料 chuzhi,在壳的厚度数值文本框中输入"0.2",单击确定按钮,完成初期支护材料截面的定义。再次单击创建材料截面图标,在弹出的对话框中,输入材料截面名称"erchen",在类别中选择实体,类型选择均质,单击继续按钮,在弹出的对话框中选择已经定义好材料 erchen,单击确定按钮,完成二次衬砌材料截面的定义,如图 6.59 所示。

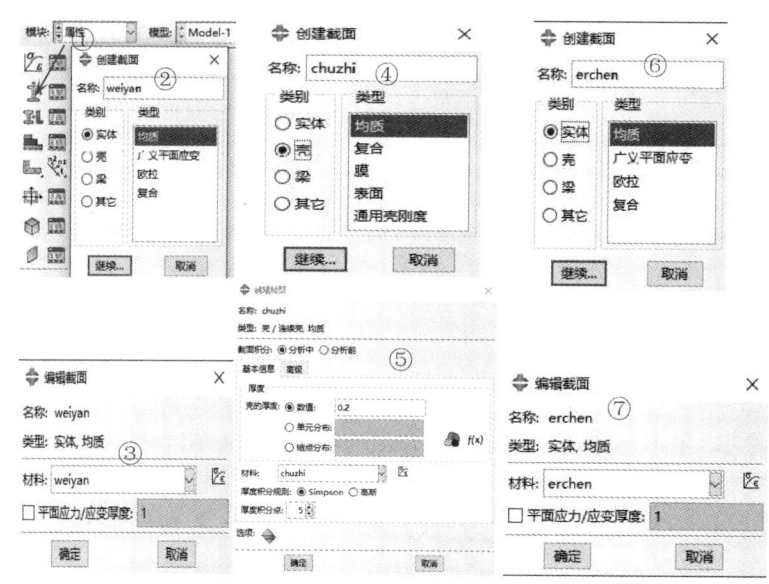

图 6.59　定义材料截面（隧道结构）

（3）赋予截面属性。

单击指派材料截面图标,框选整个二次衬砌,单击完成按钮完成几何模型的选择,在弹出的对话框中选择已经定义好的材料截面 erchen,最后单击确定按钮,把截面属性赋予部件 erchen。将窗口上方菜单栏中部件切换到 chuzhi,重复上述操作将材料截面 chuzhi 属性赋予部件 chuzhi。再将部件切换至 weiyan,重复上述操作将材料截面 weiyan 属性赋予部件 weiyan,如图 6.60 所示。

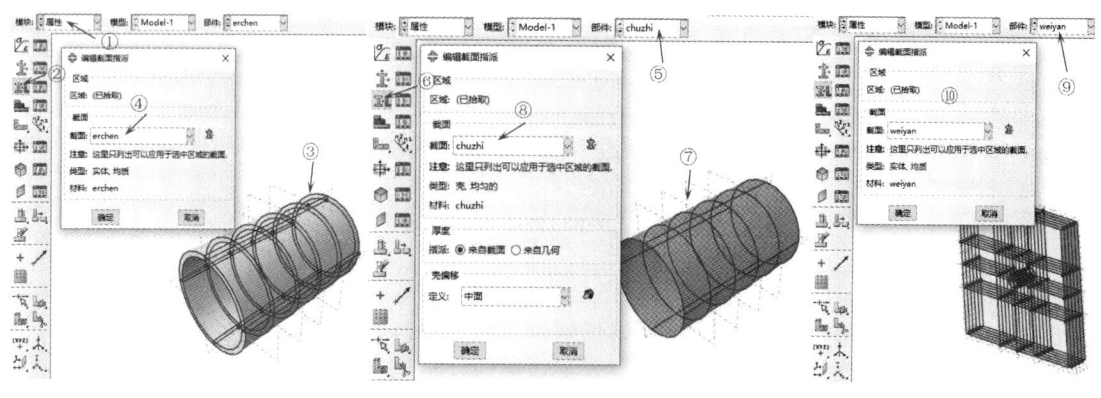

图 6.60　材料截面赋值（隧道结构）

3. 定义装配

进入装配模块，单击创建实例图标，在弹出的对话框中选择部件中的 weiyan、chuzhi 和 erchen，实例类型选择默认的非独立，单击确定按钮，创建部件的实例，如图 6.61 所示。

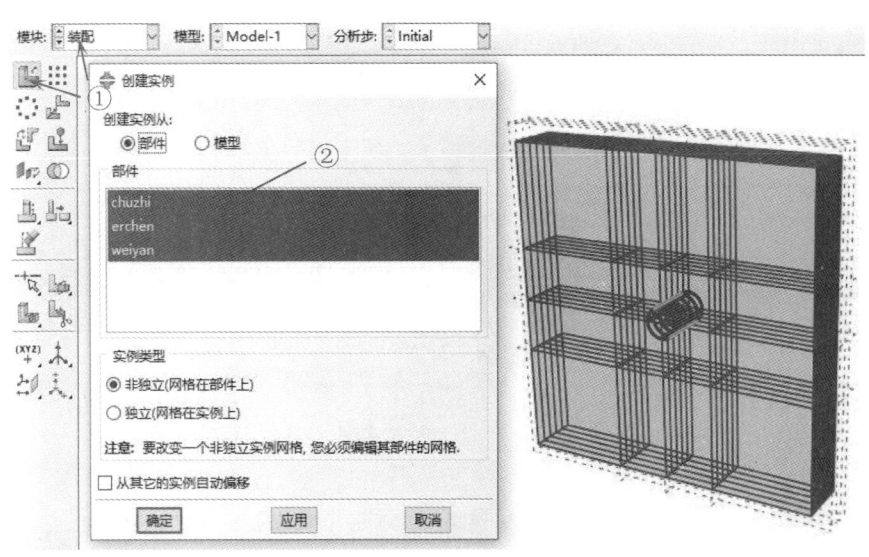

图 6.61　定义装配（隧道结构）

4. 定义分析步和输出变量

（1）定义分析步。

切换进入分析步模块，单击创建分析步图标，在弹出的对话框中，输入分析步名称"geo"，选择地应力选项，单击继续按钮；在弹出的对话框中选择增量选项卡，将初始增量步设置为 0.1，单击确定按钮，完成地应力平衡分析步的定义。再次点击创建分析步图标，在弹出的对话框中，输入分析步名称"kaiwa1"，选择地应力选项，单击继续按钮；在弹出的对话框中选择增量选项卡，将初始增量步设置为 0.1，单击确定按钮，完成第一次开挖分析步的定义。重复开挖分析步的操作，分别定义 kaiwa2、kaiwa3、kaiwa4、kaiwa5、erchen5，实现分步开挖衬砌，如图 6.62 所示。

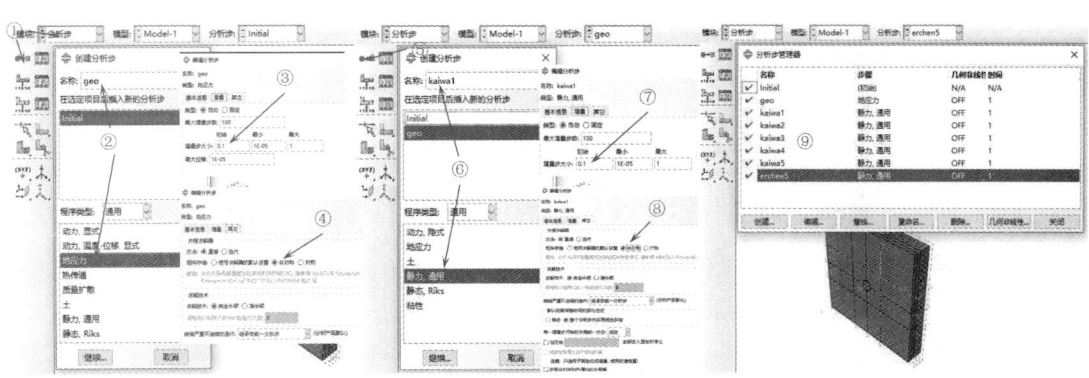

图 6.62　定义分析步（隧道结构）

（2）定义输出变量。

该分析需要获取隧道的围岩压力和变形，同时也可以分析围岩的塑性应变、围岩、初期支护与二次衬砌之间的接触压力等。单击输出变量管理按钮，在弹出的对话框中点击编辑，在弹出的对话框中选择需要分析的输出变量如图 6.63 所示。

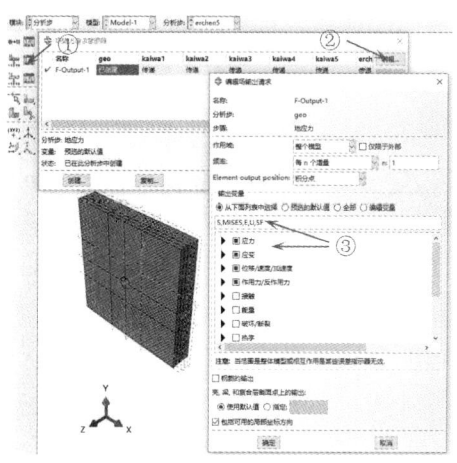

图 6.63　定义输出变量（隧道结构）

5. 定义相互作用

切换至相互作用模块，在定义相互作用之前，先定义各个开挖步的集。框选开挖部分，点击菜单栏中替换选中按钮，调整视角可以看到开挖部分沿 Z 轴方向分割的 5 块，如图 6.64 所示，依次点击工具、集、创建，框选第一个开挖块，点击确定，在弹出的对话框中输入集的名称 kaiwa1，点击确定，完成第一步开挖体的定义。重复创建集操作，将开挖部分沿 Z 轴划分的 5 块分别定义为 kaiwa1、kaiwa2、kaiwa3、kaiwa4、kaiwa5。同样的，将初期支护和二次衬砌的分块分别定义为 chuzhi1、chuzhi2、chuzhi3、chuzhi4、chuzhi5 和 erchen1、erchen2、erchen3、erchen4、erchen5。

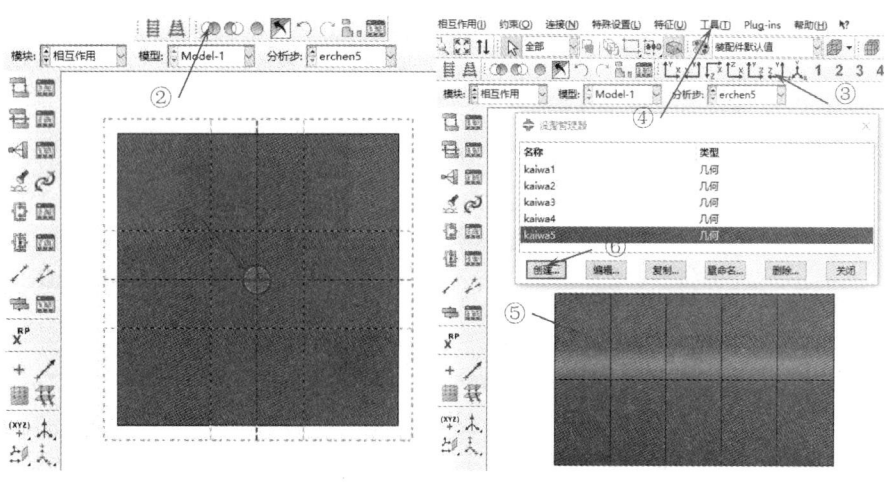

图 6.64　定义集（隧道结构）

点击全选模型图标,按住 Shift 键框选围岩,点击替换选中图标,然后依次点击工具、表面、创建,在弹出的对话框中输入表面名称"weiyan",点击继续,长按选择几何元素图标,选择从所有实体中选择,按角度选中隧道围岩内表面,点击完成,完成隧道围岩表面的创建,如图 6.65(a)所示。点击创建显示组图标,在弹出的对话框中选择 chuzhi,点击替换使窗口中仅显示初期支护结构,然后依次点击工具、表面、创建,在弹出的对话框中输入表面名称"chuwai",点击继续,按角度选择初期支护结构的外表面(紫色),完成初期支护结构外表面的创建,重复此操作创建初期支护结构内表面(棕色)chunei,如图 6.65(b)所示。点击创建显示组图标,在弹出的对话框中选择 erchen,点击替换,使窗口中仅显示二次衬砌,然后创建二次衬砌外表面 erchen,如图 6.65(c)所示。

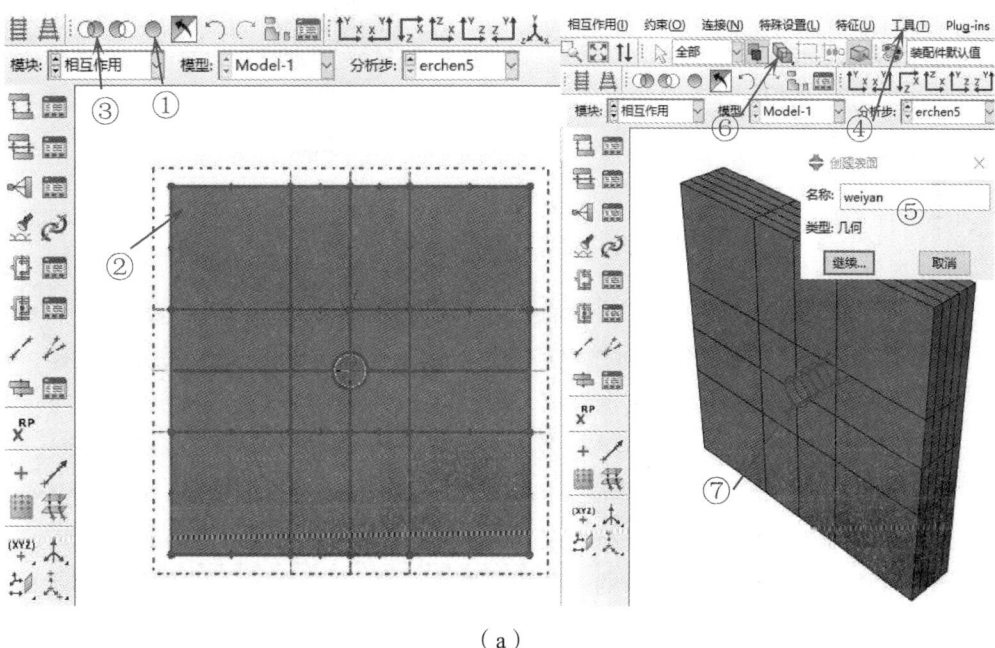

(a)

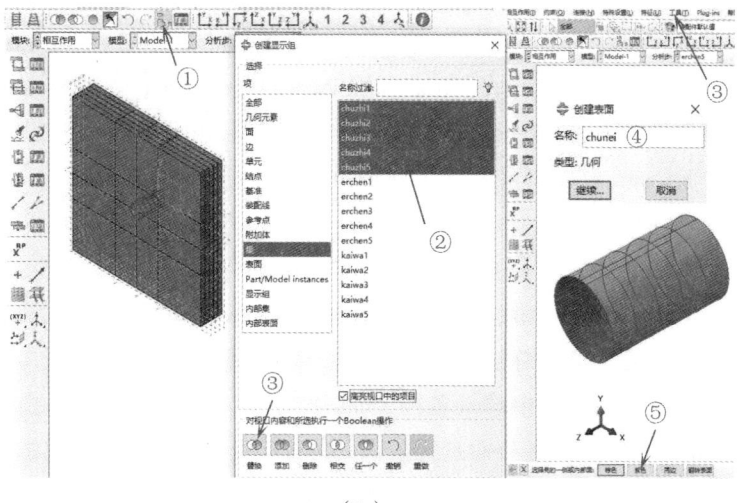

(b)

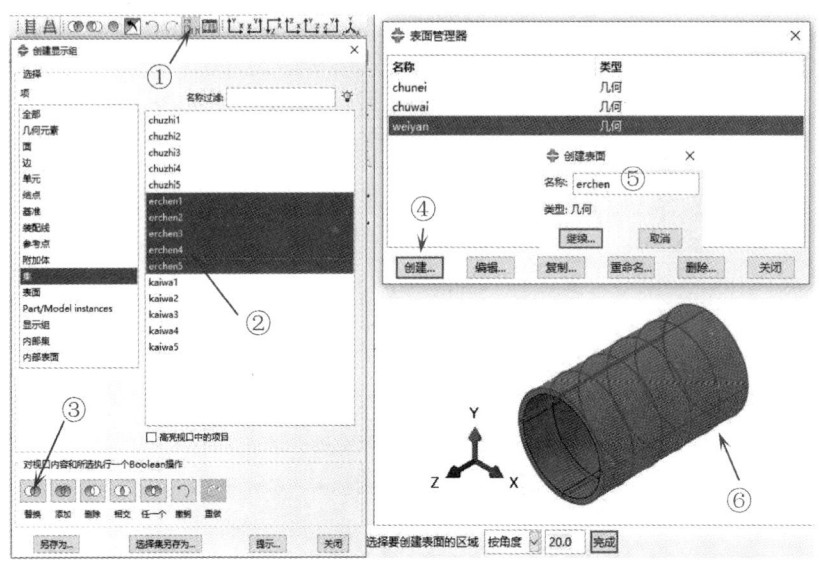

(c)

图 6.65 定义表面（隧道结构）

点击创建相互作用图标，在弹出的对话框中输入相互作用名称"chuzhi1"，分析步选择 geo，类型选型号改变，在弹出的对话框中点击区域选择符号，再点击窗口右下角的集，在弹出的对话框中选择集 chuzhi1，依次点击继续、确定，完成在地应力平衡分析步中创建 chuzhi1。点击相互作用管理器，选中 chuzhi1，点击复制，在弹出的对话框中输入 chuzhi2，点击确定，再次点击复制，输入 chuzhi3，多次重复操作创建出 chuzhi4、chuzhi5、erchen1、erchen2、erchen3、erchen4、erchen5、kaiwa1、kaiwa2、kaiwa3、kaiwa4 和 kaiwa5，如图 6.66（a）所示。这时，在相互作用管理器中可以看到创建出的一列相互作用名称，与名称同一行的是之前定义的分析步。接下来，编辑各复制得到的相互作用，将其区域重新选择为相对应的集。通过右移键将 kaiwa1 ~ kaiwa5 右移至相对应的分析步。最后，将 chuzhi1 相互作用在 kaiwa1 分析步通过编辑将区域单元状态修改为在该分析步中重激活。同样的，将 chuzhi2 在 kaiwa2 分析步重激活，将 chuzhi3 在 kaiwa3 分析步重激活，将 chuzhi4 在 kaiwa4 分析步重激活，将 chuzhi5 在 kaiwa5 分析步重激活，将 erchen1 在 kaiwa4 分析步重激活，表示在掌子面 6 m 后开始施作二次衬砌，将 erchen2 在 kaiwa5 分析步重激活，将 erchen3、erchen4、erchen5 在 erchen5 分析步重激活，如图 6.66（b）所示。

点击创建约束，在弹出的对话框中输入名称"yan-chu"，类型选择绑定，点击继续，主面选择之前创建表面 weiyan，点击继续，从面选择表面 chuwai，点击继续，在弹出的对话框中按照默认设置，点击确定，完成围岩与初期支护之间的关系，如图 6.66（c）所示。然后再次点击创建约束，在弹出的对话框中输入名称"chu-er"，类型选择绑定，点击继续，主面选择之前创建表面 chunei，点击继续，从面选择表面 erchen，点击继续，在弹出的对话框中按照默认设置，点击确定，完成初期支护与二次衬砌之间的关系，如图 6.66（d）所示。

第6章 桁架、拱以及组合结构的静力分析

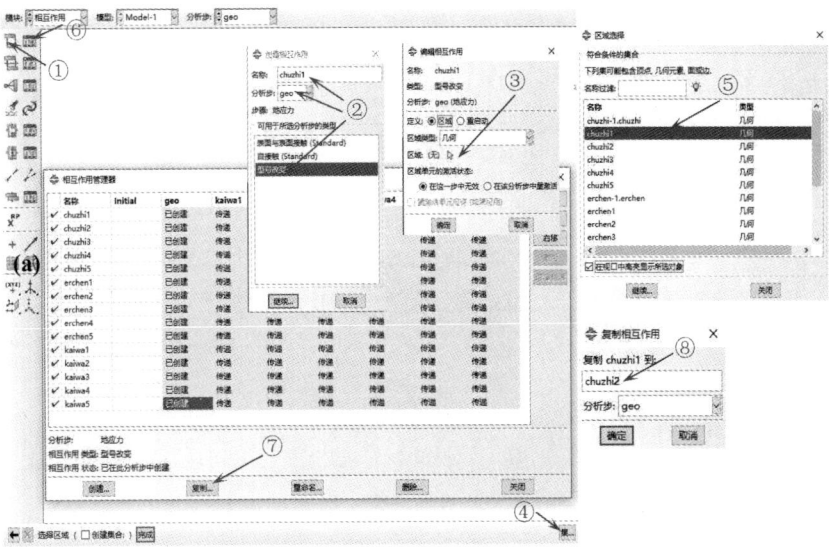

（a）

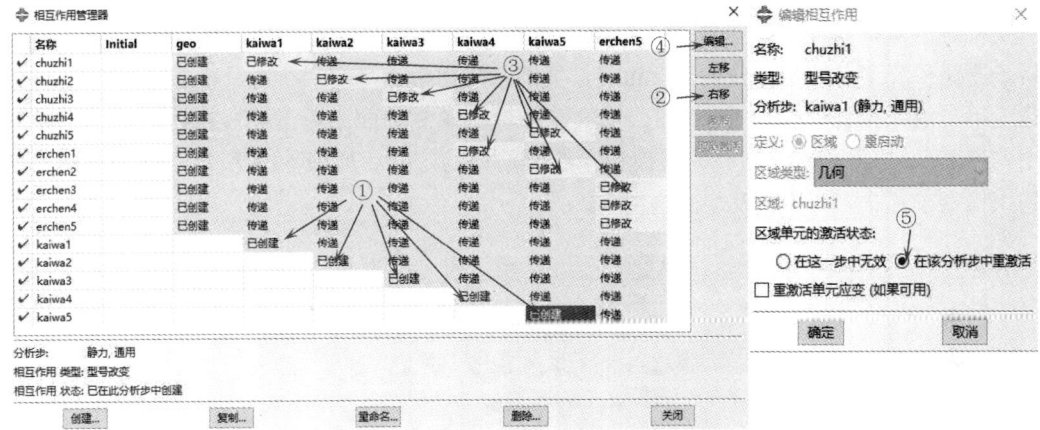

（b）

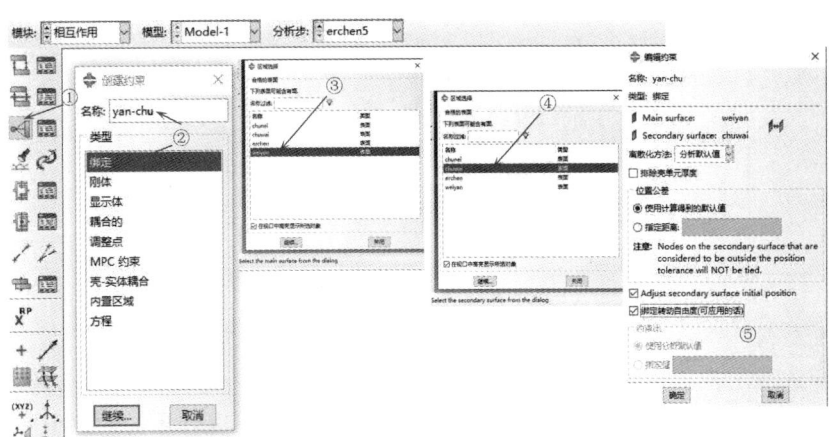

（c）

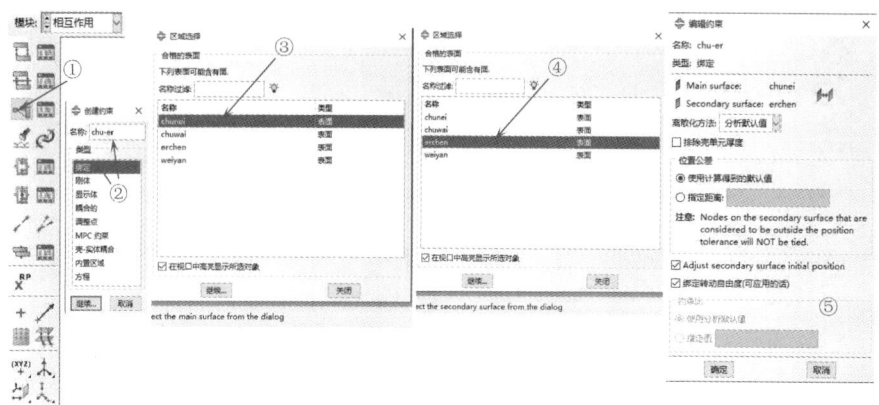

(d)

图6.66 定义相互作用(隧道结构)

6. 定义边界条件和载荷

(1)定义边界条件。

切换进入载荷模块,单击创建边界条件图标,在弹出的对话框中,输入约束名称 ULR,分析步选择系统定义的初始分析步 Initial,类别选择力学,可用于所选分析步的类型选择位移/转角,单击继续按钮,按住 Shift 键,依次选择模型两侧的面,单击完成按钮,在弹出的对话框中勾选 U1,单击确定按钮,完成模型左右侧约束的定义,如图 6.67 所示。重复上述操作分别约束模型前后面的 U3 和模型底面的 U2。

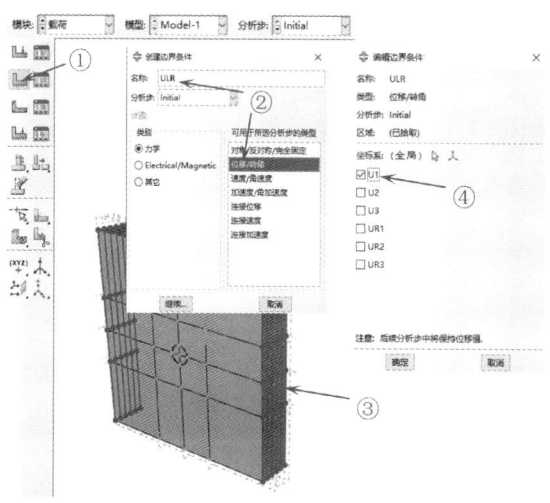

图6.67 定义边界条件(隧道结构)

(2)施加载荷。

单击创建载荷图标,在弹出的对话框中,输入载荷名称"gra",分析步选择 geo,类别选择力学,可用于所选分析步的类型选择重力,单击继续按钮;在弹出的对话框中,在分量 2 文本框中输入"-10",单击确定按钮,完成重力载荷的施加,如图 6.68 所示。

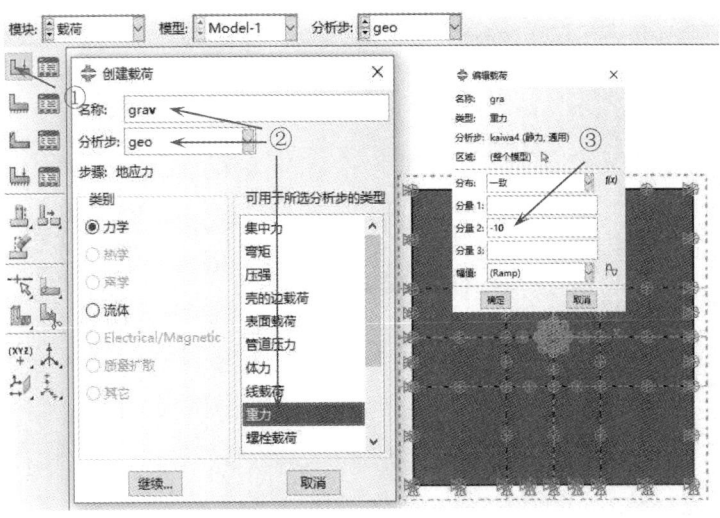

图 6.68　施加重力载荷（隧道结构）

7. 网格划分

切换进入网格模块，将窗口顶部的环境栏对象选项设为部件选项，并选择 weiyan，单击局部单元尺寸图标，对模型不同线段进行网格控制，如图 6.69（a）所示。

选择单元类型，单击指派单元类型图标，在视图中框选模型，单击完成按钮，在弹出的对话框中选择三维应力单元，单击确定按钮，完成单元类型的选择。再点击网格划分方式图标，在弹出的对话框中选择结构划分，点击确定。单击为部件实例划分网格图标，单击是，完成网格划分，如图 6.69（b）所示。

在窗口上部菜单栏切换为部件 chuzhi，通过局部尺寸控制将初期支护环向线段按个数划分为 10 个，纵向按尺寸划分为 1 m，如图 6.69（c）所示。

单击指派单元类型图标，在视图中框选模型，单击完成按钮，在弹出的对话框中选择壳单元，单击确定按钮，完成初期支护单元类型的选择，如图 6.69（d）所示。

点击划分单元图标，为初期支护划分单元。再将部件切换为 erchen，完成二次衬砌的单元划分，如图 6.69（e）所示。

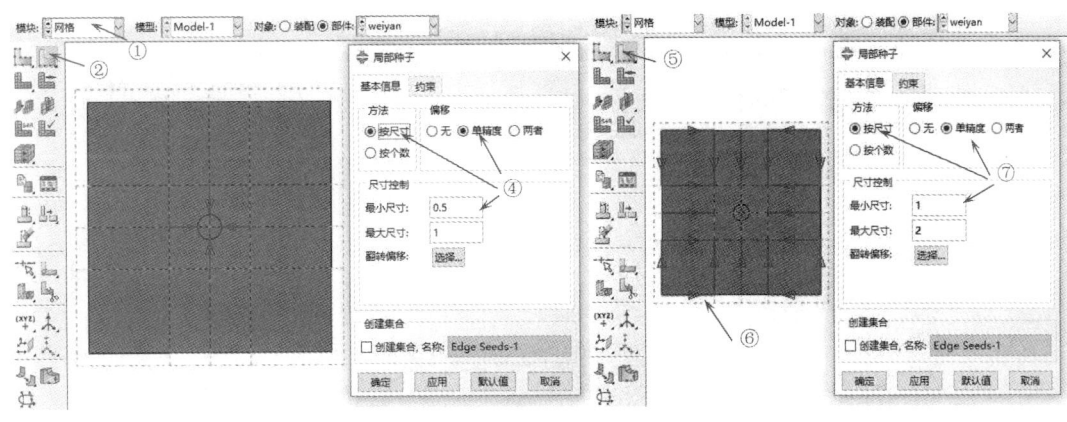

（a）

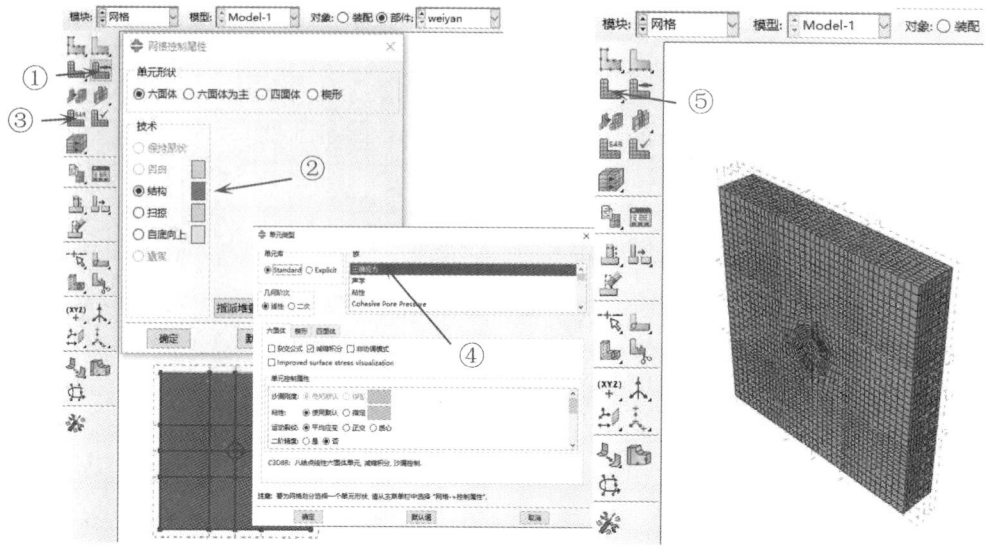

(b)

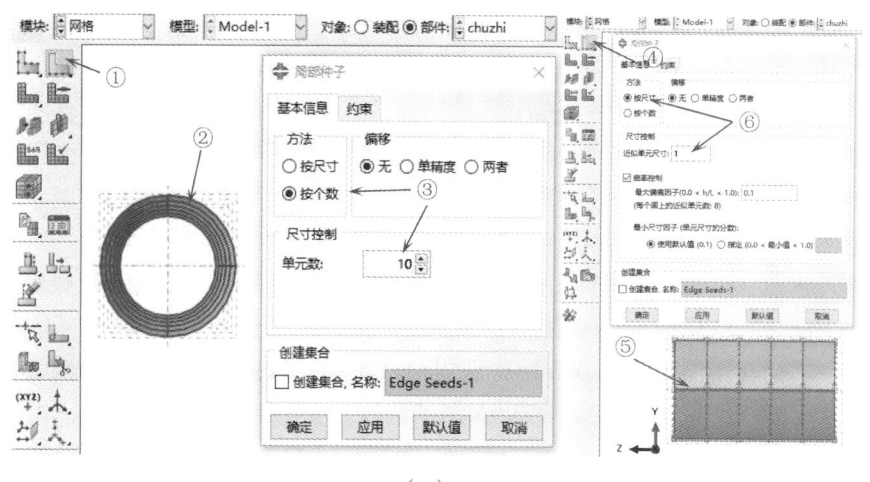

(c)

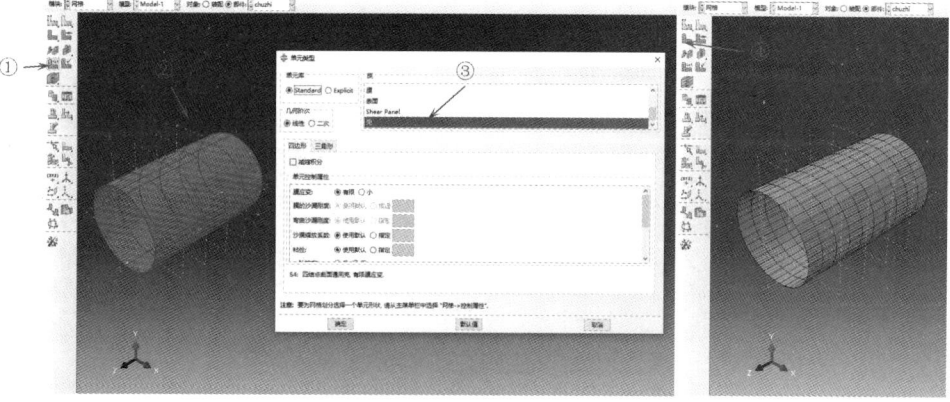

(d)

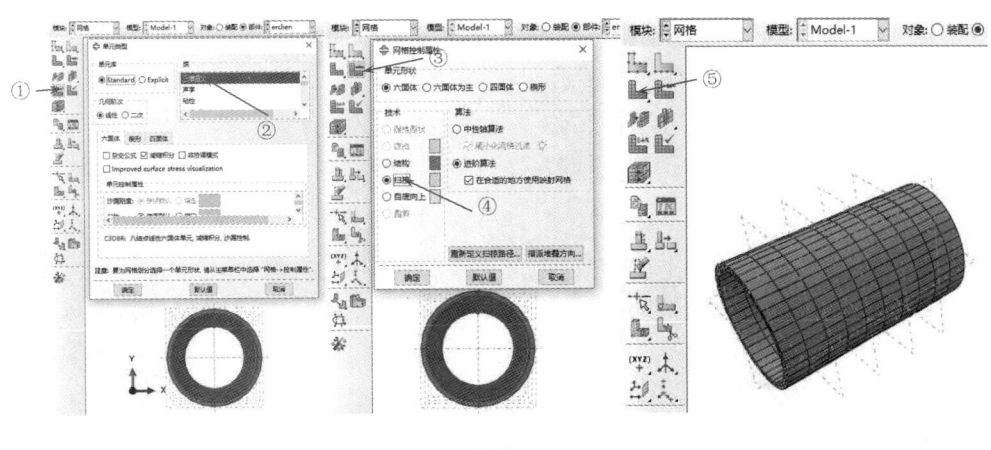

（e）

图 6.69　网格划分（隧道结构）

8. 提交作业

切换进入作业模块，单击创建作业图标，在弹出的对话框中，输入作业名称，单击继续按钮，在弹出的对话框中，接受默认选项，单击确定按钮，完成作业定义。单击作业管理器图标，选中当前作业，单击提交按钮，提交作业，如图 6.70 所示。

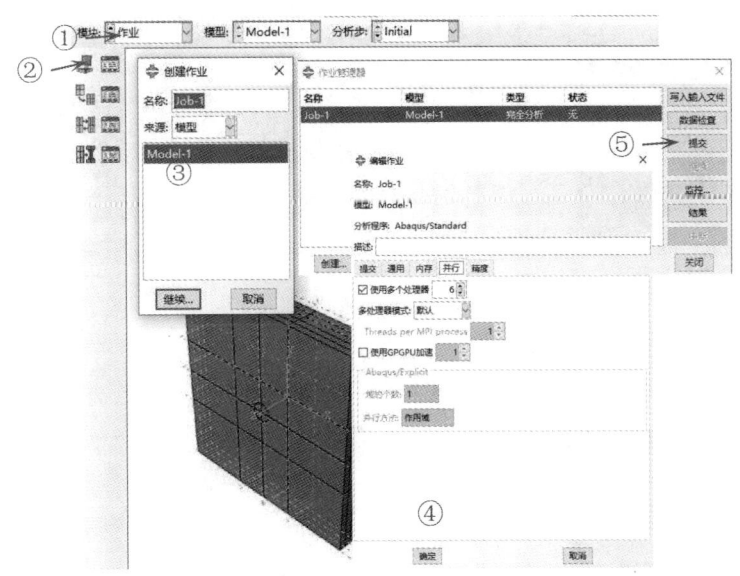

图 6.70　定义作业（隧道结构）

9. 后处理

作业管理器对话框的状态显示为完成时，单击结果按钮进入可视化模块后处理界面。根据要求，需要获得拱结构的弯矩、轴力与位移结果。

切换进入可视化模块，点击通用图标，在弹出的对话框中选择自由边，变形缩放系数选用一致，并在数值栏输入"1"，显示真实指标。在上方菜单栏处可选择输出量 S、S22，单击帧选择器，在弹出的对话框中拖动帧选择条至 geo 分析步的最后一个子步，可查看模型地应力平衡后的竖直压力云图，如图 6.71 所示。

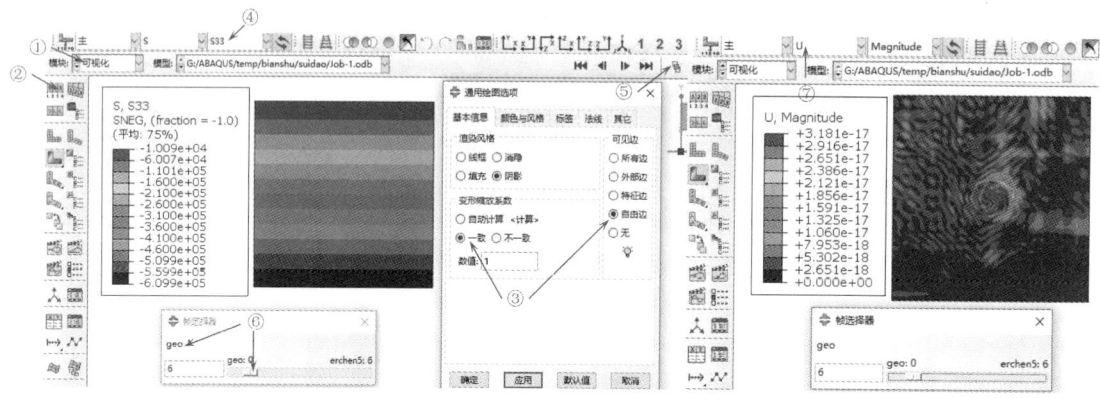

图 6.71　地应力平衡结果

在菜单栏中选择 U、U2，即可查看地应力平衡后的竖直位移云图。由云图可判断地应力平衡得到的结果是可靠的。拖动帧选择器中的进度条可以查看每个开挖步的计算结果，如图 6.72 所示。

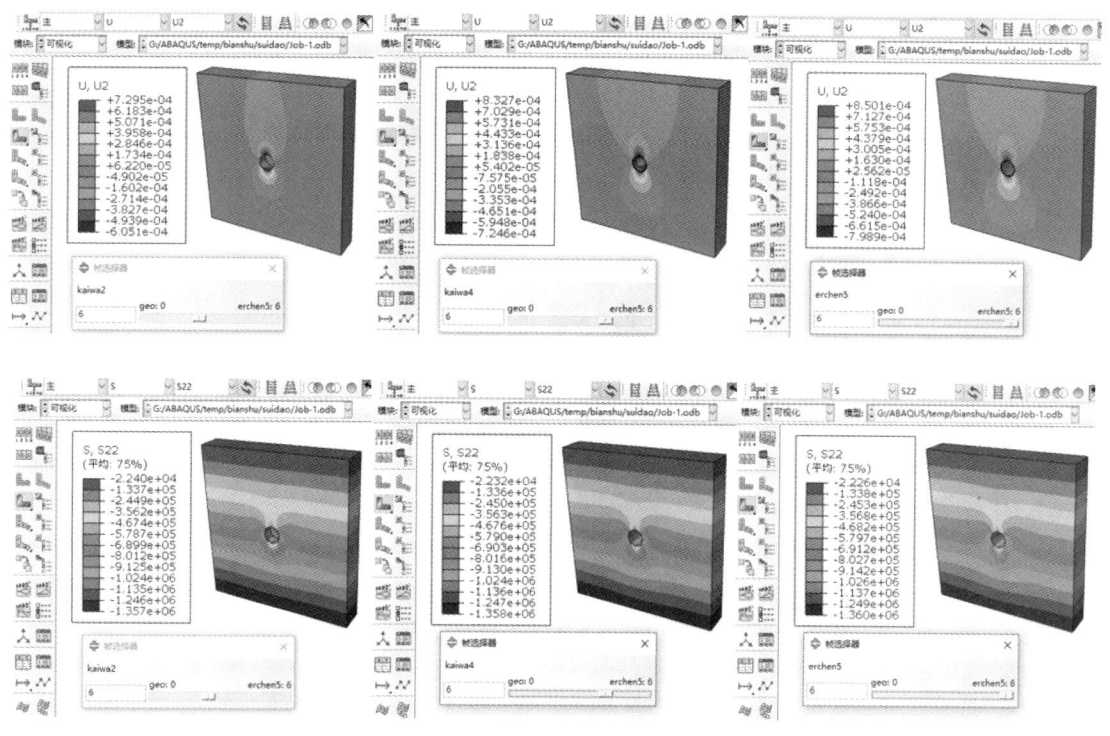

图 6.72　开挖过程中围岩竖直应力云图（隧道结构）

第 7 章
结构动力分析

7.1 结构动力学概念

结构动力学是研究结构在动力作用下的振动问题。结构动力学与土木工程、机械工程、航空工程等行业紧密相连，它是一门既源于工程实践又持续为工程领域服务的学科。随着科技的不断进步，现代结构动力学逐渐发展起来，并得到广泛应用。20 世纪 60 年代以后，计算机技术迅速发展，结构动力学得到了快速发展。同时期，国外著名学者如瑞士教授 Markus N. Ammann、美国教授 George C. Lee 等都进行了大量关于动力分析的研究。在我国，自 20 世纪 80 年代起，动力学研究逐渐开展起来，并涌现出一批优秀的学者和研究所。近年来，随着我国工程建设的不断发展，结构动力学的应用越来越广泛，并呈现出多样化、高效化、精细化等特点。

7.1.1 结构动力学与静力学的区别

结构动力学与静力学是结构力学的两个重要分支。当结构所受作用的大小、方向和位置不随时间而变化时，称为静力作用。静力作用还包括随作用、随时间变化，但其变化速度缓慢，甚至结构上质量的加速度小得可以忽略不计。当结构所受作用的大小、方向或位置随时间变化迅速，导致结构上质量运动的加速度较大，甚至相应的惯性力与结构所承受的其他外力相比不容忽视时，称为动力作用。它们之间的主要区别体现在以下几个方面：

1. **荷载性质**

结构动力学：研究结构在动力作用下的响应。这些作用是随时间变化的，如机械振动简谐作用、冲击、爆炸、地震、风荷载等。

结构静力学：研究结构在静力作用下的响应。这些作用不随时间变化或变化极慢，如恒载、活载等。

2. **惯性力考虑**

结构动力学：必须考虑惯性力的作用影响。因为动力作用会产生加速度，从而导致结构内部产生惯性力。

结构静力学：由于静力作用不产生加速度，通常不考虑惯性力的影响。

3. **分析方法**

结构动力学：通常采用动力方程来描述结构的振动行为。这些方程是含有时间变量的偏微分方程或常微分方程。求解这些方程通常需要采用数值方法，如有限元法、逐步积分法等。

结构静力学：通常采用静力方程来描述结构的受力状态。这些方程是代数方程或简单的微分方程。求解这些方程通常可以采用直接法或迭代法。

4. 研究目的

结构动力学：主要关注结构在动力荷载作用下的动力反应，如位移、速度、加速度、内力等的变化情况，以及结构的动力稳定性和动力特性（如周期、振型、阻尼比等）。

结构静力学：主要关注结构在静荷载作用下的应力、应变、位移等静力反应，以及结构的强度和刚度等静力特性。

7.1.2 一般荷载作用下运动方程的建立

根据线性代数中有关坐标变换的规则，正则坐标 $\boldsymbol{\eta}=(\eta_1, \eta_2, \cdots, \eta_n)^T$ 与几何坐标 $\boldsymbol{x}=(x_1, x_2, \cdots, x_n)^T$ 之间的关系可表示为

$$\boldsymbol{x}=\boldsymbol{A}\boldsymbol{\eta} \tag{7.1}$$

式中：$\boldsymbol{A}$——正则坐标与几何坐标之间的转换矩阵，$\boldsymbol{A}=(\boldsymbol{A}^{(1)}, \boldsymbol{A}^{(2)}, \cdots, \boldsymbol{A}^{(n)})^T$。

在物理坐标系中，一个典型的 n 个自由度结构的运动微分方程为

$$\boldsymbol{M}\ddot{\boldsymbol{x}}(t)+\boldsymbol{C}\dot{\boldsymbol{x}}(t)+\boldsymbol{K}\boldsymbol{x}(t)=\boldsymbol{f}(t) \tag{7.2}$$

式中：$\boldsymbol{M}$、$\boldsymbol{C}$、$\boldsymbol{K}$——结构的质量矩阵、黏滞阻尼矩阵和刚度矩阵，均为 n 阶方阵；

$\boldsymbol{f}(t)$——n 维的激振力列向量；

$\ddot{\boldsymbol{x}}(t)$、$\dot{\boldsymbol{x}}(t)$、$\boldsymbol{x}(t)$——结构的位移响应向量、速度响应向量和加速度响应向量，均为 n 维列向量。

为满足运动方程解耦的需要，在实际计算中通常假定黏滞阻尼矩阵 $\boldsymbol{C}$ 为体系的质量矩阵 $\boldsymbol{M}$ 和刚度矩阵 $\boldsymbol{K}$ 的线性组合，称为瑞利（Rayleigh）阻尼，即

$$\boldsymbol{C}=a\boldsymbol{M}+b\boldsymbol{K} \tag{7.3}$$

式中：a、b——待定的常数，可根据实测资料确定。

主振型与黏滞阻尼矩阵 $\boldsymbol{C}$ 之间也就具有了正交性。

将式（7.1）及其对时间的一阶和二阶导数带入式（7.2），可以得到以正则坐标 $\boldsymbol{\eta}$ 表达的运动方程，为

$$\boldsymbol{M}\boldsymbol{A}\ddot{\boldsymbol{\eta}}+\boldsymbol{C}\boldsymbol{A}\dot{\boldsymbol{\eta}}+\boldsymbol{K}\boldsymbol{A}\boldsymbol{\eta}=\boldsymbol{f}(t) \tag{7.4}$$

由主振型关于质量矩阵的正交性，可以得

$$\begin{aligned} \boldsymbol{A}^{(i)T}\boldsymbol{M}\boldsymbol{A} &= \boldsymbol{A}^{(i)T}\boldsymbol{M}\boldsymbol{A}^{(i)} \\ \boldsymbol{A}^{(i)T}\boldsymbol{K}\boldsymbol{A} &= \boldsymbol{A}^{(i)T}\boldsymbol{K}\boldsymbol{A}^{(i)} \\ \boldsymbol{A}^{(i)T}\boldsymbol{C}\boldsymbol{A} &= \boldsymbol{A}^{(i)T}\boldsymbol{C}\boldsymbol{A}^{(i)} \end{aligned} \tag{7.5}$$

将式（7.5）代入式（7.4），可得

$$\bar{m}_i \ddot{\eta}_i + \bar{c}_i \dot{\eta}_i + \bar{k}_i \eta_i = \bar{f}_i(t) \quad (i=1, 2, \cdots, n) \tag{7.6}$$

式中：$\bar{m}_i$——体系的广义质量系数，$\bar{m}_i = \boldsymbol{A}^{(i)\mathrm{T}} \boldsymbol{M} \boldsymbol{A}$；

$\bar{k}_i$——体系的广义刚度系数，$\bar{k}_i = \boldsymbol{A}^{(i)\mathrm{T}} \boldsymbol{K} \boldsymbol{A}$；

$\bar{c}_i$——体系的广义黏滞阻尼系数，$\bar{c}_i = a\bar{m}_i + b\bar{k}_i$；

$\bar{f}_i(t)$——体系的广义动力荷载，$\bar{f}_i(t) = \boldsymbol{A}^{(i)\mathrm{T}} \boldsymbol{f}(t)$。

7.1.3 显式分析法基本概念

显式分析法是一种数学和工程计算中常用的求解方法，显式分析法是基于当前步的结果和上一步的结果来计算下一步的结果，即使用显式方程来表示求解的递推公式。它通常用于动力分析，特别是在捕捉运动物体的波的特性方面表现出色。其基本思路是用有限差分代替位移对时间的求导，将运动方程中的速度向量和加速度向量用位移的某种组合来表示，然后将常微分方程组的求解问题转换为代数方程组的求解问题，并假设在每个小的时间间隔内满足运动方程，则可求得每个时间间隔的递推公式，进而求得整个时程的反应。

在显式分析法中，速度可由对位移一阶求导表示，加速度可由对位移的二阶求导表示：

$$\begin{cases} \ddot{x}_t = \dfrac{1}{\Delta t^2}(x_{t-\Delta t} - 2x_t + x_{t+\Delta t}) \\ \dot{x}_t = \dfrac{1}{2\Delta t}(-x_{t-\Delta t} + x_{t+\Delta t}) \end{cases} \tag{7.7}$$

当采用显式分析法进行计算时，式（7.6）可改写为

$$\ddot{\boldsymbol{x}}(t_n) = \boldsymbol{M}^{-1}\left[\boldsymbol{F}^{\mathrm{ext}}(t_n) - \boldsymbol{F}^{\mathrm{int}}(t_n)\right] \tag{7.8}$$

式中：$\boldsymbol{M}$——质量矩阵；

$\boldsymbol{F}^{\mathrm{ext}}(t_n)$——$t_n$ 时刻的外荷载矢量；

$\boldsymbol{F}^{\mathrm{int}}(t_n)$——$t_n$ 时刻的内力矢量。

其中

$$\boldsymbol{F}^{\mathrm{int}}(t_n) = \int \boldsymbol{B}^{\mathrm{T}} \sigma \mathrm{d}\Omega + \boldsymbol{F}^{\mathrm{hg}} + \boldsymbol{F}^{\mathrm{contact}} \tag{7.9}$$

式中：$\int \boldsymbol{B}^{\mathrm{T}} \sigma \mathrm{d}\Omega$——单元的等效节点内力，其中 $\boldsymbol{B}$ 表示单元应变矩阵，σ 表示节点应力，Ω 表示对单元的积分；

$\boldsymbol{F}^{\mathrm{hg}}$——沙漏阻力；

$\boldsymbol{F}^{\mathrm{contact}}$——接触力。

若已知时间节点 $0, \cdots, t_n$ 的解，则时间节点 t_{n+1} 的速度和位移为

$$\dot{x}^{n+1/2} = \dot{x}^{n-1/2} + a^n \Delta t^n \tag{7.10}$$

$$x^{n+1} = x^n + x^{n+1/2}\Delta t^{n+1/2} \tag{7.11}$$

其中

$$\Delta t_{n+1/2} = \frac{1}{2}(\Delta t_n + \Delta t_{n+1}) \tag{7.12}$$

$\dot{x}$ 和 x 分别为节点的速度矢量和位移矢量。

由此,便可通过初始时刻的几何构型,得出 t_{n+1} 时刻系统新的几何构型。

$$x^{n+1} = x^0 + x^{n+1} \tag{7.13}$$

7.2 单自由度体系强迫振动分析

7.2.1 问题的描述

如图 7.1 所示,简支钢梁结构跨度 $l=4\,\mathrm{m}$,跨中安装一电机,重量 $W=50\,000\,\mathrm{N}$,转速 $n=500\,\mathrm{r/min}$。电机转动时离心力竖直分力为 $P_0\sin\theta t$,$P_0=2\,000\,\mathrm{N}$。不计梁自重和阻尼影响,求梁的最大挠度。其中钢梁的材料特性:Q345 钢,杨氏模量 $E=210\,000\,\mathrm{N/mm^2}$,泊松比 $\mu=0.3$,屈服强度 $f_y=345\,\mathrm{N/mm^2}$。几何模型如图 7.2 所示。

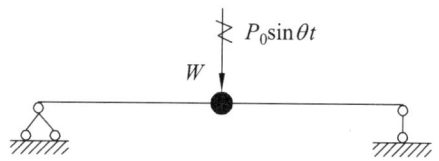

图 7.1 简支钢梁结构

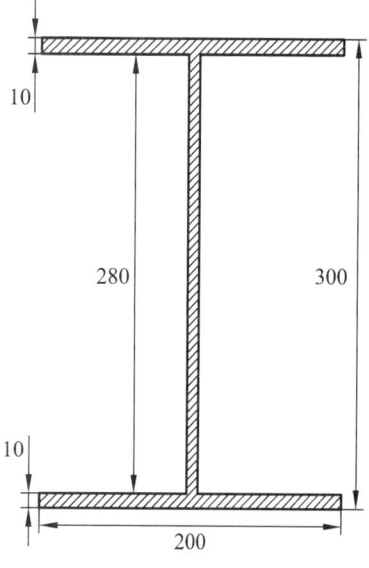

(a)钢梁截面尺寸(单位:mm)

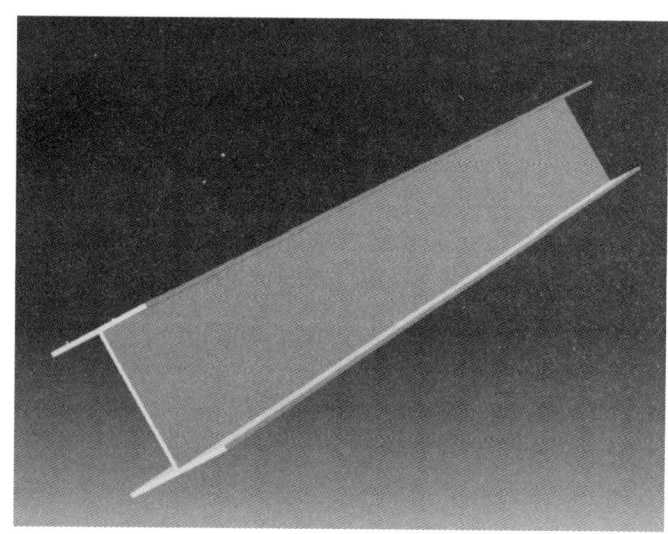

(b)Abaqus 计算模型

图 7.2 简支钢梁几何模型

第 7 章 结构动力分析

（1）此问题是分析梁的振动，所以分析步类型应为动力，显式分析（使用 Abaqus/Explict 作为求解器）。

（2）在显式动态分析步中，默认的几何非线性参数 Nlgeom 为 On。

（3）定义分析步时需设置稳定时间增量，与材料密度有关。

7.2.2 创建部件

启动 Abaqus/CAE，点击创建模型。进入部件模块，点击创建部件，在弹出的对话框中，输入部件名称，在模型空间中选择三维，类型选择可变形，形状选择线，在大约尺寸的文本框中输入"10000"，单击继续按钮，进入草图环境。

创建梁整体结构模型，单击创建线，首尾相连图标，选用依据点创建线方式，在参数输入区中依次输入 3 点的坐标"0, 0""2000, 0""4000, 0"，单击完成按钮，完成部件的创建，形成简支工字梁结构，如图 7.3 所示。

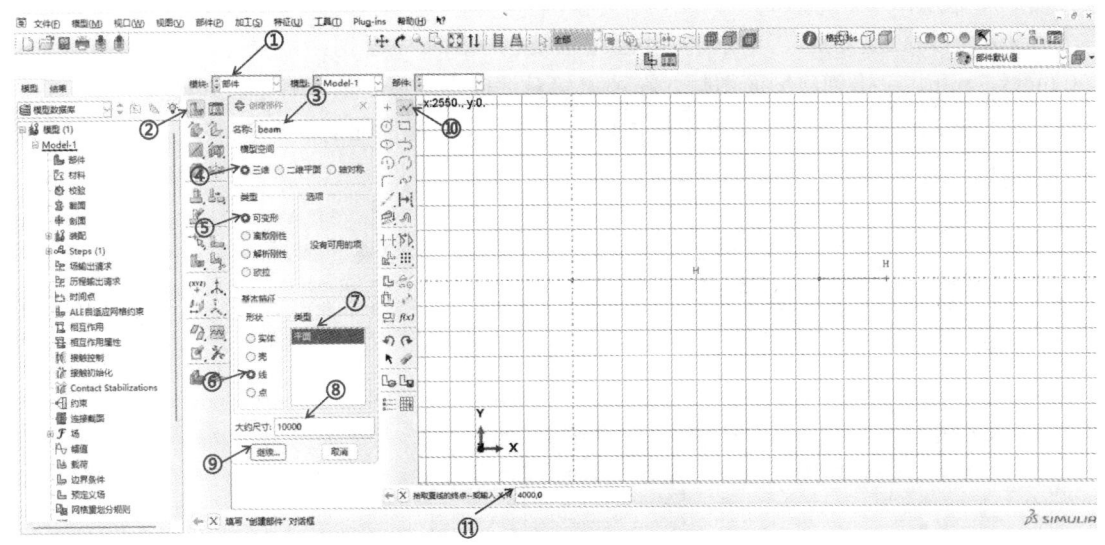

图 7.3　建立几何模型

7.2.3 材料和截面属性

（1）创建材料。

定义材料线弹性本构，需注意统一单位制，在本例中尺寸单位采用 mm，杨氏模量的单位为 Mpa，即杨氏模量为 210 000 Mpa，泊松比为 0.3。进入属性功能模块，在编辑材料对话框中，依次点击菜单通用、密度，设置质量密度，依次点击菜单力学、弹性，在数据中输入杨氏模量和泊松比，点击塑性，设置屈服应力和塑性应变，然后点击确定，如图 7.4 所示。

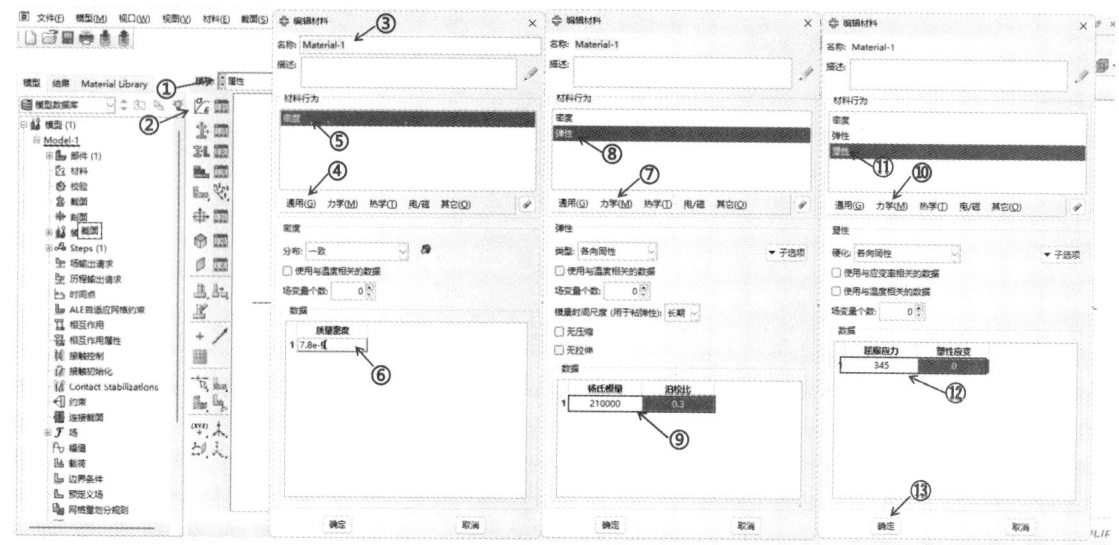

图 7.4 定义材料

（2）定义梁截面。

对于梁单元必须先定义其截面，此连续梁结构采用工字型钢，梁截面尺寸为 300 mm × 200 mm × 8 mm，单击创建剖面图标，在弹出的对话框中，输入截面名称，并选择 I 形，单击继续按钮。随后，在弹出的对话框中输入梁的截面信息，并保证坐标系中的 1、2 轴方向，输入后单击确定按钮，完成梁截面的定义，如图 7.5 所示。

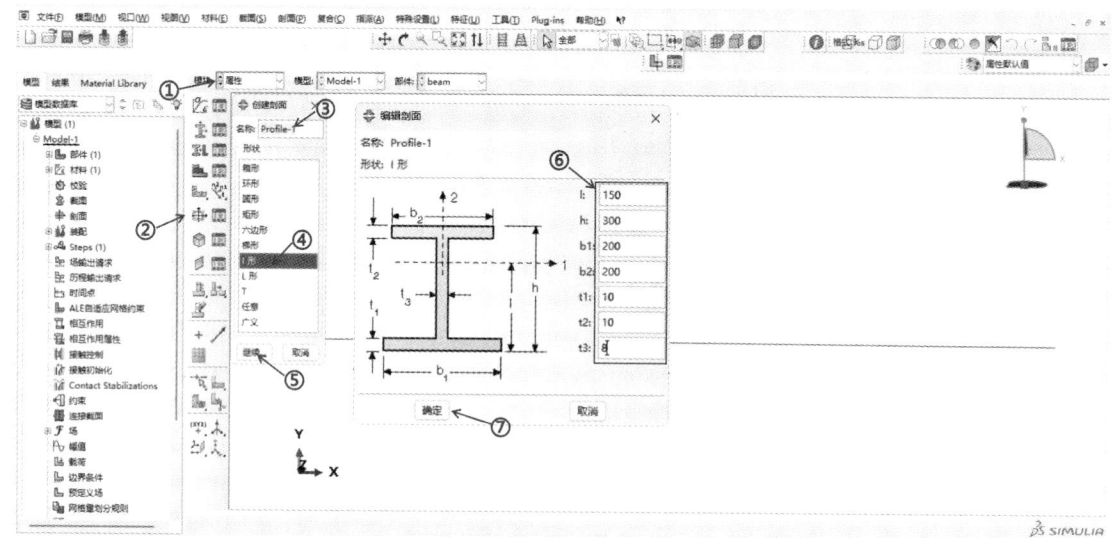

图 7.5 定义梁截面

（3）创建截面属性。

单击创建截面，在弹出的对话框中，输入截面名称，在类别中选择梁，类型选择梁，单击继续按钮；在弹出的对话框中，截面积分选择分析中，选择已经定义好的梁截面 Profile-1

和梁材料 Material-1，温度变化选择梯度线性，单击确定按钮，完成梁截面的定义，如图 7.6 所示。

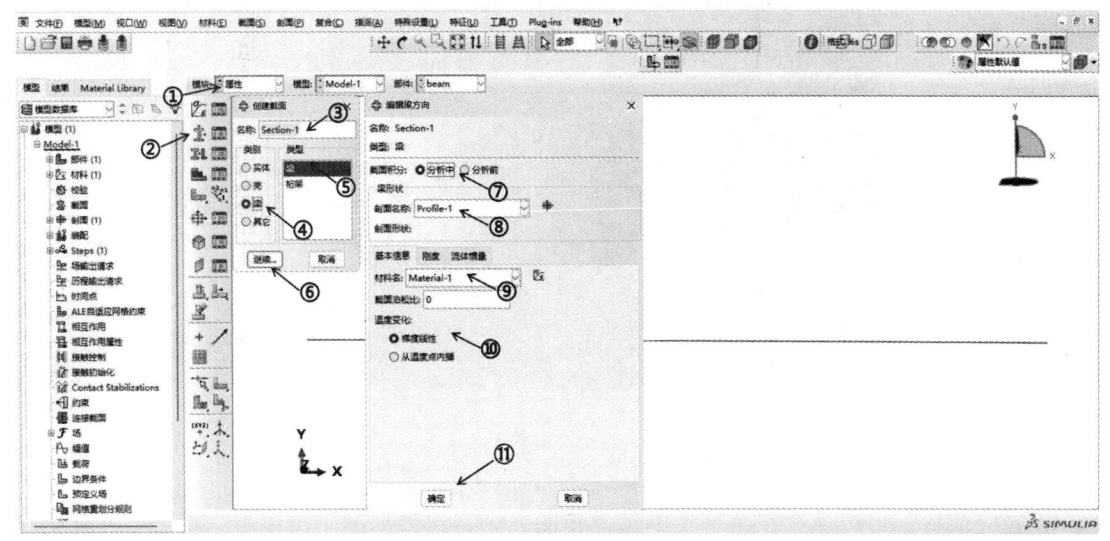

图 7.6　定义梁截面

（4）赋予截面属性。

单击指派截面图标，选中所有线，单击完成按钮完成几何模型的选择，在弹出的对话框中选择已经定义好的截面 Section-1，最后单击确定按钮，把截面属性赋予部件 beam，为梁部件 beam 赋予截面属性，如图 7.7 所示。

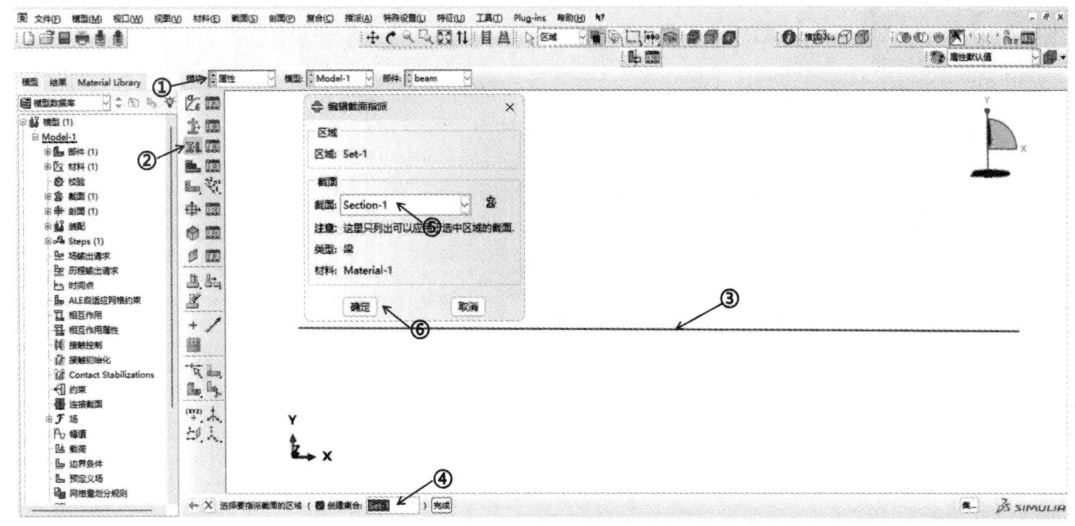

图 7.7　梁截面赋值

（5）定义梁方向。

梁的 2 方向为 Y 轴方向，单击指派梁方向图标，同时选择两段线，输入方向向量，最后单击完成按钮，完成梁方向的定义，如图 7.8 所示。

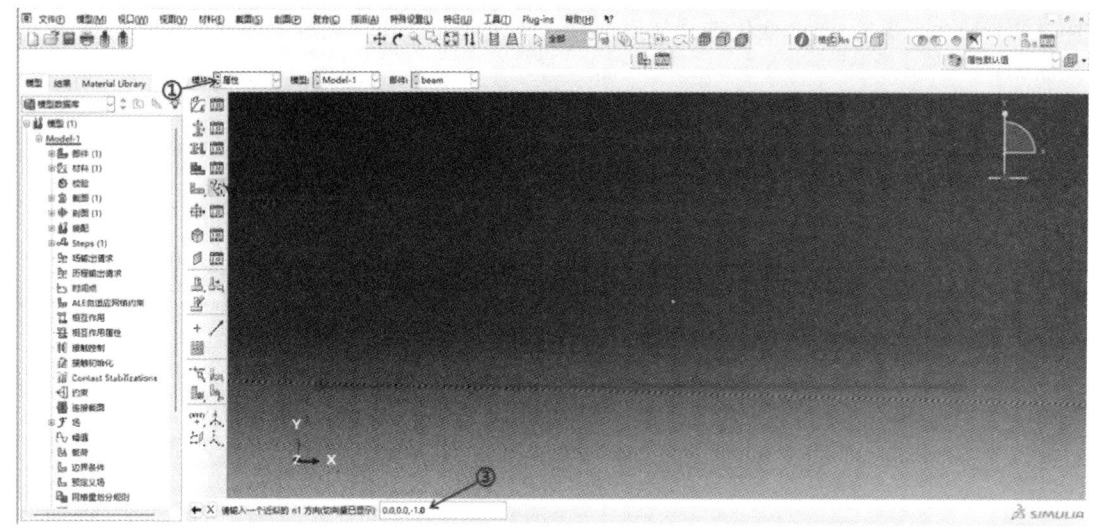

图 7.8 定义梁的方向

设置完成后，可以通过在菜单栏中选择视图命令，在弹出的子菜单中选择部件显示选项命令，并在弹出的对话框中切换到通用选项卡，勾选辅助显示的渲染剖面复选框，单击确定按钮，便可查看梁的最终几何状态，检查梁的截面和方向是否设置正确，如图 7.9 所示。

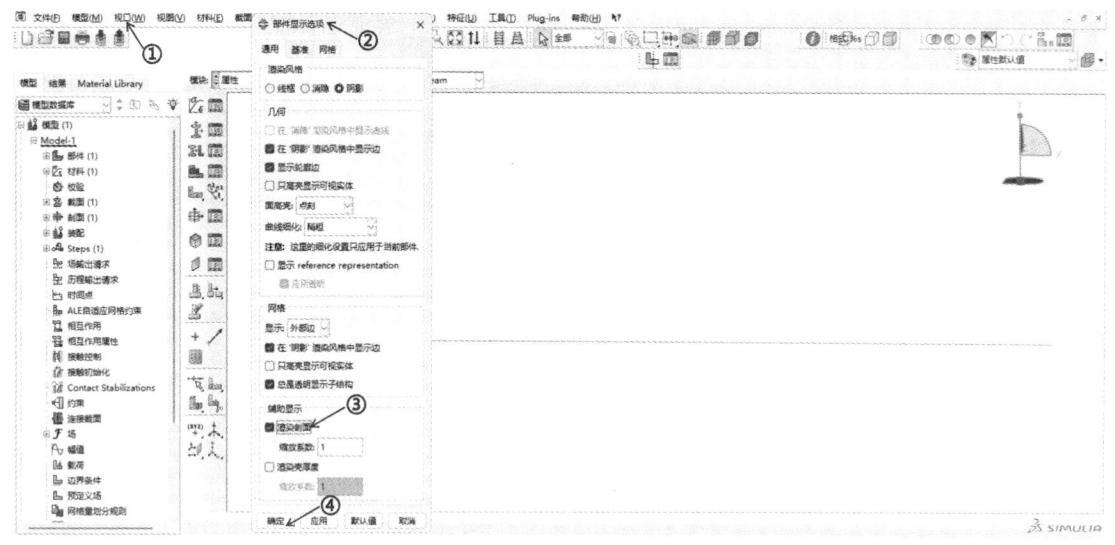

图 7.9 查看梁截面

7.2.4 定义装配

进入装配功能模块，由于只有一个部件 beam，故直接进行装配，切换进入装配模块，在弹出的创建实例对话框中选中梁部件，实例类型选择默认的非独立，单击确定，如图 7.10 所示。

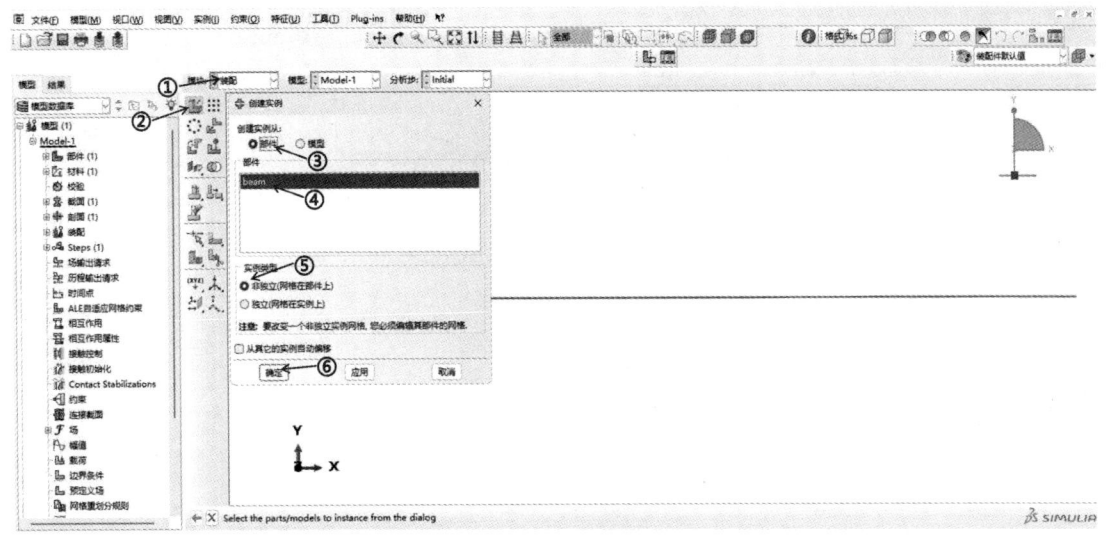

图 7.10　定义装配

7.2.5　划分网格

切换进入网格功能模块，将窗口顶部的环境栏对象选项设为部件选项，单击种子部件图标，在弹出的对话框中开始定义全局种子，在近似全局尺寸文本框中输入"100"，单击确定按钮，如图 7.11 所示。

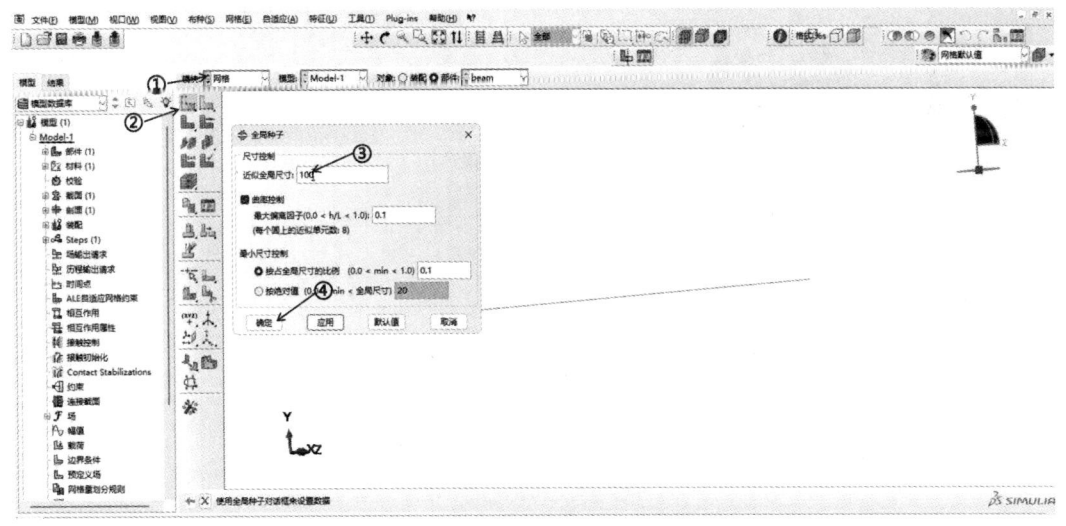

图 7.11　网格划分

随后，选择单元类型，单击指派单元类型图标，在视图中选择模型，单击完成按钮，在弹出的对话框中选择梁单元，单击确定按钮，完成单元类型的选择，最后，单击为部件实例划分网格图标，单击是按钮，完成网格划分，如图 7.12 所示。

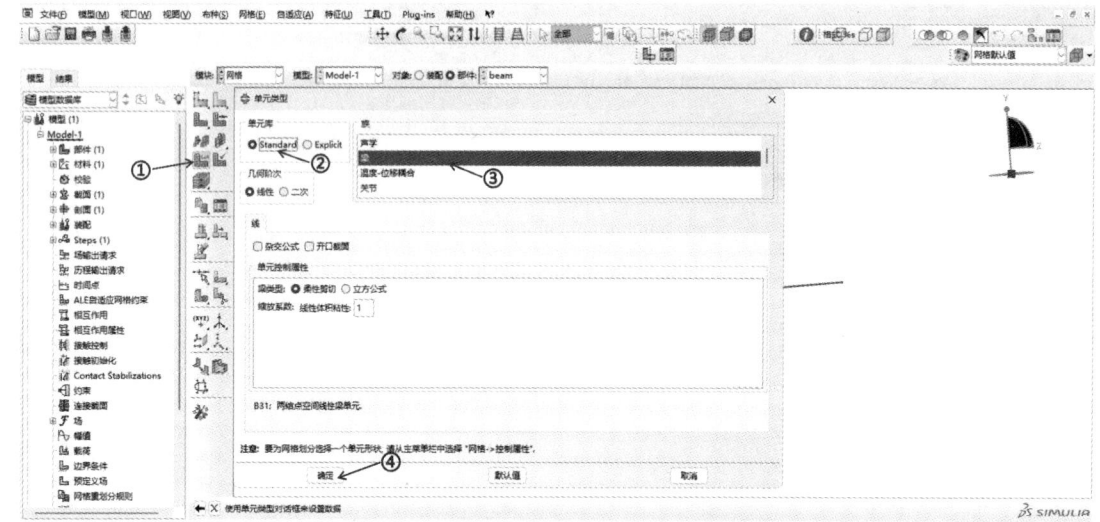

图 7.12　定义网格单元

7.2.6　设置分析步和输出变量

进入分析步功能模块，点击创建分析步，在对话框内选择动力，显式，点击继续；在弹出的对话框中接受默认设置，单击确定按钮，完成分析步的定义，如图 7.13 所示。

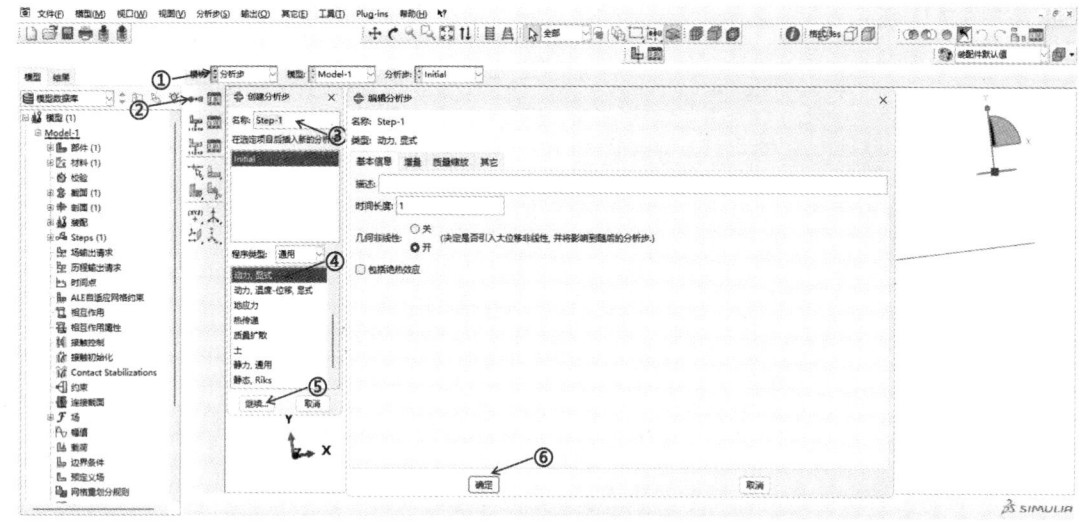

图 7.13　定义分析步

该分析需要获取结构的应力与位移结果，默认的分析结果输出即能满足后处理的需求，若需要查看更多的分析结果可对场变量进行编辑，单击场输出管理器图标，选择已生成的输出变量 F-Output-1，单击编辑按钮，在弹出的对话框中，可以根据所需要的输出量，勾选相应的复选框，其余接受默认选项，然后单击确定按钮，完成输出变量的定义，如图 7.14 所示。

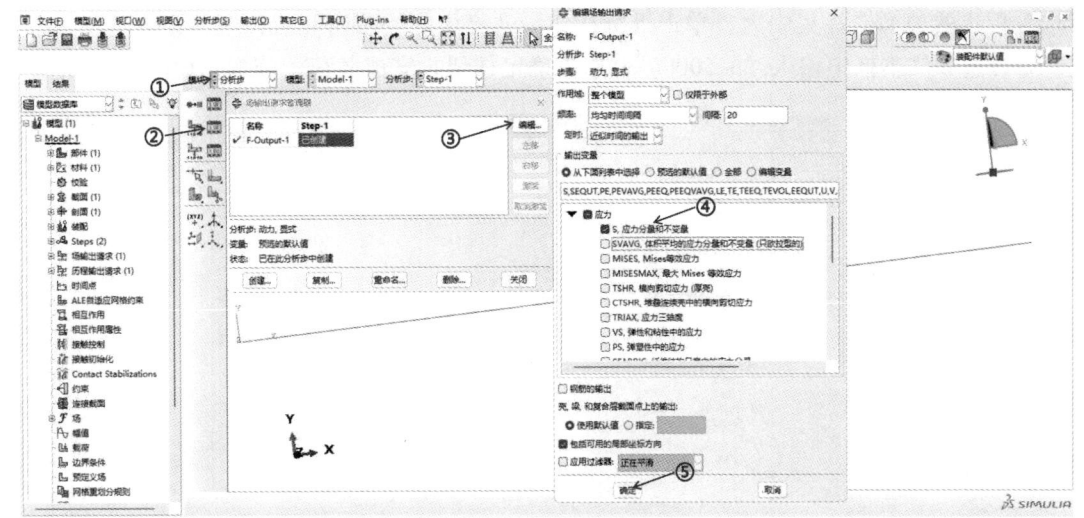

图 7.14 定义输出变量

7.2.7 定义约束和荷载

本例不涉及接触问题,可以直接跳过相互作用模块。

(1)定义铰支座约束。

连续梁的端部支座均为铰支,切换进入载荷模块,单击创建边界条件图标,在弹出的对话框中,输入约束名称,分析步选择系统定义的初始 Step-1,类别选择力学,选择可用于所选分析步的类型,单击继续按钮,按住 Shift 键,依次选择梁的两个端点,单击完成按钮,在弹出的对话框选择铰结(U1=U2=U3=0),单击确定按钮,完成约束的定义,如图 7.15 所示。

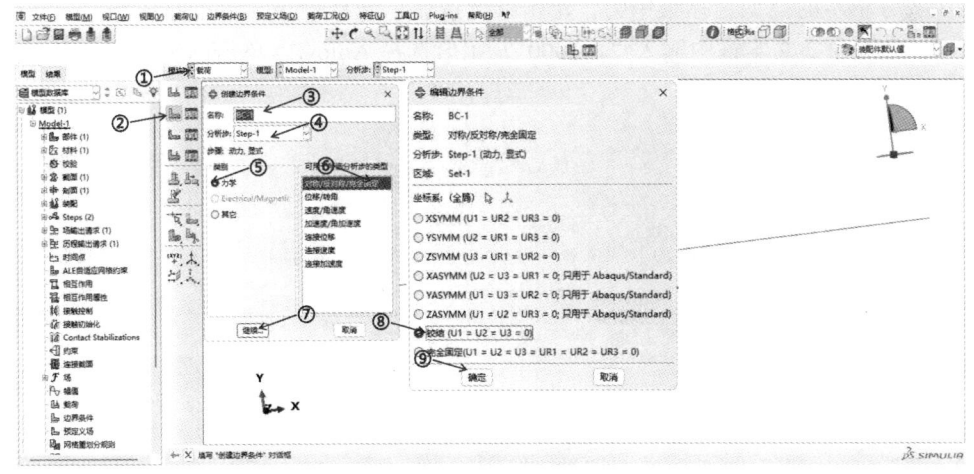

图 7.15 定义约束

(2)施加集中荷载。

简支钢梁中心承受垂直 X 轴方向竖直向下的集中荷载,将该荷载施加在模型中,单击创建载荷图标,在弹出的对话框中,输入载荷名称,分析步选择 Step-1,类别选择力学,可用于所选分析步的类型选择集中力,单击继续按钮。选择中点,单击完成按钮,在弹出的对话框中,在分量 2 文本框中输入"−50000",单击确定按钮,完成载荷的施加,如图 7.16 所示。

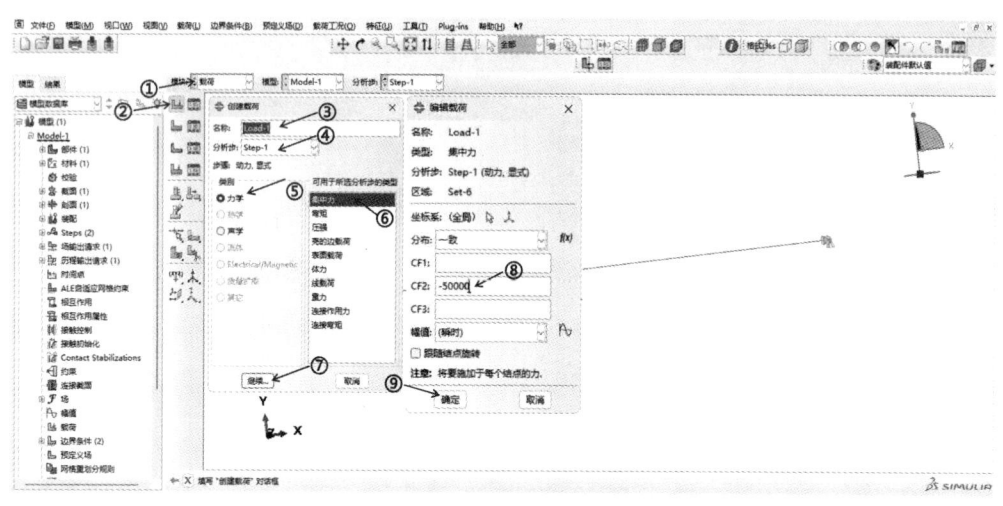

图 7.16　施加集中载荷

(3)施加简谐荷载。

首先应对简谐荷载设置幅值,进入创建幅值对话框,名称设为 Amp-1,选择周期,在弹出的对话框中,时间跨度选择分析出时间圆频率输入"52.33",开始时间和初始幅值输入"0",A 输入"0",B 输入"1"。

同时,简支钢梁中心承受垂直 X 轴方向竖直向下的简谐荷载,将该荷载施加在模型中,单击创建载荷图标,在弹出的对话框中,输入载荷名称,分析步选择 Step-1,类别选择力学,可用于所选分析步的类型选择集中力,单击继续按钮。选择中点,单击完成按钮,在弹出的对话框中,在分量 2 文本框中输入"−2000",幅值选择 Amp-1,单击确定按钮,完成载荷的施加,如图 7.17 所示。

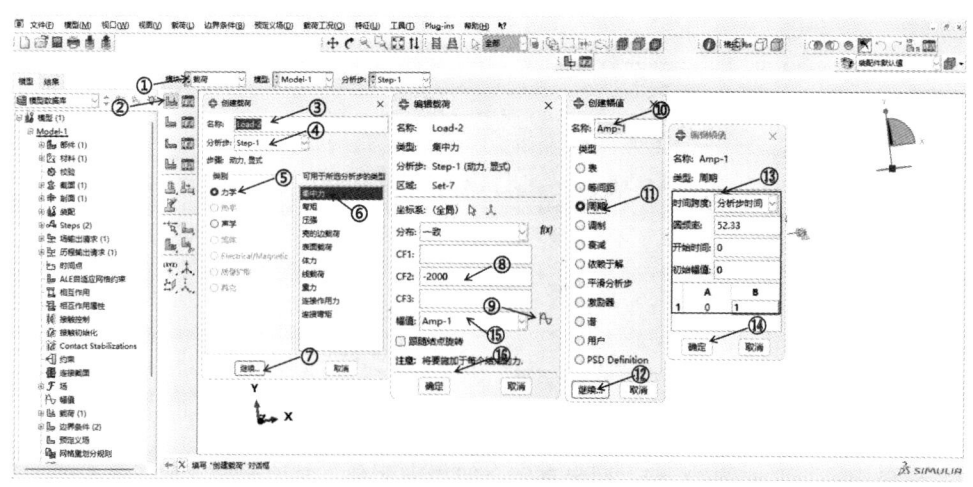

图 7.17　施加简谐载荷

7.2.8 提交分析作业

切换进入作业模块，单击创建作业图标，在弹出的对话框中，输入作业名称，单击继续按钮，在弹出的对话框中，接受默认选项，单击确定按钮，完成作业定义，如图7.18所示。

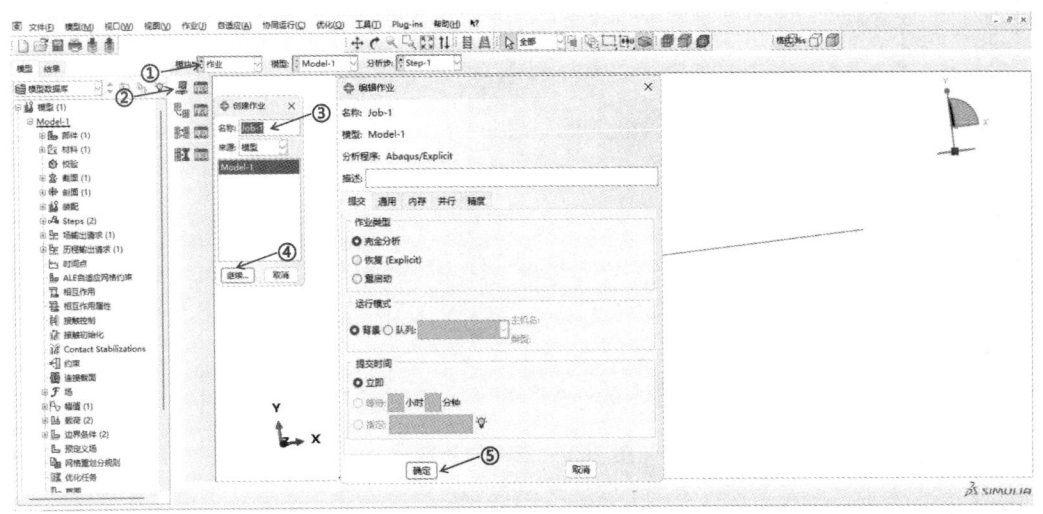

图 7.18 定义作业

单击作业管理器图标，选中当前作业，单击提交按钮，提交作业，在分析过程中，可单击监控按钮，可查看分析过程中出现的警告信息，如图7.19所示。

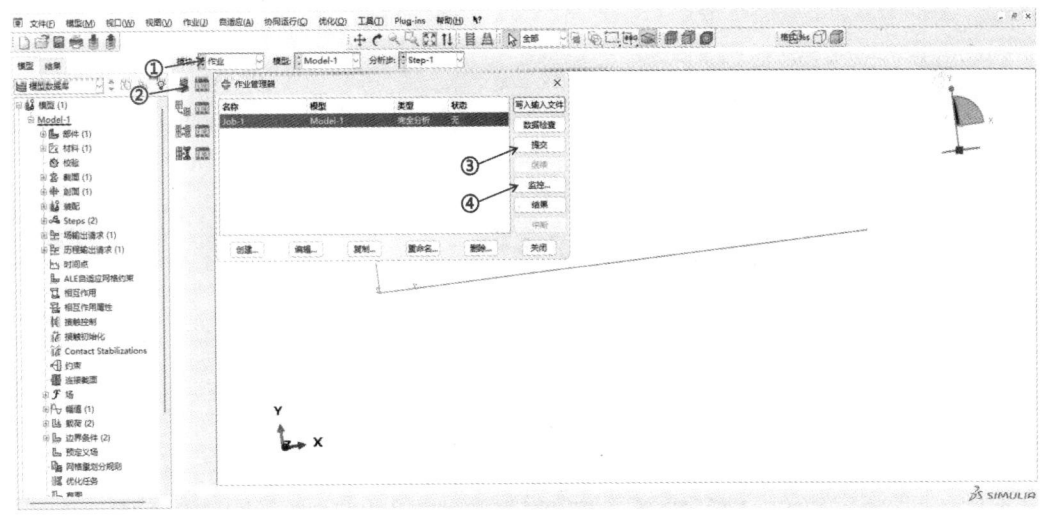

图 7.19 提交作业

7.2.9 后处理

作业管理器对话框的状态显示为完成时，单击结果按钮进入可视化模块后处理界面，如图7.20所示。

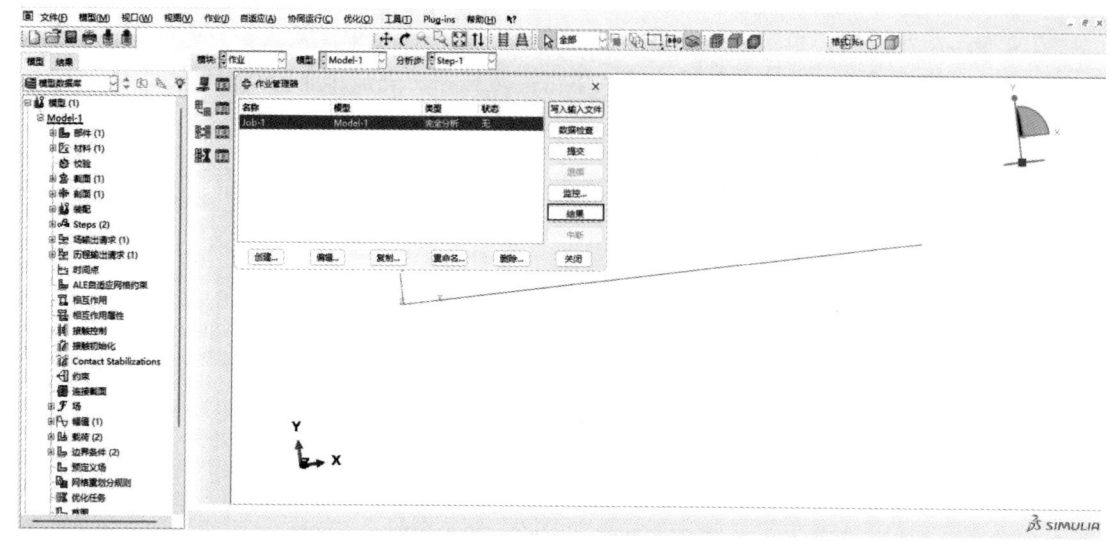

图 7.20　进入后处理

切换进入可视化模块，单击在变形图上绘制云图按钮，在上方菜单栏处可选择需要查看的输出量。

若需要查看在真实比例下的变形，以及截面剖面下的变形，单击通用选项按钮，在弹出的对话框中切换到基本信息选项卡，在变形缩放系数内选择一致，数值文本框中输入"1"，单击确定按钮，即可查看真实比例下的变形云图，如图 7.21 所示。

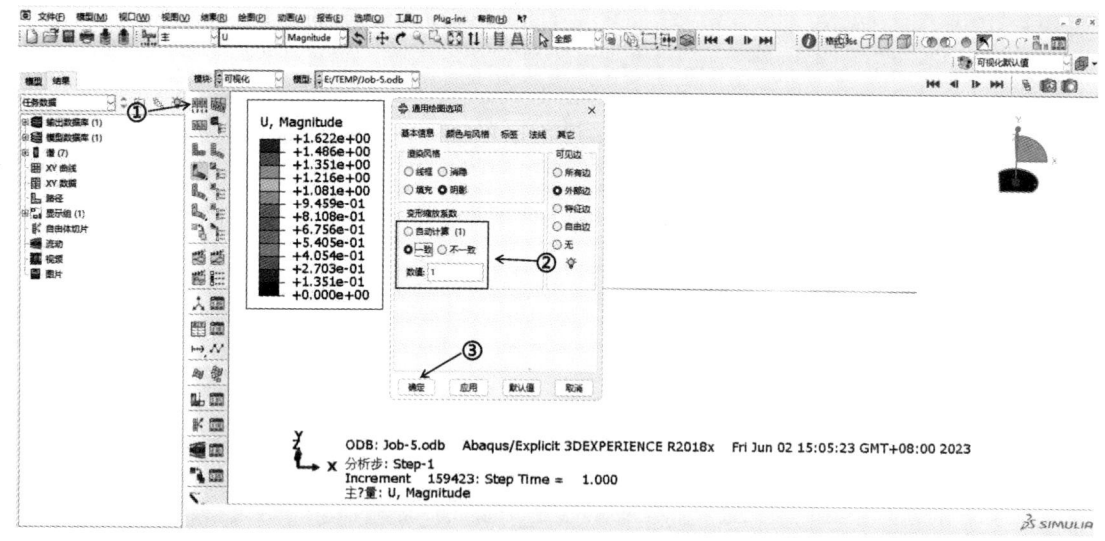

图 7.21　真实比例变形云图

通过在菜单栏中选择视图命令，在弹出的子菜单中选择部件显示选项命令，并在弹出的对话框中切换到通用选项卡，勾选辅助显示内的渲染剖面复选框，单击确定按钮，即可查看截面剖面下的结果云图，如图 7.22 所示。

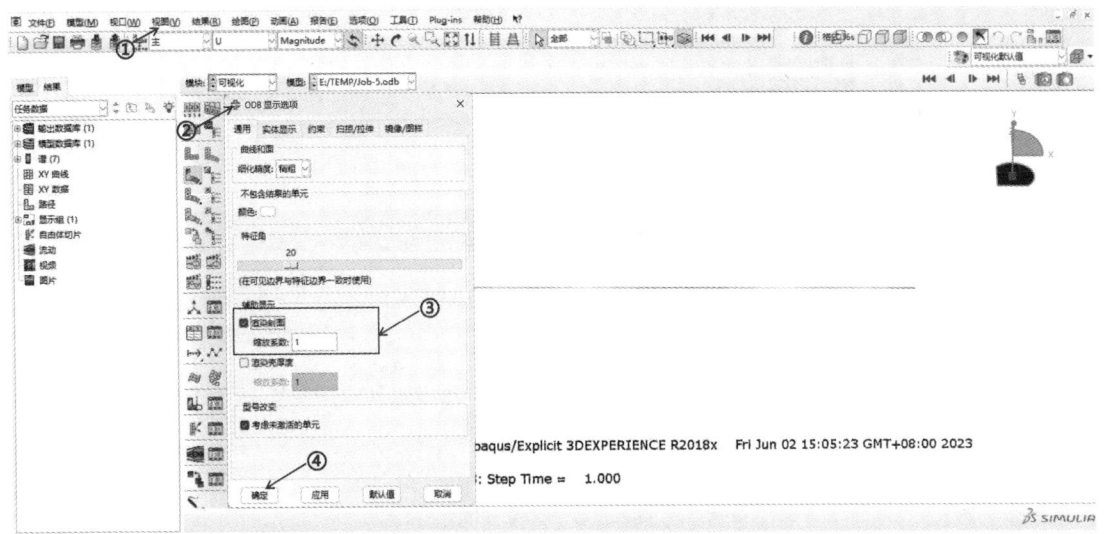

图 7.22　真实剖面变形云图

此处选择 S、Mises，可查看结构应力云图，如图 7.23 所示。

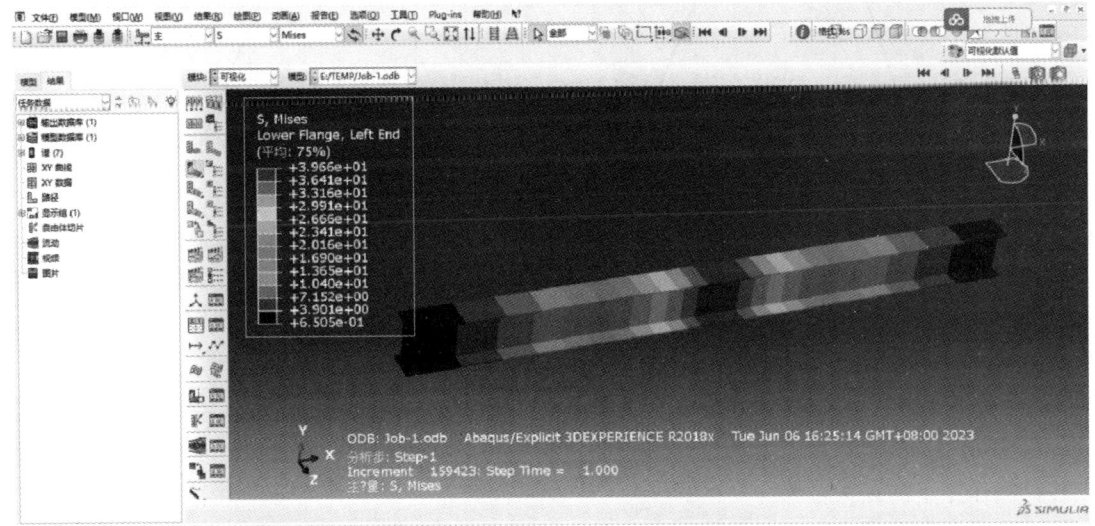

图 7.23　应力云图

选择 U、Magnitude，即可查看结构位移云图，如图 7.24 所示。点击 XY 数据，点击 ODB 场输出，选择简支梁的中心点，即简谐荷载的作用点，可得到该点的位移时程曲线如图 7.25 所示。

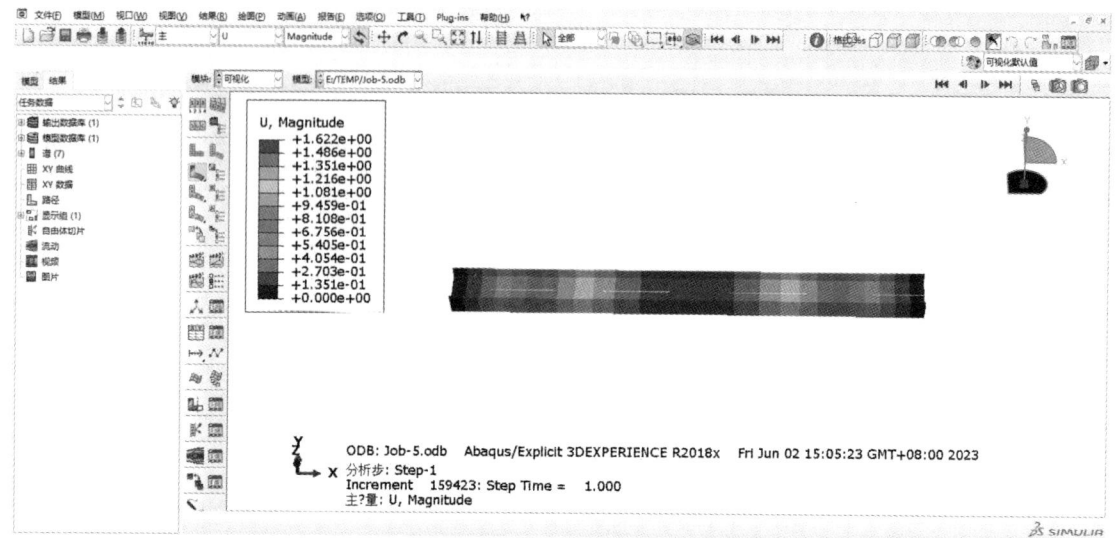

图 7.24 位移云图

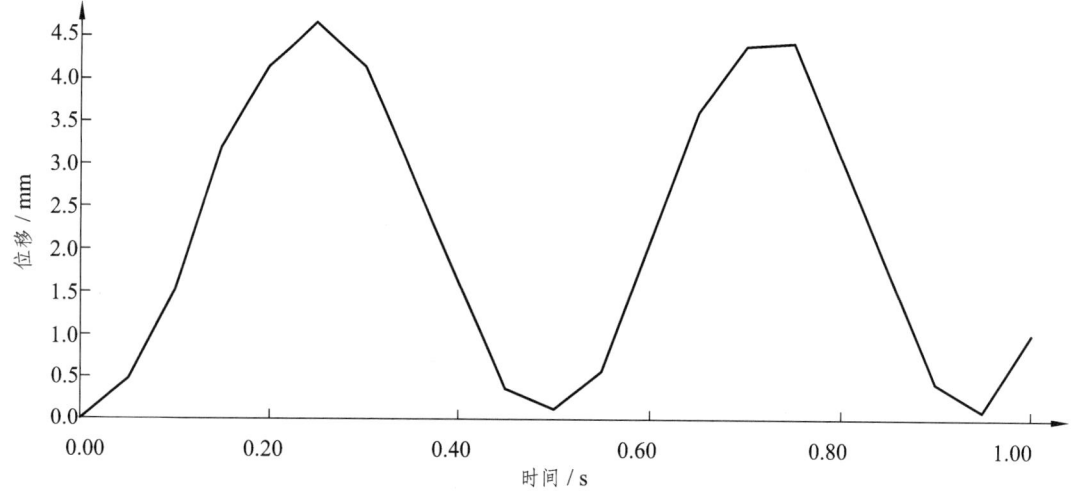

图 7.25 简谐荷载作用点的位移时程曲线

由图可知，荷载作用点处的位移时程曲线符合正弦函数曲线，振幅为 4.675 mm，即为该点在荷载作用下的最大位移。

7.2.10 Abaqus 计算与理论计算结果比对

1. 结　果

该简支结构为简支钢梁，该梁的最大挠度包括离心力（简谐荷载）作用下产生的最大动位移以及电机重力（集中荷载）作用下的竖向振动位移。

（1）离心力（简谐荷载）作用下产生的最大动位移。

① 简支钢梁的自振频率。

$$\omega = \sqrt{\frac{48EIg}{Wl^3}} = \sqrt{\frac{48 \times 2.1 \times 10^4 \times 9\,876.8 \times 980}{50 \times 400^3}} = 55.217(\text{Hz}) \qquad (7.14)$$

② 简谐荷载的频率。

$$\theta = \frac{2\pi n}{60} = 2 \times 3.141\,3 \times \frac{500}{60} = 52.355(\text{Hz}) \qquad (7.15)$$

③ 动力系数。

$$\mu = \frac{1}{1-\left(\dfrac{\theta}{\omega}\right)^2} = \frac{1}{1-\left(\dfrac{52.355}{55.217}\right)^2} = 9.903 \qquad (7.16)$$

④ 最大静位移。

$$y_{st} = \frac{P_0}{m\omega^2} = \frac{2}{50/980 \times 55.217^2} = 0.012\,9(\text{cm}) \qquad (7.17)$$

⑤ 最大动位移。

$$y_{d\max} = \mu y_{st} = 9.903 \times 0.012\,9 = 0.127(\text{cm}) \qquad (7.18)$$

（2）电机重力（集中荷载）作用下的竖向振动位移。

① 柔度系数。

$$\delta = \frac{l^3}{48EI} = \frac{400^3}{48 \times 2.1 \times 10^4 \times 9\,876.8} = 0.006\,43 \qquad (7.19)$$

② 重量作用下的位移。

$$\Delta_W = W\delta = 50 \times 0.006\,43 = 0.321\,5(\text{cm}) \qquad (7.20)$$

③ 梁的最大挠度。

$$y_{\max} = y_{d\max} + \Delta_W = 0.127\,7 + 0.321\,5 = 0.449\,2(\text{cm}) \qquad (7.21)$$

2. 结果比对

图 7.26 所示为图 7.25 简谐荷载作用点的位移时程曲线峰值，为 4.675 17 mm，与理论计算结果 4.492 mm 相差很小，误差小于 5%。

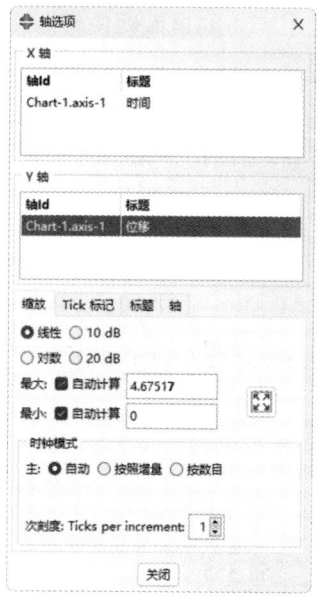

图 7.26 位移时程曲线峰值

7.3 工程案例分析：跌落动力分析

7.3.1 问题的描述

如图 7.27 所示，手机模型高 146.7 mm，宽 71.5 mm，厚 7.8 mm，四周的圆角半径 $R=7.5$ mm。地面板可看作刚体，手机的杨氏模量 $E=200\,000$ N/mm^2，泊松比 $\mu=0.3$。手机从距地面 0.5 m 高处以跌落，模拟手机的跌落全过程。

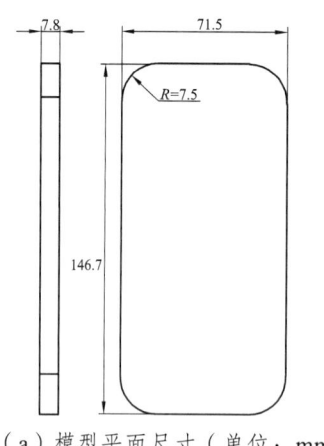
（a）模型平面尺寸（单位：mm）

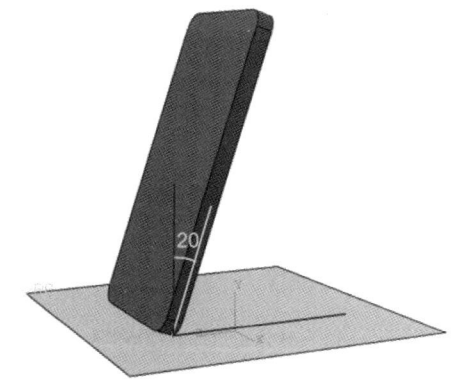
（b）模型三维图

图 7.27 手机几何模型

（1）自由落体是典型的动力问题，分析步类型应为动力显式算法，使用 Abaqus/Explict 作为求解器。

（2）在显式动态分析步中，默认的几何非线性参数 Nlgeom 为 On。

（3）定义分析步时需设置稳定时间增量，与材料密度有关。

7.3.2 创建部件

(1) 创建手机部件。启动 Abaqus/CAE，点击模型数据库，进入部件模块，点击创建部件，输入名称，将模型空间设为三维，保持默认的参数类型，类型为可变性，形状为实体，类型为拉伸，在大约尺寸文本框中输入"300"，点击继续，如图 7.28 所示。

首先创建二维平面，点击左侧工具区中的矩形工具及修改长度工具来绘制高 146.7 mm，宽 71.5 mm 的矩形，并修改四个圆角半径为 7.5 mm。在弹出的拉伸编辑中设置拉伸深度为 7.8 mm，点击确定。在视图区中续点击鼠标中键来完成操作。

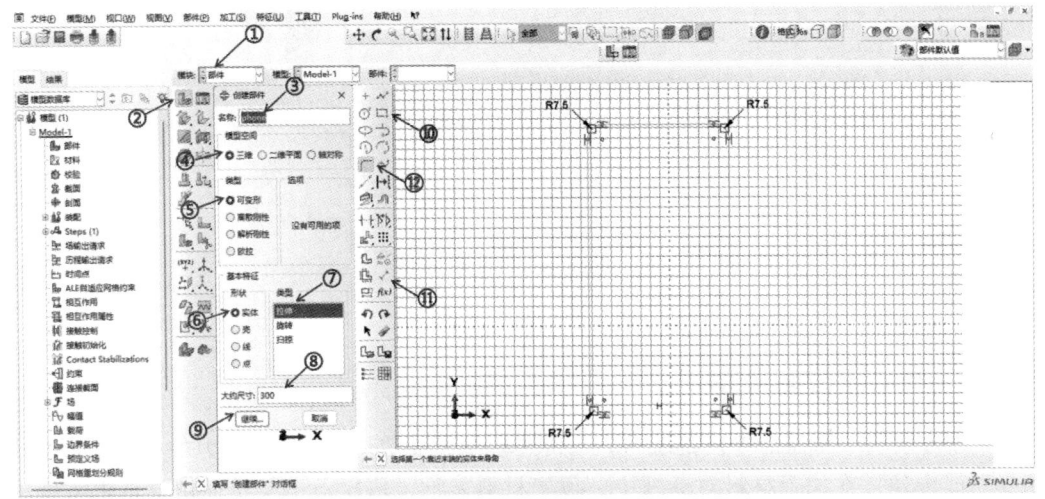

图 7.28 创建手机部件

(2) 创建地面板。再次点击创建部件，输入名称，参数模型空间仍为三维，将类型改为解析刚性，基本特征保持默认的参数为拉伸壳，在大约尺寸文本框中输入"300"，点击继续。

点击左侧工具区的创建线来绘制一条长为 150 mm 的直线，点击鼠标中键确定，设置拉伸尺寸为 150。在视图区中继续点击鼠标中键来完成操作。创建地面板如图 7.29 所示。

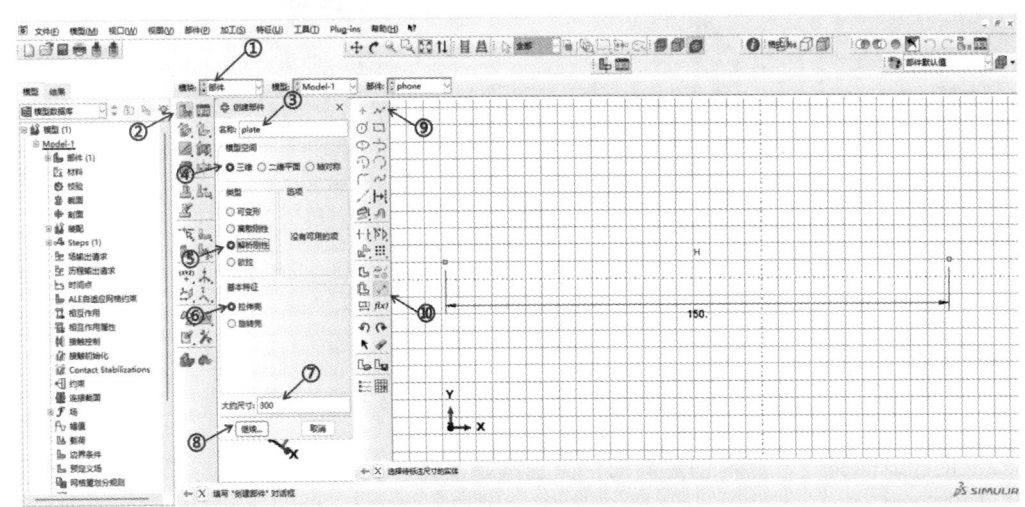

图 7.29 创建地面板

（3）指定刚体部件的参考点。在主菜单中依次选择工具、参考点。参考点在视图区中显示为一个黄色的叉子，旁边标以 RP，如图 7.30 所示。

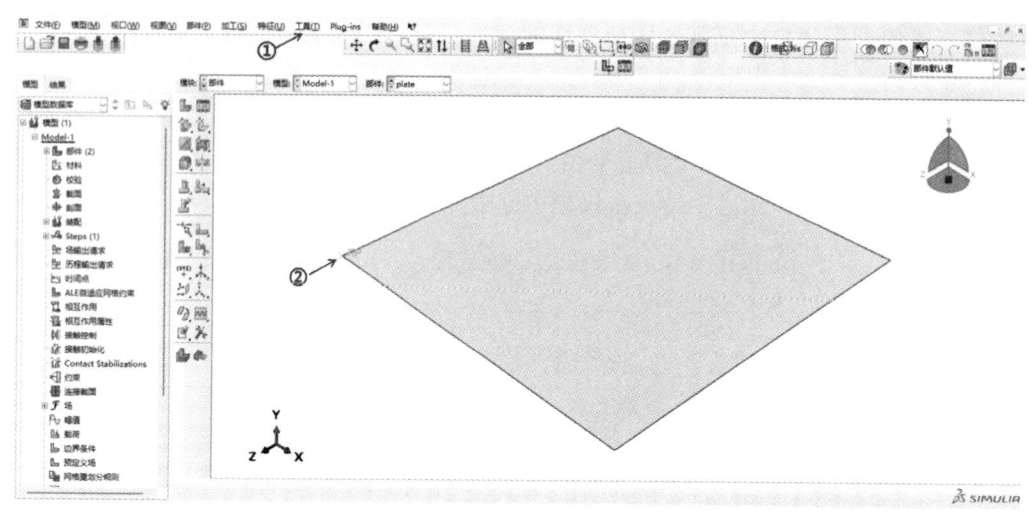

图 7.30　设置参考点

7.3.3　材料和截面属性

（1）创建材料。为保证单位的统一，几何建模中尺寸单位采用 mm，力的单位采用 N。进入属性功能模块，在编辑材料对话框中，设置材料名称，依次点击菜单通用、点击密度，设置质量密度；依次点击菜单力学、弹性，设置杨氏模量和泊松比，然后点击确定，如图 7.31 所示。

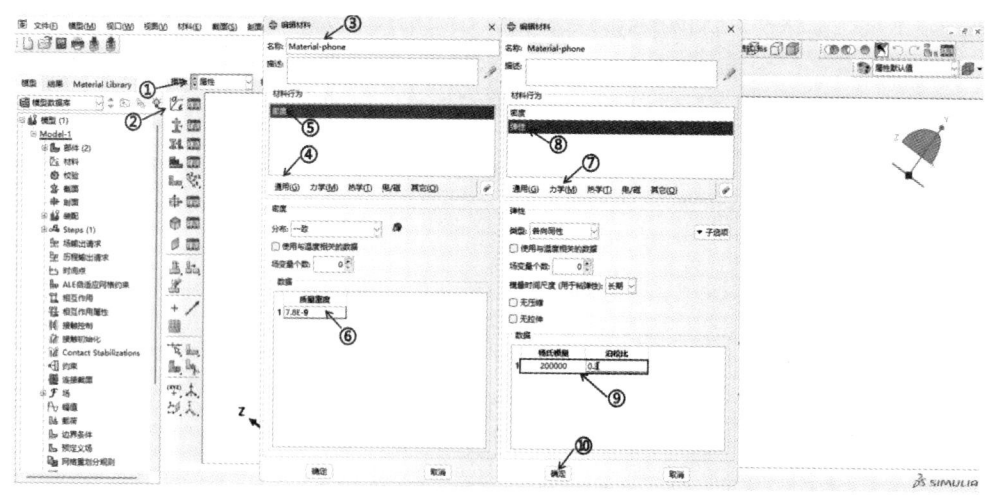

图 7.31　创建材料

（2）创建截面属性。点击创建截面，类别选择实体，类型为均质，点击继续，然后点击确定，如图 7.32 所示。

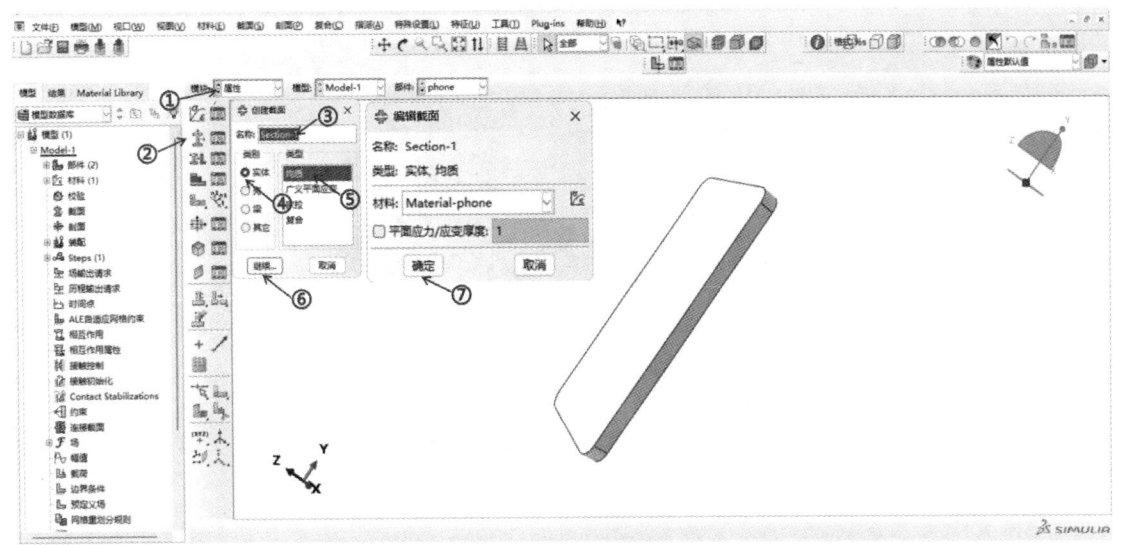

图 7.32 创建截面属性

(3) 赋予截面属性。点击指派截面,为柔体部件 Phone 赋予截面属性,如图 7.33 所示。

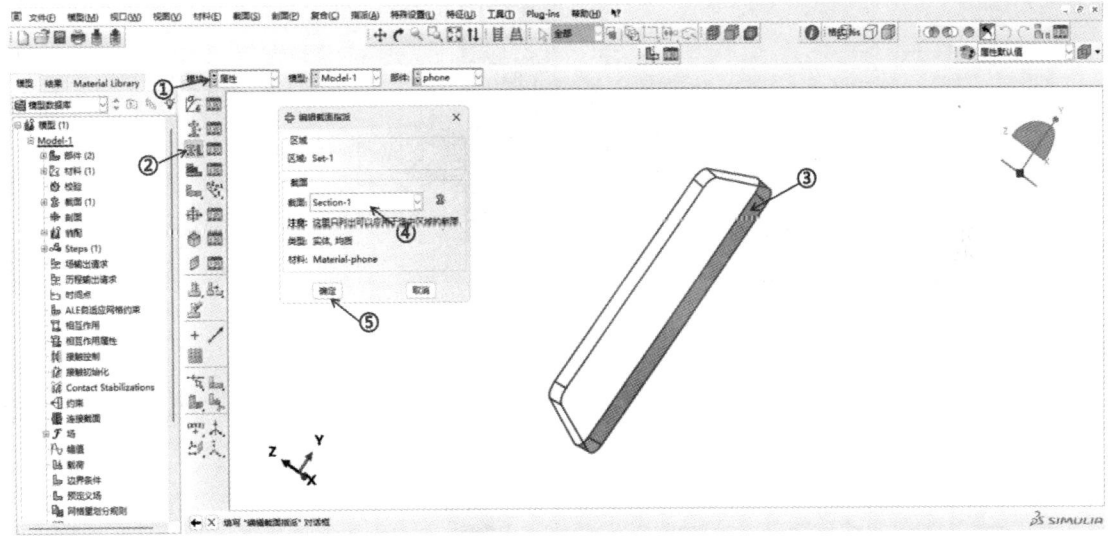

图 7.33 赋予截面属性

7.3.4 定义装配

(1) 进入装配功能模块,在弹出的创建实例对话框中拖动鼠标来选中全部部件,点击确定,如图 7.34 所示。

重新定位手机和解析刚性面,将解析刚性面移动到手机的最下面,并偏移坐标,使手机位于解析刚性面范围内,如图 7.35 所示。点击旋转命令,使手机绕底边顺时针旋转 20°,如图 7.36 所示。

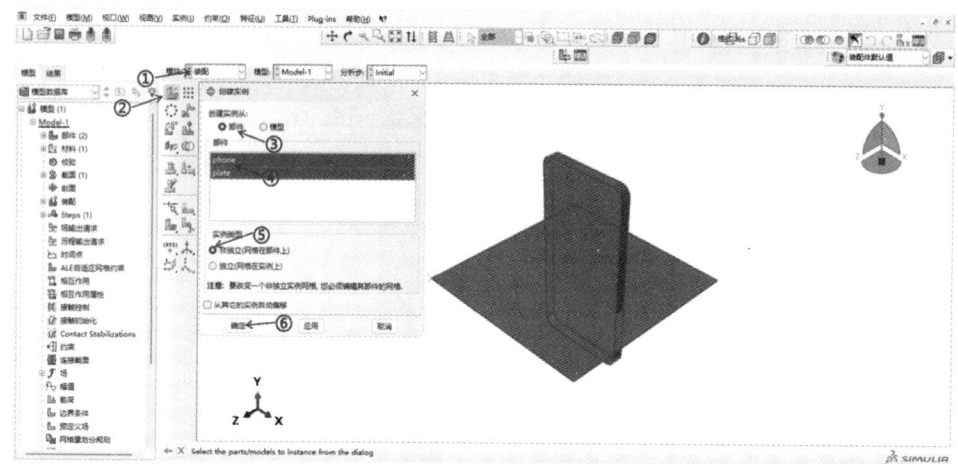

图 7.34 定义装配

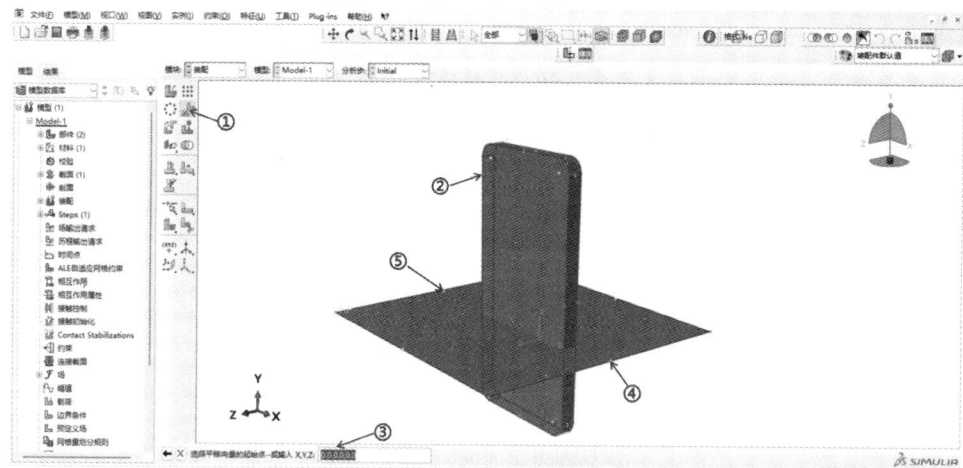

图 7.35 定位手机（移动）

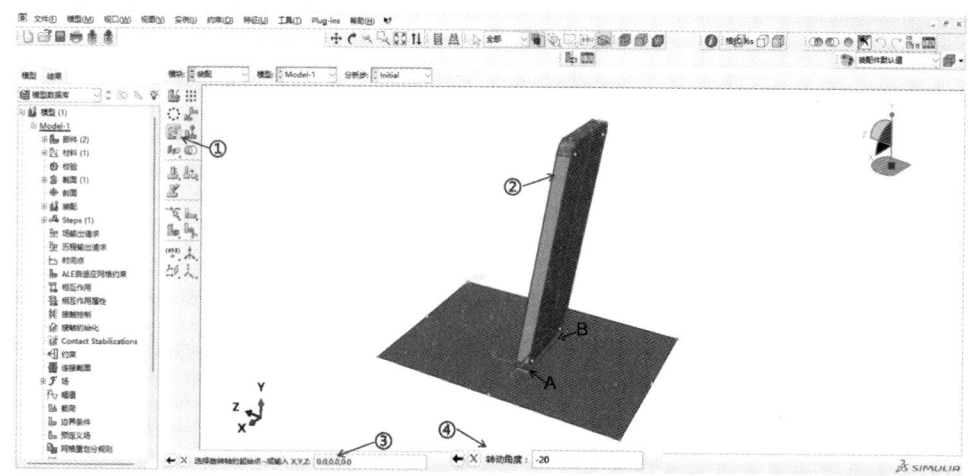

图 7.36 定义手机（旋转）

（2）建立面集合。主菜单中依次选择工具、表面、创建，输入名称，点击继续，选中解析刚性面，并选择棕色作为接触面，如图 7.37 所示。

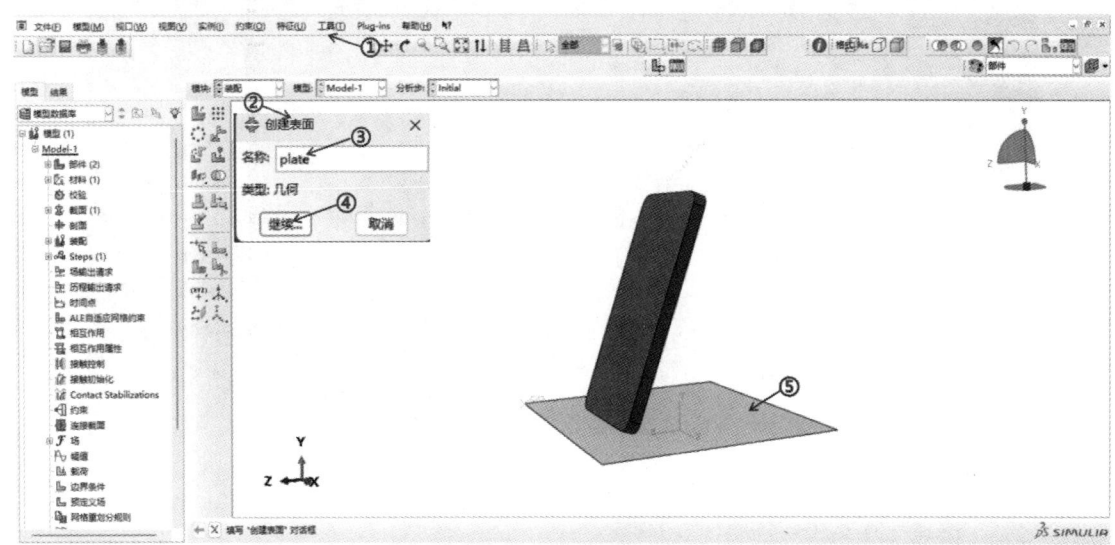

图 7.37 建立面集合

7.3.5 划分网格

进入网格功能模块，在窗口顶部的环境栏中将对象选项设为部件 Phone。点击种子部件，在全局种子对话框中把近似全局尺寸设为 5，如图 7.38 所示。地面板采用解析刚性面建立，故不划分网格。

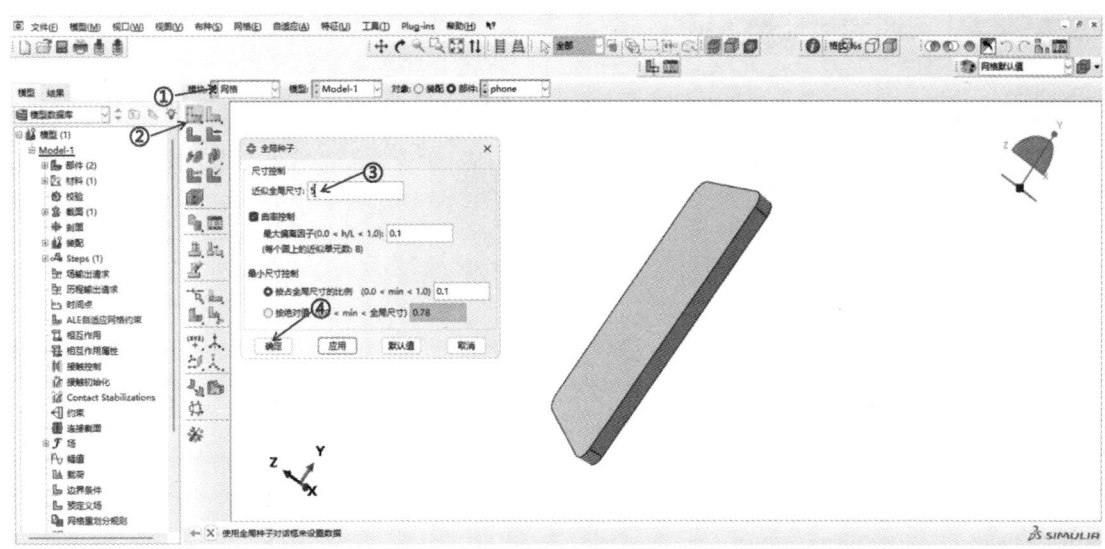

图 7.38 划分网格

点击查看网格，得到如图 7.39 所示的网格。

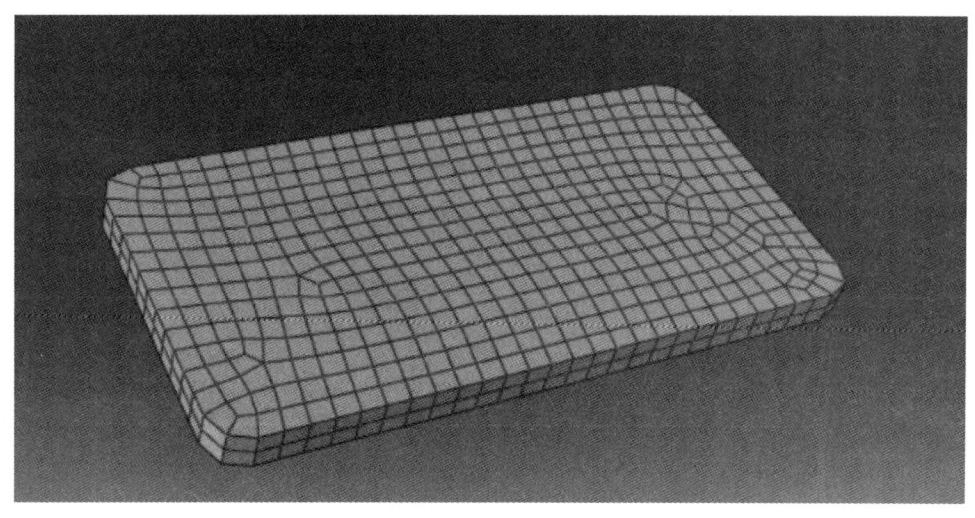

图 7.39　查看网格

7.3.6　设置分析步

定义显式求解分析步。进入分析步功能模块，点击创建分析步，在对话框内选择动力，显式，点击继续；在弹出的编辑分析步对话框中，选择基本信息菜单，将时间长度值设为 0.003，几何非线性设为开，点击确定，如图 7.40 所示。

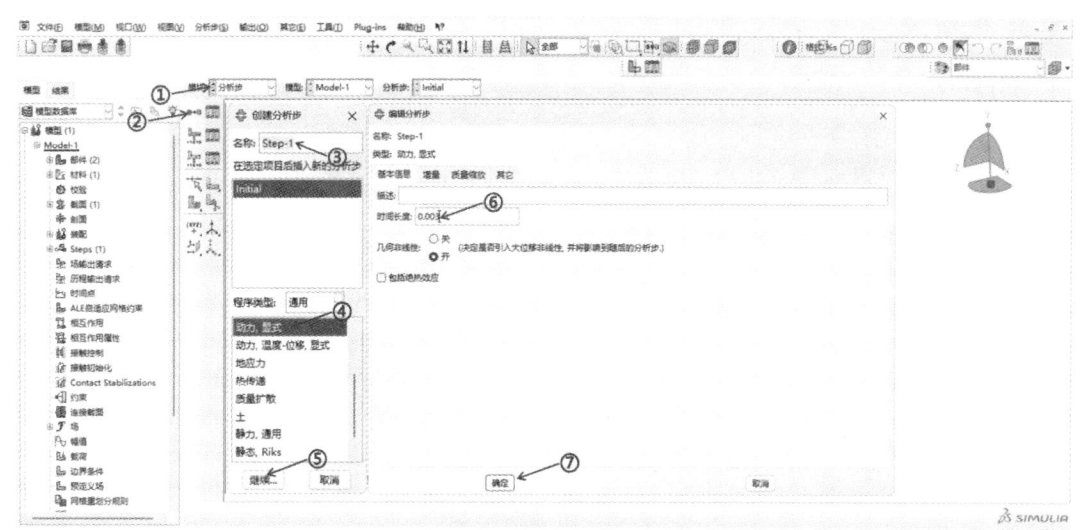

图 7.40　定义分析步

7.3.7　定义接触

（1）定义各个接触面。进入相互作用功能模块，点击创建，选中通用接触（Explicit），点击继续，选定全部含自身，点击确定，如图 7.41 所示。

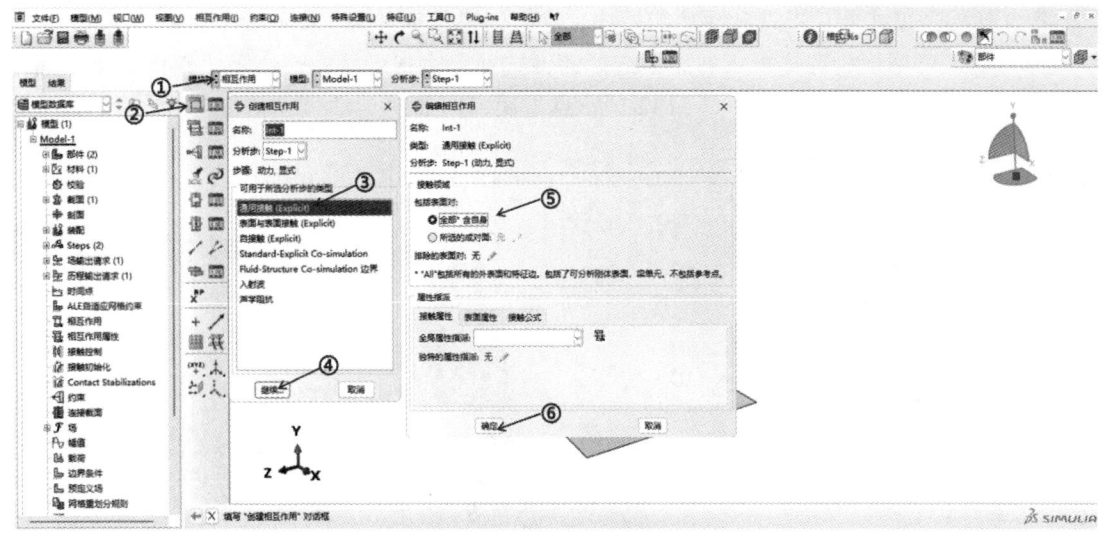

图 7.41 定义接触面

（2）定义接触属性。点击常见接触属性，选择接触，点击继续，选中力学、切向行为，将摩擦公式设为罚，将摩擦系数设为 0.1，再点击确定，如图 7.42 所示。

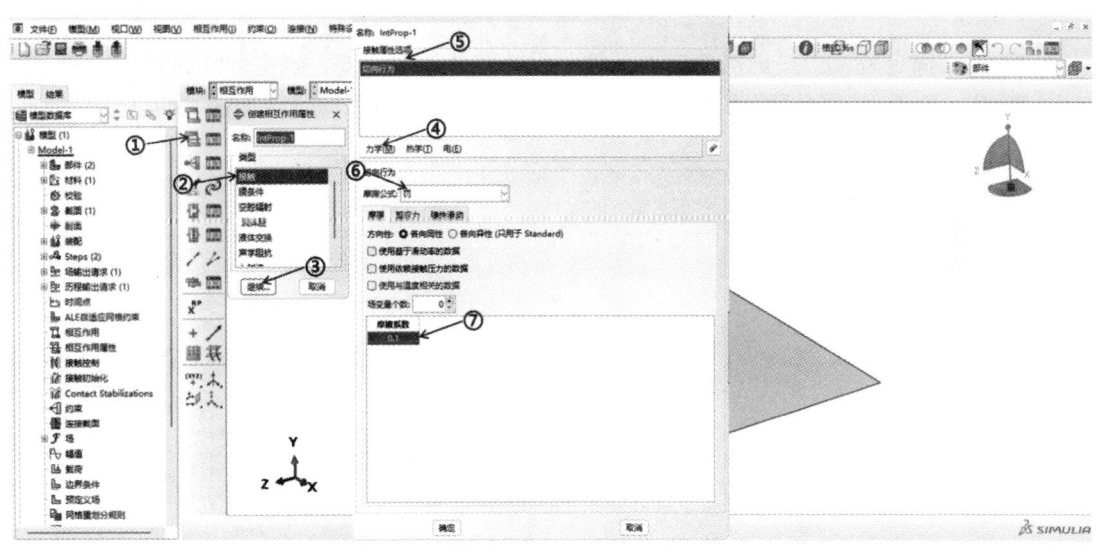

图 7.42 定义接触属性

（3）定义手机和刚性面之间的接触。在主菜单中选择相互作用管理器，选定 Step 为新建的，然后点击激活。

7.3.8 定义边界条件

（1）定义初速度。手机是从 0.5 m 高度处落下，为了减少计算时间，将重力势能转化为接触瞬间的动能，利用转化公式 $mgh=1/2mv^2$，代入计算得到 $v=3\ 132.1$ mm/s。

定义初始速度步骤：进入载荷功能模块，点击创建预定义场，将分析步切换到 Initial，类别选择力学，可用于所选分析步的类型选择速度选项，点击继续；选中手机整体，点击鼠标中键确定，在 V2 文本框中输入"-3132.1"，点击确定，如图 7.43 所示。

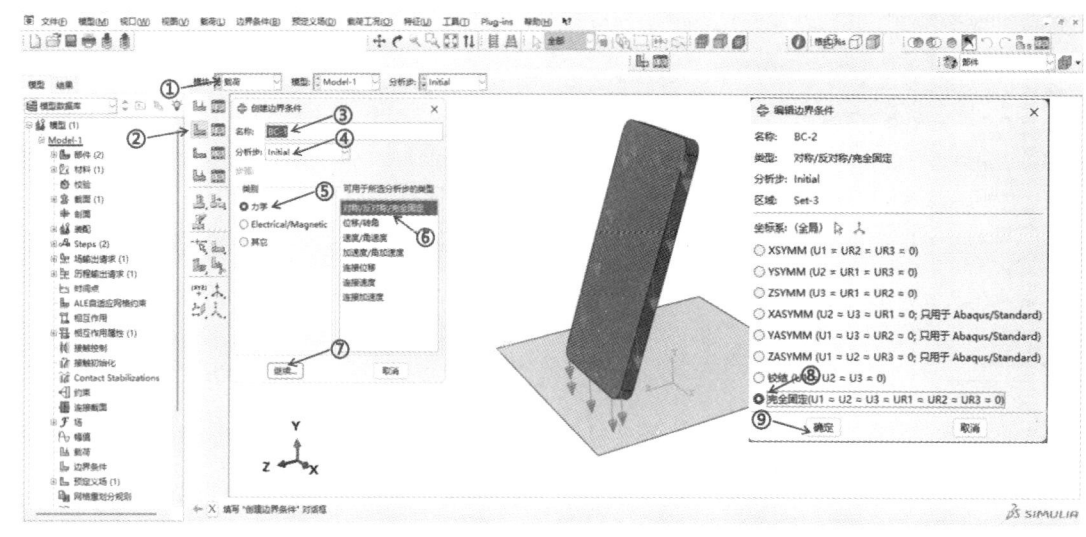

图 7.43　定义初速度

（2）定义固定地板。点击创建边界条件，保持默认设置不变，点击继续，选定地板，鼠标中键确认，在弹出的对话框中选择完全固定的边界条件，点击确定，如图 7.44 所示。

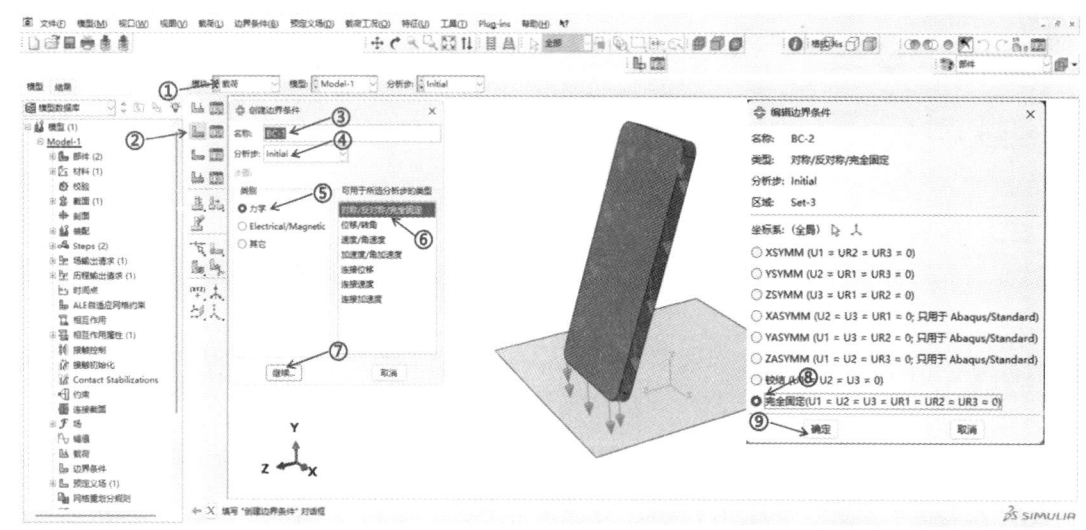

图 7.44　定义边界条件

7.3.9　定义荷载

点击创建荷载，在对话框中，类别选择力学，类型选择重力，点击继续，分量 2 的文本框中输入"-9810"，点击确定，如图 7.45 所示。

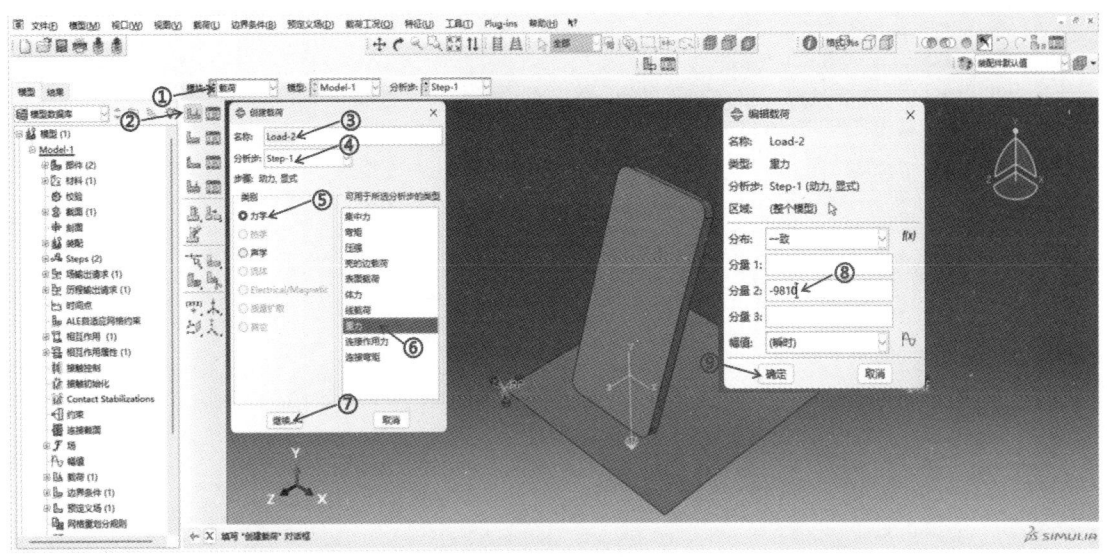

图 7.45　定义荷载重力

7.3.10　提交分析作业

进入作业功能模块，创建分析作业，点击继续，进入编辑作业对话框，点击精度，将计算精度 Abaqus/Explicit 精度选为两者-分析+packager，点击确定，保存所建的模型，然后提交分析，如图 7.46 所示。

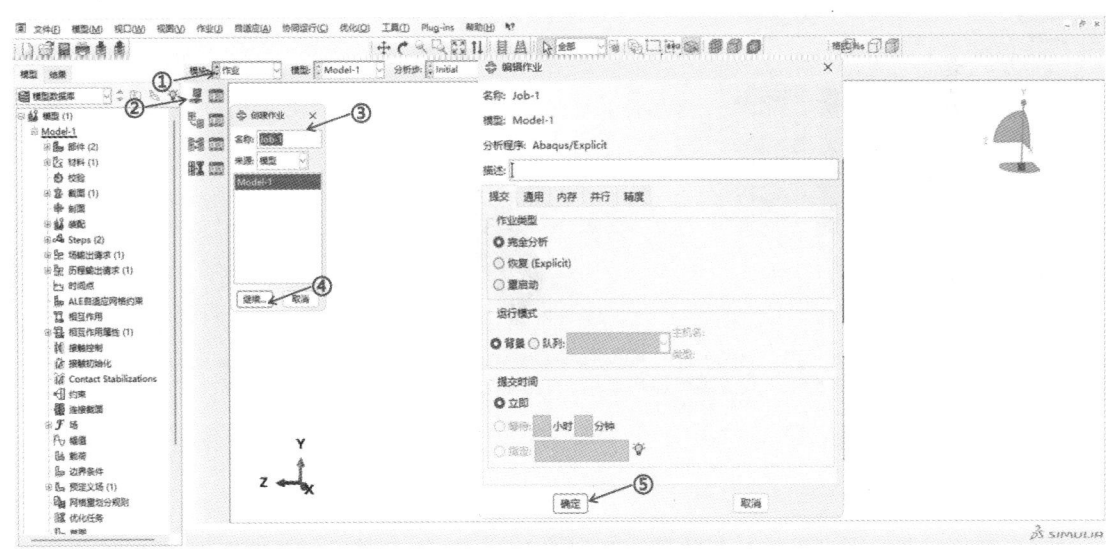

图 7.46　提交分析作业

7.3.11　后处理

分析完成后，点击结果，进入后处理功能模块。作业监控器如图 7.47 所示。

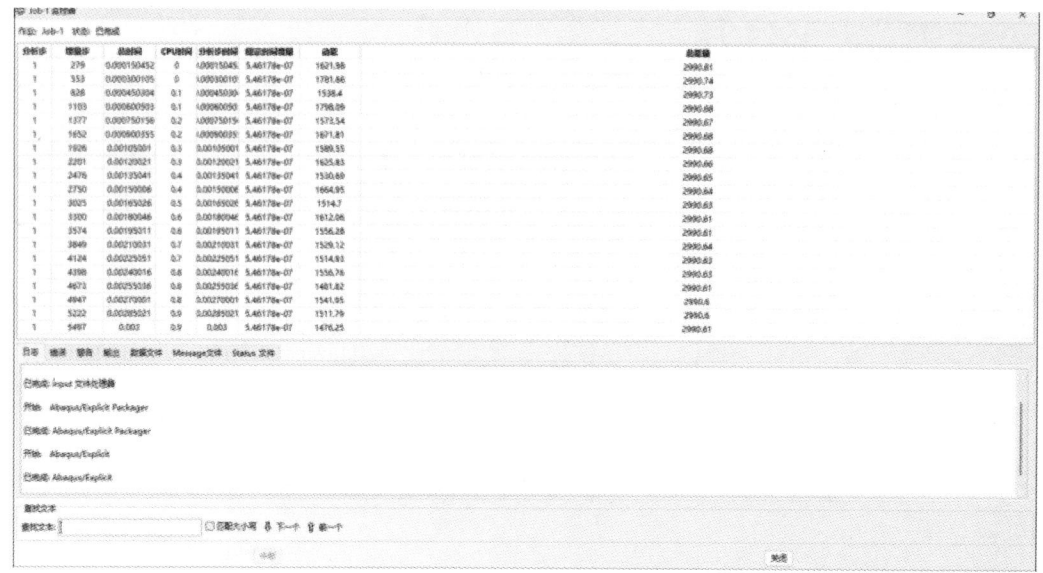

图 7.47 作业监控器

点击应力云图,得到手机摔落最后时刻的 Mises 等效应力云图,如图 7.48 所示。采用默认平均阈值 75% 作为应力平均参数,图中显示了各个节点处的 Mises 应力值,最小应力值为 3.46 MPa,最大应力值为 56.32 MPa。

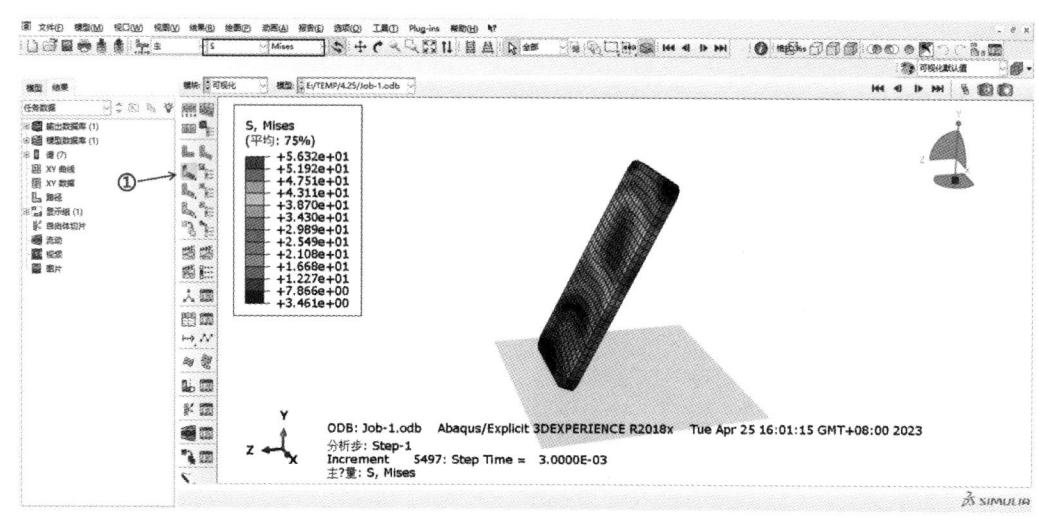

图 7.48 应力云图

点击位移云图,得到手机摔落的最后时刻的 Magnitude 位移云图如图 7.49 所示,各个节点处的位移分布变化范围为 0~9.742 mm。

点击历程输出,得到如图 7.50 所示模型的摩擦耗散能 ALLFD、动能 ALLKE、内能 ALLIE、可恢复应变能 ALLSE 及能量总和 ETOTAL 的变化曲线。摔落过程中能量总和始终保持 3 000 mJ 不变,在跌落的瞬间,动能骤减,转化为内能及其他耗散能。

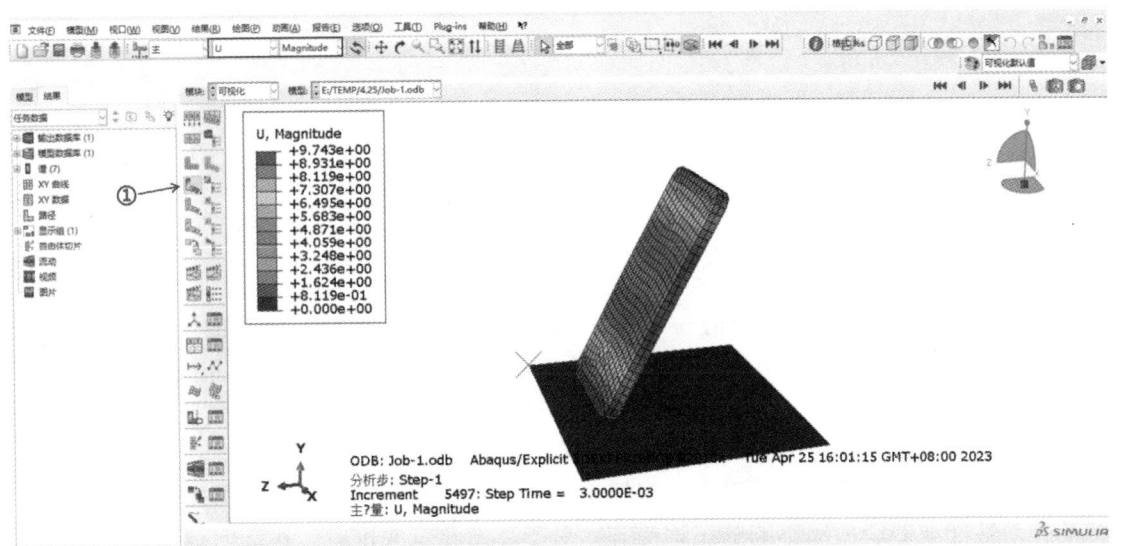

图 7.49 位移云图

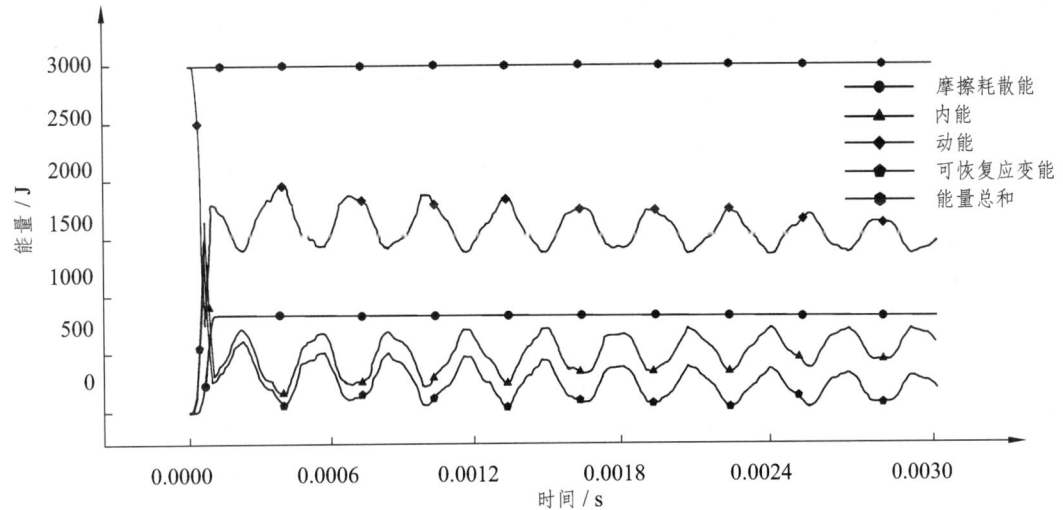

图 7.50 能量时程曲线

第 8 章 模态分析

结构模态分析作为工程学科的一项重要技术，专注于研究和评估结构的振动特性。结构模态分析需要读者掌握严谨的科学方法与分析技巧，通过数学建模、计算分析、实验验证等手段来研究结构的振动特性，从而培养学生的科学思维。结构模态分析广泛应用于建筑、桥梁、风力发电和航空航天等领域的工程结构振动性能评估，直接关系到人们的生命与财产安全。利用有限元分析软件，可以深入理解工程结构的振动特性，从而创新性地提出改善结构的振动性能或减轻振动影响的工程措施。对于高耸建筑或桥梁，振动问题可能会导致居住者不适或结构损坏。通过模态分析设计振动隔离系统，可有效减少振动的传递，从而保障建筑物的安全。

本章主要介绍模态分析的基本概念、简单的结构模态分析以及桥梁复杂结构建模分析案例，展示有限元分析在实际工程中的应用。通过讨论这些案例，读者可以更好地理解工程伦理和社会责任等，培养全面发展的工程师意识。同时，强调科学方法与创新思维的重要性，以便今后在工程实践中更好地应对挑战与解决问题。

8.1 模态分析基本概念

8.1.1 模态分析基本理论

模态是结构的固有振动特性，每个模态具有特定的固有频率、阻尼比和模态振型。模态参数可以由计算或试验分析取得，这样一个计算或试验分析过程称为模态分析。振动模态是弹性结构固有的、整体的特性，模态分析的最终目标是识别出结构的模态参数，为结构的振动分析、振动故障诊断和预报、结构动力特性的优化设计提供依据。

在物理坐标系中，一个典型的 n 个自由度结构的运动微分方程为

$$M\ddot{x}(t) + C\dot{x}(t) + Kx(t) = f(t) \tag{8.1}$$

式中：M、C、K——结构的质量矩阵、阻尼矩阵、刚度矩阵，均为 n 阶方阵；

$f(t)$——n 维的激振力列向量；

$\ddot{x}(t)$、$\dot{x}(t)$、$x(t)$——结构的位移响应向量、速度响应向量、加速度响应向量，均为 n 维列向量。

多自由度结构振动方程式（8.1）在不考虑阻尼情况下的自由振动方程为

$$M\ddot{x}(t) + Kx(t) = 0 \tag{8.2}$$

根据微分方程理论，设上式的复数解为 $x(t) = Xe^{i\omega t}$，则 $\ddot{x}(t) = -\omega^2 Xe^{i\omega t}$，将其代入上式得到以广义特征值形式表示的方程为

$$(K - \omega^2 M)X = 0 \tag{8.3}$$

式（8.3）称为结构的特征方程，ω^2 和 X 分别是结构的特征值和特征向量，从结构参数的角度来看，ω 和 X 又分别是结构的固有圆频率和位移振型向量。

根据线性代数理论，要使位移振型向量有非零解，只有特征方程的系数矩阵的行列式等于 0，即

$$|K - \omega^2 M| = 0 \tag{8.4}$$

如果该结构具有 n 个自由度，则刚度矩阵 K 和质量矩阵 M 均为 n 阶方阵，求解式（8.4）得到该方程的 n 个解 $\omega_r (r = 1, 2, \cdots, n)$，这 n 个解即是结构的 n 阶无阻尼固有圆频率。

由于特征方程式（8.4）的系数矩阵的行列式为零，所以特征向量具有无穷多组解，这些解均是 n 个线性无关的特解的线性叠加。将求得的 ω_r 代入式（8.4）可求得任意一个特解（又称为振型向量），由结构的 n 阶位移振型向量可以组合成结构的位移振型矩阵。可以证明，位移振型向量具有如下的正交性

$$\begin{cases} X_r^T M X_j = \begin{cases} 0 & (r \neq j) \\ m_r & (r = j) \end{cases} \\ X_r^T K X_j = \begin{cases} 0 & (r \neq j) \\ k_r & (r = j) \end{cases} \end{cases} \tag{8.5}$$

式中：m_r——第 r 阶广义质量，在模态分析中又称为模态质量；

k_r——第 r 阶广义刚度，在模态分析中又称为模态刚度。

式（8.5）也可以写为矩阵乘积的形式。

$$\begin{cases} X^T M X = \begin{bmatrix} m_1 & & \\ & \ddots & \\ & & m_n \end{bmatrix} \\ X^T K X = \begin{bmatrix} k_1 & & \\ & \ddots & \\ & & k_n \end{bmatrix} \end{cases} \tag{8.6}$$

利用结构的各阶广义质量和广义刚度可以计算相应阶次的固有频率为

$$\omega_r = \sqrt{\frac{k_r}{m_r}} \quad (r = 1, 2, \cdots, n) \tag{8.7}$$

结构的位移振型向量可以进行任意的幅值缩放和方向调整，其幅值缩放特性体现在对 X_r 的幅值扩大任意的 k 倍得到的 kX_r 仍是结构的位移振型，其方向特性体现在对 X_r 调整为负方向得到的 $-X_r$ 也仍然是结构的位移振型。振型向量的幅值和方向特性为模态分析的重点研究对象，常用质量归一化振型表达，这是一种重要的振型缩放方法，某些有限元软件计算出来的位移振型即是质量归一化振型，该类振型缩放要求将 X_r 缩放到 $\overline{X}_r^{(3)}$，使其满足由式（8.5）或

式（8.6）计算的模态质量为 1。在质量归一化的位移振型计算中，先计算任意获得的振型 X_r 的模态质量，然后以该模态质量的平方根的倒数作为缩放系数对原来的振型进行缩放，得到的新向量即是结构的质量归一化的位移振型

$$\bar{X}_r^{(3)} = \frac{X_r}{\sqrt{X_r^{\mathrm{T}} M X_r}} \quad (r = 1, 2, \cdots, n) \tag{8.8}$$

易于验证，$\bar{X}_r^{(3)}$ 满足质量归一化条件 $\bar{X}_r^{(3)\mathrm{T}} M \bar{X}_r^{(3)} = m_r = 1$。

在计算多自由结构动力响应的模态分解法和进行结构抗震设计中，位移振型都是一个重要参数，当结构作自由振动或强迫振动时，其任意时刻的振动形式均可以分解为各阶位移振型的线性叠加，这是模态分解法的理论基础。

8.1.2 结构特性矩阵集成

在多自由度结构的有限元分析中，欧拉梁单元的应用最为广泛，如图 8.1 所示，梁单元具有左右两个节点，每个节点均具有轴向（DOF1、DOF4），横向（DOF2、DOF5）和转角（DOF3、DOF6）3 个自由度，欧拉梁单元总共有 6 个自由度。

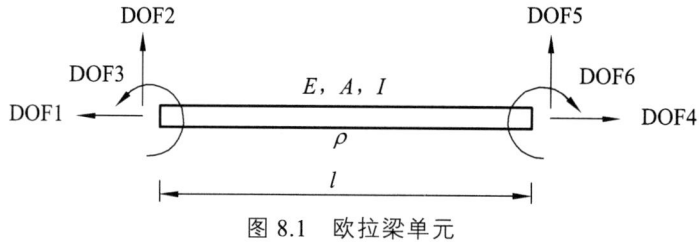

图 8.1 欧拉梁单元

欧拉梁单元的详细推导过程本书不再赘述，只给出经常使用的单元刚度矩阵和单元质量矩阵的结果，具体的理论推导过程可以参考相关文献。

1. 单元刚度矩阵

选取合适的单元形函数，采用能量原理可以推导出 6 个自由度的欧拉梁单元的单元刚度矩阵，见式（8.9），式中矩阵上侧和右侧的数字表示对应的自由度编号。

$$\boldsymbol{K}^e = \begin{bmatrix} \frac{EA}{l} & 0 & 0 & -\frac{EA}{l} & 0 & 0 \\ 0 & \frac{12EI}{l^3} & \frac{6EI}{l^2} & 0 & -\frac{12EI}{l^3} & \frac{6EI}{l^2} \\ 0 & \frac{6EI}{l^2} & \frac{4EI}{l} & 0 & -\frac{6EI}{l^2} & \frac{2EI}{l} \\ -\frac{EA}{l} & 0 & 0 & \frac{EA}{l} & 0 & 0 \\ 0 & -\frac{12EI}{l^3} & -\frac{6EI}{l^2} & 0 & \frac{12EI}{l^3} & -\frac{6EI}{l^2} \\ 0 & \frac{6EI}{l^2} & \frac{2EI}{l} & 0 & -\frac{6EI}{l^2} & \frac{4EI}{l} \end{bmatrix} \tag{8.9}$$

式中：E——单元的弹性模量；

A——截面面积；

I——截面惯性矩；

l——单元长度。

在实际问题中，有时会忽略梁单元的轴向位移，得到下式所示的 4 个自由度的欧拉梁单元的单元刚度矩阵。

$$\boldsymbol{K}^e = \frac{EI}{l^3} \begin{matrix} & 2 & 3 & 5 & 6 & \\ & \begin{bmatrix} 12 & 6l & -12 & 6l \\ 6l & 4l^2 & -6l & 2l^2 \\ -12 & -6l & 12 & -6l \\ 6l & 2l^2 & -6l & 4l^2 \end{bmatrix} & \begin{matrix} 2 \\ 3 \\ 5 \\ 6 \end{matrix} \end{matrix} \tag{8.10}$$

2. 单元质量矩阵

建立质量矩阵的方法有两种：一种是将全部质量换算成集中质量集中在单元节点上，形成集中质量矩阵；另一种是根据能量原理计算每一单元上的质量影响系数，形成一致质量矩阵。现将两种方法分述如下。

（1）一致质量矩阵。

一致质量矩阵中的质量影响系数 m_{ij} 的物理意义是：体系处于平衡位置时，j 自由度上产生单位加速度的惯性力在 i 自由度上引起的约束反力。一致质量矩阵在推导过程中采用的形函数和推导单元刚度矩阵所用的形函数相同，所以称为一致质量矩阵。考虑轴向位移时的一致质量矩阵为

$$\boldsymbol{M}^e = \frac{\rho A l}{420} \begin{matrix} & 1 & 2 & 3 & 4 & 5 & 6 & \\ & \begin{bmatrix} 140 & 0 & 0 & 70 & 0 & 0 \\ 0 & 156 & 22l & 0 & 54 & -13l \\ 0 & 22l & 4l^2 & 0 & 13l & -3l^2 \\ 70 & 0 & 0 & 140 & 0 & 0 \\ 0 & 54 & 13l & 0 & 156 & -22l \\ 0 & -13l & -3l^2 & 0 & -22l & 4l^2 \end{bmatrix} & \begin{matrix} 1 \\ 2 \\ 3 \\ 4 \\ 5 \\ 6 \end{matrix} \end{matrix} \tag{8.11}$$

式中：ρ——单元的质量密度。

忽略轴向位移时的一致质量矩阵为

$$\boldsymbol{M}^e = \frac{\rho A l}{420} \begin{matrix} & 2 & 3 & 5 & 6 & \\ & \begin{bmatrix} 156 & 22l & 54 & -13l \\ 22l & 4l^2 & 13l & -3l^2 \\ 54 & 13l & 156 & -22l \\ -13l & -3l^2 & -22l & 4l^2 \end{bmatrix} & \begin{matrix} 2 \\ 3 \\ 5 \\ 6 \end{matrix} \end{matrix} \tag{8.12}$$

（2）集中质量矩阵。

一方面，单元集中质量矩阵是把单元的分布质量集中成质量块置于单元两端的节点上，假如在某个节点处有几个平动自由度，则理论上每个平动自由度均有相应的集中质量系数。

另一方面，因为假定质量集中在质点上，没有转动惯量，所以任何一个与转动自由度相应的质量为 0。欧拉梁单元的自由度简化如图 8.2 所示。对于质量均匀分布的等截面直梁，最简单的方法是将质量平均分配给单元的各个节点，得到式（8.13）左边的 6 个自由度的集中质量矩阵，其中自由度 2 和 5 是横向自由度，其对应的质量系数为 1，而其他自由度对应的质量系数均为 0。若直梁进一步忽略轴向和转角位移，则集中质量矩阵缩减为右边的形式。

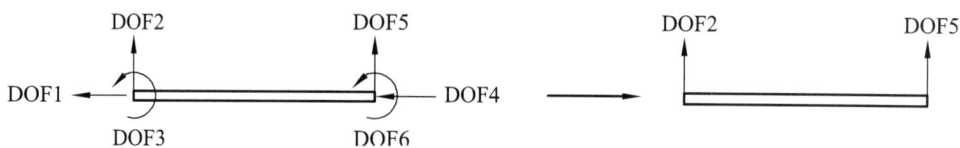

图 8.2 欧拉梁单元的自由度简化

$$\boldsymbol{M}^e = \frac{\rho A l}{2} \begin{matrix} 1 & 2 & 3 & 4 & 5 & 6 \\ \begin{bmatrix} 0 & 0 & 0 & 0 & 0 & 0 \\ 0 & 1 & 0 & 0 & 0 & 0 \\ 0 & 0 & 0 & 0 & 0 & 0 \\ 0 & 0 & 0 & 0 & 0 & 0 \\ 0 & 0 & 0 & 0 & 1 & 0 \\ 0 & 0 & 0 & 0 & 0 & 0 \end{bmatrix} & \end{matrix} \begin{matrix} 1 \\ 2 \\ 3 \\ 4 \\ 5 \\ 6 \end{matrix} \Rightarrow \boldsymbol{M}^e = \frac{\rho A l}{2} \begin{bmatrix} 1 & 0 \\ 0 & 1 \end{bmatrix} \qquad (8.13)$$

集中质量矩阵是对角矩阵，而一致质量矩阵是非对角矩阵，但两者均为对称矩阵。由于集中质量法将结构的分布质量集中于一点，因此相应的转动自由度和转动惯量都等于 0。一致质量法中含有转动自由度。在结构的单元数量划分相同时，一致质量法显然比集中质量法的计算精度更高，但计算的工作量也更大。另外，对于比较复杂的结构，质量的分布特性不能用公式精确描述，有时用人工判断得到的集中质量矩阵反而更切合实际。一般来说，在计算结构固有频率时，用一致质量矩阵求出的固有频率是结构真实频率的上限，用集中质量矩阵算得的固有频率则是真实值的下限。

3. 整体刚度矩阵和质量矩阵集成

通过单元分析求得的各个单元的刚度矩阵和质量矩阵需要集成为整体结构的刚度矩阵和质量矩阵，集成原则为：按照整体结构的自由度编号，将每个单元的自由度编号扩展为整体结构的自由度编号，使得单元的自由度编号与整体结构的自由度编号对应，然后将每个单元的各个自由度的单元刚度系数和质量系数叠加到整体结构中去形成整体结构的刚度矩阵和质量矩阵。集成完之后，考虑结构的边界条件，可以采用消去与受约束自由度对应的所有刚度系数和质量系数，也可以采用乘大数法处理约束条件，具体内容读者可以参见有限元方面的书籍。

4. 阻尼矩阵

Rayleigh（瑞利）阻尼模型是广泛采用的一种正交阻尼模型，它具有解耦性能，阻尼矩阵 $\boldsymbol{C}$ 正比于质量矩阵和刚度矩阵，即

$$C = \alpha M + \beta K \tag{8.14}$$

式中：α、β——Rayleigh 阻尼常数，可通过实验来确定。

8.1.3 悬臂梁结构特征值分析

本节采用悬臂梁结构（图 8.3）用于说明建立结构的刚度矩阵和质量矩阵的流程。材料属性分别为弹性模量 $E = 10.6$ GPa，密度 $\rho = 7.85 \times 10^3$ kg/m³，划分为 3 个单元，计算该结构的单元刚度矩阵和单元质量矩阵，并集成为整体刚度矩阵和整体质量矩阵，其中质量矩阵分别采用集中质量法和一致质量法计算。

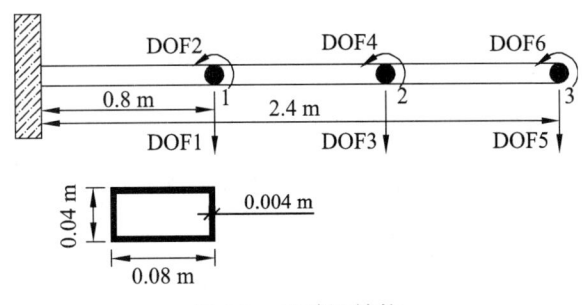

图 8.3　悬臂梁结构

1. 质量矩阵

（1）集中质量矩阵。

每个单元的质量 $m_e = \rho A l = 5.63$ kg，将其分布在单元两端的节点上，与各个节点的竖向和平动位移对应的质量分别为 $m_1 = 5.63$ kg，$m_2 = 5.63$ kg，$m_3 = 2.81$ kg。悬臂梁没有轴向位移，因此与轴向位移相应的质量系数为 0，又假设质量集中在质点上，各个节点没有转动惯量，则与节点的转角位移相应的质量也为 0。集中质量法较简单，可以直接写出整体质量矩阵，即

$$M = \begin{bmatrix} 5.63 & & \\ & 5.63 & \\ & & 2.81 \end{bmatrix} \tag{8.15}$$

（2）一致质量矩阵。

将单元的各个参数代入一致质量矩阵公式，可得不考虑轴向位移的单元一致质量矩阵

$$M^e = \begin{bmatrix} 2.09 & 0.24 & 0.72 & -0.14 \\ 0.24 & 0.03 & 0.14 & -0.03 \\ 0.72 & 0.14 & 2.09 & -0.24 \\ -0.14 & -0.03 & -0.24 & 0.03 \end{bmatrix} \tag{8.16}$$

将各单元的一致质量矩阵集成为整体质量矩阵，并考虑边界条件，直接消去与悬臂梁支座处的自由度对应的质量系数，则整体质量矩阵为

$$M = \begin{bmatrix} 4.18 & 0 & 0.72 & -0.14 & 0 & 0 \\ 0 & 0.07 & 0.14 & -0.03 & 0 & 0 \\ 0.72 & 0.14 & 4.18 & 0 & 0.72 & -0.14 \\ -0.14 & -0.03 & 0 & 0.07 & 0.14 & -0.03 \\ 0 & 0 & 0.72 & 0.14 & 2.09 & -0.24 \\ 0 & 0 & -0.14 & -0.03 & -0.24 & 0.03 \end{bmatrix} \quad (8.17)$$

2. 刚度矩阵

将单元参数代入单元刚度矩阵公式中，不考虑轴向位移，得到单元刚度矩阵为

$$K^e = \begin{bmatrix} 5.72 & 2.29 & -5.72 & 2.29 \\ 2.29 & 1.22 & -2.29 & 0.61 \\ -5.72 & -2.29 & 5.72 & -2.29 \\ 2.29 & 0.61 & -2.29 & 1.22 \end{bmatrix} \times 10^4 \quad (8.18)$$

将各个单元刚度矩阵进行叠加以集成为整体刚度矩阵，再代入边界条件，消去与支座处自由度对应的刚度系数，得到整体刚度矩阵为

$$K = \begin{bmatrix} 11.43 & 0 & -5.72 & 2.29 & 0 & 0 \\ 0 & 2.44 & -2.29 & 0.61 & 0 & 0 \\ -5.72 & -2.29 & 11.43 & 0 & -5.72 & 2.29 \\ -6.50 & -0.75 & 0 & 0.07 & 0.14 & -0.03 \\ 0 & 0 & -5.72 & -2.29 & 5.72 & -2.29 \\ 0 & 0 & 2.29 & 0.61 & -2.29 & 1.22 \end{bmatrix} \times 10^4 \quad (8.19)$$

集中质量矩阵中的质量系数只与节点的竖向位移对应，而目前的整体刚度矩阵中的刚度系数还包含有节点的转角刚度。为与集中质量矩阵保持一致，采用静力凝聚法消去整体刚度矩阵中的转角刚度系数，得出只有竖向位移的平移刚度矩阵。静力凝聚法的具体内容参见相关文献。

首先将竖向自由度对应的刚度系数和转角自由度对应的刚度系数分离，重新排列为

$$K = \begin{bmatrix} K_{tt} & K_{t\theta} \\ K_{\theta t} & K_{\theta\theta} \end{bmatrix} = \begin{bmatrix} 11.43 & -5.72 & 0 & 0 & 2.29 & 0 \\ -5.72 & 11.43 & -5.72 & -2.29 & 0 & 2.29 \\ 0 & -5.72 & 5.72 & 0 & -2.29 & -2.29 \\ 0 & -2.29 & 0 & 2.44 & 0.61 & 0 \\ 2.29 & 0 & -2.29 & 0.61 & 2.44 & 0.61 \\ 0 & 2.29 & -2.29 & 0 & 0.61 & 1.22 \end{bmatrix} \times 10^4 \quad (8.20)$$

凝聚刚度矩阵为

$$K_t = K_{tt} - K_{t\theta} K_{\theta\theta}^{-1} K_{\theta t} = \begin{bmatrix} 8.79 & -5.06 & 1.32 \\ -5.06 & 4.84 & -1.76 \\ 1.32 & -1.76 & 0.77 \end{bmatrix} \times 10^4 \quad (8.21)$$

一致质量矩阵也可以采用类似的方法进行凝聚，只是质量凝聚公式比刚度凝聚公式稍微复杂，即

$$M_t = M_{tt} - K_{t\theta}K_{\theta\theta}^{-1}M_{\theta t} - M_{t\theta}K_{\theta\theta}^{-1}K_{\theta t} + K_{t\theta}K_{\theta\theta}^{-1}M_{\theta\theta}K_{\theta\theta}^{-1}K_{\theta t}$$

$$= \begin{bmatrix} 4.66 & 0.56 & -0.36 \\ 0.56 & 5.20 & 0.90 \\ -0.36 & 0.90 & 1.57 \end{bmatrix} \quad (8.22)$$

现采用 8.1.3 节的实例部分计算出的集中质量矩阵和凝聚刚度矩阵，分析这个悬臂梁结构的固有频率和位移振型，并采用三种缩放方法进行振型缩放。将集中质量矩阵和凝聚刚度矩阵代入式（8.4）中，得到的固有频率信息见表 8.1。

表 8.1 固有频率

阶数	ω_r^2	ω_r /（rad/s）	f_r /Hz
1	117	10.81	1.72
2	3 725	61.04	9.71
3	23 100	151.99	24.19

由于位移振型向量是结构特征方程的特征向量，不具有唯一性，但同阶次的振型向量线性相关，因此这里只列出缩放后的结果。得到的质量归一化的位移振型向量分别为

$$\bar{X}_1^{(3)} = \begin{pmatrix} 0.08 \\ 0.25 \\ 0.47 \end{pmatrix}, \quad \bar{X}_2^{(3)} = \begin{pmatrix} 0.25 \\ 0.24 \\ -0.34 \end{pmatrix}, \quad \bar{X}_3^{(3)} = \begin{pmatrix} -0.33 \\ 0.24 \\ -0.15 \end{pmatrix} \quad (8.23)$$

容易验证，$\bar{X}_r^{(3)}$（$r=1, 2, 3$）满足各阶模态质量为 1 的条件，这三种缩放方法得到的位移振型图如图 8.4 所示。

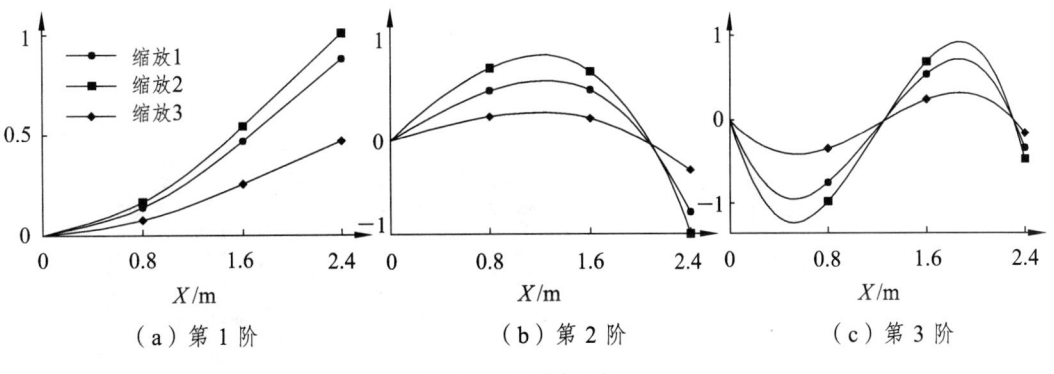

（a）第 1 阶　　　　（b）第 2 阶　　　　（c）第 3 阶

图 8.4 位移振型图

8.2 简支梁模态分析

8.2.1 案例描述

如图 8.5 所示，有一简支梁梁结构长 6 m，整体为结构钢材质，杨氏模量为 206 GPa，泊

松比为 0.3，梁截面采用工字型钢，使用 Abaqus 进行简支梁结构的模态分析，求解该结构的振型与频率。

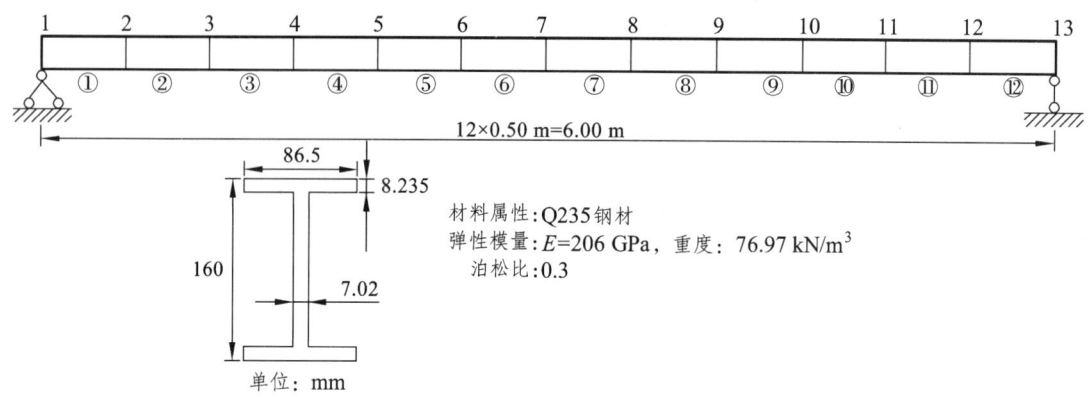

图 8.5 简支梁示意

8.2.2 建模过程

1. 创建部件

启动 Abaqus/CAE，选择 with Standard/Explicit Model 模块，创建一个新模型，对模型重命名并保存。

根据描述建立三维线模型，进入部件模块，单击创建部件图标，在弹出的对话框中，输入部件名称，在模型空间中选择三维，类型选择可变形，形状选择线，在大约尺寸的文本框中输入"40"，单击继续按钮，进入草图环境。单击创建线，首尾相连图标，选用依据点创建线方式，在参数输入区中依次输入 2 个点的坐标"0，0""6，0"，单击完成按钮，完成部件的创建，形成简支梁结构，如图 8.6 所示。

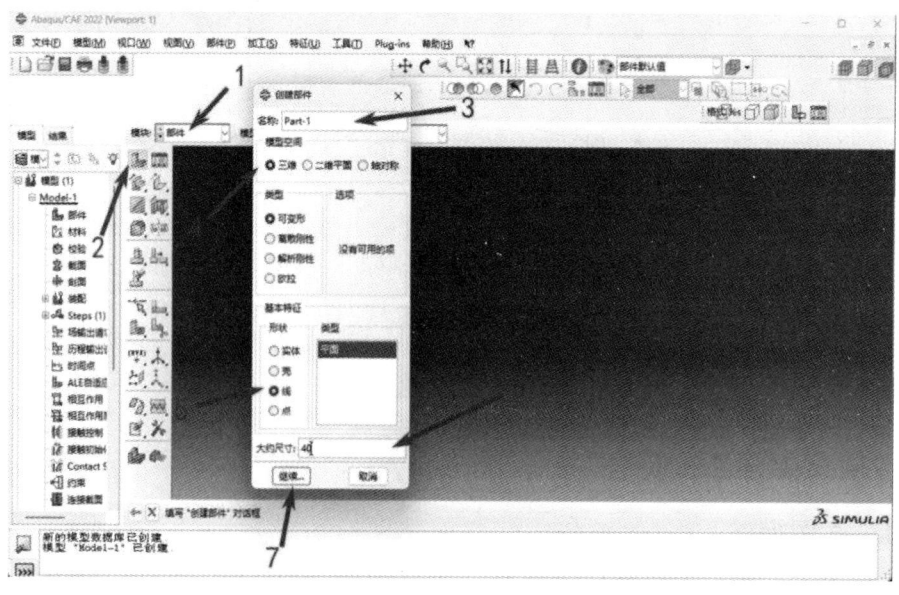

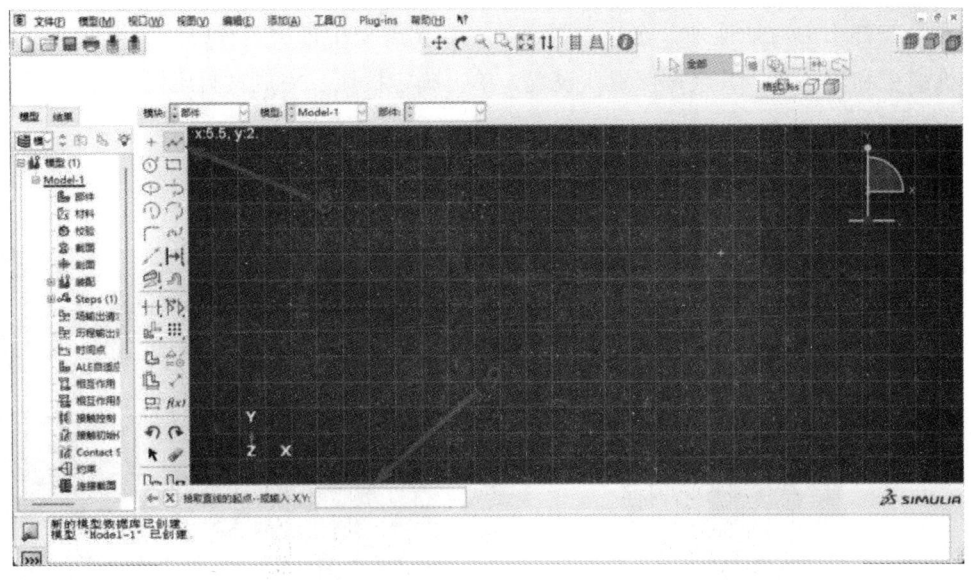

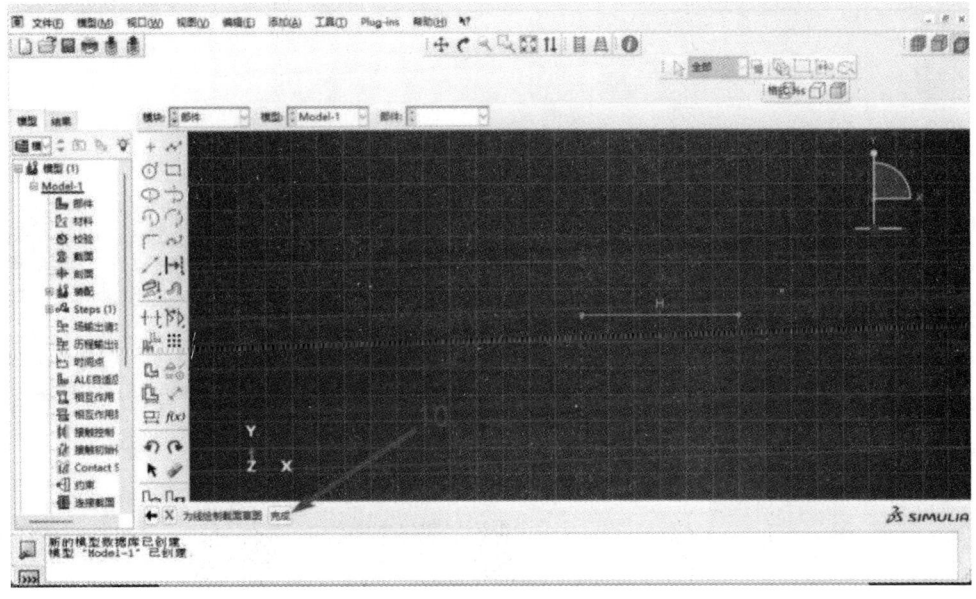

图 8.6 建立几何模型（简支梁）

2. 定义属性

（1）定义材料。

在属性模块下定义材料线弹性本构，需注意统一单位制，在本例中尺寸单位采用 m，杨氏模量的单位为 Pa，即杨氏模量为 206 000 000 000 Pa，泊松比为 0.3。

在环境栏模块中选择属性，进入属性模块，单击创建材料图标，在弹出的对话框中，输入材料名称，并选择通用选项，在子菜单中选择密度，质量密度文本框中输入"7697"（单位为 kg/m^3），其余按默认设置，单击确定按钮。

同样是在弹出的对话框中,选择力学选项,在子菜单中依次选择弹性、弹性,在数据中输入弹性模量和泊松比,其余按照默认设置,单击确定按钮,完成材料属性的定义,如图8.7所示。

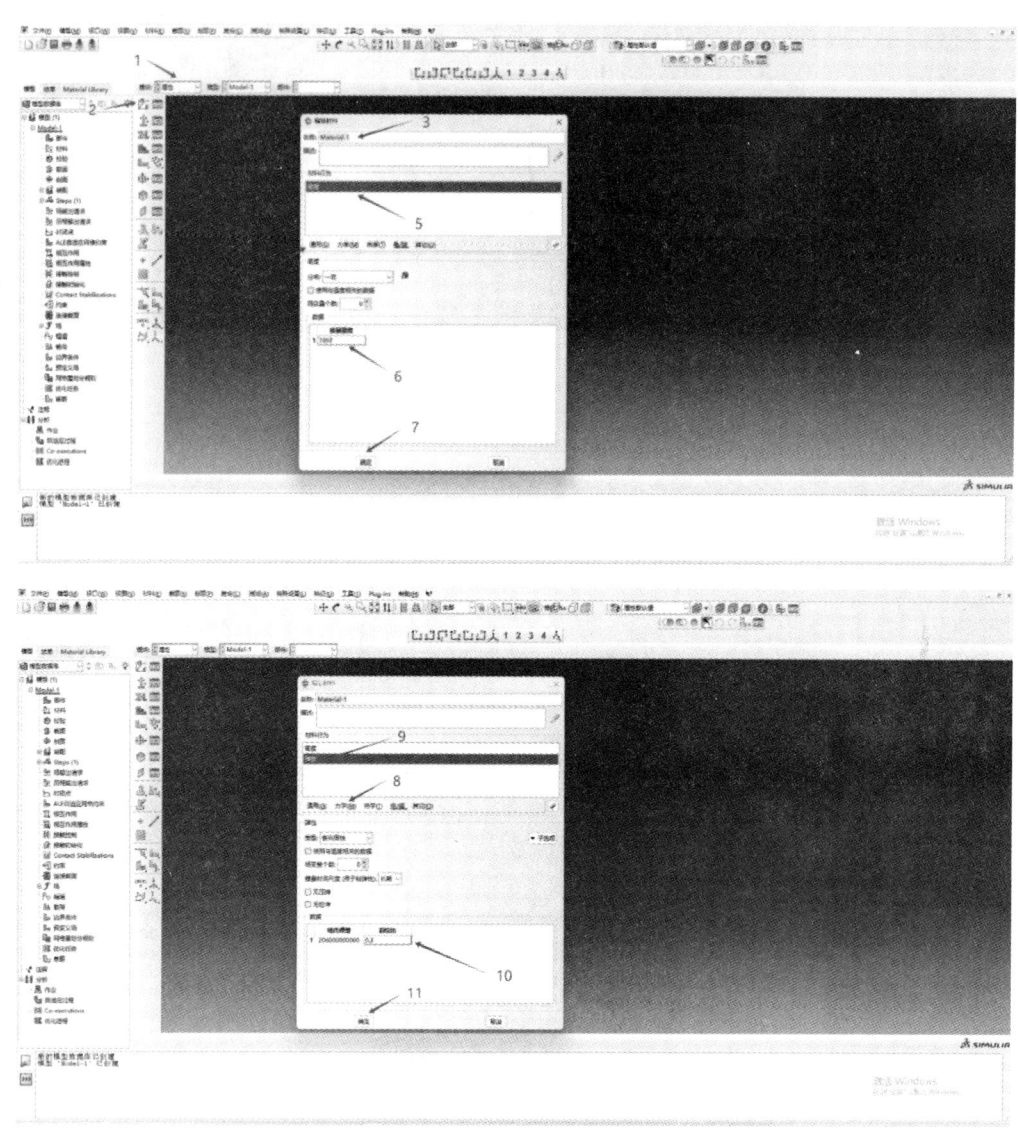

图 8.7　定义材料属性（简支梁）

（2）定义梁断面。

对于梁单元必须先定义其断面,此连续梁结构采用工字型钢,单击创建剖面图标,在弹出的对话框中,输入断面名称,并选择I形,单击继续按钮。随后,在弹出的对话框中输入梁的断面信息(l文本框中输入"0.08",h文本框中输入"0.16",b1、b2文本框中分别输入"0.0865",t1、t2文本框中分别输入"0.008235",t3文本框中输入"0.00702"),并保证坐标系中的1、2轴方向,输入后单击确定按钮,完成梁断面的定义,如图8.8所示。

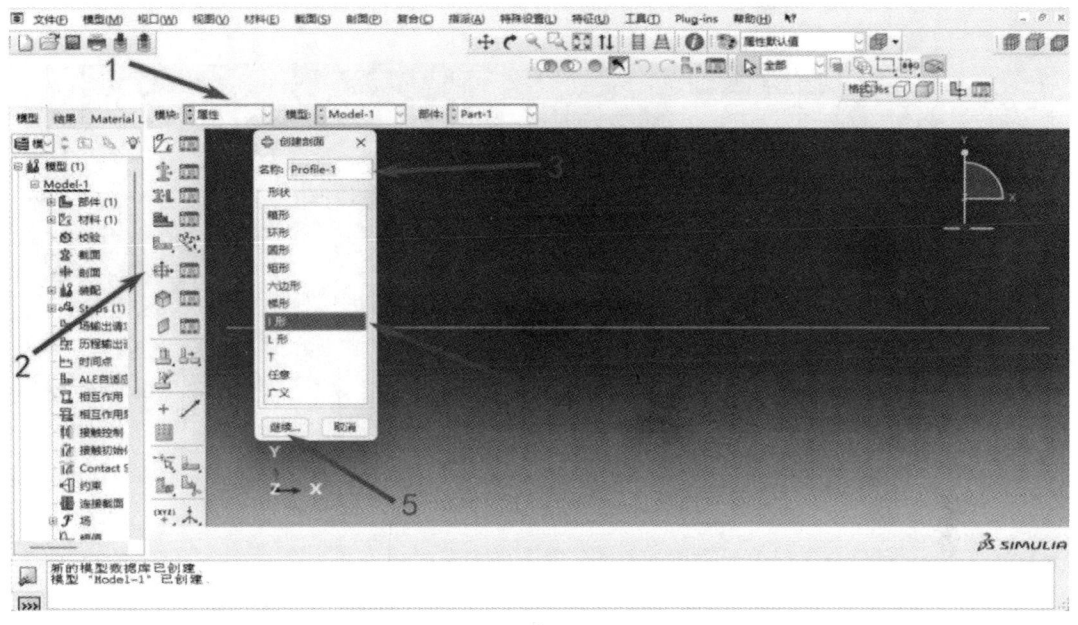

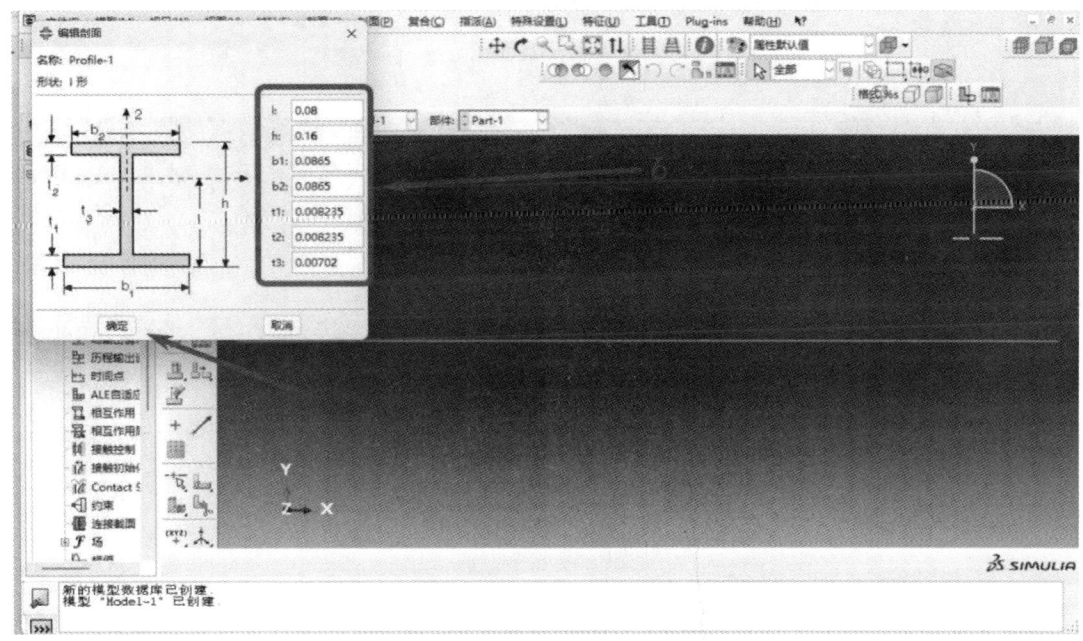

图 8.8 定义断面（简支梁）

（3）定义梁截面。

单击创建截面图标，在弹出的对话框中，输入截面名称，在类别中选择梁，类型选择梁，单击继续按钮；在弹出的对话框中选择已经定义好的梁断面 Profile-1 和梁材料 Material-1，单击确定按钮，完成梁截面的定义，如图 8.9 所示。

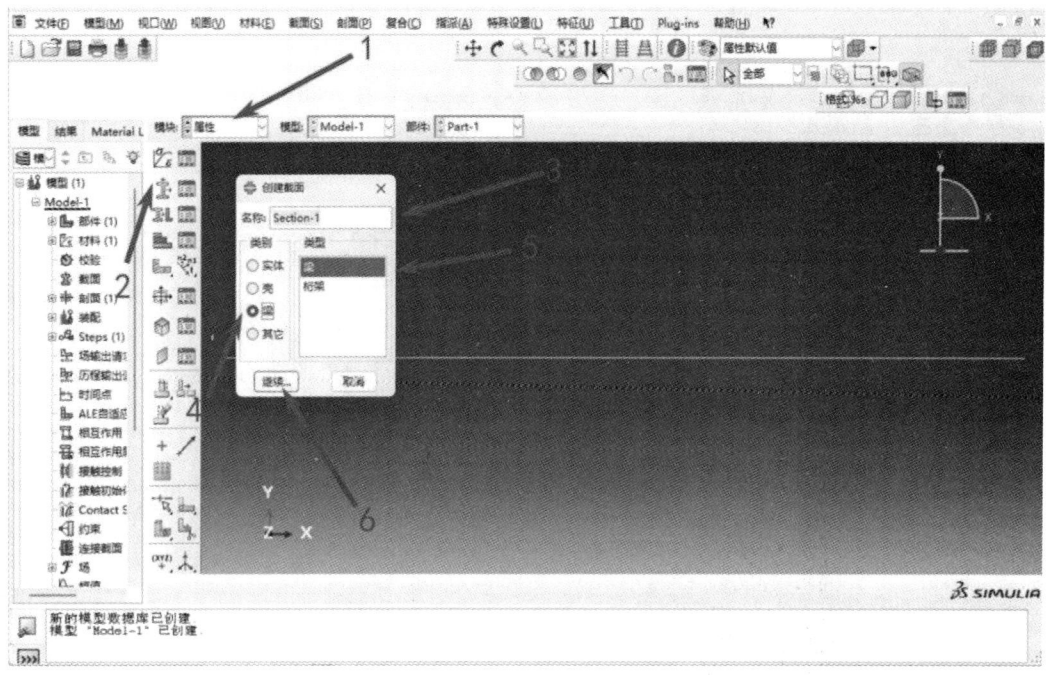

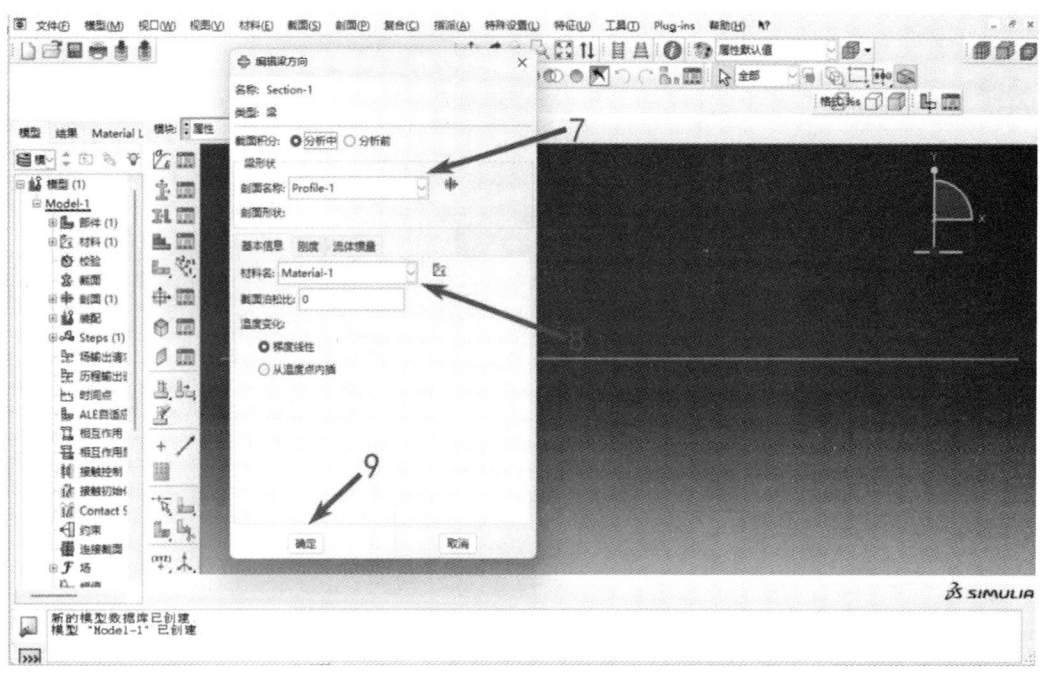

图 8.9 定义梁截面(简支梁)

(4)赋予截面属性。

将梁的截面赋值到几何模型,单击指派截面图标,选中所有线,单击完成按钮完成几何模型的选择,在弹出的对话框中选择已经定义好的截面 Section-1,最后单击确定按钮,把截面属性赋予部件 Part-1,如图 8.10 所示。

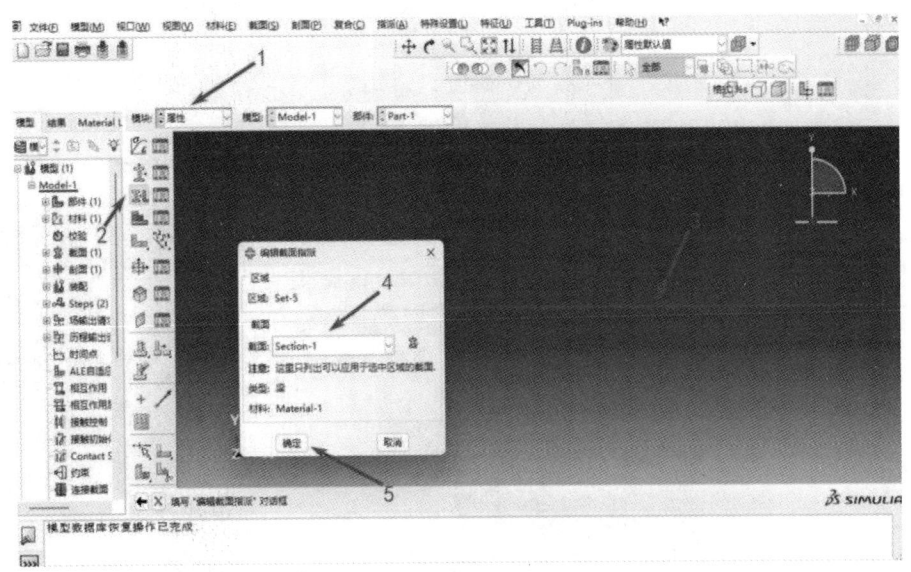

图 8.10 梁截面赋值（简支梁）

（5）定义梁的方向。

对于简支梁，梁的 2 方向均为 Y 轴方向，单击指派梁方向图标，选择线，输入方向向量"0，0，-1"，最后单击完成按钮，完成梁方向的定义，如图 8.11 所示。

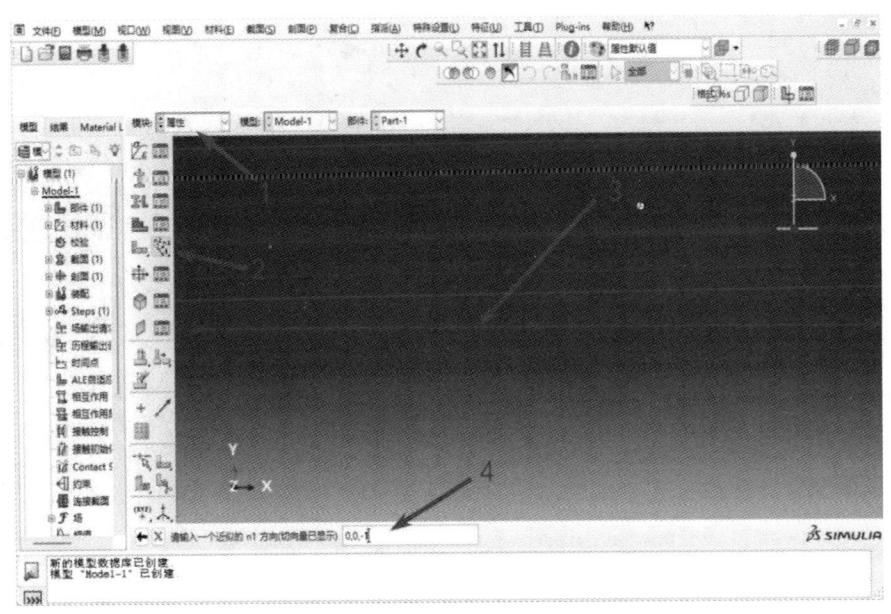

图 8.11 定义梁的方向（简支梁）

设置完成后，可以通过在菜单栏中选择视图命令，在弹出的子菜单中选择部件显示选项命令，并在弹出的对话框中切换到通用选项卡，勾选辅助显示内的渲染剖面复选框，单击确定按钮（图 8.12），便可查看梁的最终几何状态，检查梁的截面和方向是否设置正确，如图 8.13 所示。

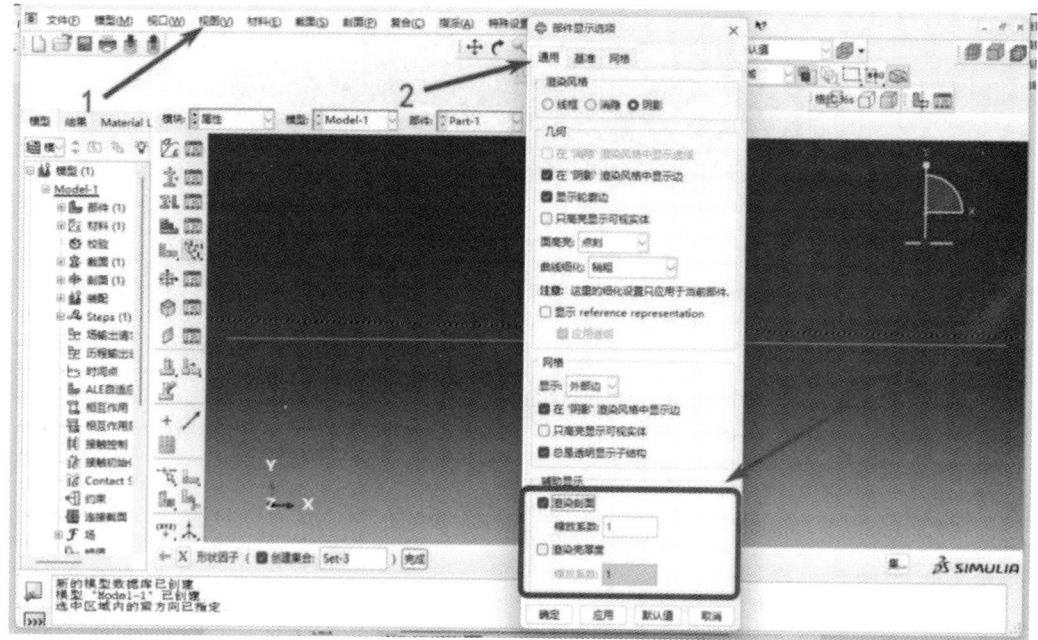

图 8.12　查看梁截面（简支梁）

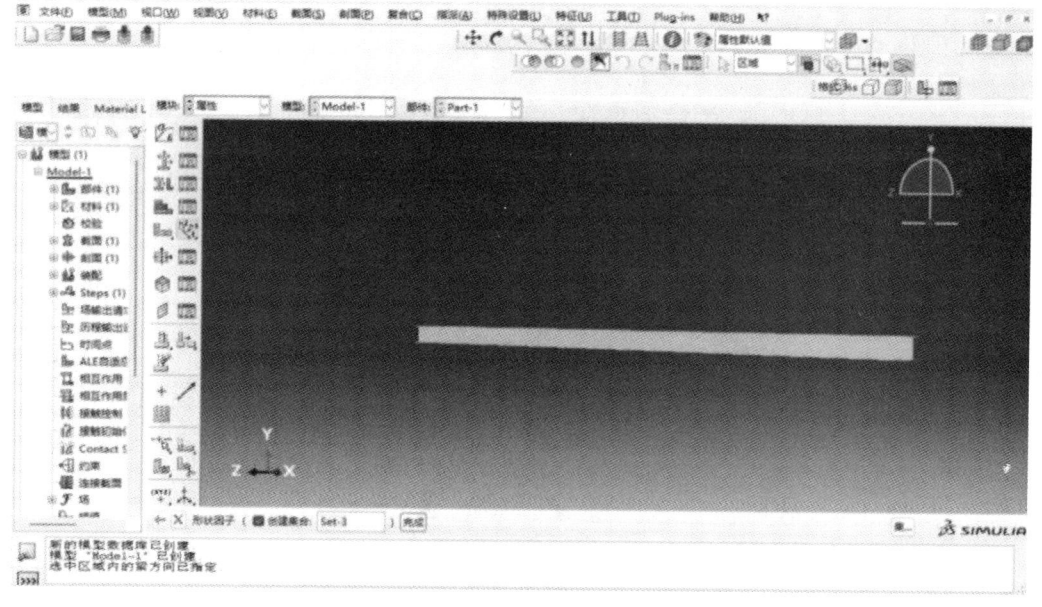

图 8.13　检查梁截面是否正确（简支梁）

3. 定义装配

由于只有一个部件 Part-1，故直接进行装配，切换进入装配模块，单击创建实例图标，在弹出的对话框中选择部件中的 Part-1，实例类型选择默认的非独立，单击确定按钮，创建部件的实例，如图 8.14 所示。

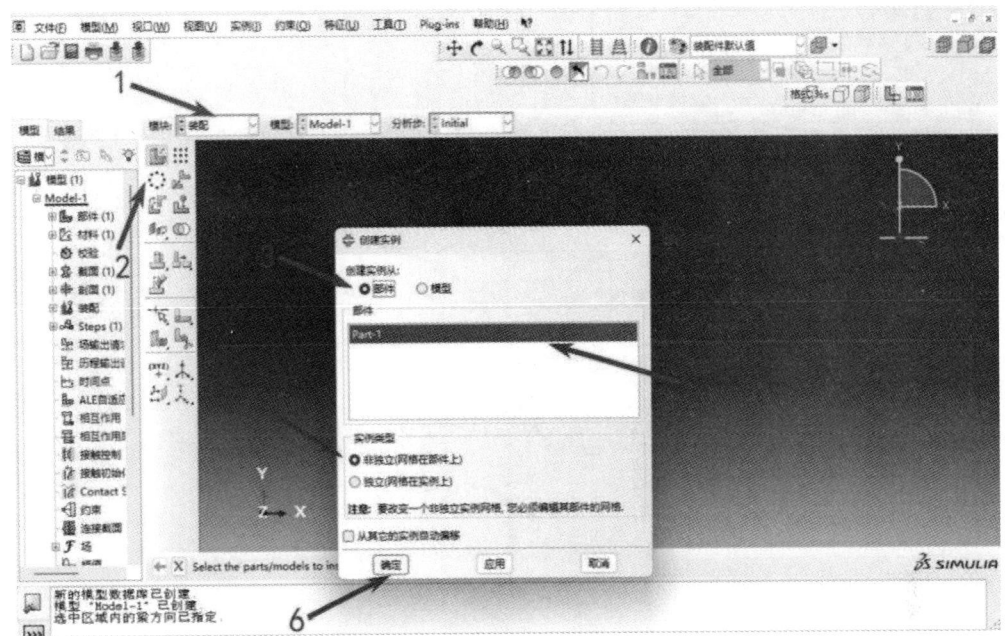

图 8.14 定义装配（简支梁）

4. 定义分析步和输出变量

切换进入分析步模块，单击创建分析步图标，在弹出的对话框中，输入分析步名称，选择线性振动，通用选项，单击继续按钮。在弹出的对话框中点击频率选项，单击继续按钮。在弹出的对话框中勾选数值选项，在数值文本框中输入"8"，其他保持默认不变，点击确定，如图 8.15 所示。

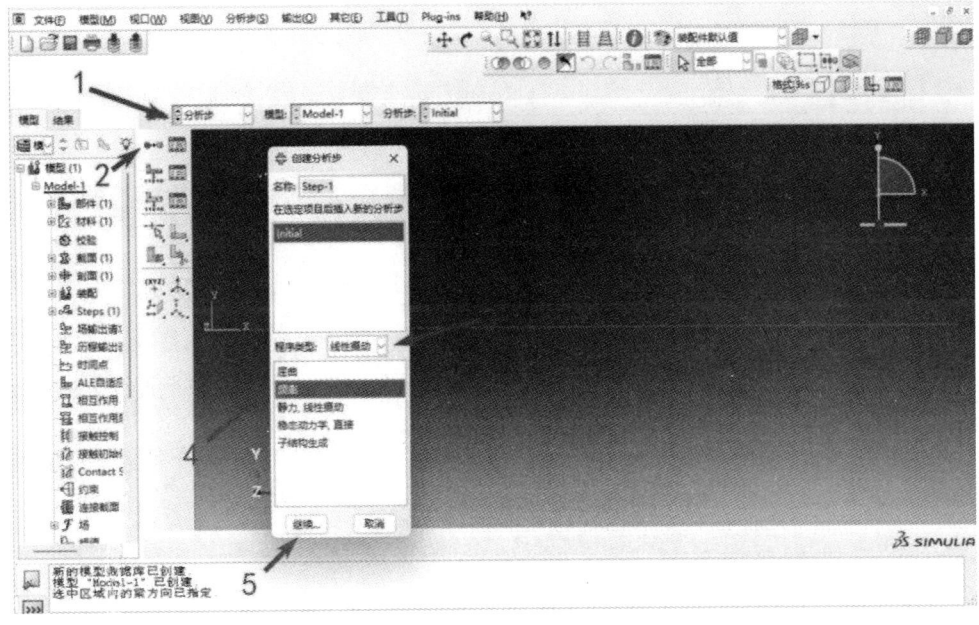

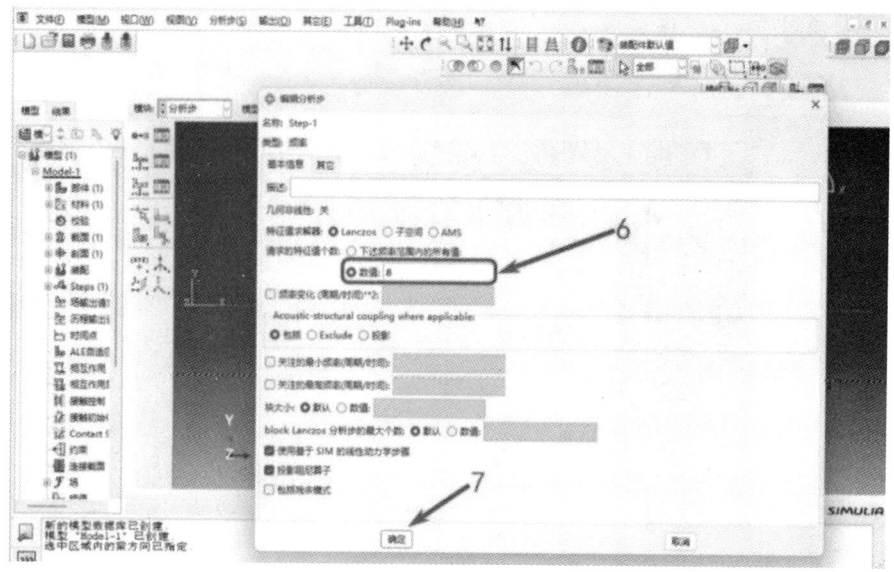

图 8.15 定义分析步（简支梁）

5. 定义约束

连续梁的端部支座均为铰支，切换进入载荷模块，单击创建边界条件图标，在弹出的对话框中，输入约束名称。

分析步选择 Step-1，类别选择力学，可用于所选分析步的类型选择对称/反对称/完全固定，单击继续按钮，按住 Shift 键，依次选择梁的两个下部端点，单击完成按钮，在弹出的对话框选择铰结（U1=U2=U3=0），单击确定按钮。

简支梁的梁体只考虑在竖直平面内发生振动，重复上述步骤，选择梁体，单击完成按钮，在弹出的对话框选择 ZSYMM（U3=UR1=UR2=0），单击确定按钮，完成约束的定义，如图 8.16 所示。

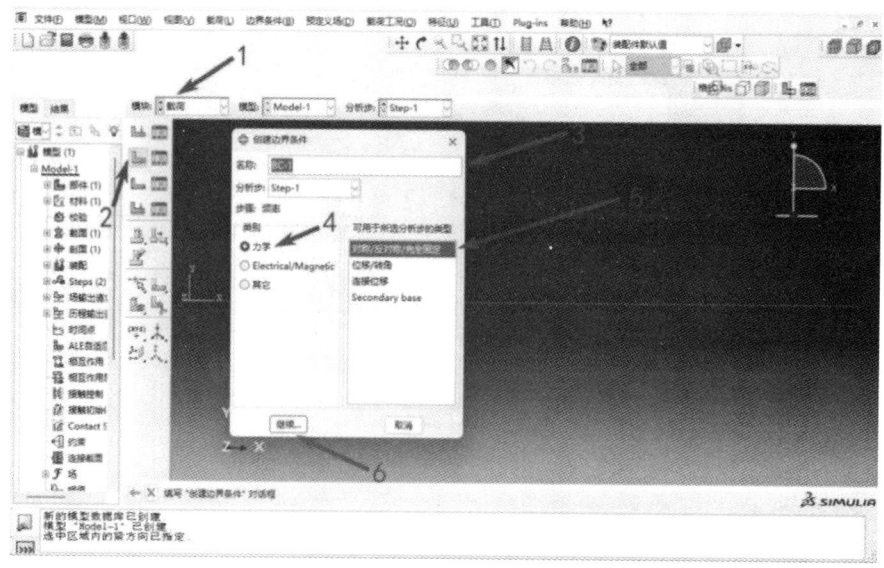

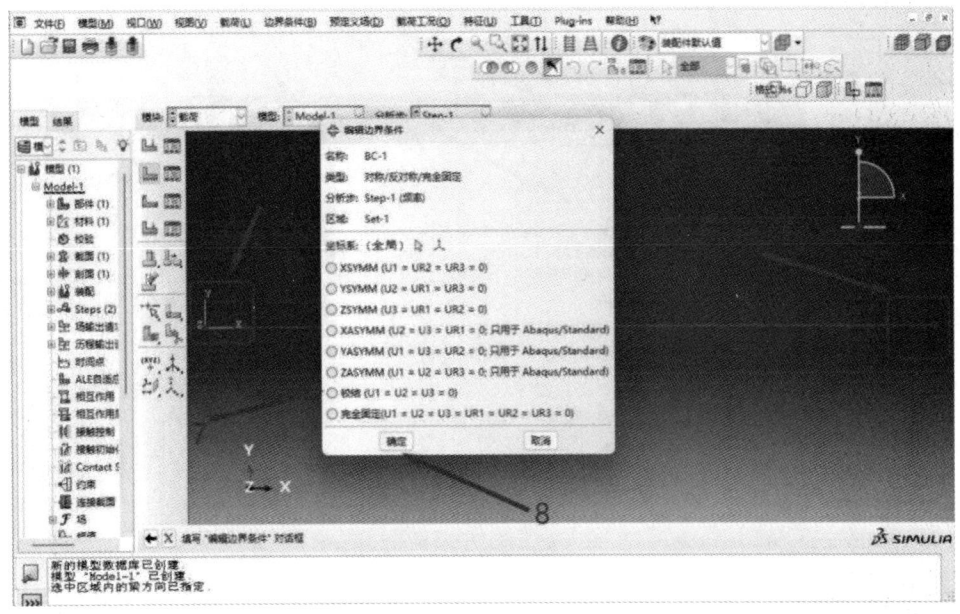

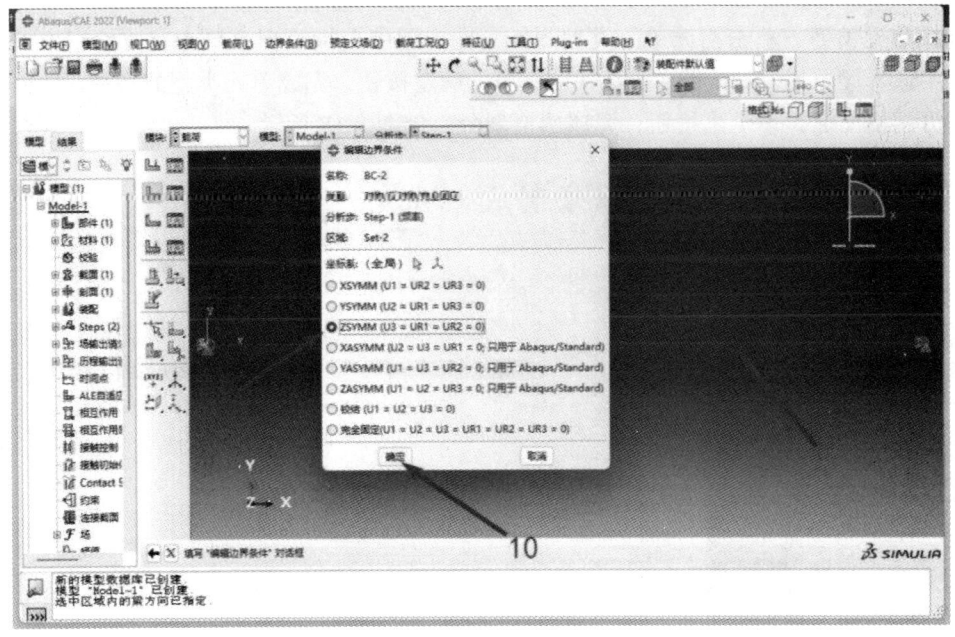

图 8.16　定义约束（简支梁）

6. 网格划分

切换进入网格模块，将窗口顶部的环境栏对象选项设为部件选项，单击种子部件图标，在弹出的对话框中开始定义全局种子，在近似全局尺寸文本框中输入"0.2"，单击确定按钮，再点击为部件实例划分网格，如图 8.17 所示。

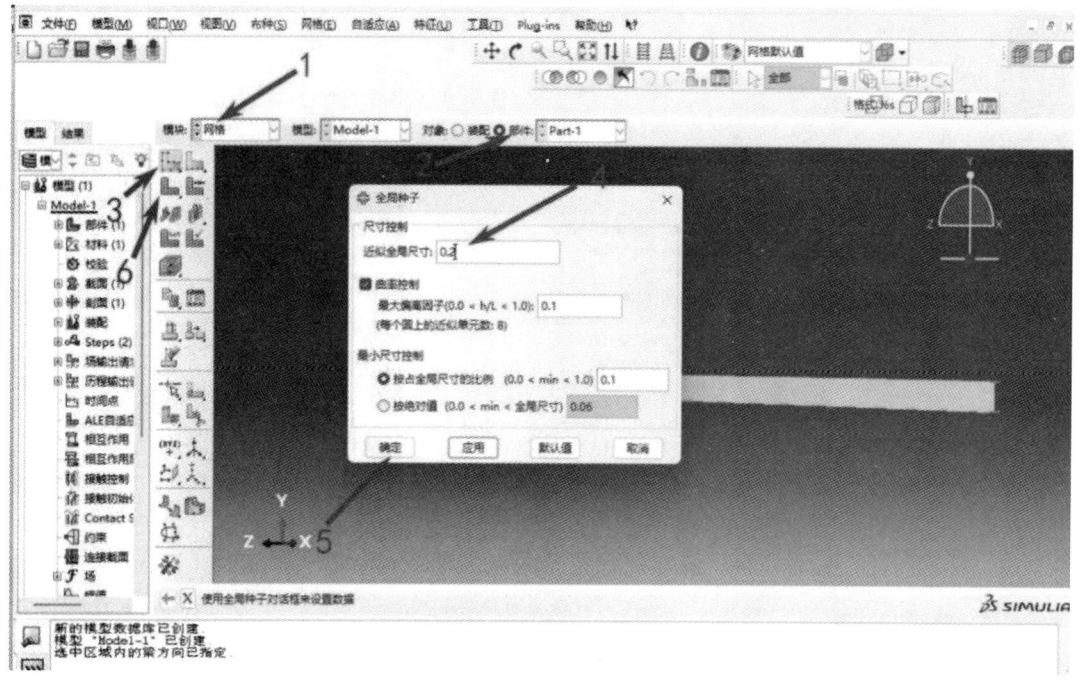

图 8.17 网格划分（简支梁）

选择单元类型，单击指派单元类型图标，在视图中选择模型，单击完成按钮，在弹出的对话框中选择梁单元，默认的单元为 B31，单击确定按钮，完成单元类型的选择。单击为部件实例划分网格图标，单击是按钮，完成网格划分，如图 8.18 所示。

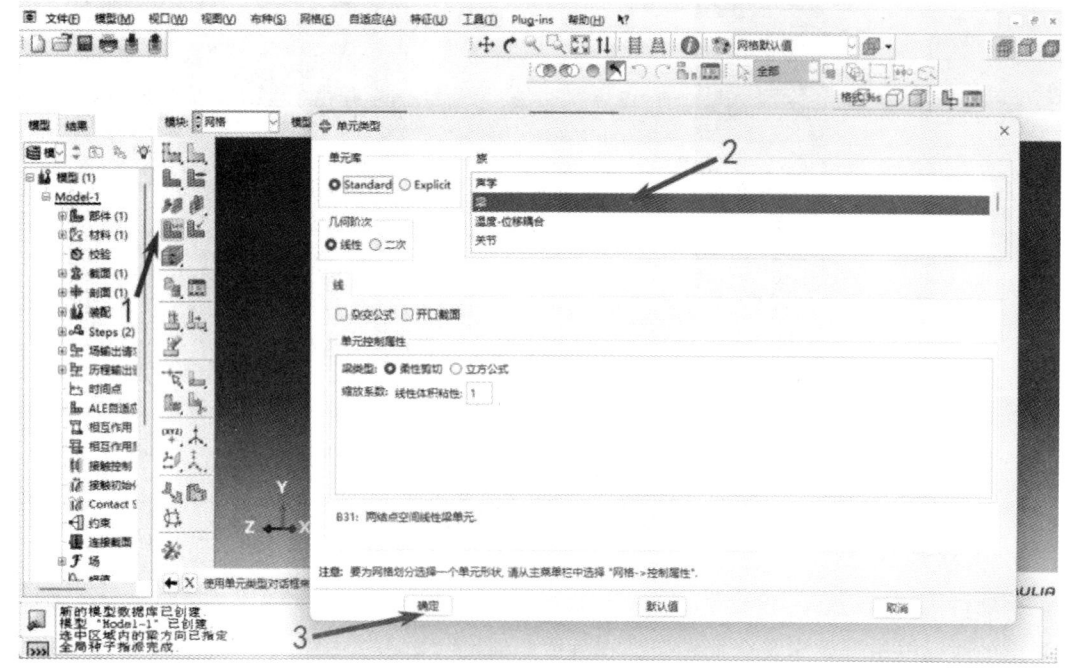

图 8.18 定义网格单元（简支梁）

7. 提交作业

切换进入作业模块，单击创建作业图标，在弹出的对话框中，输入作业名称，单击继续按钮，在弹出的对话框中，接受默认选项，单击确定按钮，完成作业定义，如图 8.19 所示。

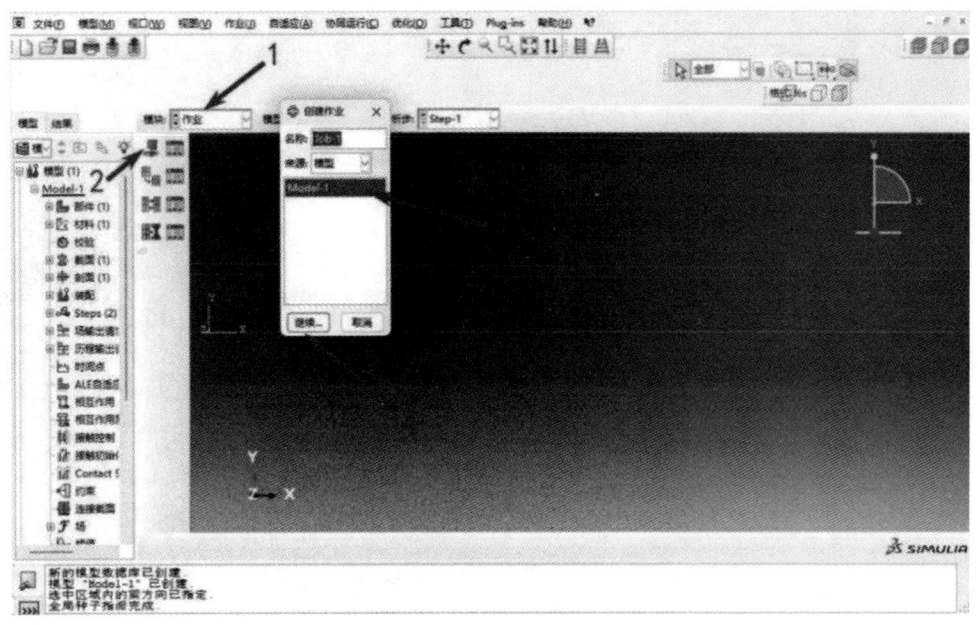

图 8.19　定义作业（简支梁）

单击作业管理器图标，选中当前作业，单击提交按钮，提交作业，在分析过程中，可单击监控按钮，可查看分析过程中出现的警告信息，如图 8.20 所示。

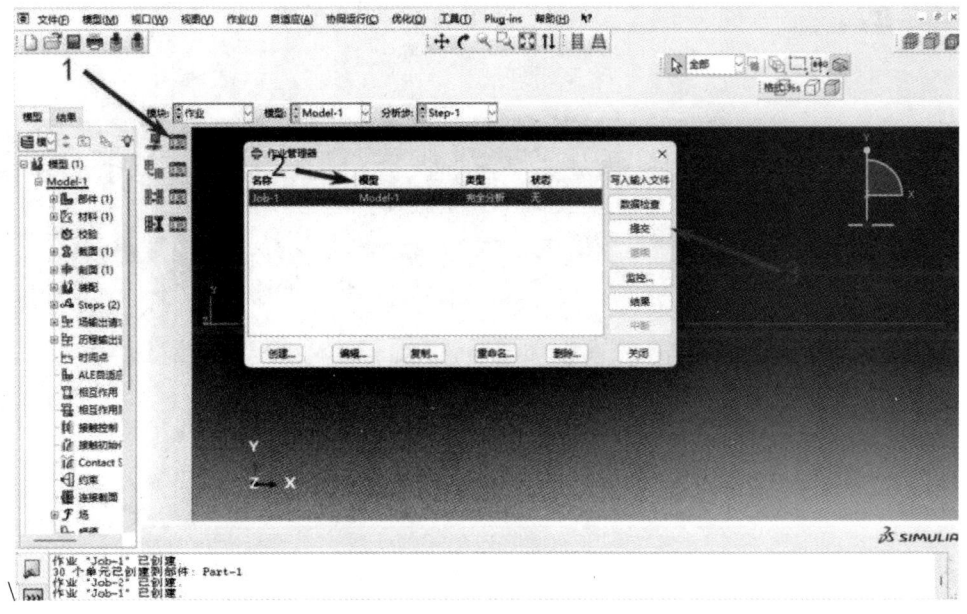

图 8.20　提交作业（简支梁）

8. 后处理

作业管理器对话框的状态显示为完成时,单击结果按钮进入可视化模块后处理界面,点击分析步/帧,如图 8.21 所示,根据要求需要,获得简支梁频率结果。

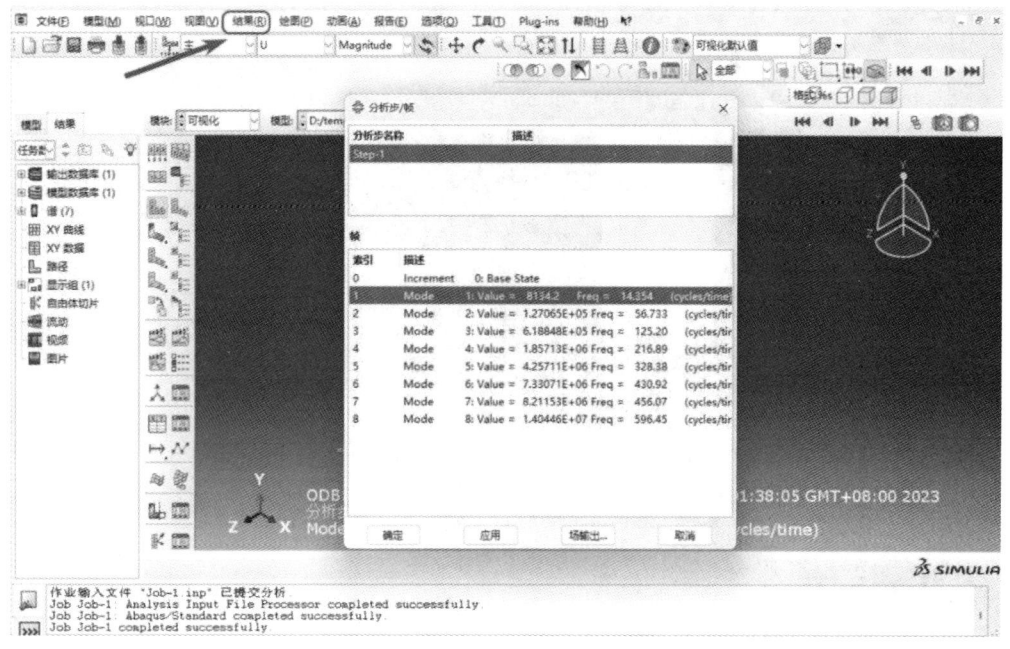

图 8.21　进入后处理(简支梁)

一阶振型到四阶振型所对应的频率如图 8.22~图 8.25 所示

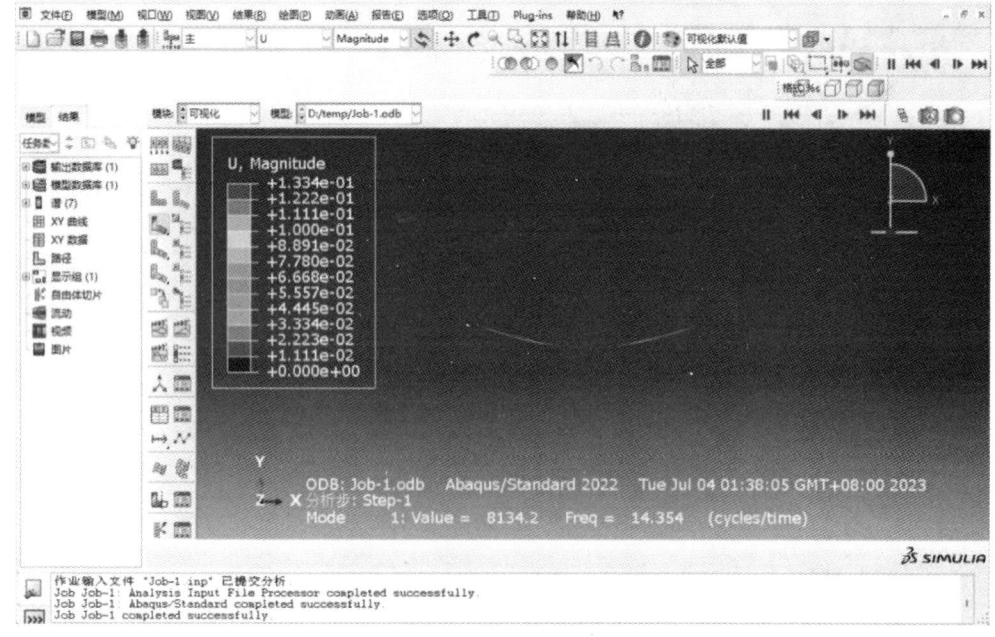

图 8.22　一阶振型所对应的频率(简支梁)

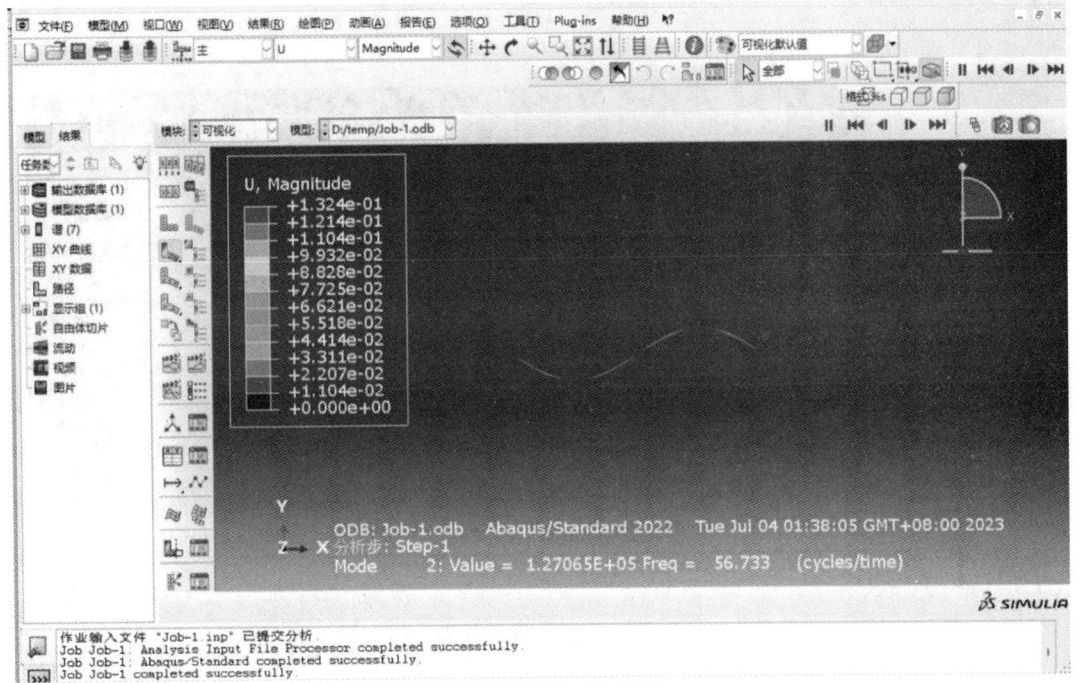

图 8.23　二阶振型所对应的频率（简支梁）

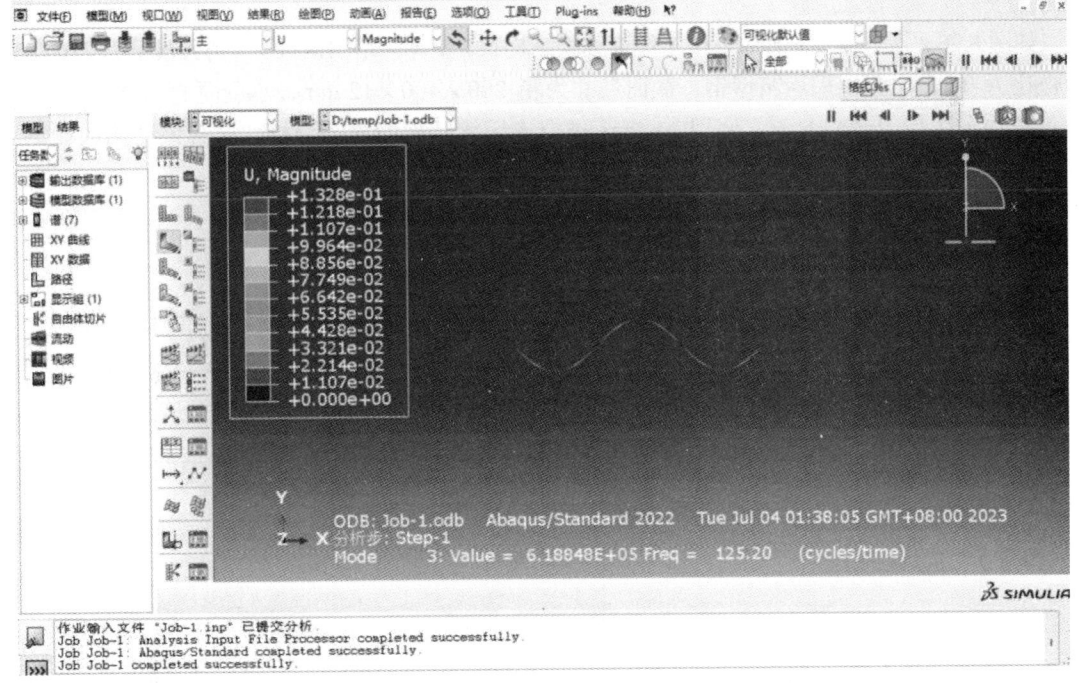

图 8.24　三阶振型所对应的频率（简支梁）

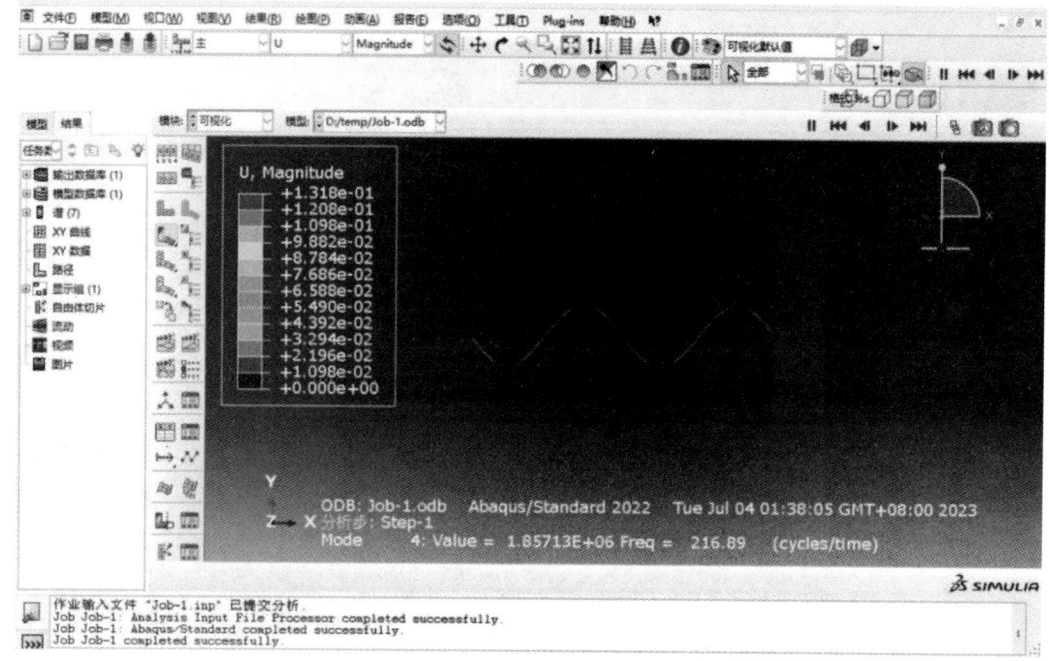

图 8.25　四阶振型所对应的频率（简支梁）

8.3　连续梁模态分析

8.3.1　案例描述

如图 8.26 所示，某（5+10+5）m 三跨连续梁结构长，整体为结构钢材质，杨氏模量为 210 GPa，泊松比为 0.3，梁截面采用箱型钢，截面尺寸为箱 $200 \times 400 \times 12$ mm，承受垂直 X 轴方向竖直向下的均布载荷 P=20 kN/m。使用 Abaqus 进行连续梁结构的模态分析，求解该结构的频率和振型结果。

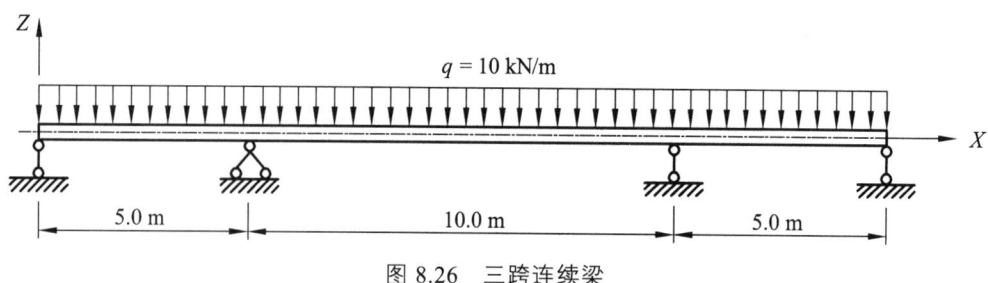

图 8.26　三跨连续梁

8.3.2　建模流程

1. 创建部件

启动 Abaqus/CAE，选择 with Standard/Explicit Model 模块，创建一个新模型，对模型重命名并保存。

根据描述建立三维线模型,进入部件模块,单击创建部件图标,在弹出的对话框中,输入部件名称,在模型空间中选择三维,类型选择可变形,形状选择线,在大约尺寸的文本框中输入"40",单击继续按钮,进入草图环境。单击创建线,首尾相连图标,选用依据点创建线方式,在参数输入区中依次输入 4 个点的坐标"0,0""5,0""15,0""20,0"单击完成按钮,完成部件的创建,形成三跨连续梁结构,如图 8.27 所示。

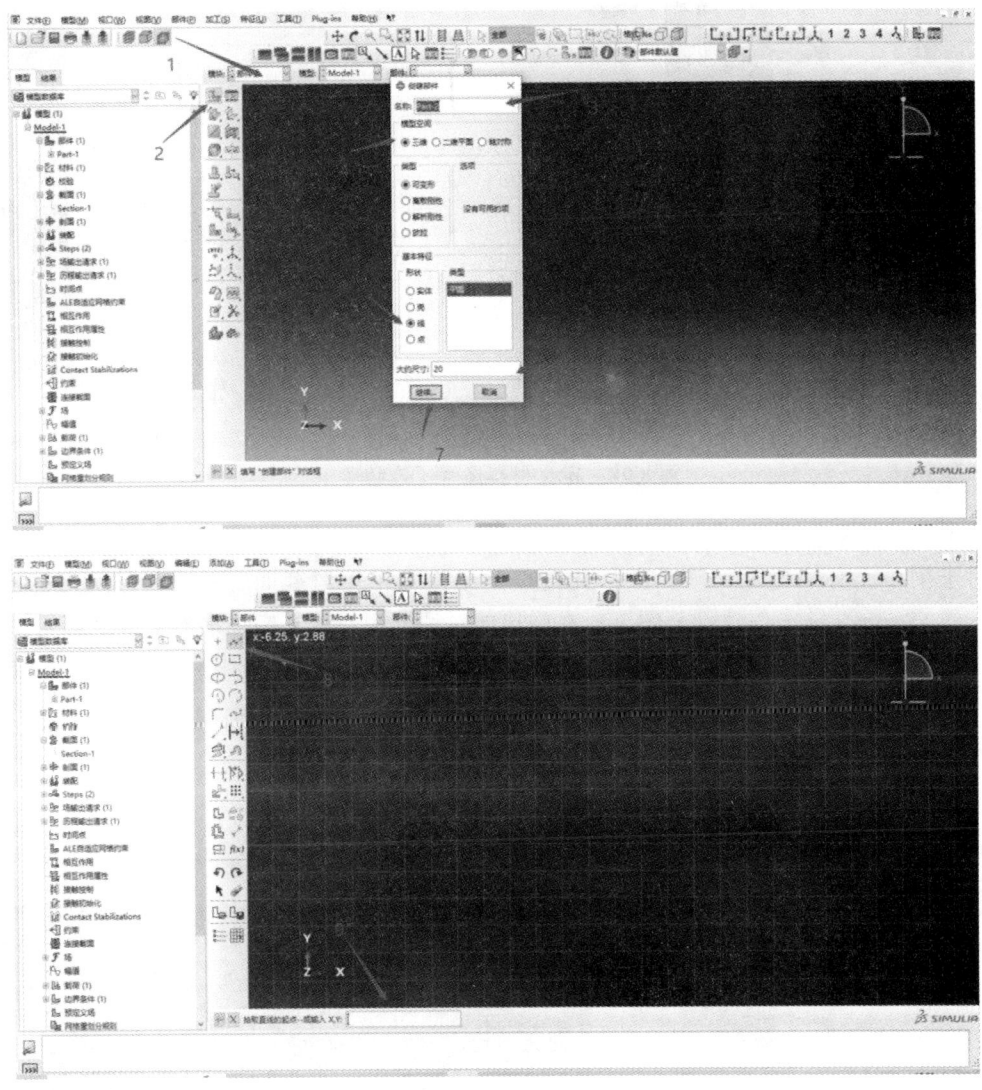

图 8.27 建立几何模型(连续梁)

2. 定义属性

(1)定义材料。

在属性模块下定义材料线弹性本构,需注意统一单位制,在本例中尺寸单位采用 m,杨氏模量的单位为 Pa,即杨氏模量为 210 000 000 000 Pa,泊松比为 0.3。

在环境栏模块中选择属性,进入属性模块,单击创建材料图标,在弹出的对话框中,输入材料名称,并选择力学选项,在子菜单中依次选择弹性、弹性,在数据中输入杨氏模量和泊松比,其余按照默认设置,单击确定按钮,完成材料属性的定义,如图8.28所示。

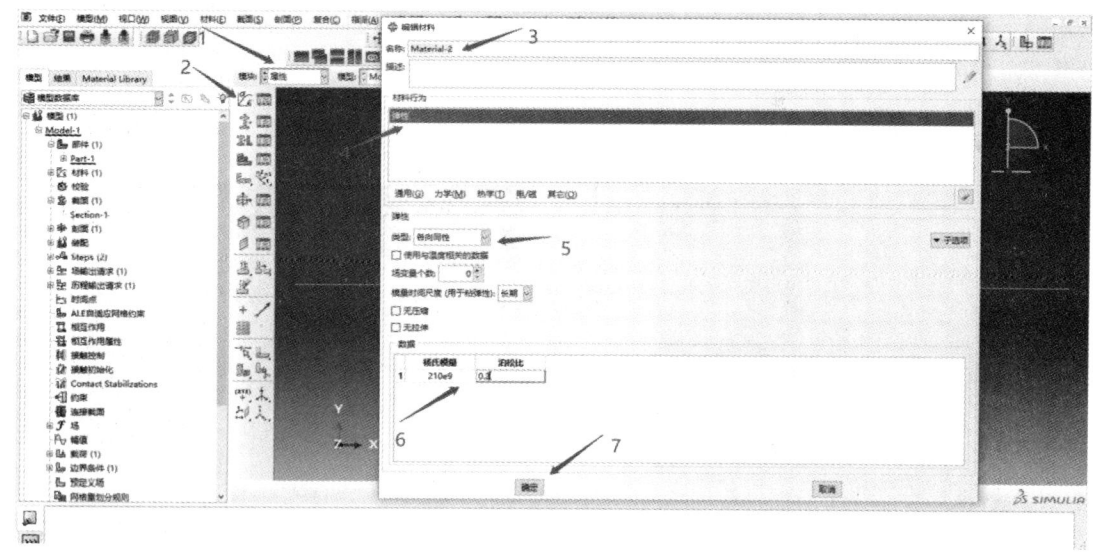

图 8.28　定义材料属性(连续梁)

(2)定义梁断面。

对于梁单元必须先定义其断面,此连续梁结构采用箱形截面,截面尺寸为 200 mm × 400 mm × 12 mm,单击创建剖面图标,在弹出的对话框中,输入断面名称,并选择箱形,单击继续按钮;随后,在弹出的对话框中输入梁的断面信息(a 文本框中输入"0.2",b 文本框中输入"0.4",厚度选择一致且在文本框中输入"0.012"),并保证坐标系中的 1、2 轴方向,输入后单击确定按钮,完成梁断面的定义,如图8.29所示。

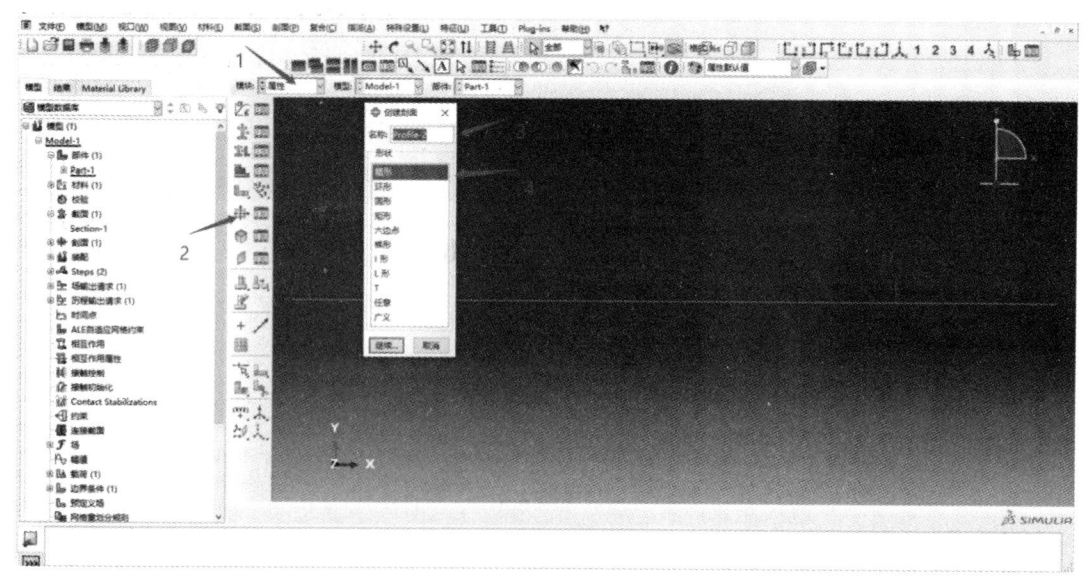

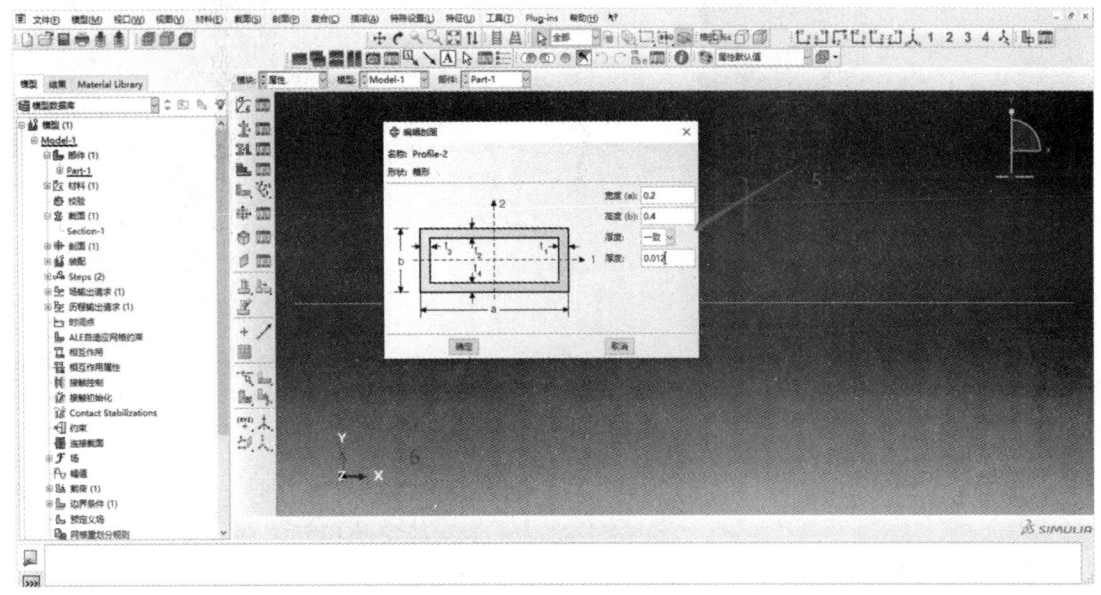

图 8.29　定义断面（连续梁）

（3）定义梁截面。

单击创建截面图标，在弹出的对话框中，输入截面名称，在类别中选择梁，类型选择梁，单击继续按钮。在弹出的对话框中选择已经定义好的梁断面 Profile-1 和梁材料 Material-1，单击确定按钮，完成梁截面的定义，如图 8.30 所示。

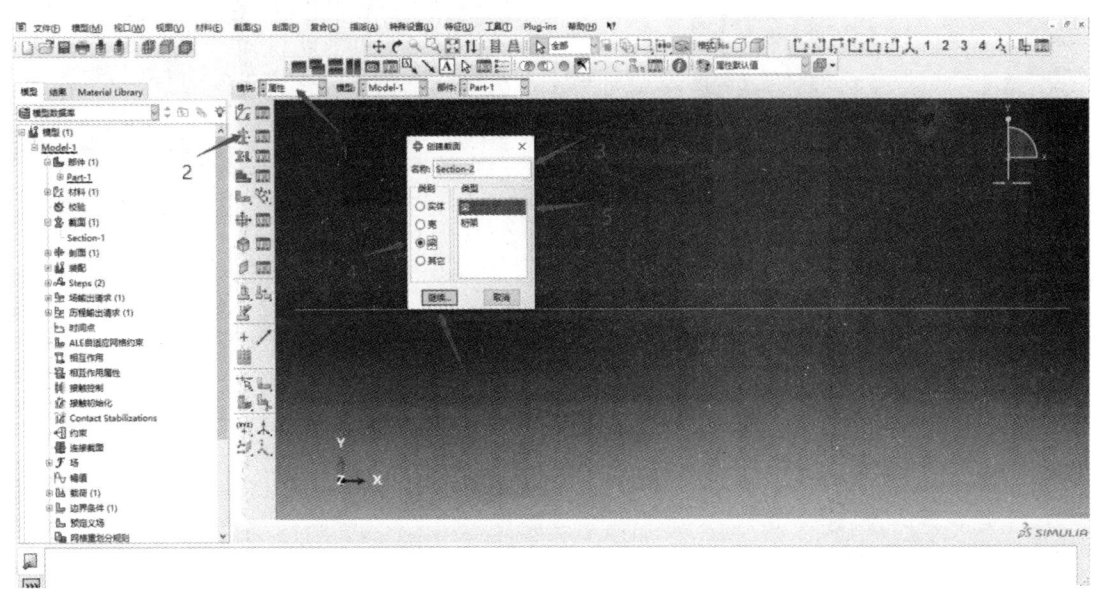

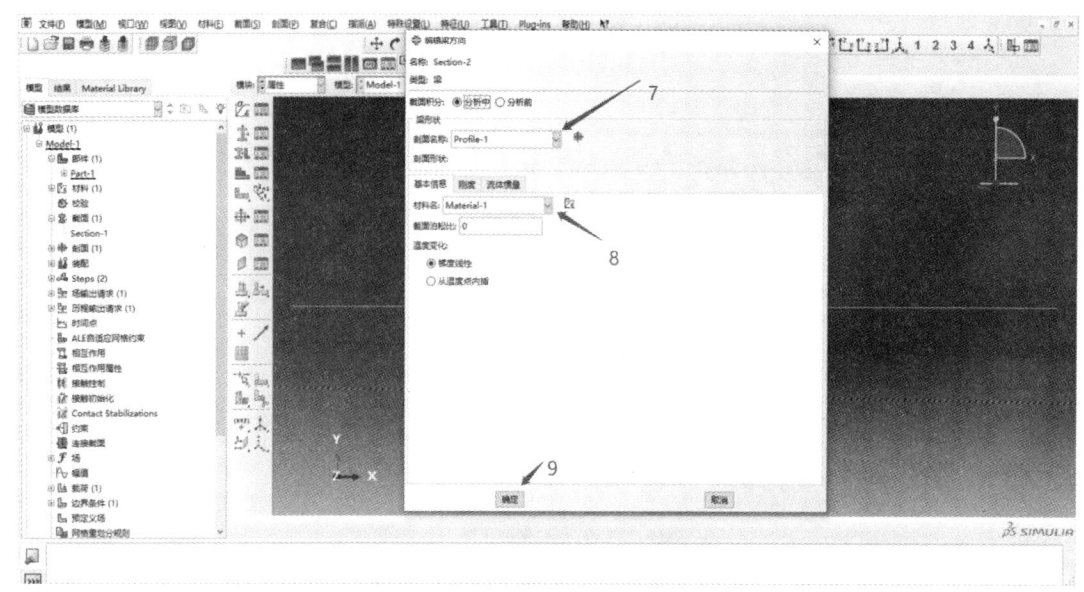

图 8.30 定义梁截面（连续梁）

（4）赋予截面属性。

将梁的截面赋值到几何模型，单击指派截面图标，选中所有线，单击完成按钮完成几何模型的选择，在弹出的对话框中选择已经定义好的截面 Section-1，最后单击确定按钮，把截面属性赋予部件 Part-1，如图 8.31 所示。

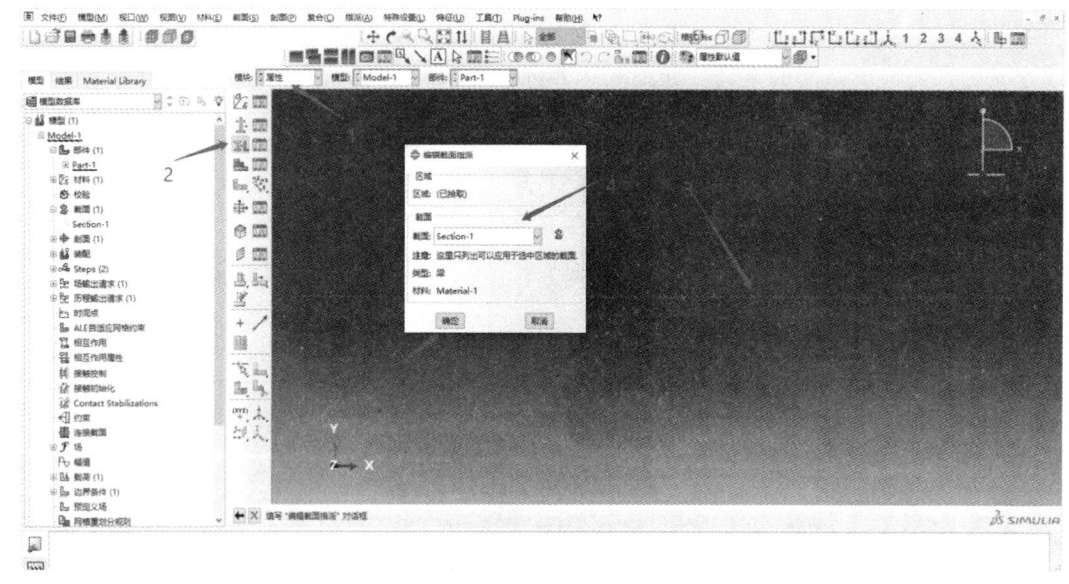

图 8.31 梁截面赋值（连续梁）

（5）定义梁的方向。

对于连续梁可知两段梁的 2 方向均为 Y 轴方向，单击指派梁方向图标，同时选中两段线，输入方向向量"0.0, 0.0, -1.0"，最后单击完成按钮，完成梁方向的定义，如图 8.32 所示。

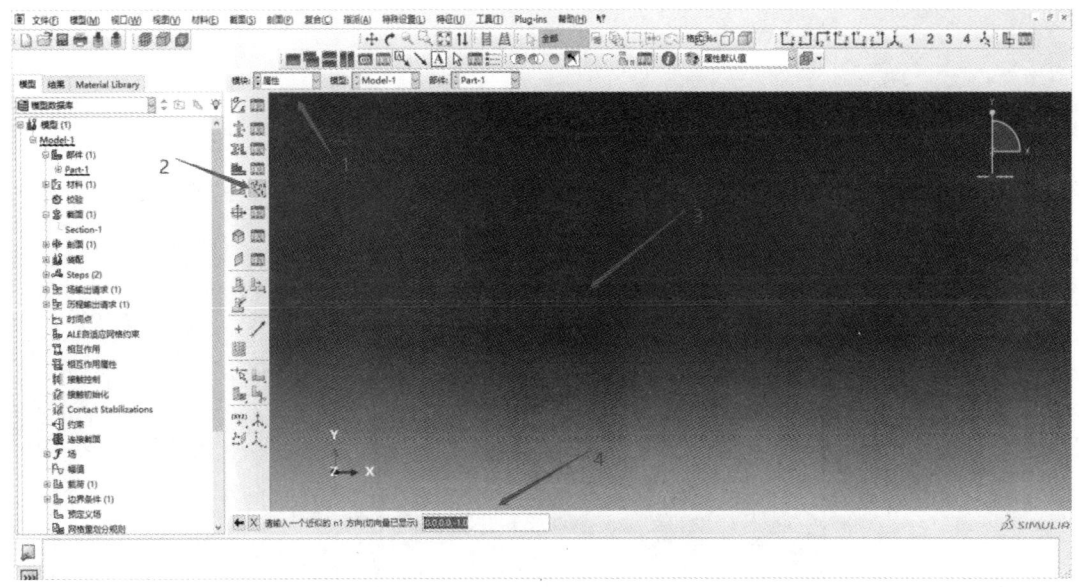

图 8.32　定义梁的方向（连续梁）

设置完成后，可以通过在菜单栏中选择视图命令，在弹出的子菜单中选择部件显示选项命令，并在弹出的对话框中切换到通用选项卡，勾选辅助显示的渲染剖面复选框，单击确定按钮，便可查看梁的最终几何状态，检查梁的截面和方向是否设置正确，如图 8.33 所示。

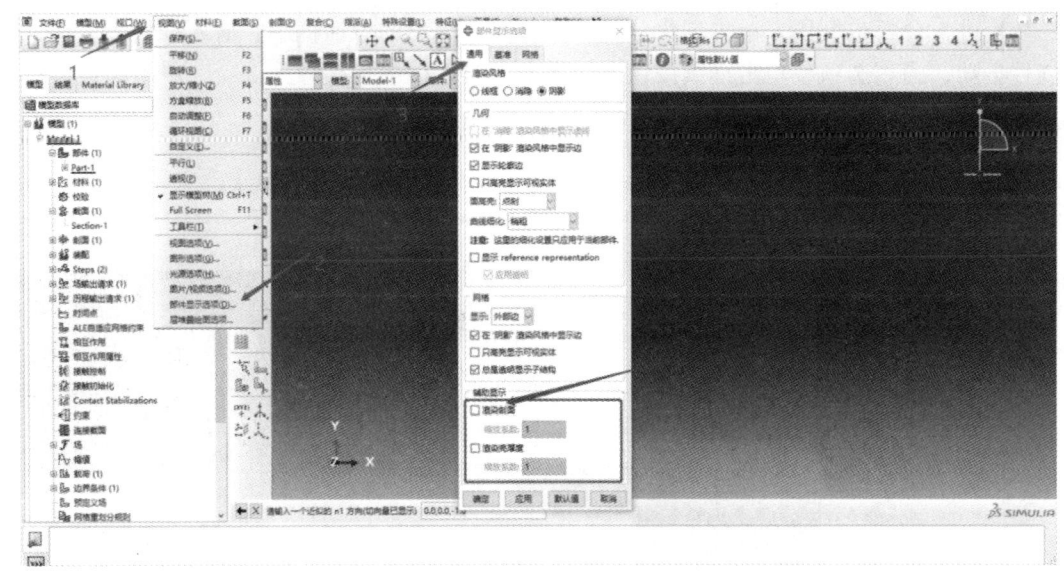

图 8.33　查看梁截面（连续梁）

3. 定义装配

由于只有一个部件 Part-1，可直接进行装配。切换进入装配模块，单击创建实例图标，在弹出的对话框中选择部件中的 Part-1，实例类型选择默认的非独立，单击确定按钮，创建部件的实例，如图 8.34 所示。

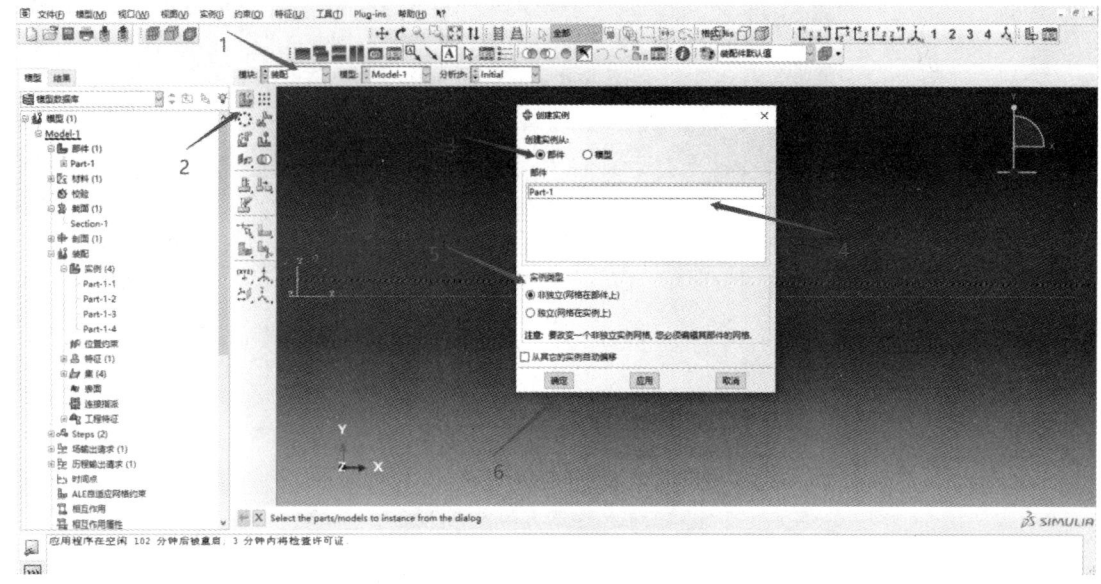

图 8.34 定义装配（连续梁）

4. 定义分析步和输出变量

切换进入分析步模块，单击创建分析步图标，在弹出的对话框中，输入分析步名称，选择线性振动，通用选项，单击继续按钮。在弹出的对话框中接受频率选项，单击确定按钮，完成分析步的定义，如图 8.35 所示。

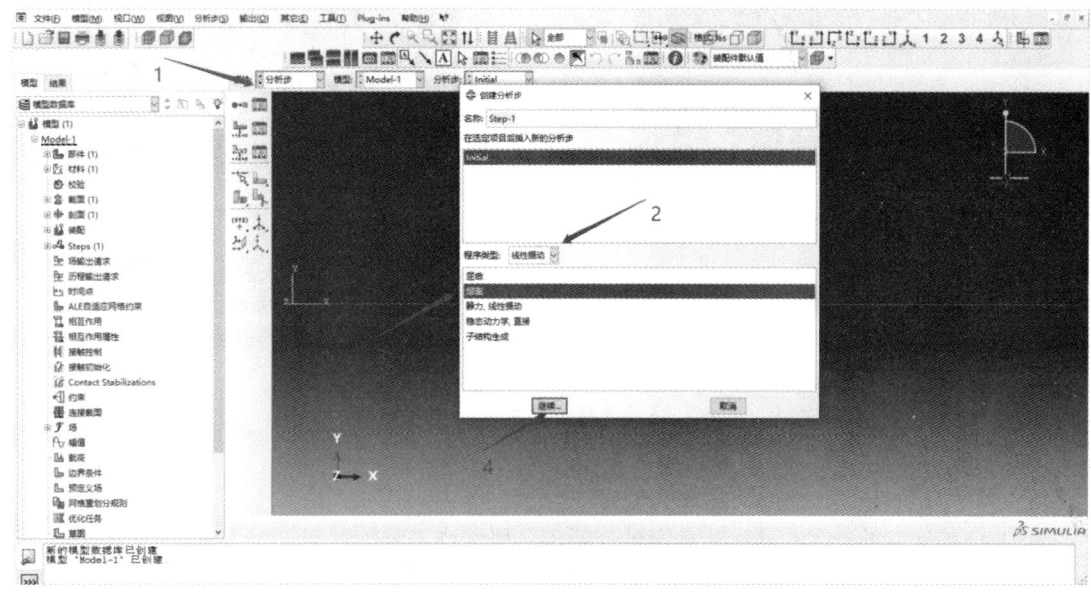

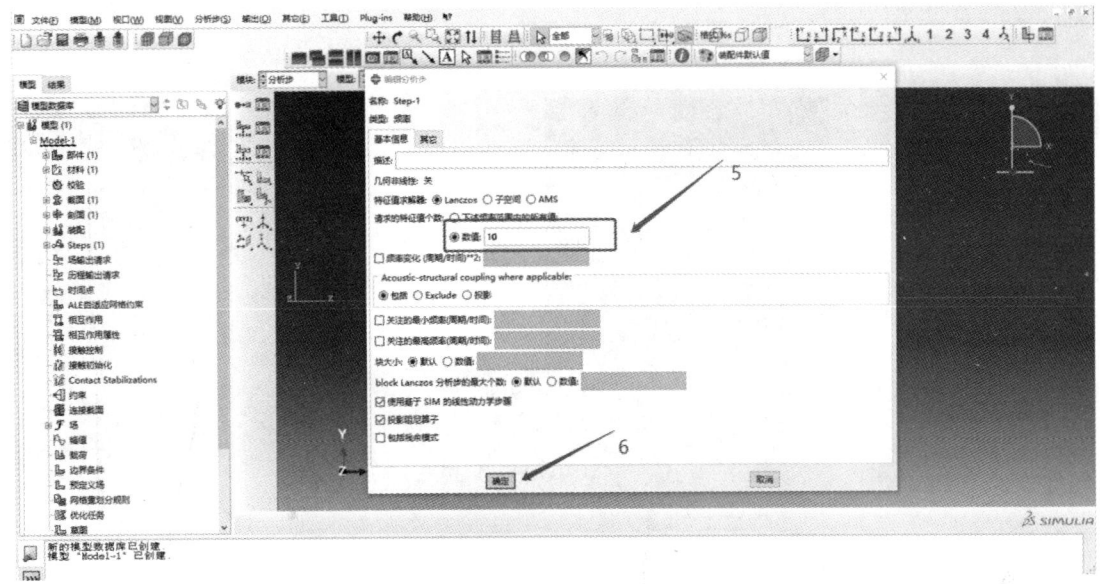

图 8.35　定义分析步（连续梁）

5. 定义约束和载荷

本例不涉及接触问题，所以可以直接跳过相互作用模块。

连续梁的端部支座均为铰支，切换进入载荷模块，单击创建边界条件图标，在弹出的对话框中，输入约束名称，分析步选择系统定义的初始分析步 Initial，类别选择力学，可用于所选分析步的类型选择对称/反对称/完全固定，单击继续按钮，按住 Shift 键，依次选择梁的 3 个下部端点，单击完成按钮，在弹出的对话框选择铰结，单击确定按钮，完成约束的定义，如图 8.36 所示。

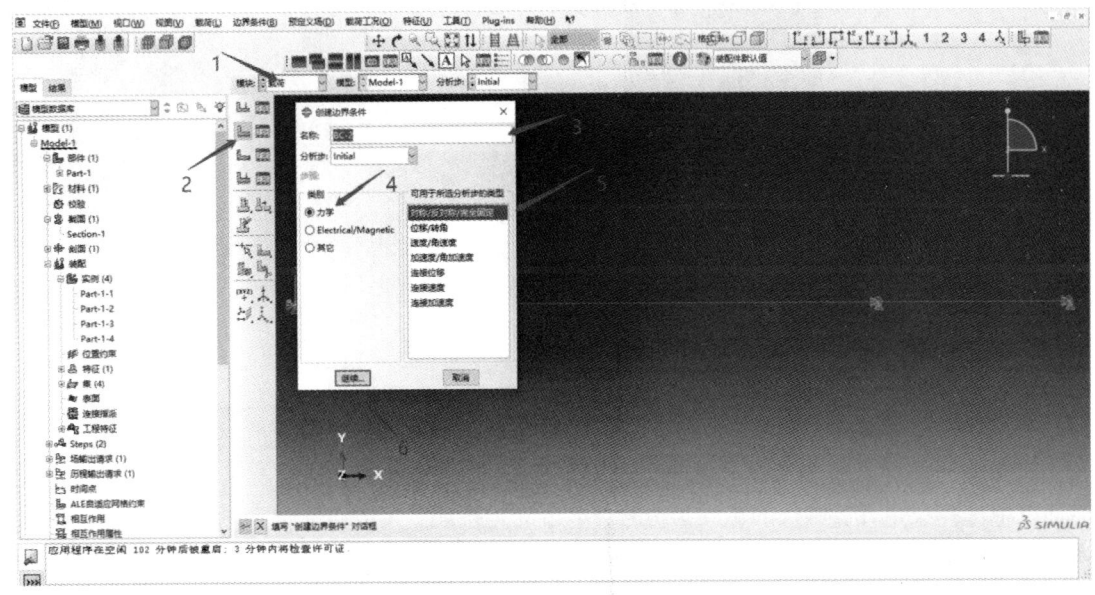

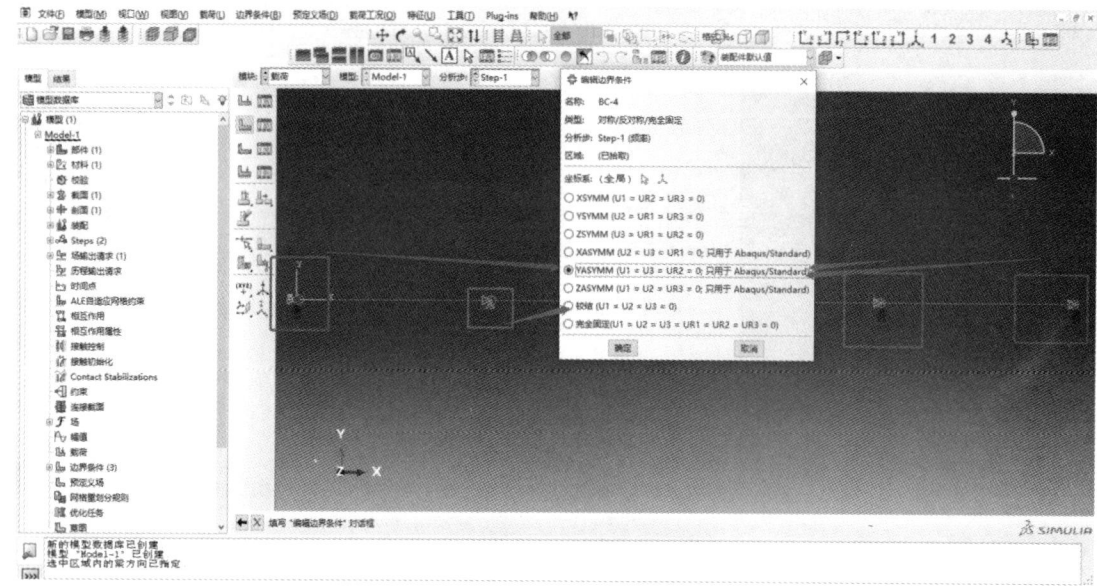

图 8.36 定义约束（连续梁）

6. 网格划分

切换进入网格模块，将窗口顶部的环境栏对象选项设为部件选项，单击种子部件图标，在弹出的对话框中开始定义全局种子，将近似全局尺寸定义为 0.2，单击确定按钮，如图 8.37 所示。

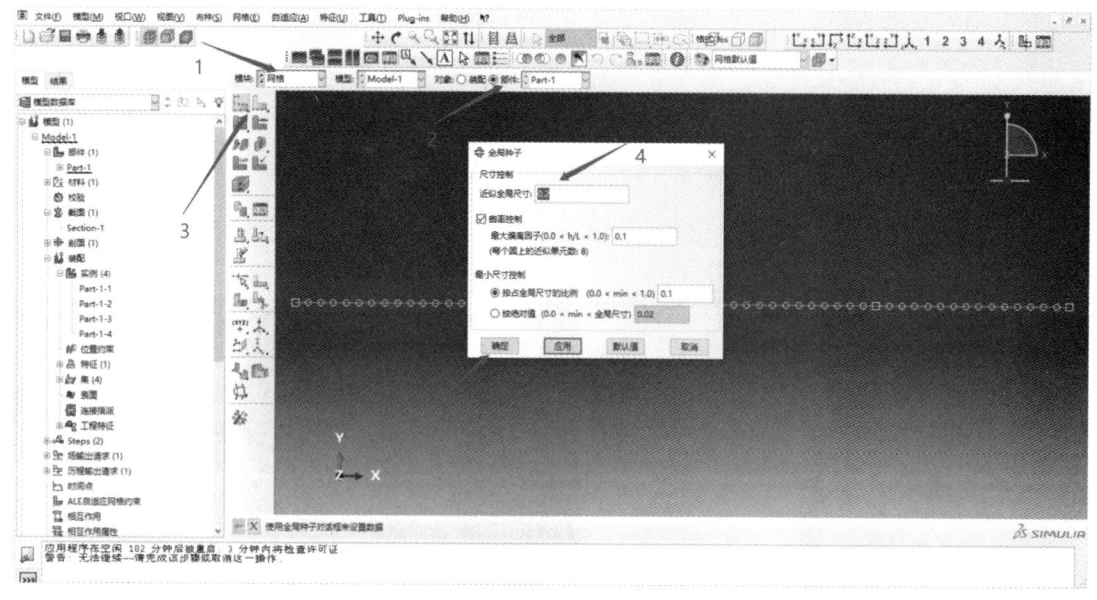

图 8.37 网格划分（连续梁）

选择单元类型，单击指派单元类型图标，在视图中选择模型，单击完成按钮，在弹出的对话框中选择梁单元，默认的单元为 B31，单击确定按钮，完成单元类型的选择。单击为部件实例划分网格图标，单击是按钮，完成网格划分，如图 8.38 所示。

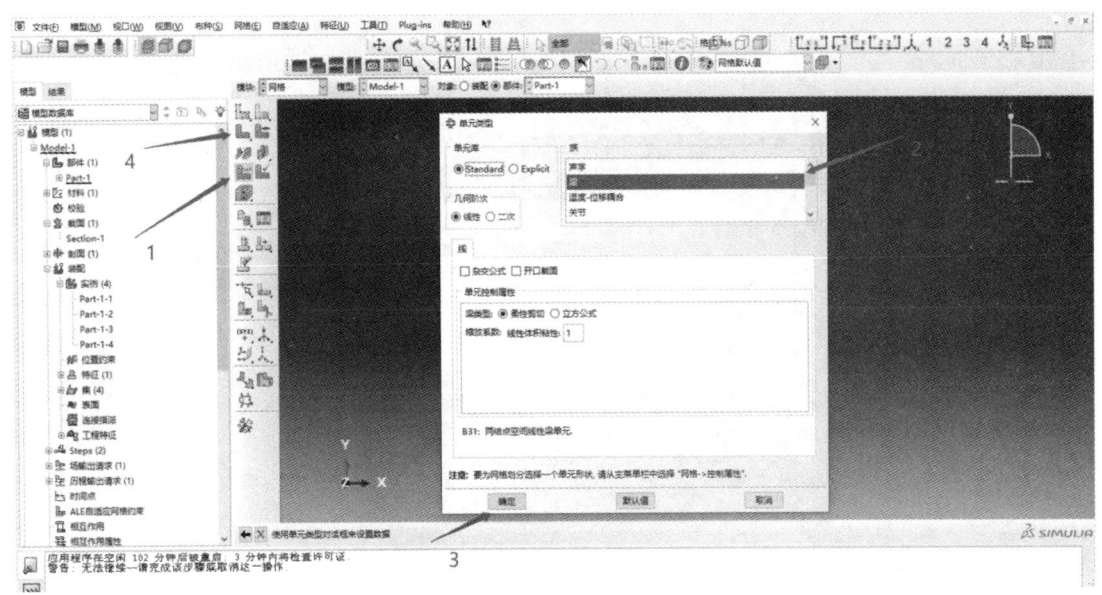

图 8.38　定义网格单元（连续梁）

7. 提交作业

切换进入作业模块，单击创建作业图标，在弹出的对话框中，输入作业名称，单击继续按钮，在弹出的对话框中，接受默认选项，单击确定按钮，完成作业定义，如图 8.39 所示。

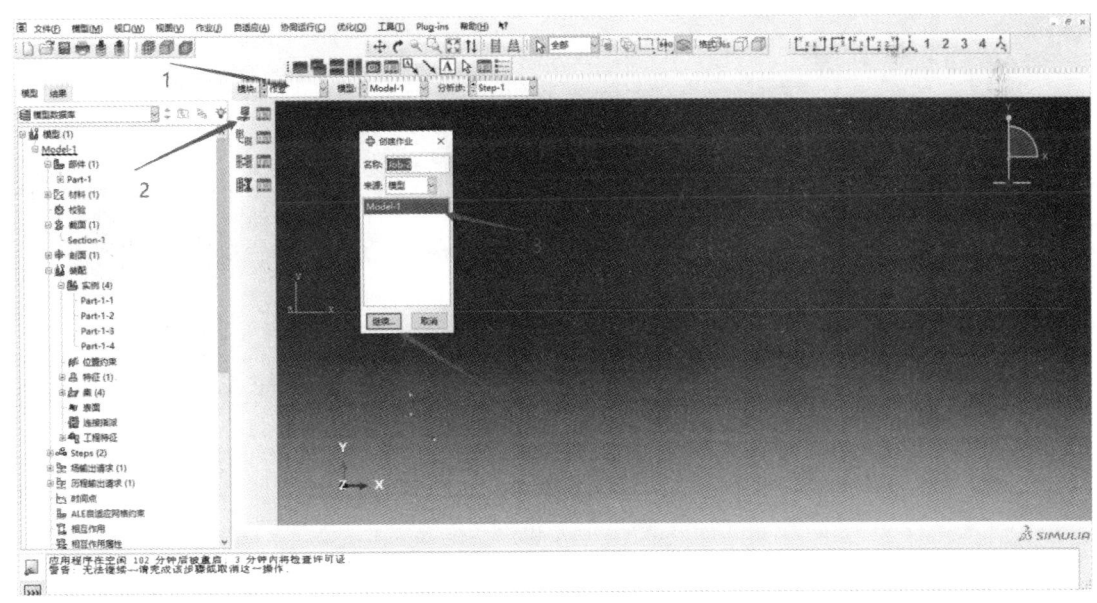

图 8.39　定义作业（连续梁）

单击作业管理器图标，选中当前作业，单击提交按钮，提交作业，在分析过程中，可单击监控按钮，可查看分析过程中出现的警告信息，如图 8.40 所示。

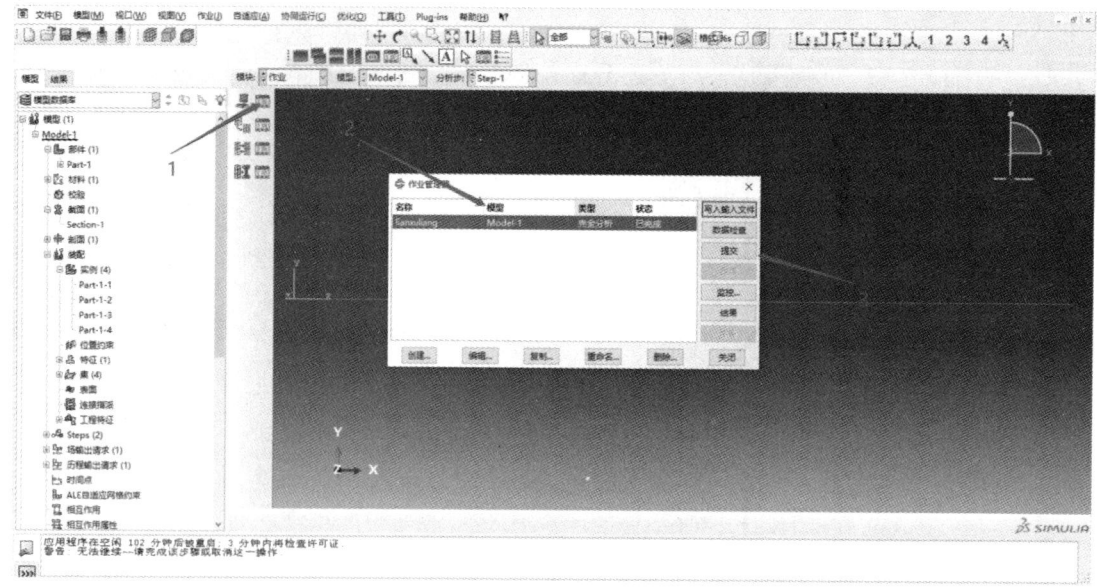

图 8.40　提交作业（连续梁）

8. 后处理

作业管理器对话框的状态显示为完成时，单击结果按钮进入可视化模块后处理界面，如图 8.41 所示，根据要求，可获得连续梁频率结果。

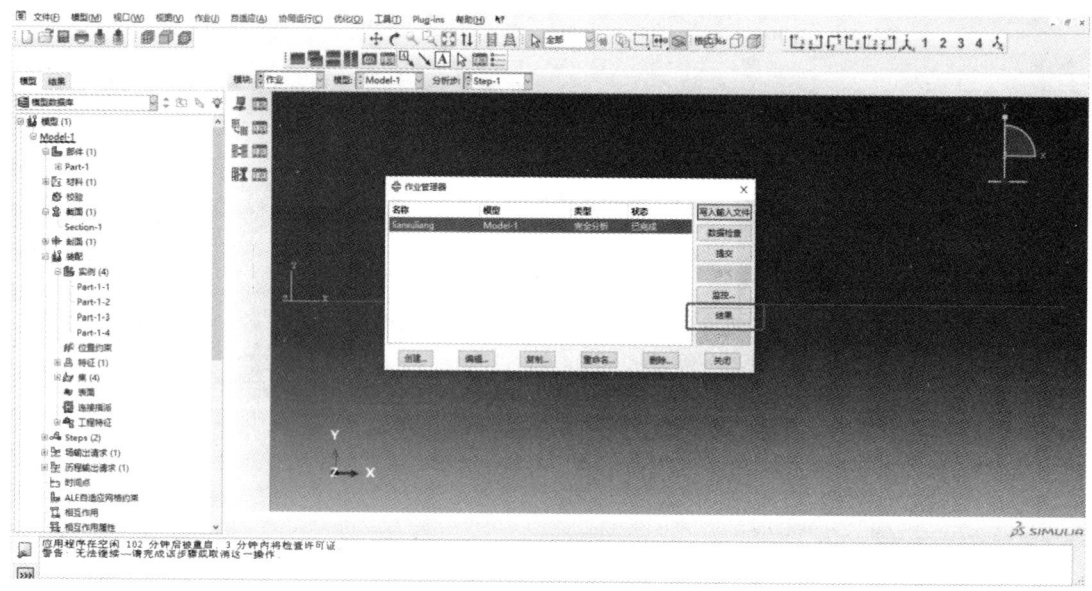

图 8.41　进入后处理（连续梁）

点击结果，可查看频率结果，如图 8.42 所示。

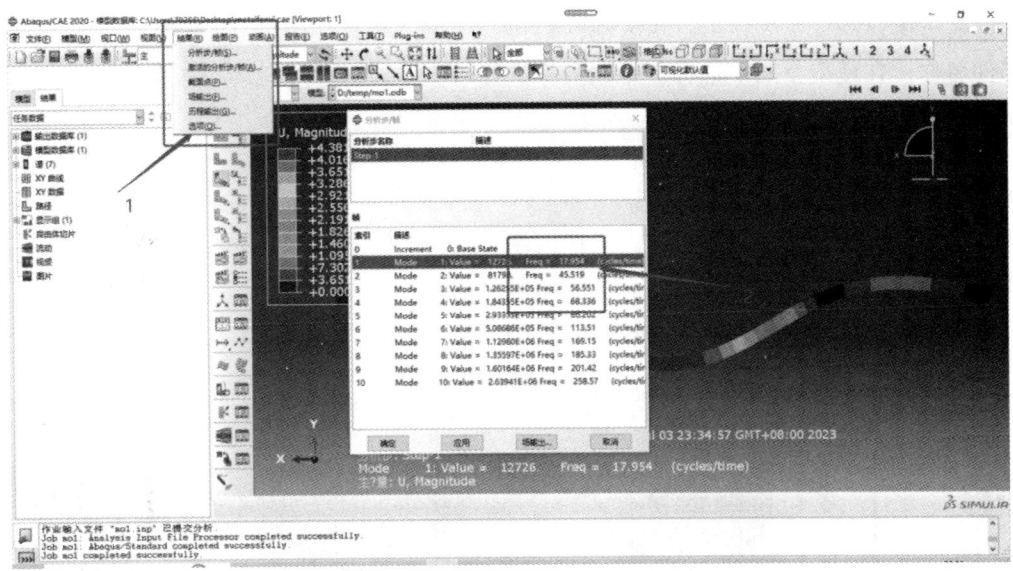

图 8.42 查看频率结果（连续梁）

一阶振型到四阶振型对应结果如图 8.43~图 8.46 所示。

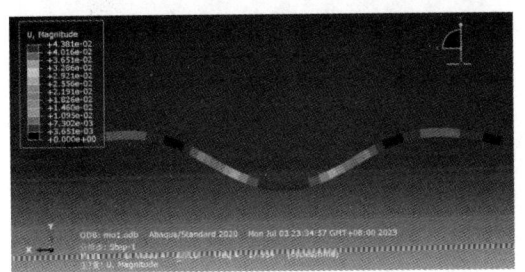

图 8.43 一阶振型（连续梁）

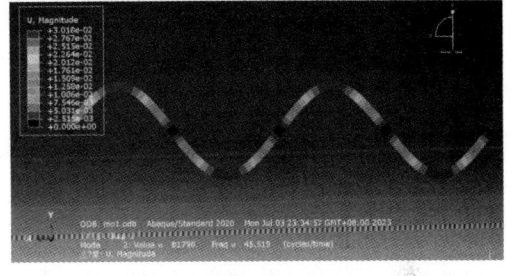

图 8.44 二阶振型（连续梁）

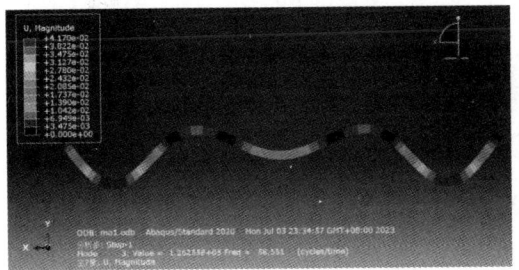

图 8.45 三阶振型（连续梁）

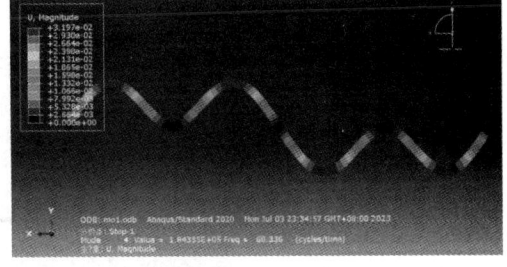

图 8.46 四阶振型（连续梁）

8.4 工程案例分析：桥梁结构

1. 创建部件

启动 Abaqus/CAE，选择 with Standard/Explicit Model 模块，创建一个新模型，对模型重命名并保存。

根据描述建立三维线模型,进入部件模块,单击创建部件图标,在弹出的对话框中,输入部件名称,在模型空间中选择三维,类型选择可变形,形状选择线,在大约尺寸的文本框中输入"50",单击继续按钮,进入草图环境;单击创建实体拉伸类型:首尾相连图标,选用依据点创建线方式,在参数输入区中依次输入点的坐标"3.7, 0""3.7, − 0.5""0.375, − 0.833""0.208, − 1""0.208, − 3.75""1, − 4""1, − 4.5""0, − 4.5"。单击完成按钮,点击创建线按钮选择两点建立对称轴,点击镜像按钮,选择创建的线为对称轴,再框选右边创建的图形,点击完成,在深度文本框中输入"75",完成部件的创建,形成简支梁结构,如图 8.47 ~ 图 8.49 所示。

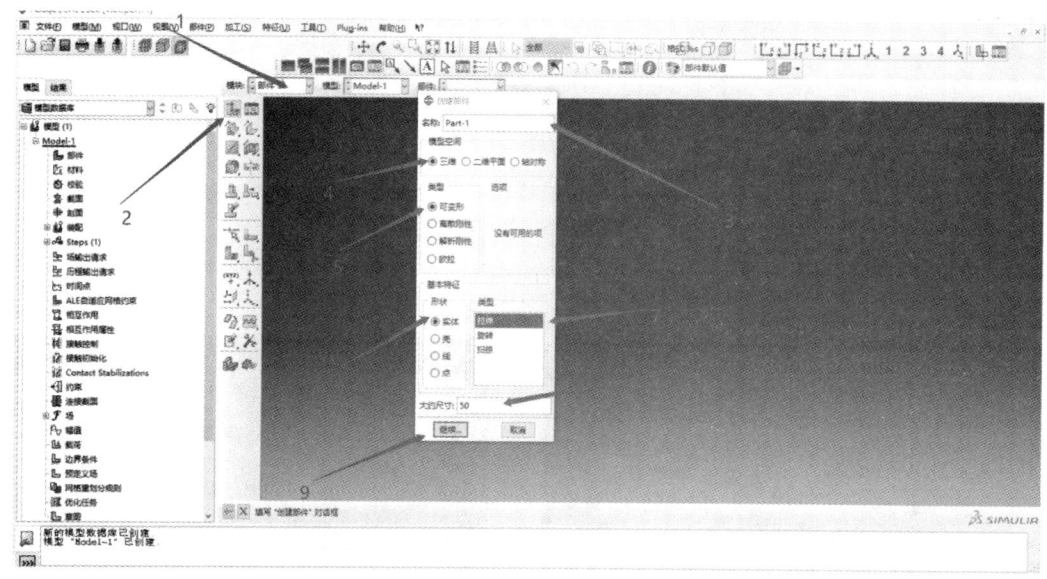

图 8.47　创建部件(桥梁结构)

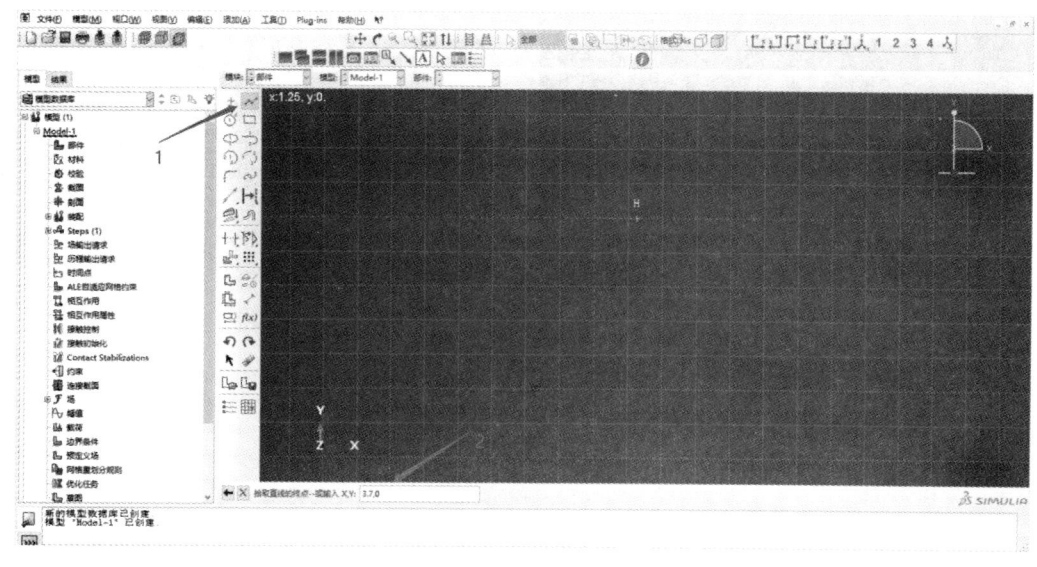

(a)

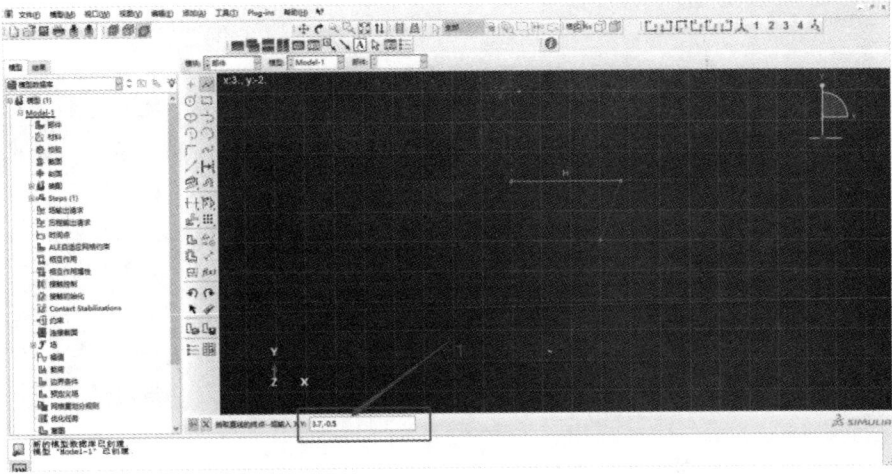

(b)

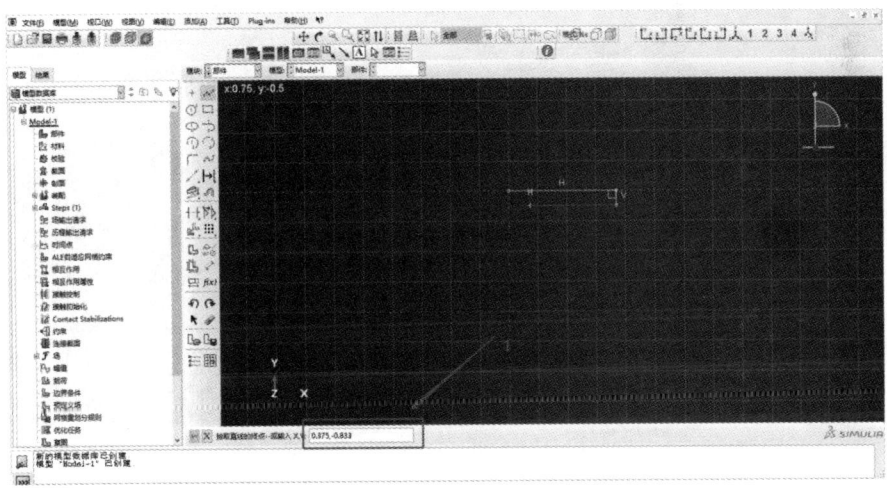

(c)

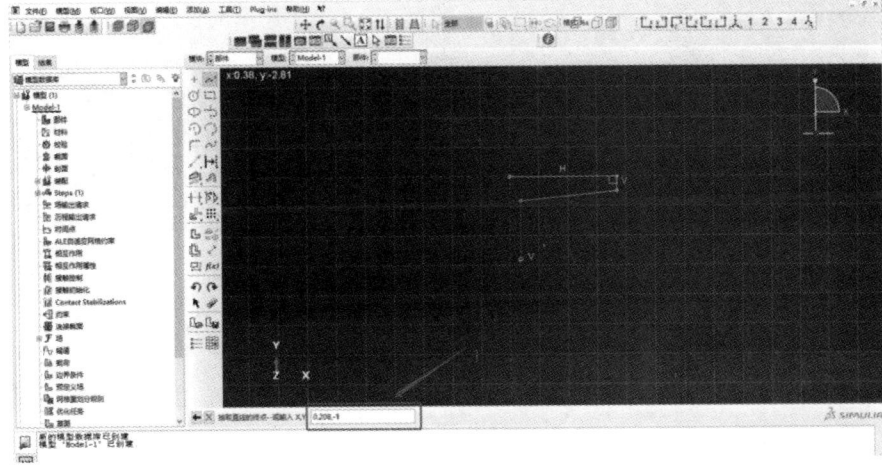

(d)

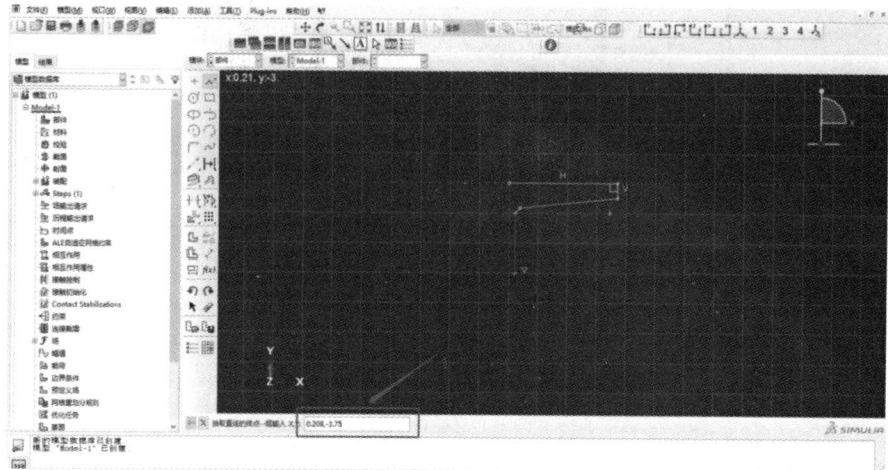

(e)

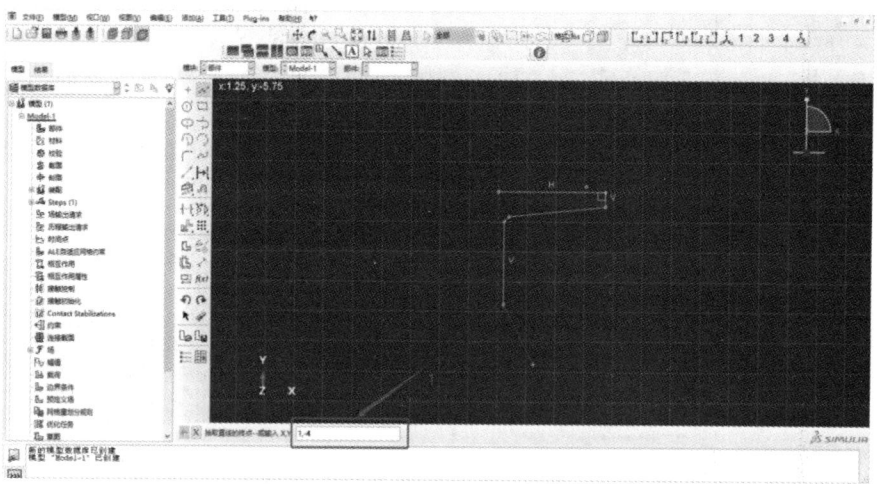

(f)

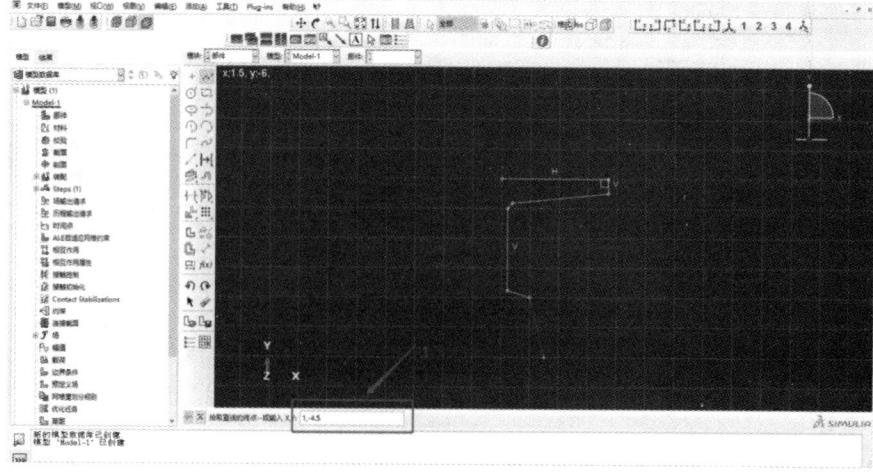

(g)

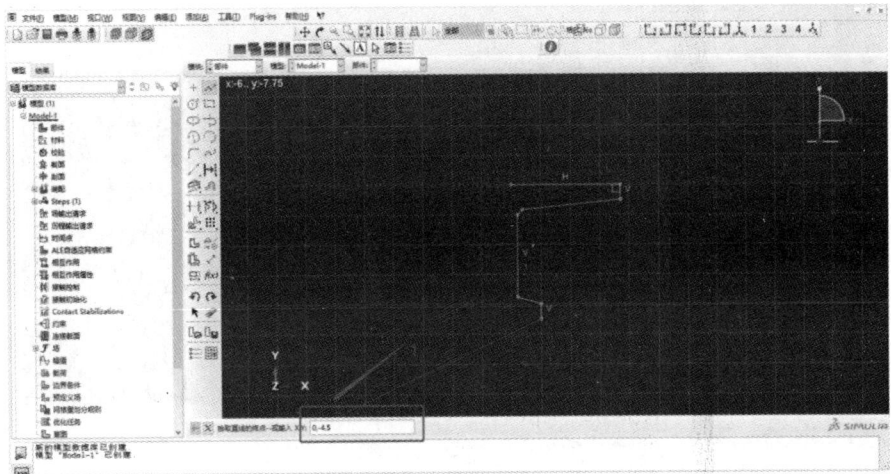

(h)

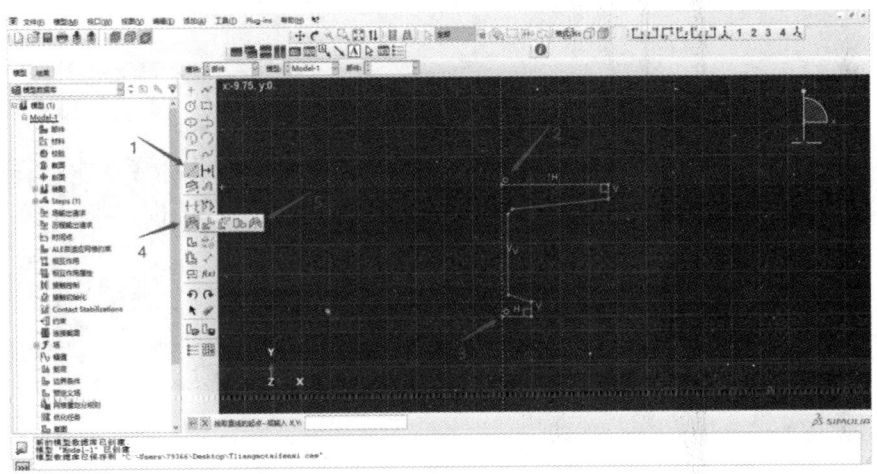

(i)

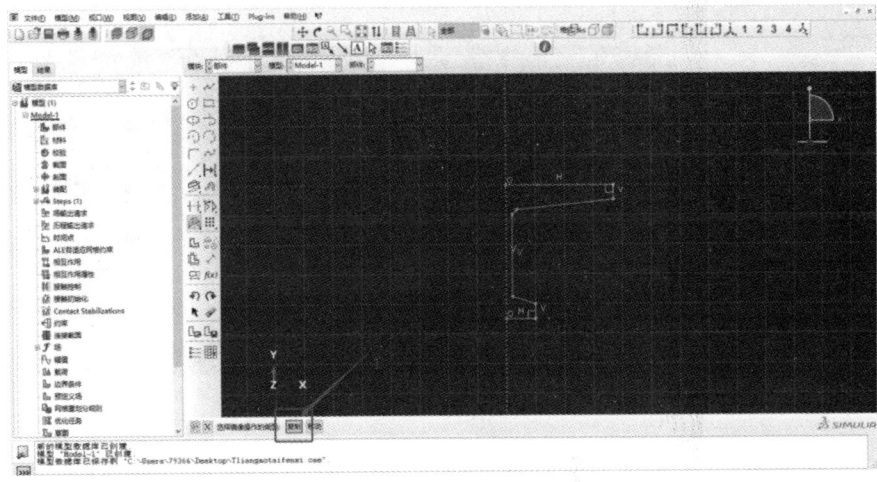

(j)

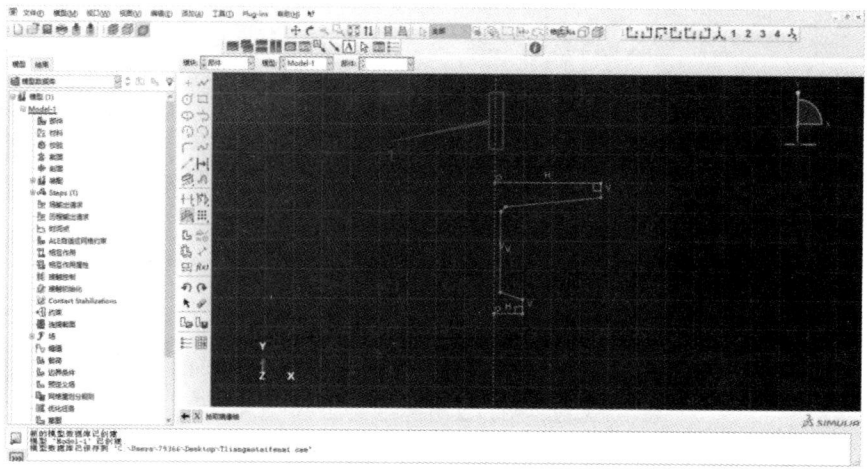

(k)

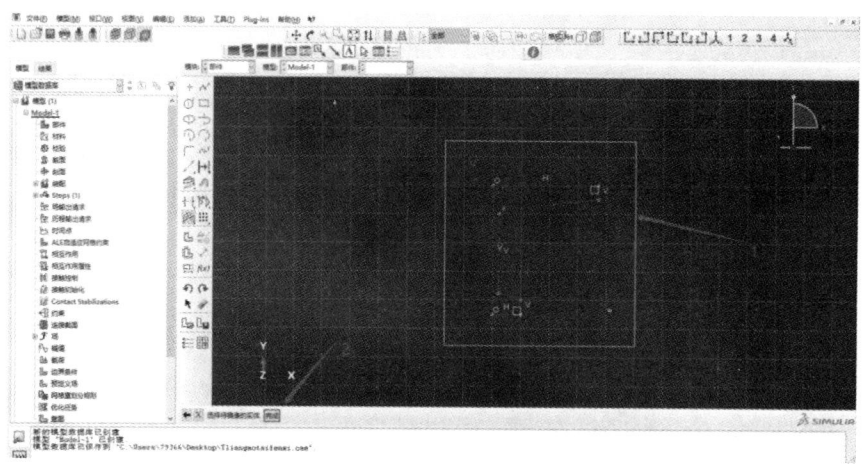

(l)

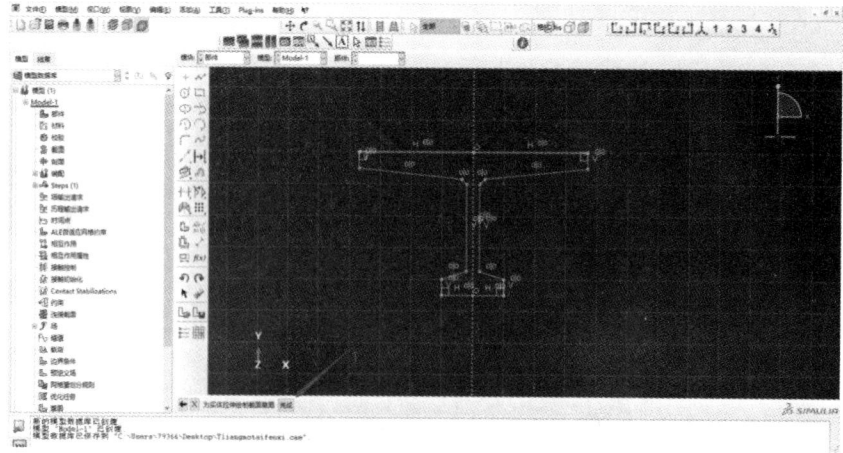

(m)

图 8.48　绘制草图（桥梁结构）

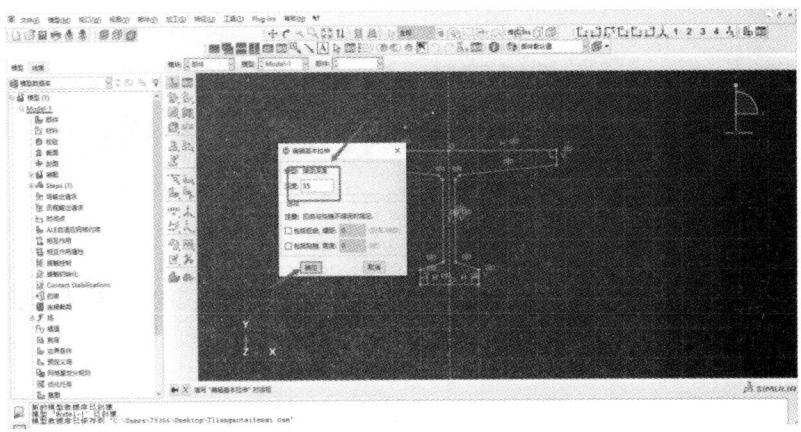

图 8.49 拉伸部件（桥梁结构）

2. 拆分部件

点击拆分几何元素选项，选择由延伸面拆分几何元素，选择两个侧面部分作为拆分面，创建分区，由图 8.50、图 8.51 所示。

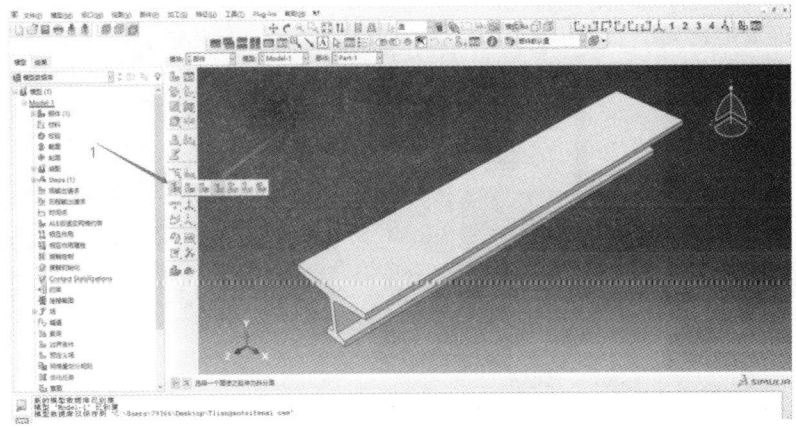

图 8.50 部件拆分（桥梁结构）

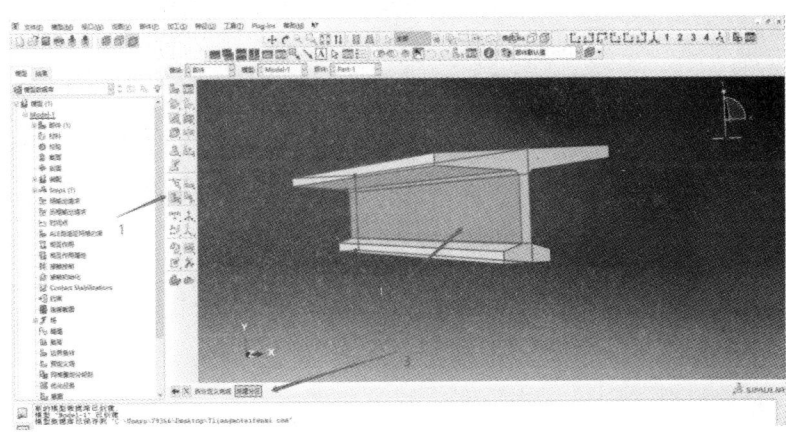

（a）

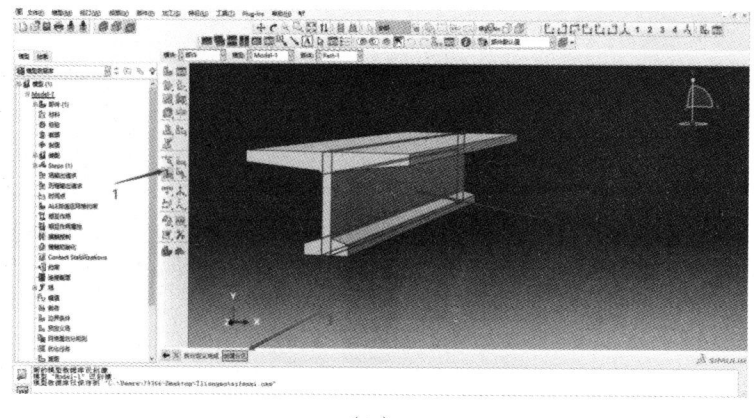

(b)

图 8.51 选择拆分面（桥梁结构）

点击工具，选择基准，选择从平面偏移建立基准平面，选择两个侧面部分偏移 0.167，建立两个基准平面。点击工具选择分区，选择使用基准平面，需要拆分的集合元素选择翼板部分，基准平面选择刚刚建立的基准平面，建立分区，如图 8.52、图 8.53 所示。

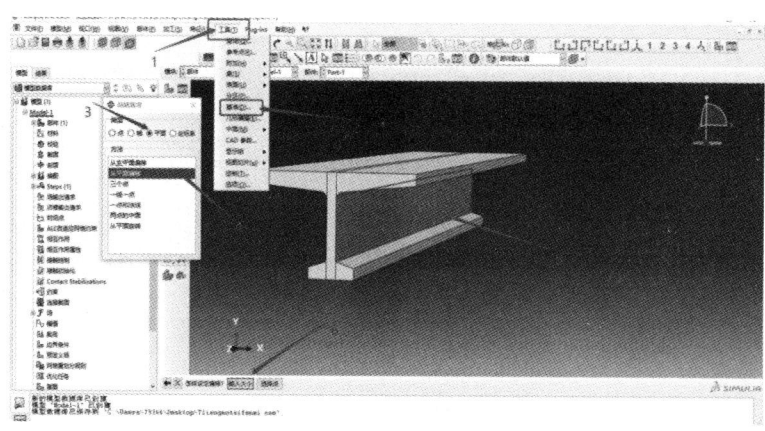

(a)

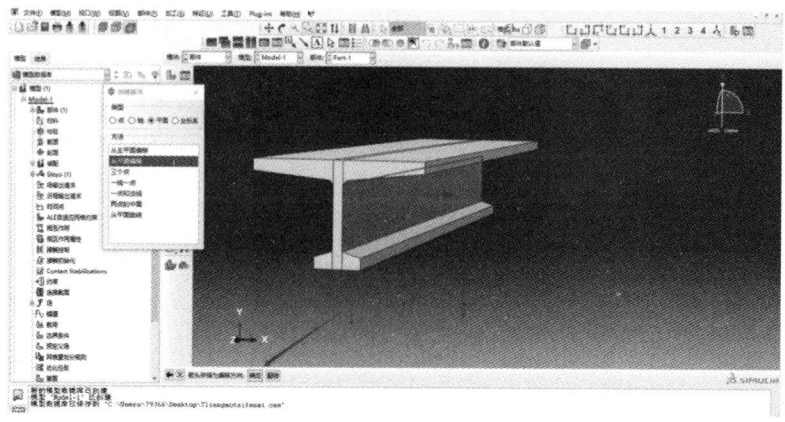

(b)

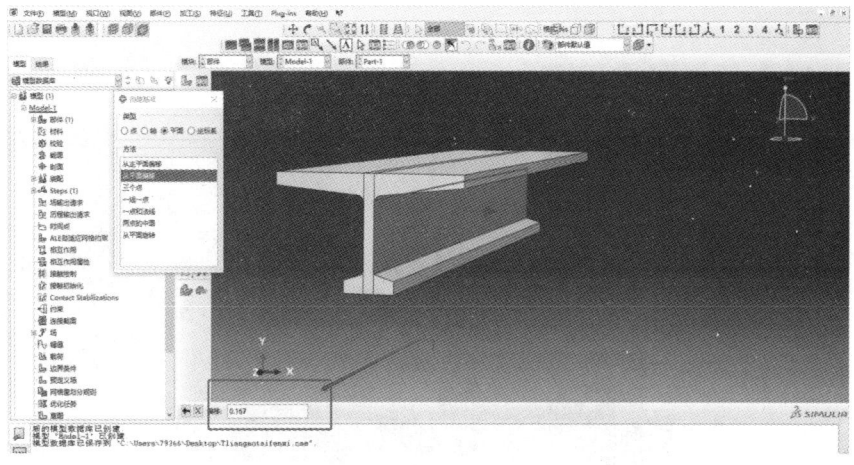

(c)

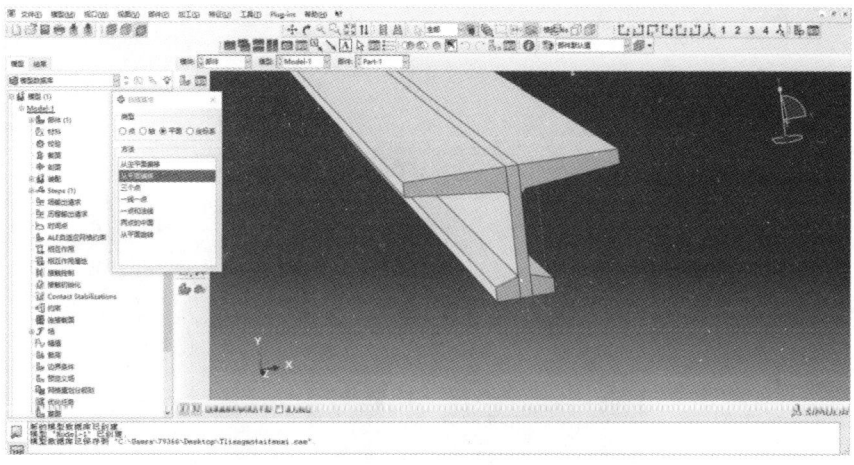

(d)

图 8.52 定义基准平面（桥梁结构）

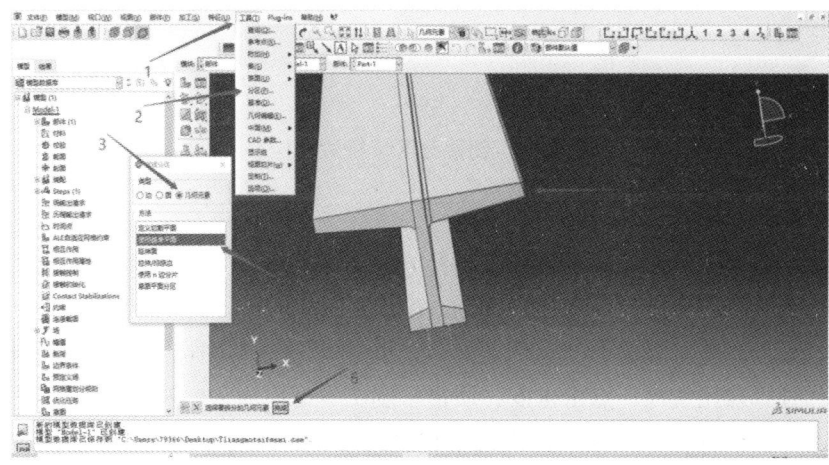

(a)

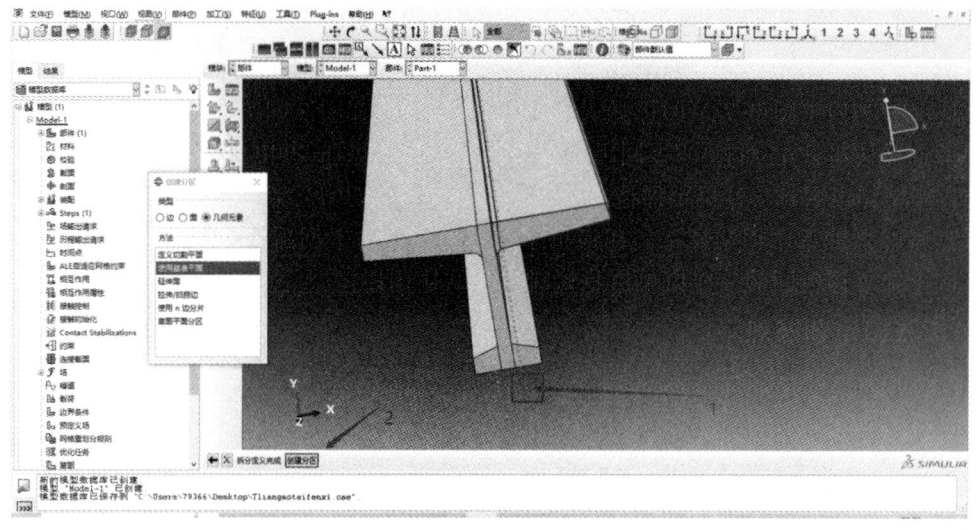

（b）

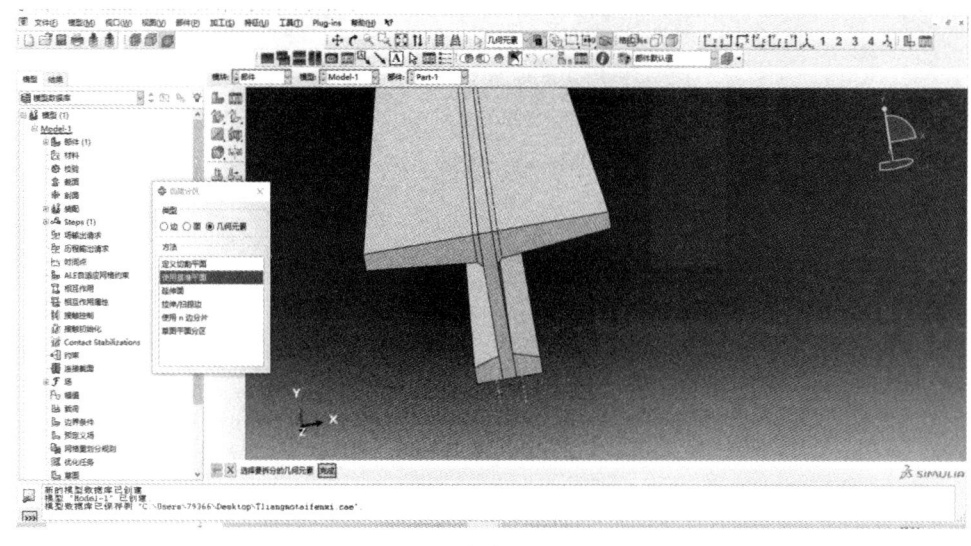

（c）

图 8.53　创建分区（桥梁结构）

3. 定义属性

在属性模块下定义材料线弹性本构，需注意统一单位制，在本例中尺寸单位采用 m，杨氏模量的单位为 Pa，即杨氏模量为 30 000 000 000 Pa，泊松比为 0.3，材料密度为 7 850 kg/m³。

在环境栏模块中选择属性，进入属性模块，单击创建材料图标，在弹出的对话框中，输入材料名称，选择通用选项，点击密度，质量密度文本框中输入"7850"，选择力学选项，在子菜单中选择弹性，在数据中输入杨氏模量和泊松比，其余按照默认设置，单击确定按钮，完成材料属性的定义，如图 8.54、图 8.55 所示。

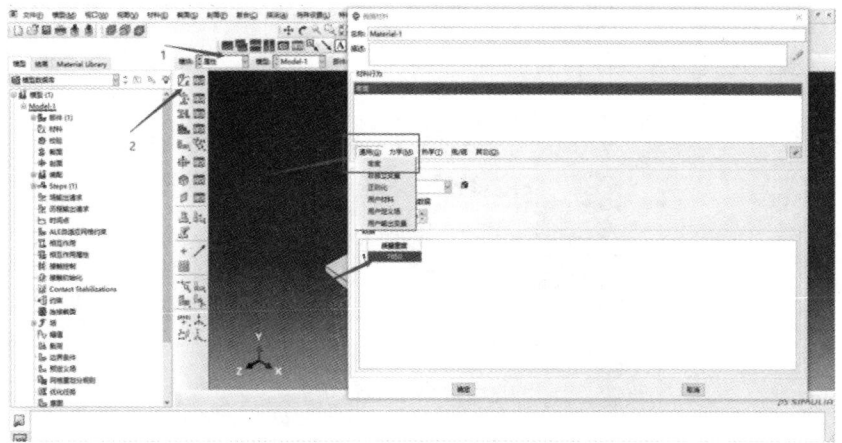

图 8.54 定义密度（桥梁结构）

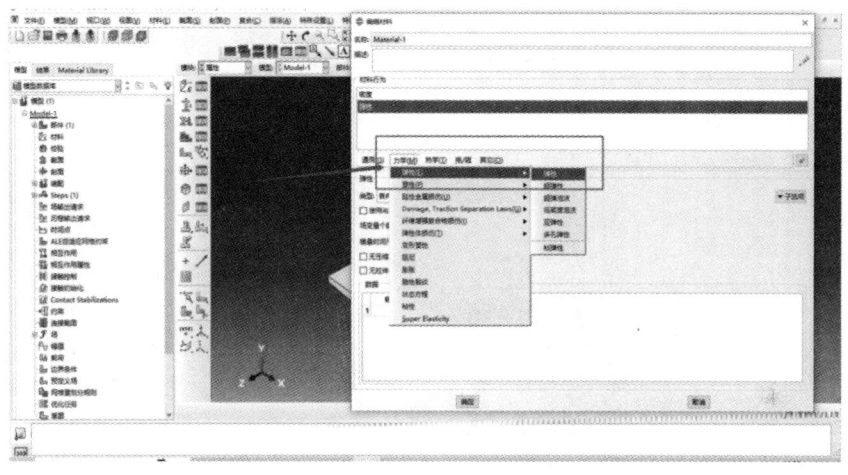

（a）

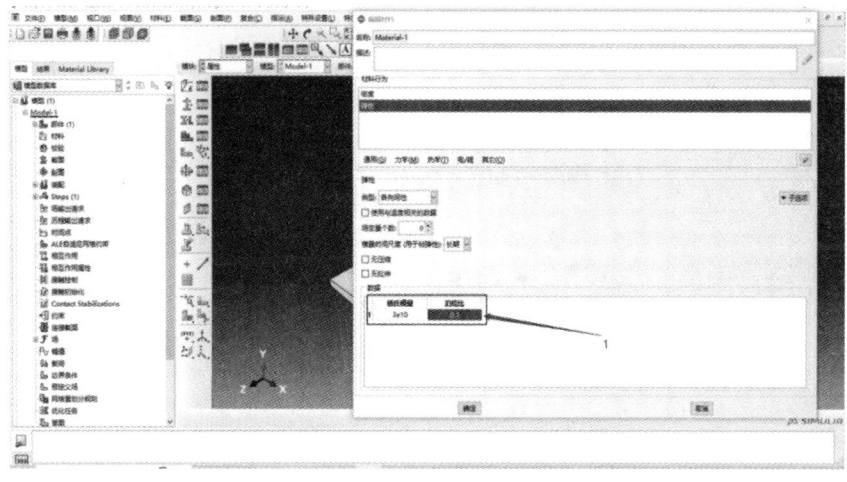

（b）

图 8.55 定义杨氏模量（桥梁结构）

点击创建截面，依次选择实体、均质，点击继续选择 Material-1 创建截面。指派界面，点击指派界面选项，选择部件整体将刚刚创建的截面赋予给部件，如图 8.56~图 8.59 所示。

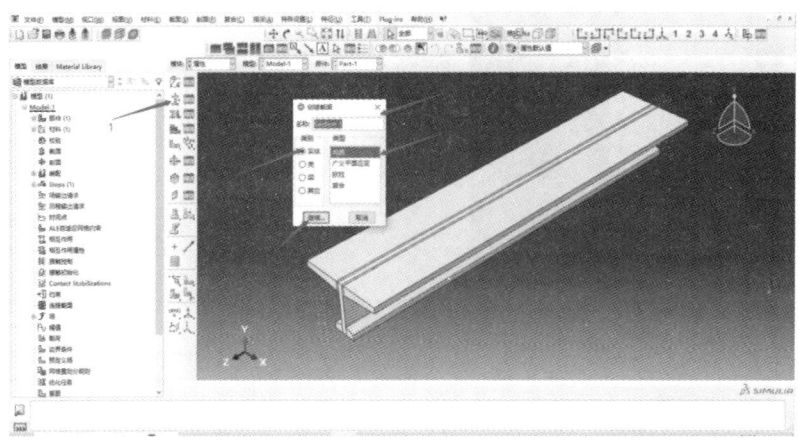

图 8.56　创建截面（桥梁结构）

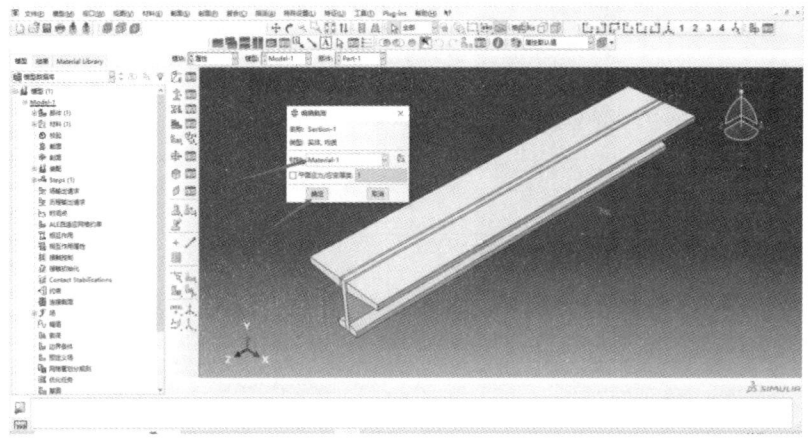

图 8.57　选择材料（桥梁结构）

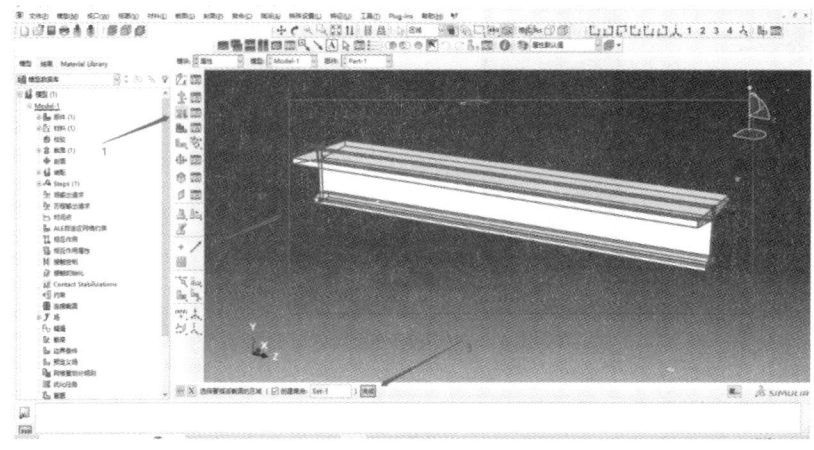

图 8.58　选择实体（桥梁结构）

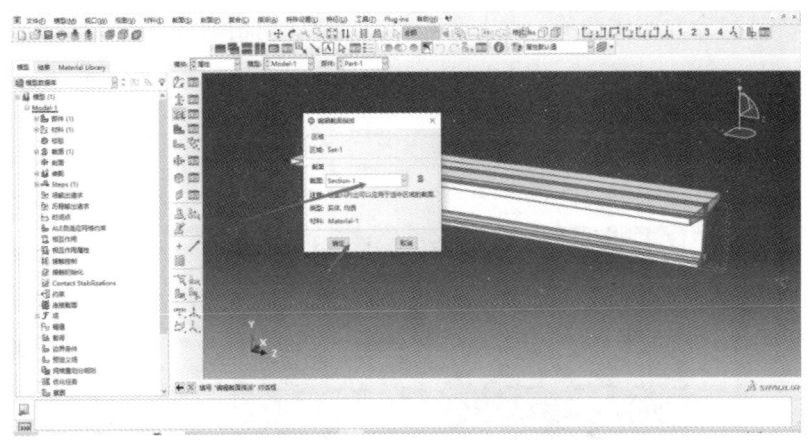

图 8.59　指派截面（桥梁结构）

4. 部件装配

选择装配模块，点击装配部件，选择独立。点击阵列选项，横向个数为 5，竖向个数为 1，其他值保持默认值，如图 8.60、图 8.61 所示。

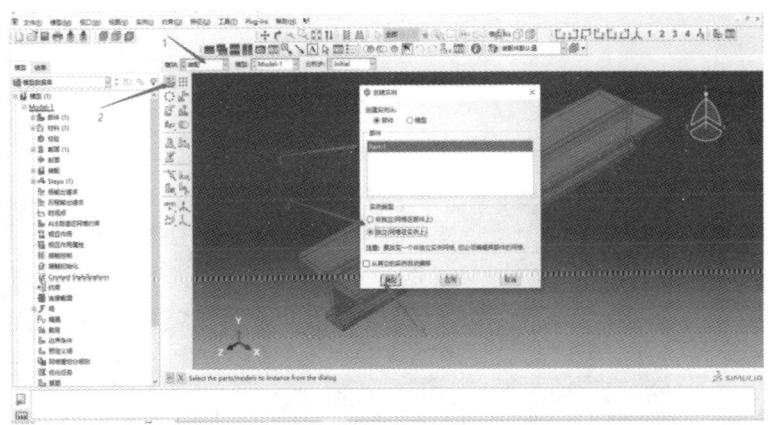

图 8.60　装配部件（桥梁结构）

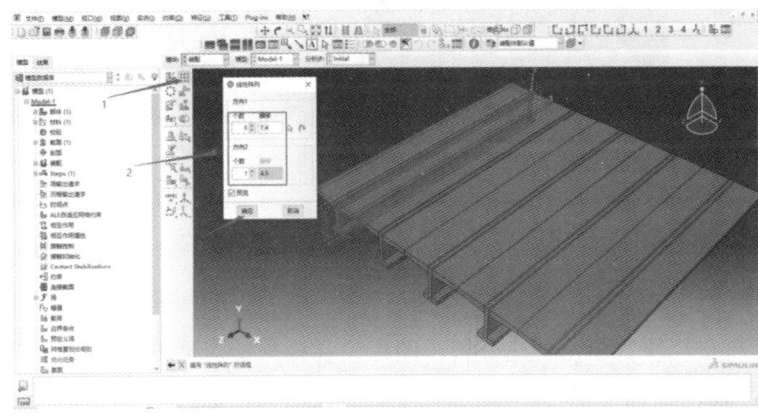

图 8.61　阵列布置（桥梁结构）

合并实体，选择合并实体选项，点击删除相交边界，点击继续，框选所有实体点击确定，如图 8.62 所示。

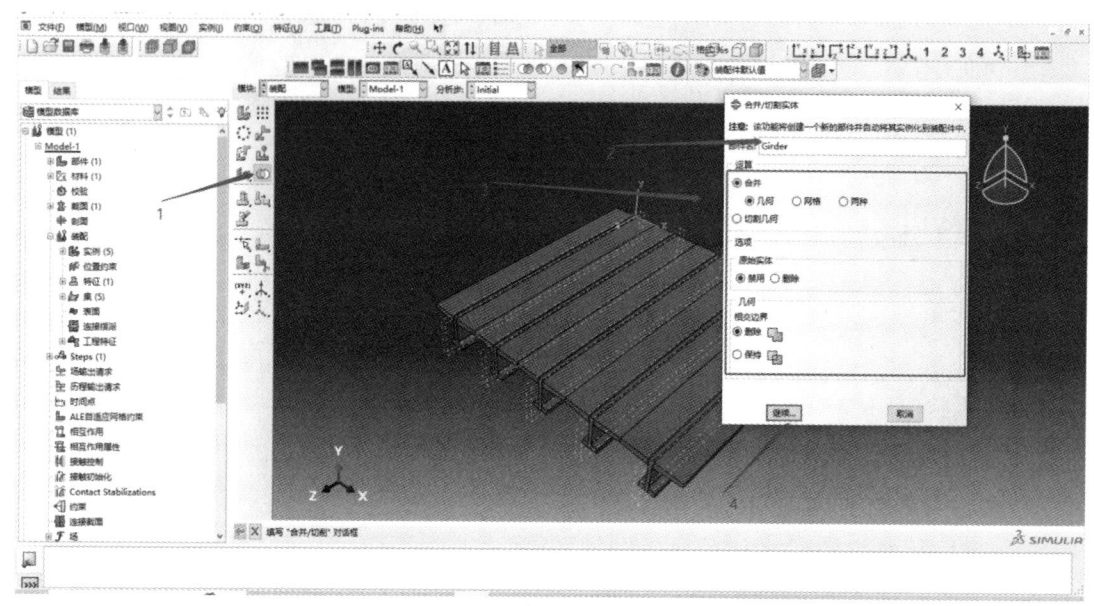

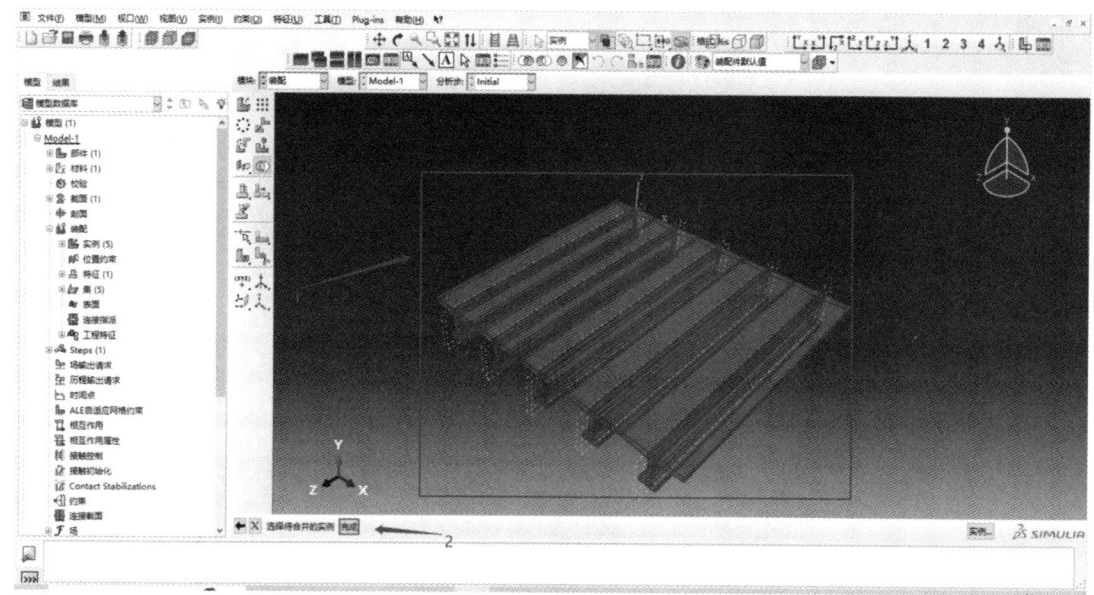

图 8.62　合并实体（桥梁结构）

5. 定义分析步

切换进入分析步模块，单击创建分析步图标，在弹出的对话框中，输入分析步名称，选择线性振动，通用选项，单击继续按钮，在弹出的对话框中接受频率选项，单击确定按钮，完成分析步的定义，如图 8.63 所示。

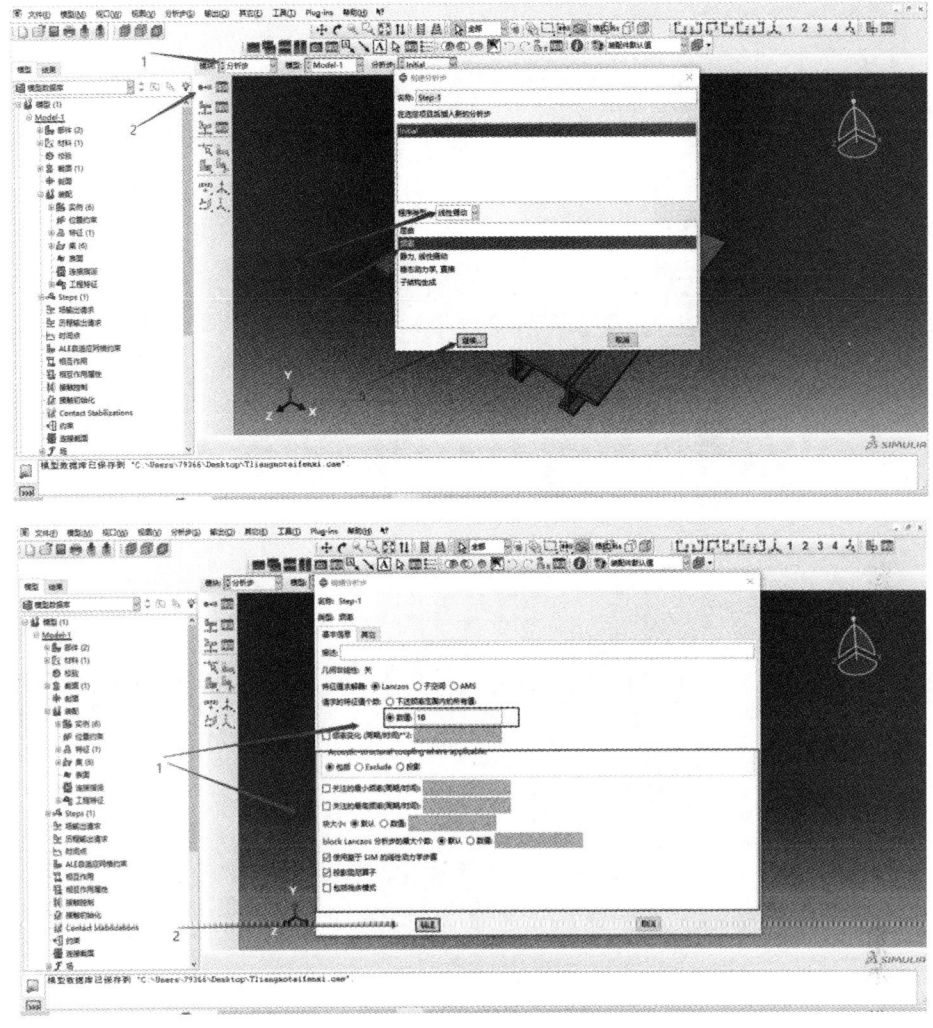

图 8.63 定义分析步(桥梁结构)

6. 定义约束和载荷

本例不涉及接触问题,所以可以直接跳过相互作用模块。

连续梁的端部支座均为铰支,切换进入载荷模块,单击创建边界条件图标,在弹出的对话框中,输入约束名称,分析步选择系统定义的分析步 Step-1,类别选择力学,可用于所选分析步的类型选择对称/反对称/完全固定,单击继续按钮,按住 Shift 键,依次选择梁的地面部分,选择 XSYMM(约束 X 方向位移),单击完成按钮,如图 8.64(a)~(c)所示。

继续选择对称/反对称/完全固定,按住 Shift 键,依次选择梁的翼板边缘部分和梁肋底部边缘部分选择 XSYMM(约束 X 方向位移),单击完成按钮,如图 8.64(d)~(e)所示。

重复创建边界条件选项,按住 Shift 键,依次选择梁的两端边缘部分,选择铰结(U1=U2=U3=0),单击完成按钮,如图 8.64(f)、(g)所示。

重复创建边界条件选项,按住 Shift 键,依次选择梁肋一边侧面和同侧底部侧面部分,选择 XSYMM(约束 X 方向位移),单击完成按钮,如图 8.64(h)、(i)所示。

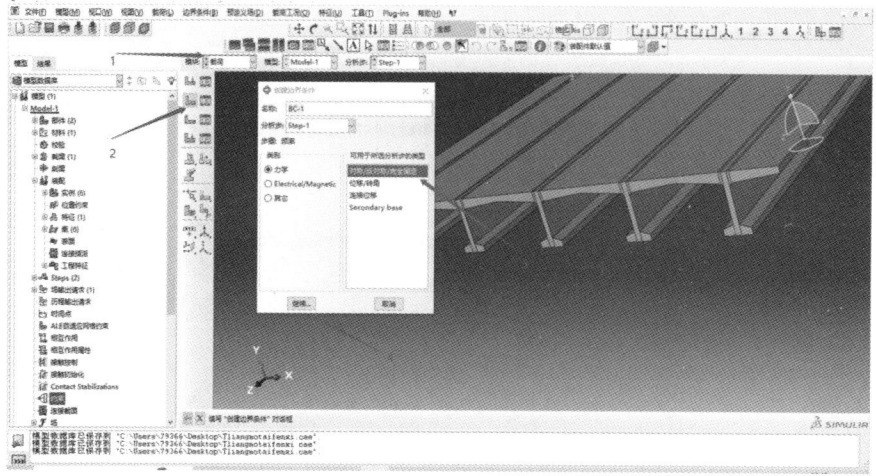

(a)

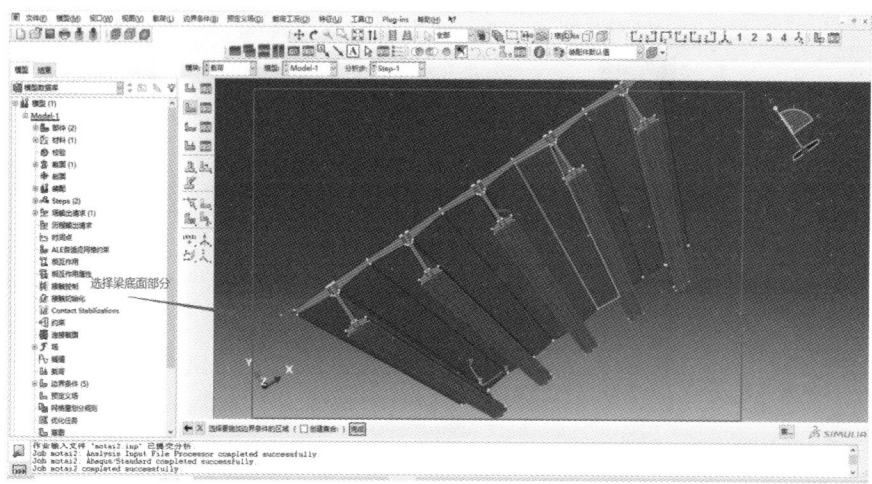

(b)

(c)

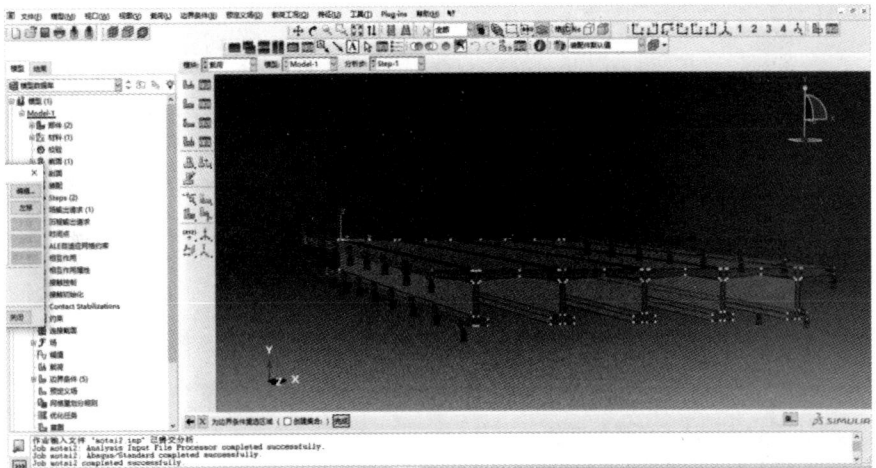

(d)

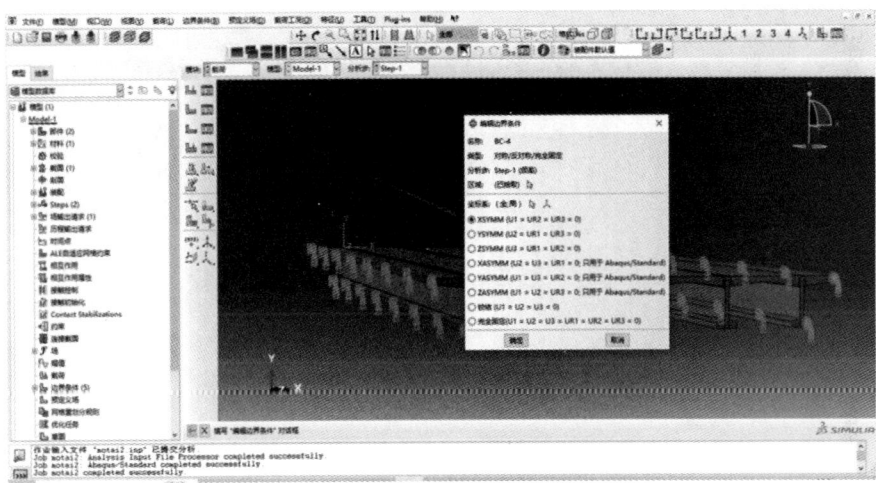

(e)

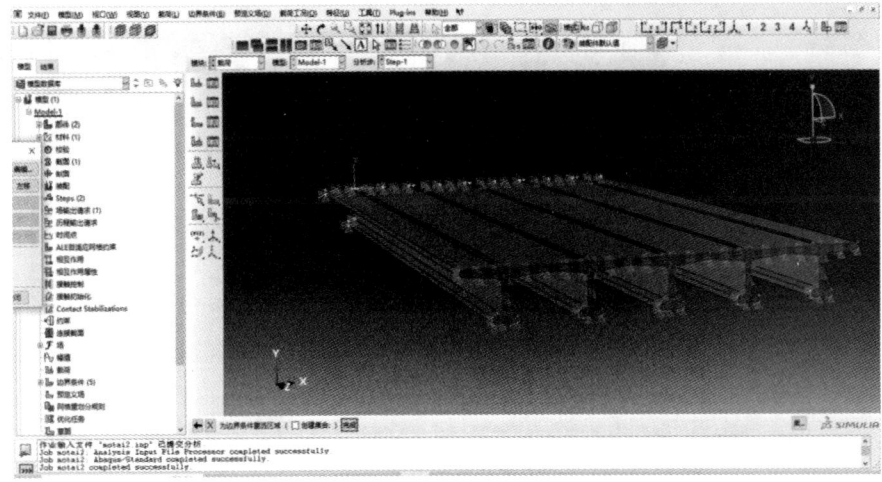

(f)

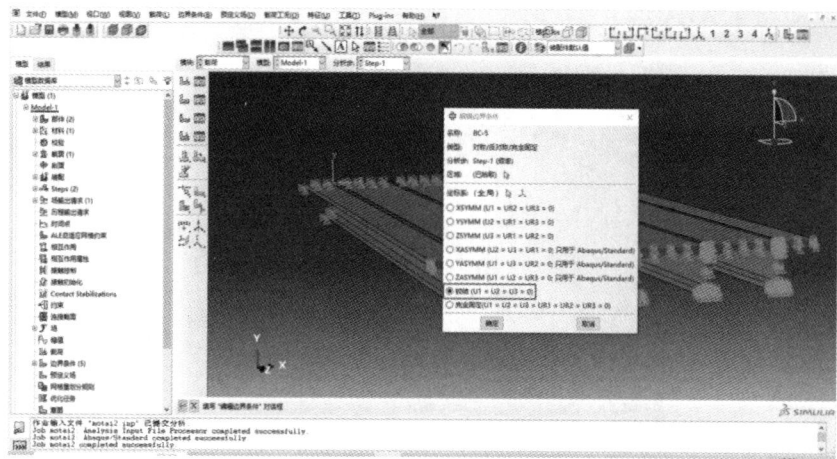

(g)

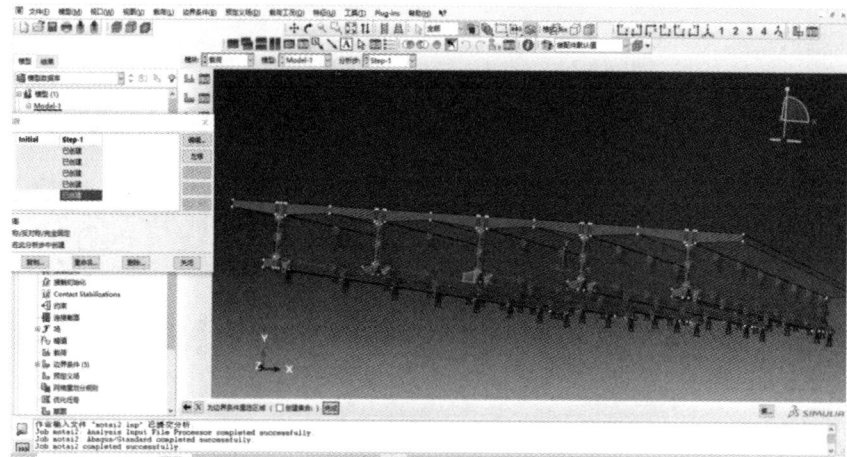

(h)

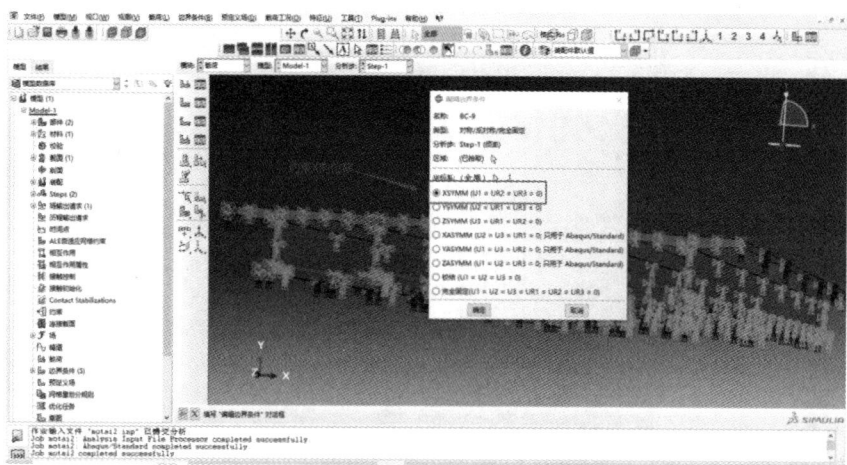

(i)

图 8.64　定义边界条件（桥梁结构）

7. 网格划分

切换进入网格模块,将窗口顶部的环境栏对象选项设为部件选项,单击种子部件图标,在弹出的对话框中开始定义全局种子,将近似全局尺寸定义为 1,单击确定按钮,如图 8.65 所示。单击为部件实例划分网格图标,单击是按钮,完成网格划分,如图 8.66 所示。

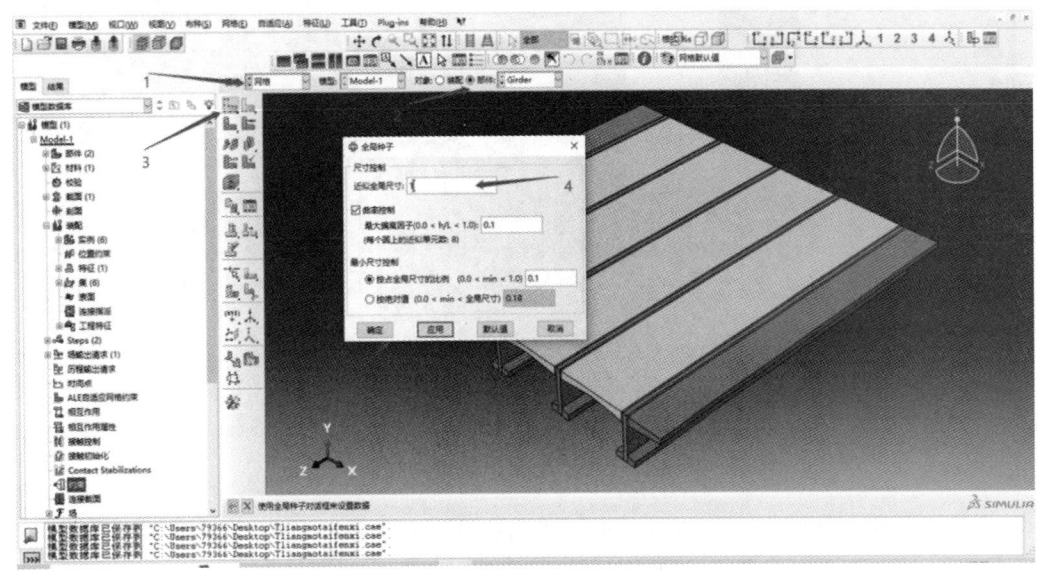

图 8.65　定义全局种子(桥梁结构)

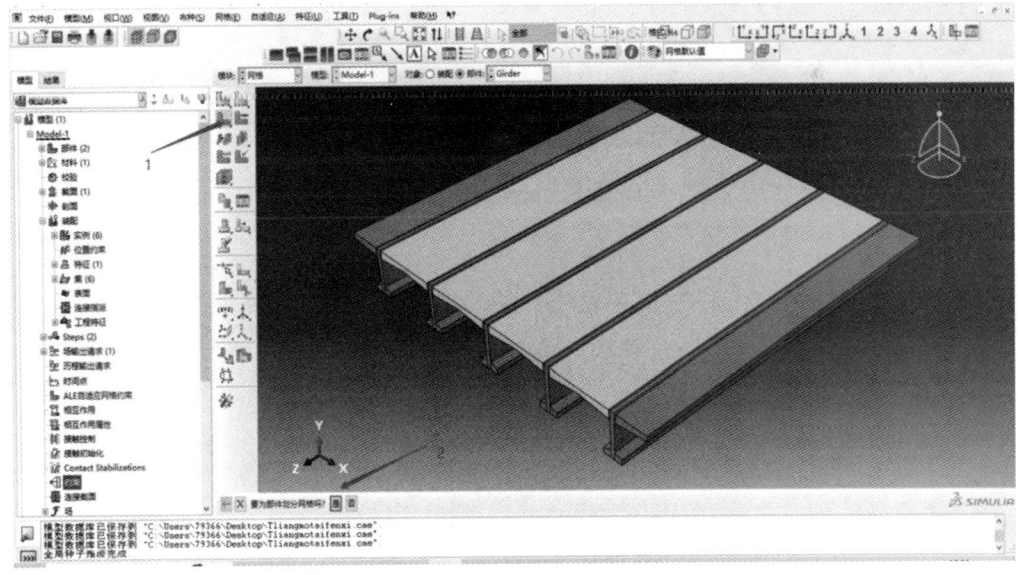

图 8.66　网格划分(桥梁结构)

8. 提交作业

切换进入作业模块,单击创建作业图标,在弹出的对话框中,输入作业名称,单击继续按钮,在弹出的对话框中,接受默认选项,单击确定按钮,完成作业定义,如图 8.67 所示。

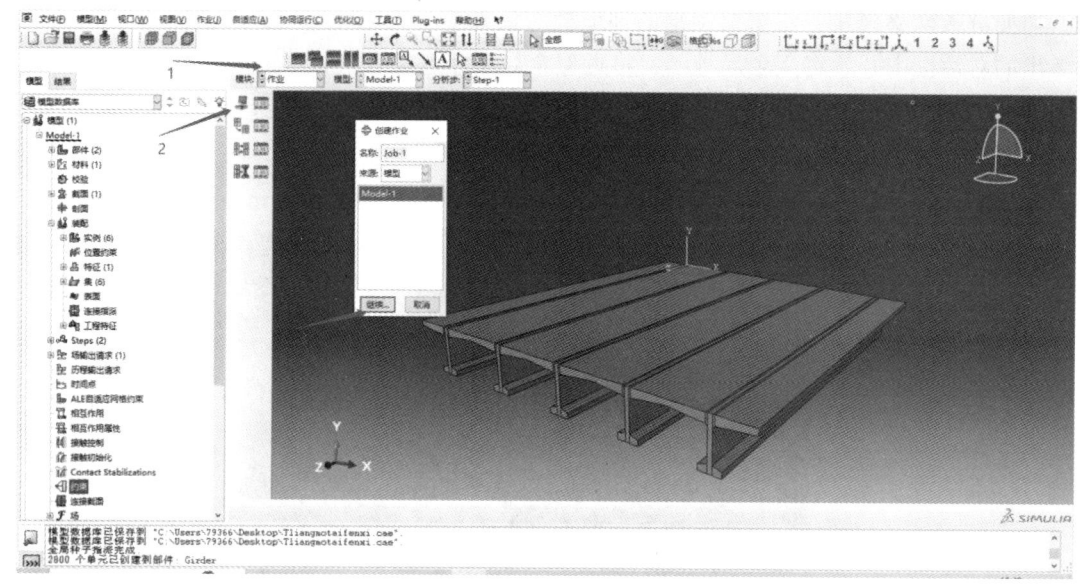

图 8.67 创建作业（桥梁结构）

单击作业管理器图标，选中当前作业，单击提交按钮，提交作业，在分析过程中，可单击监控按钮，可查看分析过程中出现的警告信息，如图 8.68 所示。

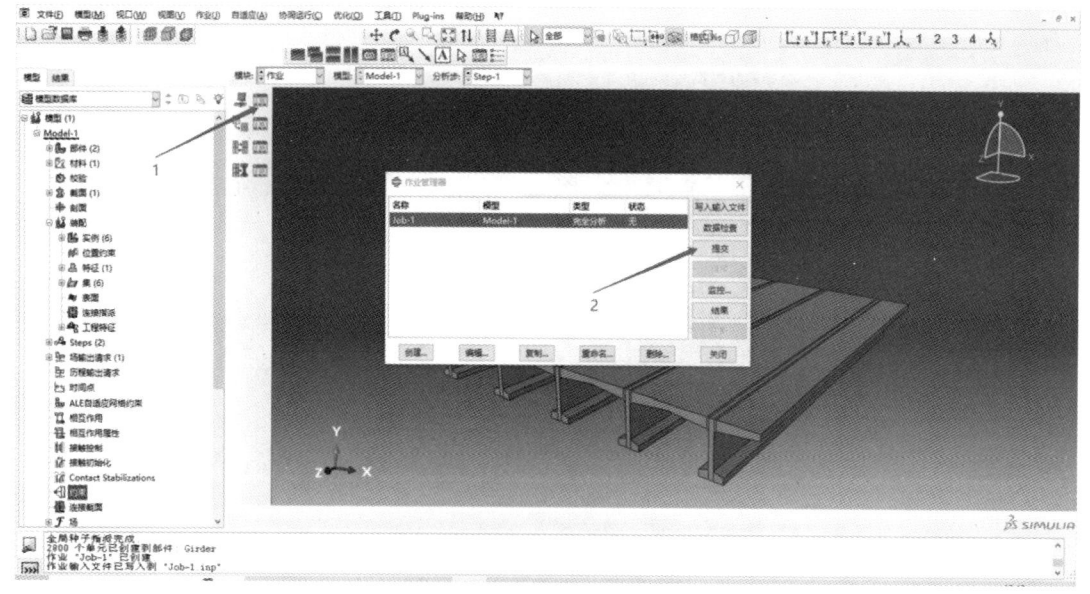

图 8.68 提交作业（桥梁结构）

9. 后处理

作业管理器对话框的状态显示为完成时，单击结果按钮进入可视化模块后处理界面，点击结果，查看频率结果，如图 8.69 所示。

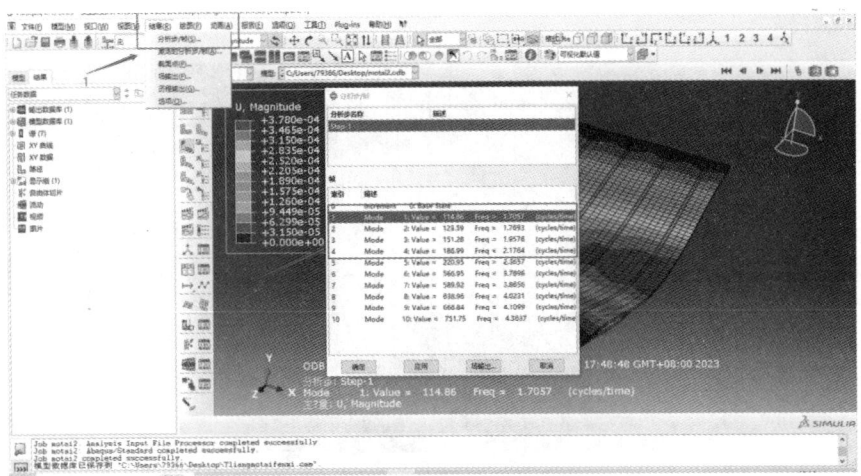

图 8.69 后处理结果(桥梁结构)

一阶振型到四阶振型对应结果如图 8.70~图 8.73 所示。

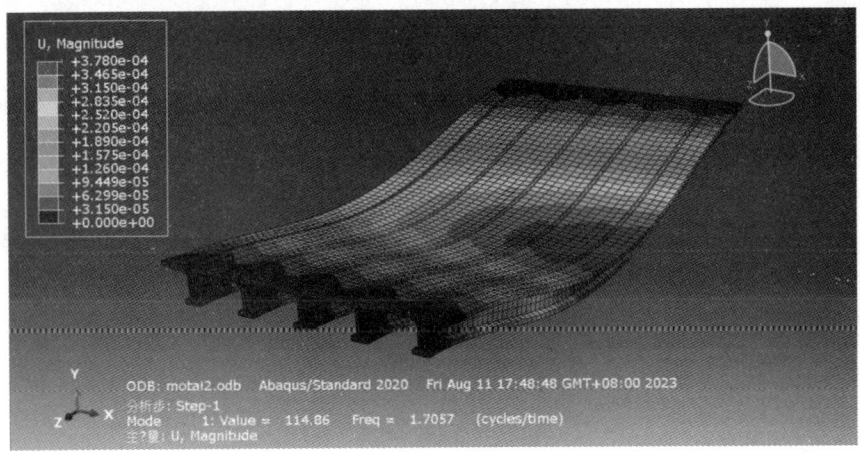

图 8.70 一阶振型(桥梁结构)

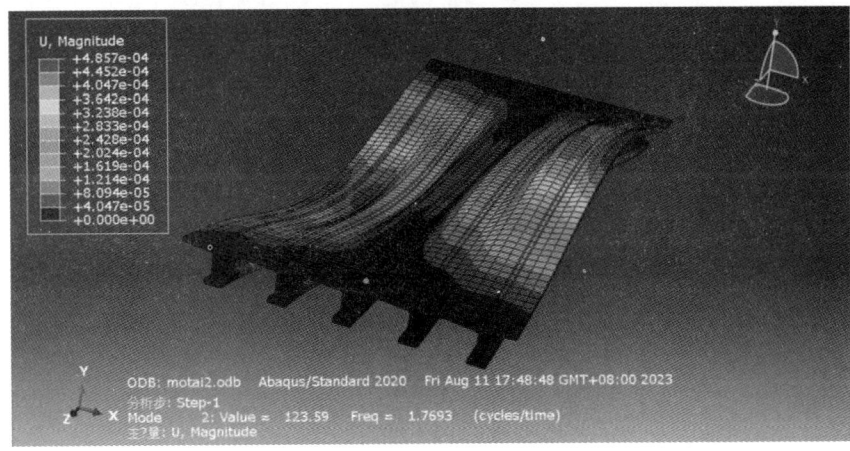

图 8.71 二阶振型(桥梁结构)

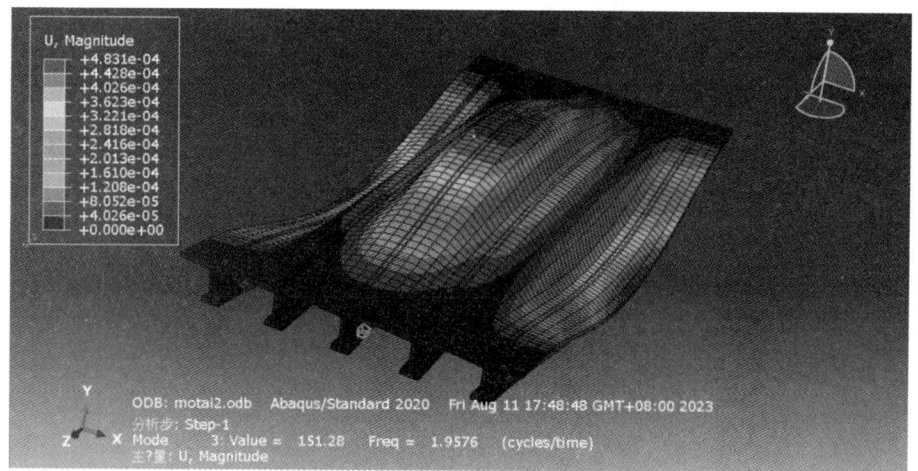

图 8.72 三阶振型（桥梁结构）

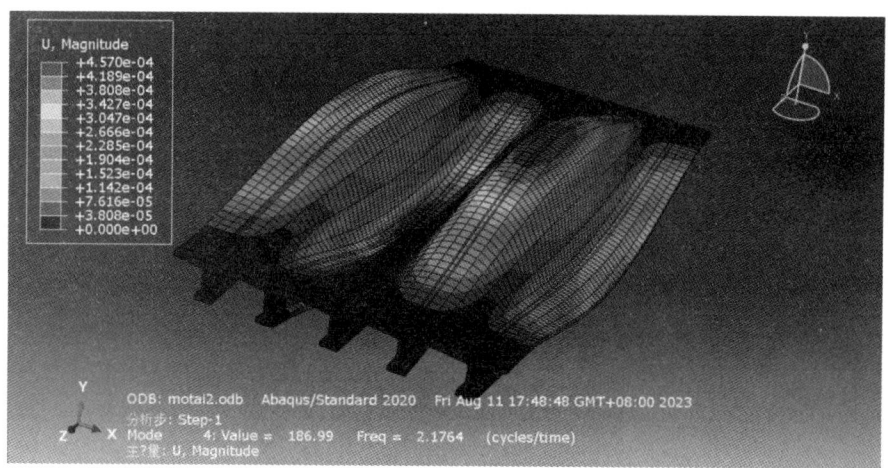

图 8.73 四阶振型（桥梁结构）

参考文献

[1] 罗永坤,蔡婧,刘怡,等. 结构力学[M]. 北京:高等教育出版社,2022.

[2] DS Simulia. Abaqus 6.14 Help Documentation[Z]. USA: Dassault Systems simulia Corp. 2014.

[3] 王玉镯,傅传国. ABAQUS结构工程分析及实例详解[M]. 北京:中国建筑工业出版社,2010.

[4] 费康,彭劼. CAE分析大系:Abaqus岩土工程实例详解[M]. 北京:人民邮电出版社,2017.

[5] 林建龙. 模态分析与实验[M]. 北京:清华大学出版社,2011.

[6] R.克拉夫,J.彭津. 结构动力学[M]. 王光远,等,译. 2版. 北京:高等教育出版社,2006.

[7] 张建,吴智深. 桥梁冲击振动测试与快速评估理论、技术与工程应用[M]. 北京:中国建筑工业出版社,2023.

[8] 王勖成. 有限单元法[M]. 北京:清华大学出版社,2003.